"十二五"职业教育国家规划教材
经全国职业教育教材审定委员会审定
国家级精品资源共享课配套教材
高等职业教育智能制造专业群系列教材

Cimatron 数控编程项目化教程

（第二版）

胡新华　戴素江　主编

章跃洪　副主编

科学出版社

北京

内 容 简 介

本书引入企业典型的编程案例，按"项目导向"的理念进行编写，充分体现企业数控编程的工作过程，内容新颖、实用。

本书共 10 个项目，每个项目都以真实产品为项目载体，通过产品模型分析、加工工艺制定、数控编程操作、项目练习等环节，整合 Cimatron E 软件知识、技能及相关专业知识。本书特别注重对实际产品和生产实践中所出现问题的分析，注重理论知识和实践技能的结合，强调与企业实际工作过程的一致性，突出对学习过程的规划、思考、反馈和分析，利于学生可持续发展能力的培养。

本书内容翔实、选例经典、资源丰富、针对性强，特别适合作为高职院校数控专业教材，也可作为从事数控编程加工的技术人员和操作人员的培训教材。

图书在版编目（CIP）数据

Cimatron 数控编程项目化教程/胡新华，戴素江主编. —2 版. —北京：科学出版社，2019.11

"十二五"职业教育国家规划教材

ISBN 978-7-03-063435-1

Ⅰ. ①C… Ⅱ. ①胡… ②戴… Ⅲ. ①数控机床-程序设计-应用软件-高等职业教育-教材 Ⅳ. ①TG659-39

中国版本图书馆 CIP 数据核字（2019）第 254682 号

责任编辑：张振华 / 责任校对：王万红
责任印制：吕春珉 / 封面设计：东方人华平面设计部

科学出版社 出版

北京东黄城根北街 16 号
邮政编码：100717
http://www.sciencep.com

三河市骏杰印刷有限公司印刷

科学出版社发行 各地新华书店经销

*

2011 年 8 月第 一 版 开本：787×1092 1/16
2019 年 11 月第 二 版 印张：24 1/2
2019 年 11 月第二次印刷 字数：592 800

定价：**48.00 元**
（如有印装质量问题，我社负责调换〈骏杰〉）

销售部电话 010-62136230 编辑部电话 010-62135120-2005（VT03）

前　言

Cimatron E 是由以色列推出的基于计算机平台的 CAD/CAM（computer aided design/computer aided manufacturing，计算机辅助设计/计算机辅助制造）一体化软件。在制造过程中，使用该软件可非常容易实现 2.5～5 轴的刀路轨迹编程，并可充分利用高速加工、基于毛坯残留加工、模板加工等强大的功能和优秀的策略，从而大大减少编程时间和实际加工时间。

目前，Cimatron E 已广泛应用于各个行业，成为当今模具设计与制造方面公认的首选产品。

本书是在行业、企业专家和课程开发专家的指导下，结合编者多年的教学和实践经验编写而成。相比以往同类教材，本书具有许多特点和亮点，主要体现在以下几个方面。

（1）按项目化教学编排教学内容，突出职业教育特色

本书以完成特定产品的数控编程为项目，按企业产品编程的实际工作过程，整合、序化 Cimatron E 软件知识、技能及相关专业知识，教学内容涵盖数控加工工艺制定、加工策略的应用及后置处理等。每个项目都按"模型分析→加工工艺制定→数控编程操作→填写加工程序单"的思路来编排，与企业产品编程的工作过程一致。

（2）与企业实践结合紧密，体现"工学结合"特点

书中每个项目载体均源自企业真实的产品，如项目 1、项目 2、项目 3 都来自浙江亚轮塑料模架有限公司，项目 8 来自浙江汤溪齿轮机床有限公司等，并按照企业工艺编程员的工作过程对书中每个项目的内容和教学过程进行整合组织，真正体现企业产品编程的实际过程。同时，合作企业的资深编程技术人员自始至终参与本书内容的编写与校核，使本书能充分体现企业数控编程的工作过程，真正体现"工学结合"。

（3）知识以"实用、够用"为度，注重应用能力的培养

打破 Cimatron 软件教材的系统性和全面性，保留实用性知识点，并融入与编程实践相关的知识点，如刀具知识、材料知识、工艺知识等，注重对学生软件应用技能的培养，强调"教学做一体化"，与企业零距离对接，同时注重对学生职业迁移能力的培养。

（4）立体化教学资源配套，放便教与学

本书配套有免费的教学视频、仿真动画、PPT、案例模型及练习模型等资源（下载地址：www.abook.cn），穿插有丰富的二维码资源链接，便于实施信息化教学。

学生可利用自身的智能手机，通过扫描识别书中的二维码随时随地自主学习软件操作和数控加工工艺知识。

（5）强化课堂思政教育，践行行业道德规范

本书充分发挥教材承载的思政教育功能，建立起课堂思政教育教学案例库，凝练案例的思政教育映射点，并融入精益化生产管理理念，将思政教育和职业素养与教学内容相结合，使学生在学习专业知识的同时，通过潜移默化的效果，把握各个思政教育点所要传授的内容。

　　本书共有压铸模动模板数控编程、推杆固定板数控编程、注塑模动模板数控编程、电极数控编程、玩具盖凹模数控编程、KITTY 猫上盖数控编程、过滤器瓶盖模板数控编程、叶轮骨架数控编程、手柄塑胶膜模板数控编程、牵狗器电极数控编程 10 个项目。本书根据学生认知规律，将项目由易到难、由简单到复杂进行编排。每个项目突出一个教学重点，如"项目 1 压铸模动模板数控编程"突出了 2.5 轴加工策略的应用，"项目 2 推杆固定板数控编程"突出了孔加工策略的应用，"项目 3 注塑模动模板数控编程"突出了体积铣加工策略的应用。每个项目后的"项目练习"提供了与本项目相似的产品，学生可进行练习，巩固所学知识和技能。因此本书也特别适合学生自主学习时使用。

　　本书由金华职业技术学院胡新华、戴素江担任主编，金华职业技术学院章跃洪担任副主编，浙江工业大学机械工程学院杨庆华教授担任主审。参加本书编写的还有杭州职业技术学院魏宏玲、衢州职业技术学院王胜和金华市恒辉热镀锌有限公司黄新标，以及诸葛俊科、李永斌两位技术人员。全书由胡新华统稿和定稿。此外，本书得到了浙江亚轮塑料模架有限公司、浙江科惠医疗器械有限公司等企业的大力支持，在此一并表示感谢。

　　由于编者水平有限，书中难免存在一些不足之处，敬请广大读者批评指正。

目　录

1 项目

压铸模动模板数控编程

>>>>>

◎ **项目导读**

压铸模动模板是压铸模架零件之一。

压铸模动模板源文件见配套资源包（下载地址：www.abook.cn）。

◎ **能力目标**

- 熟悉 CimatronE 11 自动编程界面、编程步骤。
- 能合理选择型腔铣削的刀具。
- 能正确设置 2.5 轴-型腔-环绕切削、平行切削、封闭轮廓、开放轮廓等加工策略的刀路参数。
- 能合理设置机床参数。
- 会进行仿真模拟，并能制作加工程序单。

◎ **思政目标**

- 树立正确的学习观、价值观，自觉践行行业道德规范。
- 牢固树立质量第一、信誉第一的强烈意识。
- 遵规守纪，安全生产，爱护设备，钻研技术。

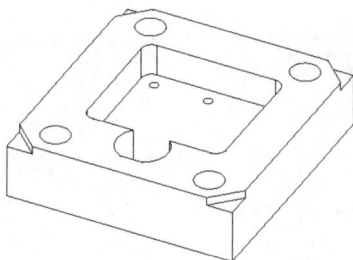

1.1

压铸模动模板模型分析

模型分析主要分析模型的结构、大小和凹圆角的半径等。模型大小决定开粗使用多大的刀具，模型的结构决定是否需要电火花或线切割加工，圆角半径决定精加工时需要使用多大的刀清角。下面介绍 CimatronE 11 软件的界面。

双击 CimatronE 11 图标启动软件，进入 E11 的开始界面，如图 1-1 和图 1-2 所示。

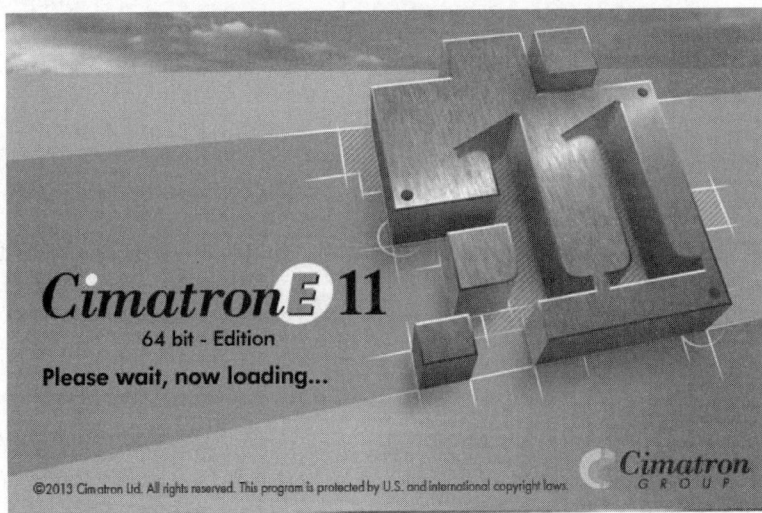

图 1-1　启动 CimatronE 11

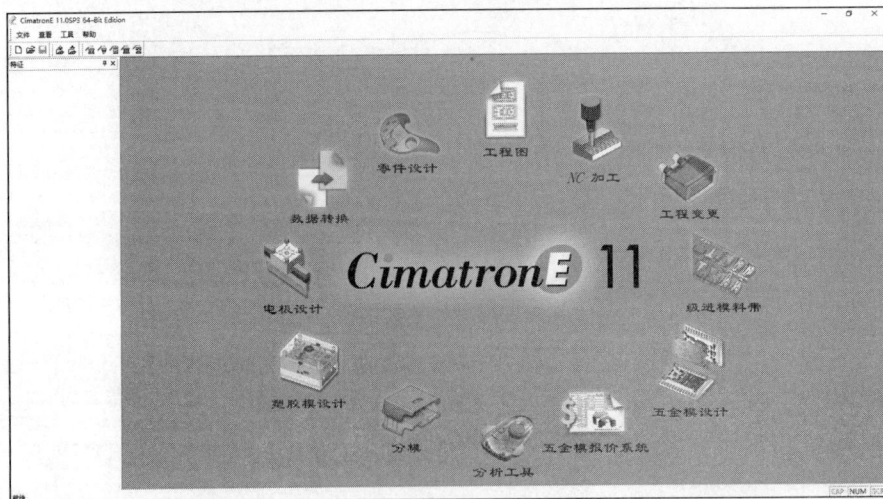

图 1-2　CimatronE 11 开始界面

在 CimatronE 11 的工具栏中单击"打开文件"图标，或者选择"文件"→"打开文件"命令，打开"CimatronE 浏览器"窗口，如图 1-3 所示。文件和文件夹是通过 CimatronE 浏览器来管理的。在其中可以进行文件和文件夹的查找、剪切、复制、删除和新建等操作。选择需要打开的文件，单击"打开"按钮，即可打开相应文件。

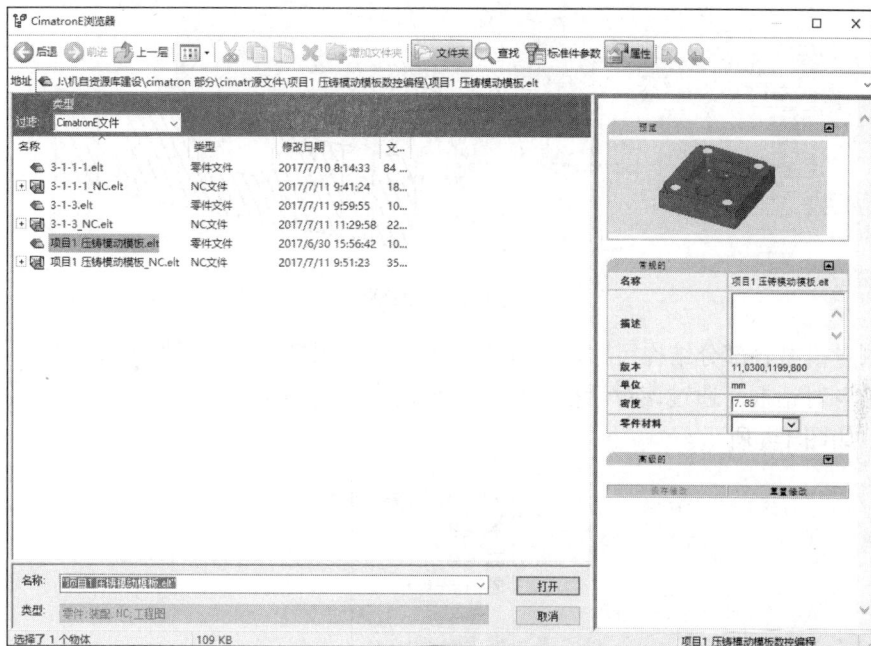

图 1-3　"CimatronE 浏览器"窗口

CimatronE 11 的人机交互是通过键盘和鼠标进行的，其中鼠标的运用最为频繁，使用方法如表 1-1 所示。

表 1-1　鼠标的使用方法

鼠标按键	指令说明
左键	选择菜单及工具按钮、选择图素、在对话框中选择参数输入区等
中键	确认当前操作，进入下一步操作
右键	打开快捷菜单
左键+中键	放弃当前操作，回到上一步
中键+右键	打开包含视图显示主要功能和命令功能的窗口
左键+右键	打开选择过滤器窗口
Ctrl+左键	动态旋转图素
Ctrl+中键	动态平移图素
Ctrl+右键	动态缩放图素
Shift+左键	反选图素
Shift+右键	打开选择过滤器窗口

为了便于对模型内部结构进行分析，可以运用动态截面命令对模型进行剖切，查看每一截面的形状。选择"查看"→"动态截面"命令，系统弹出"特征向导"对话框，先选

择一个剖切平面或者选择坐标系的一个平面，然后在提示区中设置移动增量、剖面阴影是否显示等，移动滑块可以动态观察剖切位置，如图 1-4 所示。

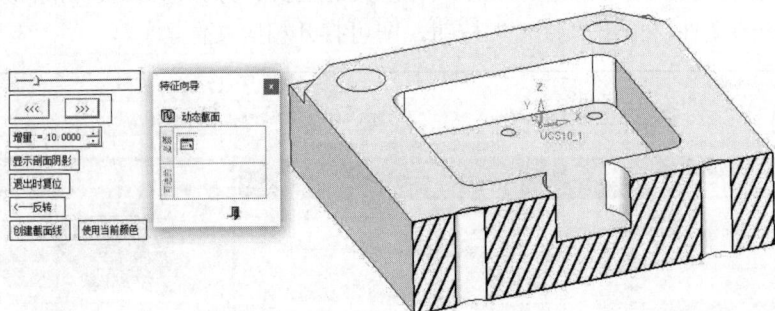

图 1-4　动态剖切

为测量模型各部分结构尺寸，选择"分析"→"测量"命令，如图 1-5 所示，系统弹出"测量"对话框。通过该对话框，可对模型两点之间的距离、两直线夹角、圆弧半径进行测量，如图 1-6 所示。

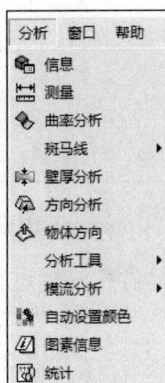

图 1-5　"分析"下拉菜单

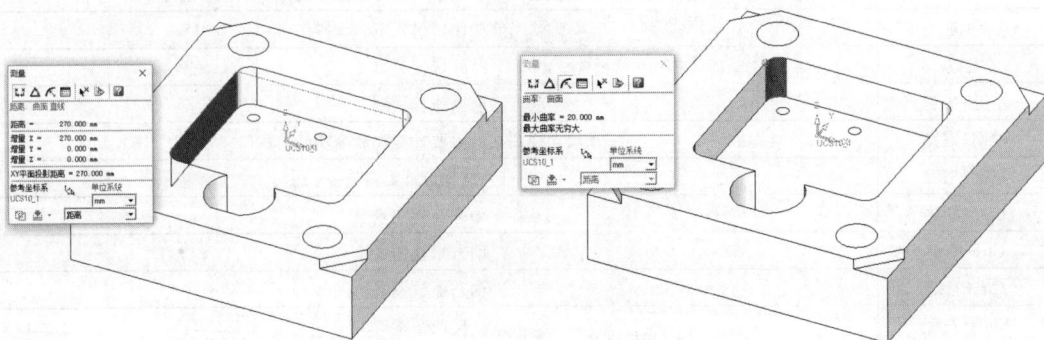

图 1-6　模型分析

模型分析结果如下。

长×宽×高：470mm×440mm×115mm。

型腔深度：60mm。

最小圆弧半径：20mm。

微课：压铸模动模板模型分析

1.2

压铸模动模板加工工艺制定

压铸模动模板加工工艺，可按表 1-2 所示进行编制。

微课：压铸模动模板加工工艺制定

表 1-2　压铸模动模板加工工艺流程

序号	加工内容	加工策略	图解	备注
01	开粗	型腔-环绕切削		根据型腔尺寸及深度确定使用 D63R6 牛鼻刀进行开粗
02	二次开粗清角	封闭轮廓		根据型腔 R 角及深度确定使用 D22R0.8 牛鼻刀进行二次开粗清角
03	底面精加工	型腔-环绕切削		使用上一程序的 D22R0.8 牛鼻刀进行精加工，减少换刀以提高效率
04	外轮廓加工	开放轮廓		使用上一程序的 D22R0.8 牛鼻刀进行外轮廓加工，减少换刀以提高效率
05	侧壁精加工	封闭轮廓		根据型腔 R 角及深度确定使用 D24 白钢刀进行侧壁精加工

1.3

压铸模动模板编程操作

1.3.1 开粗

1. 调入模型

选择"文件"→"输出"→"至加工"命令，如图 1-7 所示，进入编程工作界面，将模型放置到当前坐标系的原点，同时不做旋转，在特征向导栏中单击"确认"图标☑，完成模型的调入。此时系统进入编程工作界面，如图 1-8 所示，同时弹出"NC 程序管理器"。

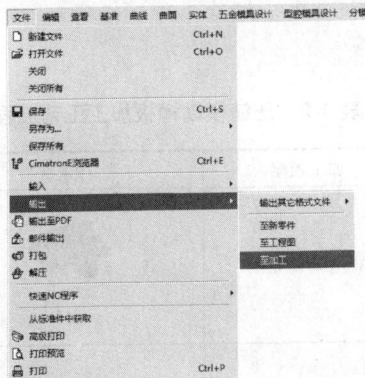

图 1-7 选择"文件"→"输出"→"至加工"命令

微课：模型调入
方法

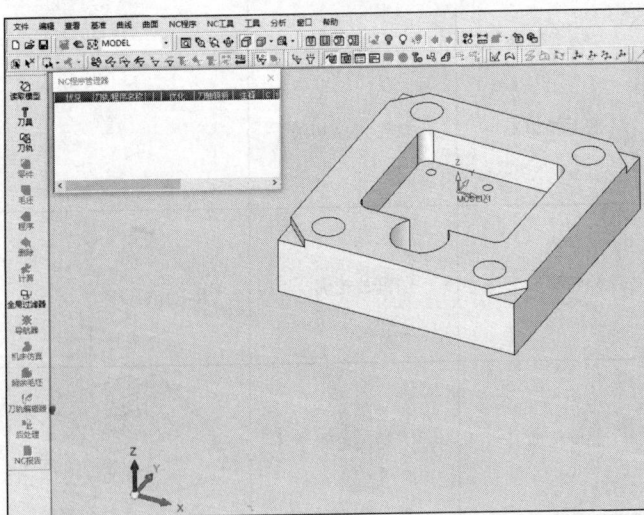

图 1-8 编程工作界面（向导模式）

编程工作界面有向导模式和高级模式两种模式,分别如图 1-9 和图 1-10 所示。选择"查看"→"面板"→"向导模式"和"高级模式"命令进行切换,或单击 NC 工具栏中的"切换到向导模式"图标 和"切换到高级模式"图标 进行切换。向导模式和高级模式的区别在于:在高级模式中,加工参数和加工程序选项一直处于显示状态。

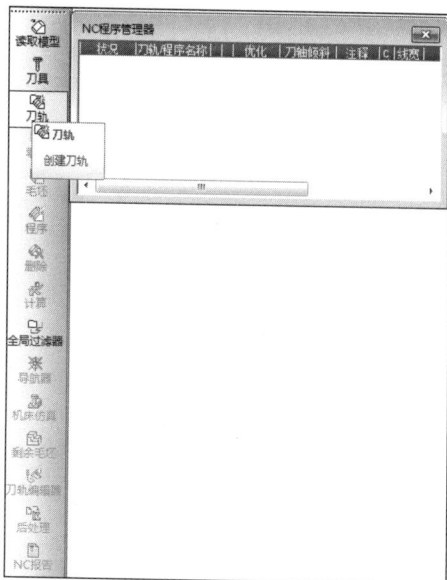

图 1-9　向导模式

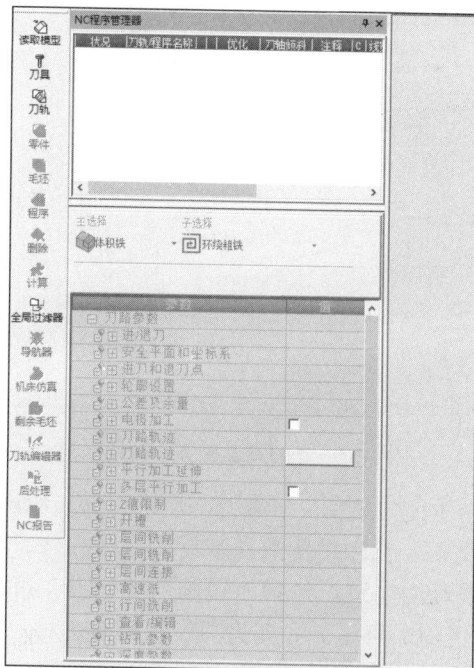

图 1-10　高级模式

"NC 向导"（图 1-11）位于工作界面的左侧，它提供产生 NC 程序从开始到结束的步骤指导，通过 NC 向导就可以完成一个完整的加工程序。

图 1-11　NC 向导

"NC 程序管理器"用于显示所有的刀路轨迹和加工程序，也用于显示所有项目的状态标记。另外，对刀路轨迹或程序的选择、修改、删除等操作也都在"NC 程序管理器"中进行。

2. 创建刀具

单击"NC 向导"中的"刀具"图标，系统弹出"刀具及夹头"对话框，如图 1-12 所示。

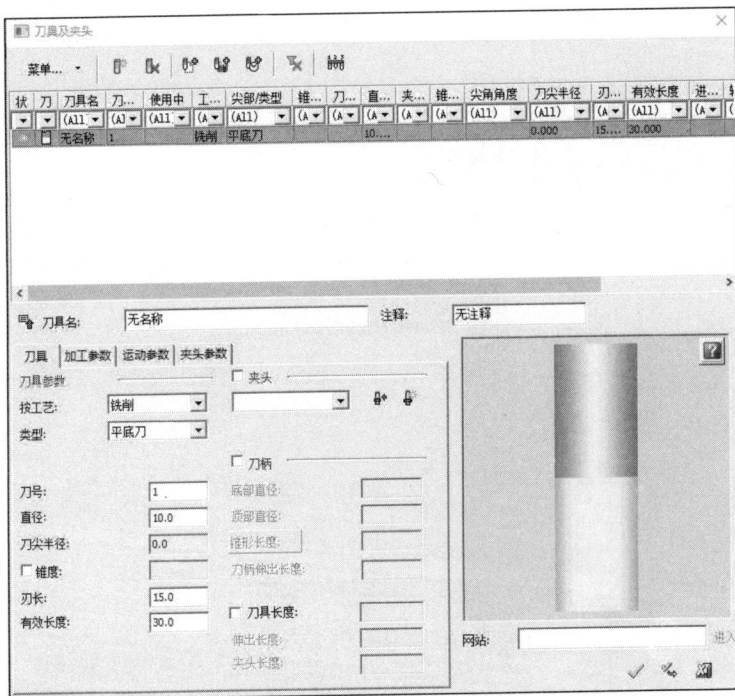

图 1-12　"刀具及夹头"对话框

单击"新刀具"图标创建 D63R6 牛鼻刀，注意刀具名称最好按约定方法命名，"注释"文本框中可输入说明文本，然后设置刀具参数。

1）按工艺：用于选择刀具类型，包括"铣削"、"钻孔"和"特殊刀具"3 个选项，特殊刀具包括棒糖刀、槽铣刀、燕尾刀、沉头刀、成型刀 5 种。型腔铣削通常使用铣刀，故选择"铣削"选项。

2）类型：按工艺设置为铣削时，类型有"平底刀"、"球刀"和"牛鼻刀"3 个选项，如图 1-13 所示。

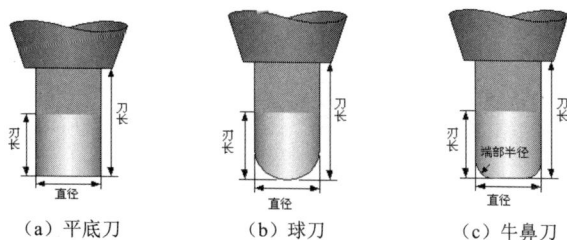

（a）平底刀　　　　　（b）球刀　　　　　（c）牛鼻刀

图 1-13　铣刀类型示意图

① 平底刀：底面是平面，是一种以侧刃切削的刀具，使用平底刀时应尽量避免垂直下刀。其主要用于粗加工、平面精加工、外轮廓精加工和清角加工，缺点是刀尖容易磨损，影响加工精度。常用平底刀有 D1、D2、D4、D6、D8、D10、D12、D20。

② 球刀：主要用于非平面的半精加工和精加工。常用的球刀有 R1、R2、R3、R4、R5、R6、R8。

③ 牛鼻刀：底面是平面，每刃都带有圆角，加工时应避免垂直下刀。其主要用于模具的粗加工、平面精加工和侧面精加工，特别适用于材料硬度较高的模具加工，开粗时优先选用牛鼻刀。常用的牛鼻刀有 D25R5、D30R5 等。本例选择"牛鼻刀"选项。

3）刀号：默认为 1。

4）直径：设置为 63.0。

5）刀尖半径：设置为 6.0。

其余参数并不影响刀路的生成，如刃长、有效长度等，主要用于判断是否会发生干涉。最后单击"确认"图标，完成刀具创建，如图 1-14 所示。

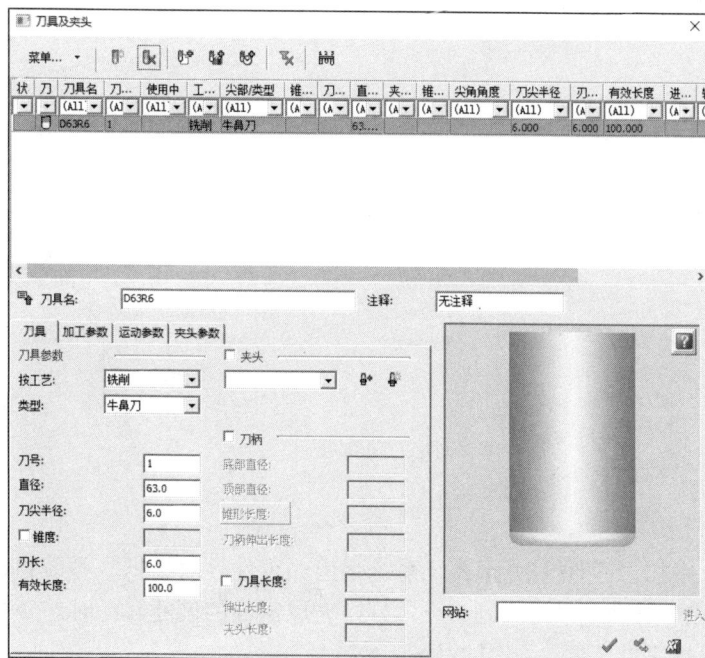

微课：刀具创建方法

图 1-14　创建刀具

3. 创建刀路轨迹

单击"NC 向导"中的"刀轨"图标 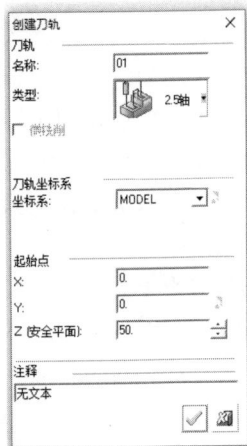，系统弹出"创建刀轨"对话框，修改名称为 01，类型为 2.5 轴，安全平面为 50，如图 1-15 所示。注意：刀具路径名称最多只能输入 8 个英文或数字，不能用中文，否则将会提示"刀具路径名称不正确"。单击"确认"按钮，完成 2.5 轴刀轨的创建。此时，"NC 程序管理器"中会新增一个刀路轨迹，如图 1-16 所示。

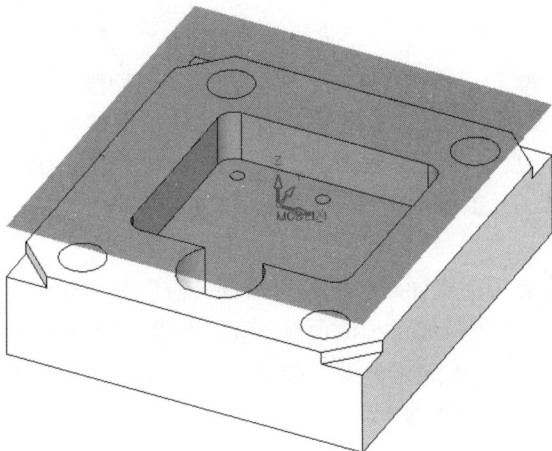

图 1-15   "创建刀轨"对话框

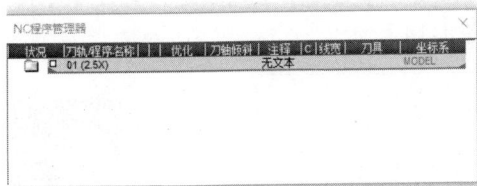

图 1-16   创建刀路轨迹

4. 创建零件

单击"NC 向导"中的"零件"图标 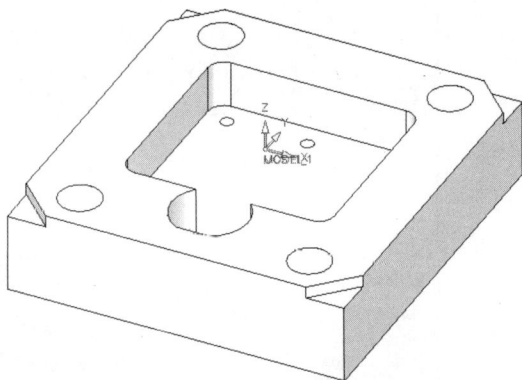，系统弹出"零件"对话框。系统自动选择零件类型为目标，如图 1-17 所示，单击"确认"图标，完成零件的创建。此时，"NC 程序管理器"中会新增一个目标零件工序，如图 1-18 所示。

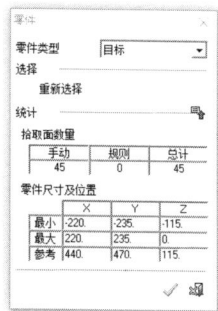

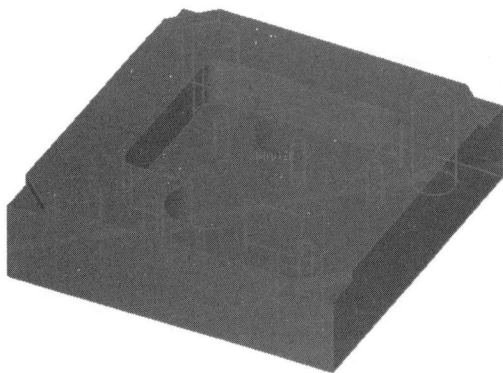

图 1-17　"零件"对话框

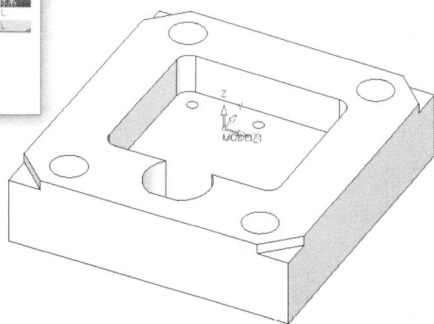

图 1-18　创建零件

5. 创建毛坯

单击 "NC 向导" 中的 "毛坯" 图标 ，系统弹出 "初始毛坯" 对话框，如图 1-19 所示，毛坯类型默认设置为限制盒，其他参数也不做修改，单击 "确认" 图标退出。此时，"NC 程序管理器" 中会新增一个毛坯自动工序，如图 1-20 所示。

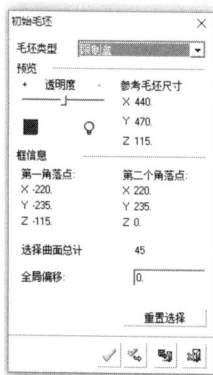

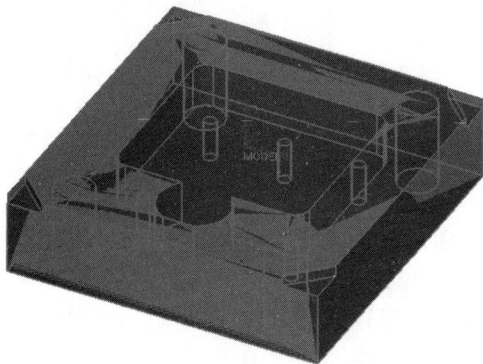

图 1-19　初始毛坯参数设置

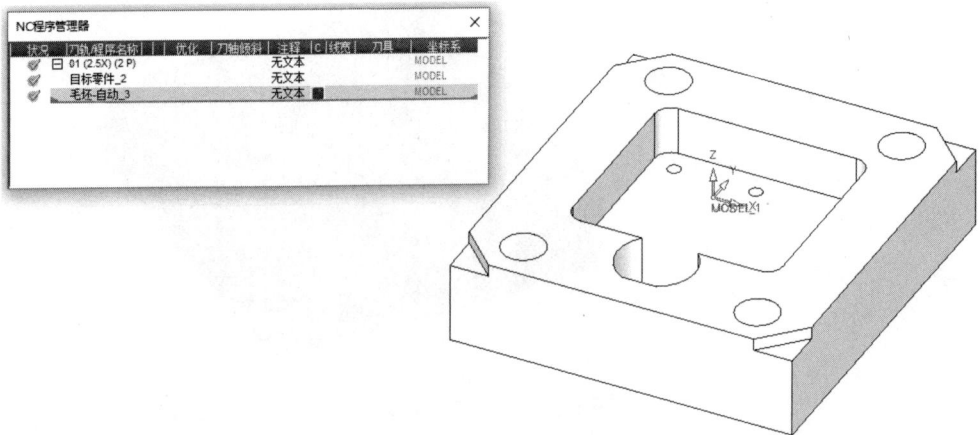

图 1-20　创建初始毛坯

6. 创建程序

单击 "NC 向导" 中的 "程序" 图标 ，系统弹出 "程序向导" 对话框，其中的创建程序图标如图 1-21 所示。修改 "子选择" 为 "型腔-环绕切削"。子选择中的选项如图 1-22 所示。

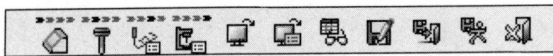

图 1-21　创建程序图标

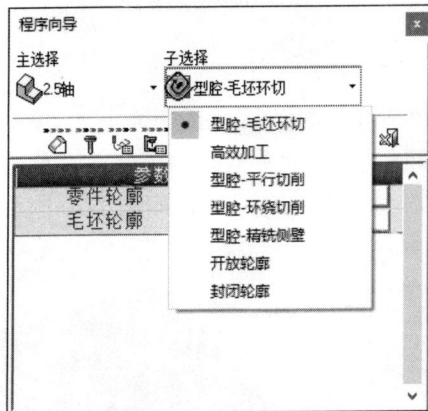

图 1-22　子选择中的选项

下面介绍子选择中常用的几个选项。

1）型腔-环绕切削（图 1-23）：该方式以环绕轮廓的方式走刀进行材料清除，刀路轨迹在同一层内不抬刀，可以选择从内向外或从外向内两种方式，可以将轮廓及岛屿边缘加工到位，是常用的加工策略。

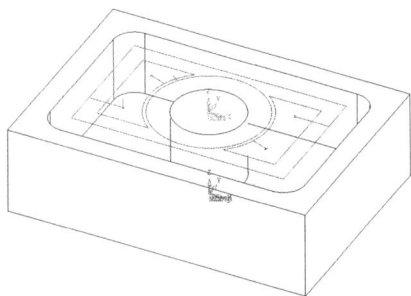

图 1-23　型腔-环绕切削

2）型腔-毛坯环切（图 1-24）：又称沿边环绕切削，按照零件轮廓等距离偏移，直到到达边界或中心，生成走刀路线。注意：需定义毛坯轮廓，否则产生的刀路与环绕切削相同。

3）型腔-平行切削（图 1-25）：指生成的刀路轨迹相互平行，其可以灵活地设定加工角度，以最合适的角度对零件进行加工。一般步距可以达到刀具直径的 70%～90%，但在零件侧壁的残余量很大，同时产生频繁的抬刀。

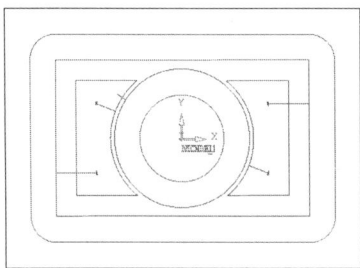

图 1-24　型腔-毛坯环切

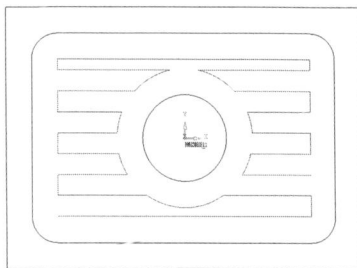

图 1-25　型腔-平行切削

4）型腔-精铣侧壁（图 1-26）：用来精修岛屿壁面或型腔壁面。

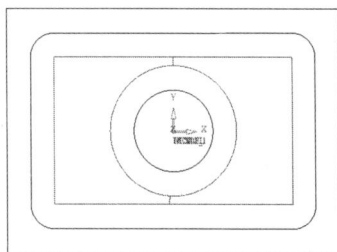

图 1-26　型腔-精铣侧壁

（1）选择零件轮廓

对于 2.5 轴加工策略，零件选择有两种对象，一种是零件轮廓，另一种是毛坯轮廓，如图 1-27 所示。零件轮廓和毛坯轮廓的选择方法没有区别。零件轮廓表示加工范围，不能越过，其中可以含有岛屿。毛坯轮廓在加工时将会被越过。注意：零件轮廓是必选的，而毛坯轮廓是可选的，不能只选毛坯轮廓，至少要选择一个零件轮廓，否则无法进行计算。

在型腔-环绕切削方式下，只需选择零件轮廓即可。单击零件轮廓后的"0"按钮，系统弹出"轮廓管理器"对话框，如图1-28所示，其中的选项设置说明如下。

图1-27 零件选择对象

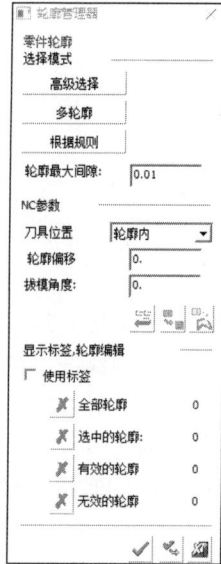

图1-28 "轮廓管理器"对话框

刀具位置：有3个选项，即"轮廓上"、"轮廓内"和"轮廓外"，如图1-29所示。注意：对于岛屿轮廓而言，轮廓内与轮廓外不是通常意义上的内或外，而是相对于型腔而言的。本例选择刀具位置为轮廓内。

轮廓偏移：通过设置可以在轮廓侧壁有预留，默认为0，可以设置为正值或负值。正值时向切削区域内部偏置，负值时向切削区域外部偏置。图1-30为偏移值为3与偏移值为0时的加工结果比较。本例可选择默认值。

图1-29 刀具位置选项

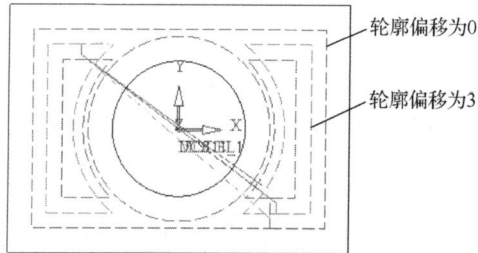

图1-30 轮廓偏移

拔模角度：通过此选项的设置，可以铣削周边具有拔模角度的工件。此时只能加工上大下小的形状。一般选择默认值。

注意：设定的轮廓参数对当前的这一条轮廓线有效，而对之前选择的轮廓无效，且此时设置的参数将作为以后选择轮廓的默认值。

在绘图区选择零件轮廓线，先将光标放置到轮廓线上，单击左键选择，再单击中键确认，最后单击"确认"图标，退出"轮廓管理器"对话框，完成零件轮廓的选择，此时零件轮廓值变为 1，如图 1-31 所示。

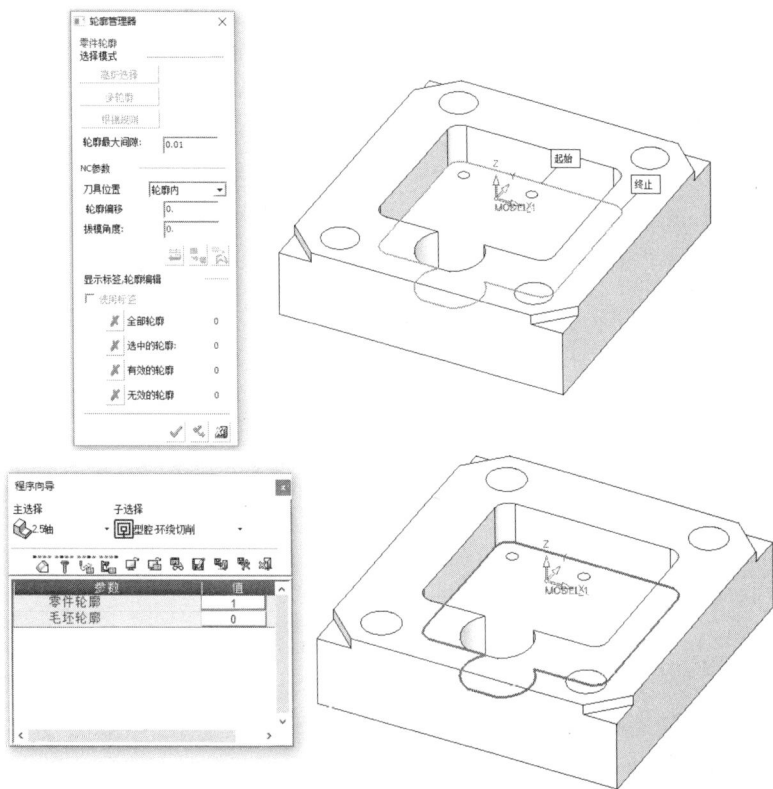

图 1-31　零件轮廓选择

（2）选择刀具

单击"刀具"图标，系统弹出"刀具及夹头"对话框，选择 D63R6 刀具，单击"确认"图标退出。

（3）设置刀路参数

单击"刀路参数"图标，系统切换到刀路参数界面，如图 1-32 所示。

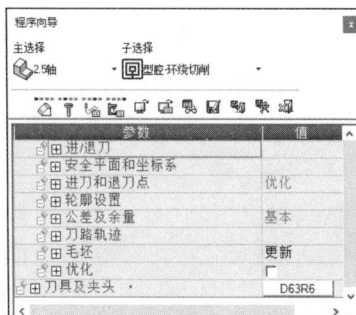

图 1-32　刀路参数界面

刀路参数设置步骤如下。

步骤 1：进/退刀参数设置。

单击该选项前方的$\boxplus$按钮，显示该选项的参数列表。在"轮廓进/退刀"栏中有两种进退刀方式可供选择，分别是法向和相切，如图 1-33 所示。法向指刀具切入和离开侧壁时，沿着其法线方向进刀和退刀。相切指刀具切入和离开侧壁时，沿着其切线方向进刀和退刀，如图 1-34 所示。为了保证加工效率，一般情况下使用法向进刀。

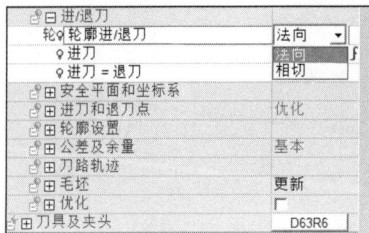

图 1-33　轮廓进/退刀参数

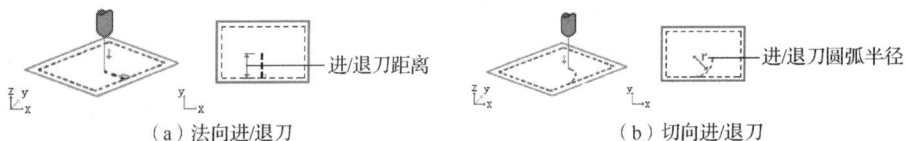

（a）法向进/退刀　　　　　　　　　　　（b）切向进/退刀

图 1-34　进/退刀

进刀指刀具下刀点到加工轮廓的距离，单击其右边的数值可以重新输入合适的数值。

当选择"相切"选项时，出现"圆弧半径"和"补偿延伸线"，如图 1-35 所示。圆弧半径指刀具进刀和退刀时所走的圆弧半径。补偿延伸线指数控加工中常用的刀具半径补偿，若选中该复选框，则开启刀具半径补偿；若不选中该复选框，则不开启刀具半径补偿。一般不选中该复选框。

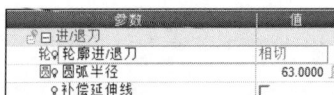

图 1-35　"相切"时的进/退刀参数

步骤 2：安全平面和坐标系参数设置。

为了避免刀具在快速移动时与工件或夹具发生撞刀，需要设置一个固定高度的平面，这个平面就是安全平面。安全平面和坐标系参数如图 1-36 所示。

图 1-36　安全平面和坐标系参数

使用安全高度：通常选中该复选框，此时刀具将先运动到安全平面位置，再进行切削，完成切削后，也将返回该平面；如果不选中该复选框，则在开始切削时将直接进入切削开始位置，在切削完成后也不抬刀，如图 1-37 所示。

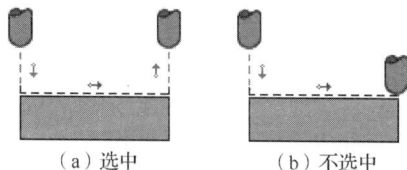

（a）选中　　　　　　（b）不选中

图 1-37　选中和不选中"使用安全平面"复选框

安全平面：设置应高于工件及夹具的最高点，在安全平面上移动时要能保证不与工件或夹具干涉，如图 1-38 所示。

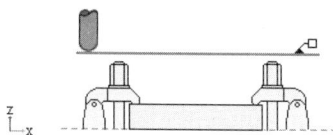

图 1-38　安全平面设置

内部安全高度：在一个加工区域内，进行两行之间的移动时采用的转换方式。它有两个选项，分别为"增量"和"绝对 Z"，如图 1-39 所示。使用增量方式时，必须注意是否会与工件发生干涉。此时，建议选中"优化"参数组中的"快速走刀干涉"复选框。本例选择"绝对 Z"选项。

图 1-39　内部安全高度设置

步骤 3：进刀和退刀点参数设置。

在加工过程中，有时需要沿着深度方向（Z 轴方向）进刀和退刀，这就需要设置进刀和退刀点的位置，相关参数如图 1-40 所示。

图 1-40　进刀和退刀点参数

进刀点：设置向下进刀的点，有"自动"和"用户定义"两个选项。一般选择"自动"选项，由系统自动定义进刀点，这种方式比较安全。"用户自定义"选项常用于使刀具在预先钻好的工艺孔处下刀。

进刀角度：当进刀角度等于 90° 时，加工过程中将垂直向下进刀。这种进刀方式很容易造成刀具因受力过大而损伤。因此，一般该角度设置为小于 90°，即设置为螺旋方式进刀，此时系统会自动显示最大螺旋半径。一般加工钢材时，进刀角度可设在 1°～15°，毛坯材料越硬，进刀角度越小。注意：设置进刀角度时，必须使用自动进刀点，当没有足够空间产生螺旋或倾斜下刀时，将采用垂直下刀。本例设置为 4°，如图 1-41 所示。

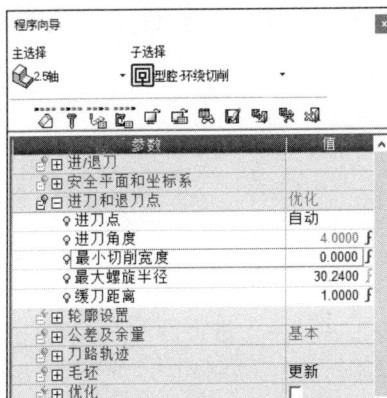

图 1-41　进刀角度设置

最大螺旋半径：螺旋半径一般不超过刀具直径，该值过大，在进刀的瞬间对刀具的损耗会比垂直下刀的损耗大，如图 1-42 所示。

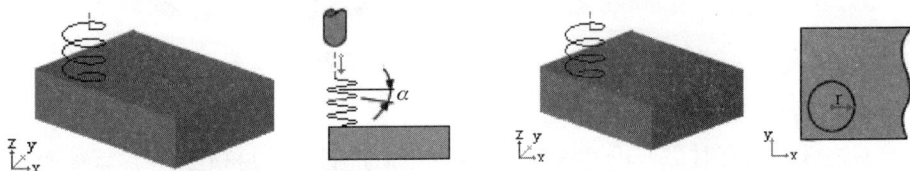

图 1-42　进刀角度与最大螺纹半径

最小切削宽度：设置该参数的目的是防止中心无切削能力的刀具下刀时被顶住，如图 1-43 所示。一般设置为大于刀具直径减刀具 2 倍的角落半径。

缓刀距离：指下刀时由快速进给转换到切入进给的切换高度，是相对值，如图 1-44 所示。一般为保证加工效率，建议使用 0.5～1mm。

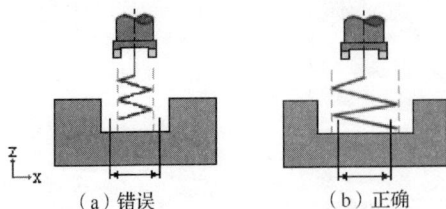

（a）错误　　　　（b）正确

图 1-43　最小切削宽度　　　　　　　　　图 1-44　缓刀距离

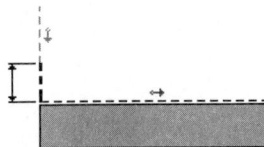

步骤 4：轮廓设置参数设置。

轮廓设置参数如图 1-45 所示。

图 1-45　轮廓设置参数

刀具位置（公共的）：在轮廓选择时已完成，此时选择默认即可。

轮廓偏移（公共的）：选择默认。

拔模角（公共的）：选择默认。

步骤 5：公差及余量参数设置。

公差及余量参数如图 1-46 所示。

图 1-46　公差及余量参数

轮廓偏移（粗加工）：指定轮廓粗铣留有一定的加工余量，如图 1-47 所示。本例设置为 0.2。注意：当选中"精铣侧向间隙"复选框时，最后沿轮廓加工时将去除这一部分的余量，如图 1-48 所示。加工软质材料时，为防止工件变形，该值设置可稍大一些。

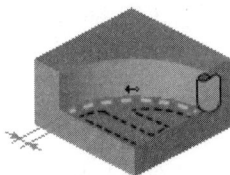

图 1-47　轮廓偏移

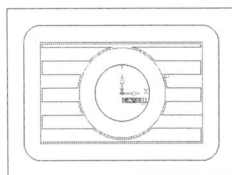

图 1-48　精铣侧向间距打开

轮廓精度：又称轮廓加工误差，以刀具中心点位置偏离值来定义允差，表示最大允差。如图 1-49 所示，实线表示轮廓，虚线表示刀路轨迹。可以看到，刀路轨迹是在一定偏差范围内逼近轮廓的。实际加工时，应根据工艺要求给定精度；粗加工时，加工误差可设置大一点，以便系统加快运算速度，程序长度也可较短，一般可设定为加工余量的 10%～30%；精加工时，为了达到加工精度，应减少加工误差，一般来说，加工精度的误差控制在标注尺寸公差的 1/5～1/10。这里是粗加工，可设置为 0.05。

步骤 6：刀路轨迹参数设置。

刀路轨迹参数如图 1-50 所示。

参数	值
⊞ 进/退刀	
⊞ 安全平面和坐标系	
⊞ 进刀和退刀点	优化
⊞ 轮廓设置	
⊞ 公差及余量	基本
⊟ 刀路轨迹	
Z值方式	值
Z最高点	0.0000 *f*
Z最低点	-59.8000 *f*
下切步距	31.5000 *f*
精铣侧向间距	☐
侧向步距	37.8000 *f*
拐角铣削	外部圆角
切削模式	顺铣
切削方向	由内往外
行间铣削	☐
区域	连接
⊞ 毛坯	更新
⊞ 优化	☐
⊞ 刀具及夹头	D63R6

图 1-49　轮廓精度　　　　　　　　　图 1-50　刀路轨迹参数

Z 值方式：有"值"和"自轮廓"两个选项，一般选择"值"选项。

Z 最高点、Z 最低点：用来指定切削起始高度和终止高度，如图 1-51 和图 1-52 所示。注意：最低点值一定要比最高点值小，否则无法计算，同时最高点值加缓刀距离不能大于安全高度值。这两个值可通过鼠标左键拾取设置。本例将 Z 最高点设置为 0，即指定切削起始高度从该点开始加工，考虑到粗加工余量为 0.2mm，Z 最低点设置为-59.8，留 0.2mm 余量。

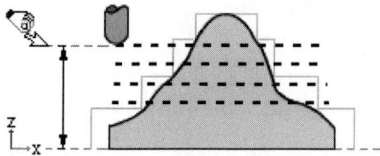

图 1-51　Z 最高点　　　　　　　　　图 1-52　Z 最低点

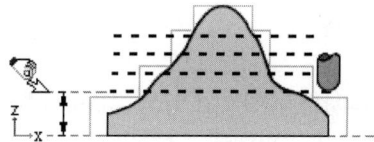

下切步距：用来指定每次加工 Z 方向深度的增量，是影响加工效率的主要因素之一，如图 1-53 所示。其值的确定需考虑切削所使用的刀具、被切削工件材料、切削余量、切削负荷、残余高度、切削进给等因素。本例设置为 0.5mm。

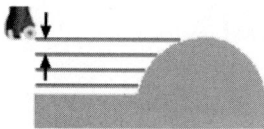

图 1-53　下切步距

精铣侧向间距：选中该复选框，可在平行切削后针对轮廓侧壁再做一周精铣，获得较为光顺的侧壁。一般与平行铣削配合使用，如图 1-54 所示。本例不选中该复选框。

侧向步距：相邻两行刀路轨迹之间的距离，如图 1-55 所示。粗加工一般取 0.5～0.75 倍的刀具直径。本例设置为 0.6 倍的刀具直径。

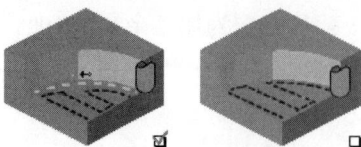

图 1-54　精铣侧向间距　　　　　　　　图 1-55　侧向步距

拐角铣削：指定刀具在拐角处的运动方式，有"外部圆角"、"所有圆角"和"所有尖角"3 个选项。当选择"外部圆角"选项时，刀具运动在外部偏移的轮廓拐角处以圆角过渡，如图 1-56 所示；当选择"所有圆角"选项时，刀具运动在所有拐角处以圆角过渡，如图 1-57 所示；当选择"所有尖角"选项时，刀具运动在所有拐角处产生尖角。一般选择"外部圆角"选项。

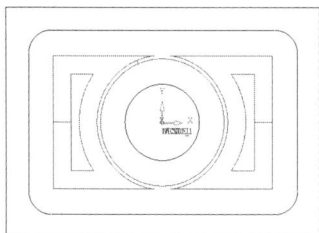

图 1-56   外部圆角

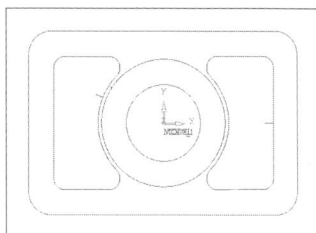

图 1-57   所有圆角

切削模式：设置切削加工的方向，有 3 个选项可选择，分别是"顺铣"、"逆铣"和"混合铣"。选择"混合铣"选项时，刀路轨迹既可以顺铣，又可以逆铣，有利于缩短刀具路径，减少抬刀次数。本例选择"顺铣"选项。

切削方向：设置刀具方向是"由内往外"还是"由外往内"，如图 1-58 所示。对于型腔加工，一般选择"由内往外"选项。

行间铣削：选中该复选框，系统将自动清理行间残留，如图 1-59 所示。注意：只有在侧向步长的设置值介于刀具半径和刀具直径之间时"行间铣削"复选框才会出现。本例选择该选项。

（a）由内往外

（b）由外往内

图 1-58   切削方向

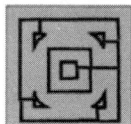

（a）不选择

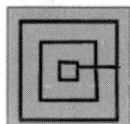

（b）选择

图 1-59   行间铣削设置

（4）设置机床参数

单击"机床参数"图标 ，系统切换到机床参数界面，在其中可对机床参数进行设置，如图 1-60 所示。机床参数设置说明如下。

图 1-60   机床参数界面

进给及转速计算：单击"进入"按钮，系统弹出"进给及转速计算"对话框，如图 1-61 所示，可直观地对主轴转速、每齿进给、进给等切削参数进行设置。

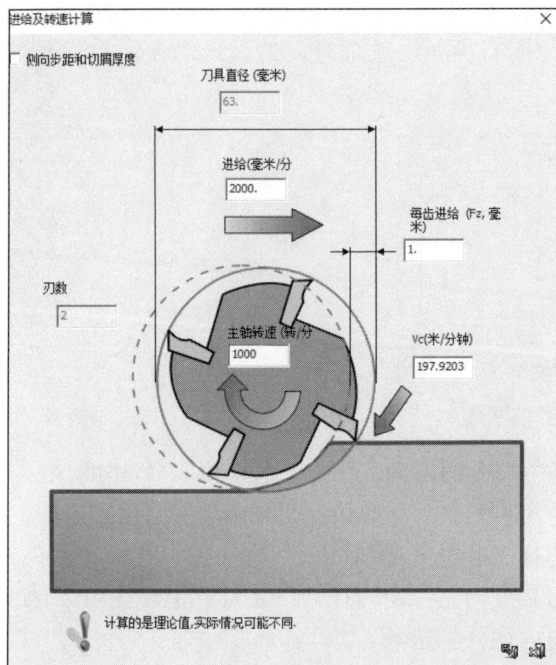

图 1-61 "进给及转速计算"对话框

V_c（米/分钟）：切削速度，指铣刀外圆切削刃的线速度，如图 1-62 所示。

主轴转速：单位为转/分钟（即 r/min），主轴转速和切削速度的换算关系为 $V_c=\pi dn/1000$（d 表示工件最大直径，n 表示主轴转速），如图 1-63 所示。切削速度和主轴转速二者只需设置其中一个，系统即可根据公式自动计算出另一参数值。本例设置主轴转速为 1000。

进给（毫米/分钟）：指机床工作台在切削时的进给速度，如图 1-64 所示。进给速度直接关系到加工质量和加工效率，由刀具和工件材料决定，可以按公式 $F=znf_z$ 计算（z 为刀具的刃数，n 为主轴转速，f_z 为每齿进给量）。该值设置为 2000。

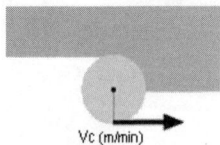

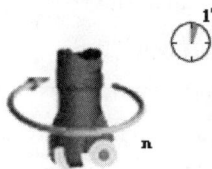

图 1-62 切削速度　　　　　　图 1-63 主轴转速　　　　　　图 1-64 进给

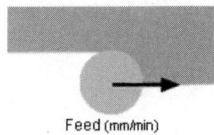

空走刀连接：设置不产生切削运动时的进给，如在安全平面移动、抬刀、转换、下刀接近等。一般设置为快速移动，使用 G00 方式插位。也可以设定空走刀的进给值，如图 1-65 所示。

插入进给（%）：设置初始切削进刀时的进给。进刀时，因为进行端铣，所以应以较慢的速度进给。以进给的百分比来定义，其刀路轨迹如图 1-66 所示。本例设置为 30。

（a）设置为快速移动　　　　（b）设定进给值

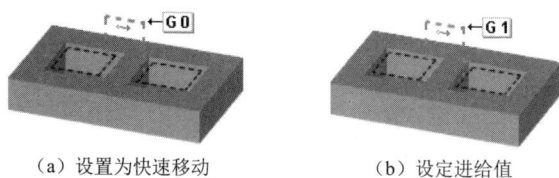

图 1-65　空走刀选项

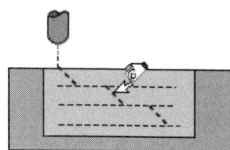

图 1-66　插入进给的刀路轨迹

侧向进刀进给：刀路中进行水平的侧向走刀，可能产生全刀切削，切削条件相对较恶劣，可以设置不同的进给速度。其刀路轨迹示意图如图 1-67 所示。本例设置为 80。

允许刀具补偿：该选项可以开启和关闭。通常设置为关闭，G41 表示左刀补，G42 表示右刀补，如图 1-68 所示。

图 1-67　侧向进刀进给的刀路轨迹

图 1-68　刀具半径补偿

冷却方式：指定切削液关闭或选择某种冷却介质，包括"关闭冷却"、"冷却液"、"喷雾"、"中心出水"和"吹气"等选项，分别对应机床控制的辅助功能 M 指令：M9（关闭冷却）、M8（冷却液）、M11（喷雾）、M12（中心出水）、M7（吹气）。注意：部分机床只能支持 M8 和 M9。一般选择"关闭冷却"选项。

主轴旋转方向：有 3 个选项，分别是"顺时针"［主轴正转，如图 1-69（a）所示］、"逆时针"［主轴反转，如图 1-69（b）所示］和"关闭"（主轴停止）。一般采用顺时针。

（5）刀路生成

单击"保存并计算"图标 ，系统将根据前面设置的参数自动计算刀路轨迹，并在绘图区显示生成的刀路轨迹，如图 1-70 所示。

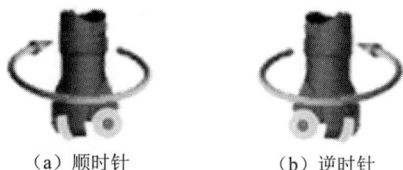

（a）顺时针　　　　　（b）逆时针

图 1-69　主轴旋转方向

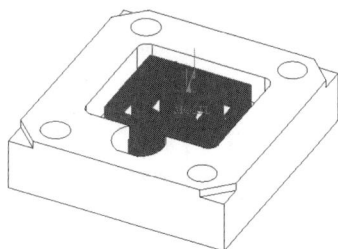

图 1-70　生成刀路轨迹

微课：压铸模动模板开粗编程

选择"分析"→"测量"命令，系统弹出"测量"对话框，配合视图操作及动态截面操作进行刀路检查，以检查加工余量是否符合要求，如图 1-71 所示。

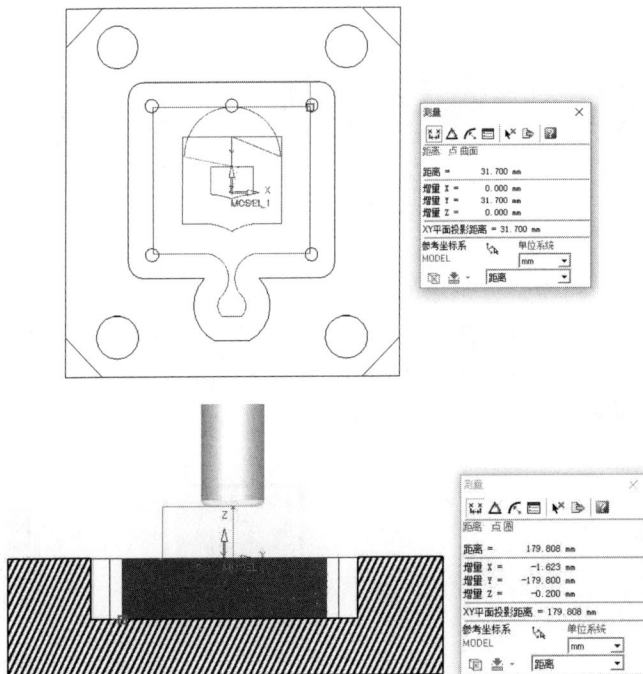

图 1-71　刀路检查

7. 机床仿真

单击"NC 向导"中的"机床仿真"图标，系统弹出"机床仿真"对话框，如图 1-72 所示，单击"确认"图标，系统打开"CimatronE-机床模拟"窗口。单击"运行"图标，进行实体切削模拟，如图 1-73 所示。加工模拟结果如图 1-74 所示。

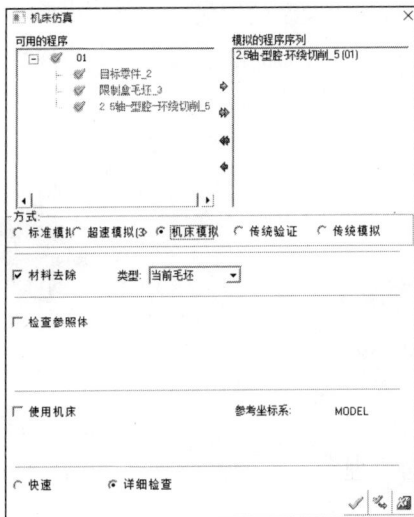

图 1-72　"机床仿真"对话框

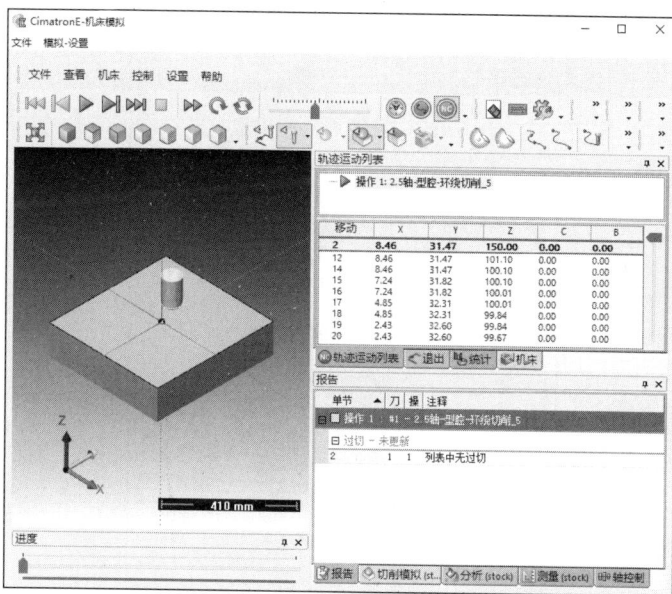

图 1-73　"CimatronE-机床模拟"窗口

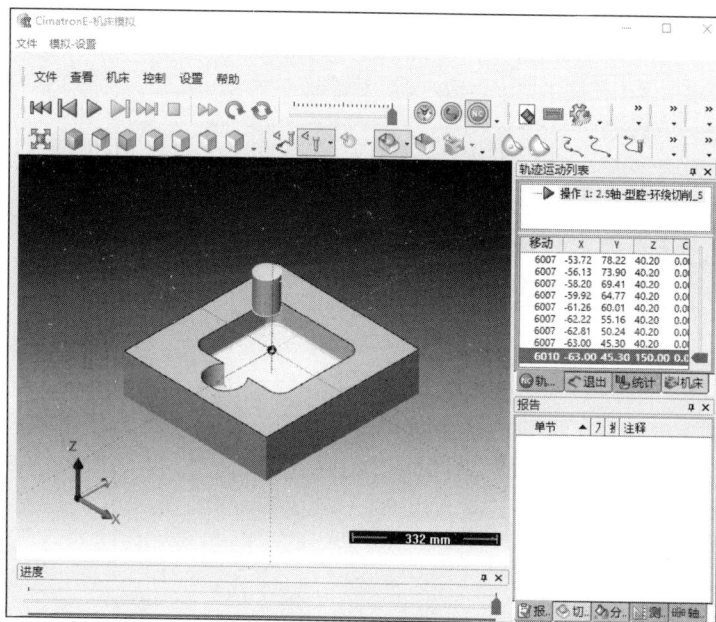

动画：压铸模
动模板开粗

图 1-74　加工模拟结果

8. 后处理

单击"NC 向导"中的"后处理"图标，进入后置处理功能，系统将弹出"后处理"对话框，如图 1-75 所示。选择处理后输出程序的存储地址，设置重命名文件类型为仅 G 代码文件，文件名为 dmb01，选中"完成后打开输出的文件"复选框，其他保持默认。单击"确认"图标进行后处理。后处理完成后，系统将产生一个程序文件，如图 1-76 所示。

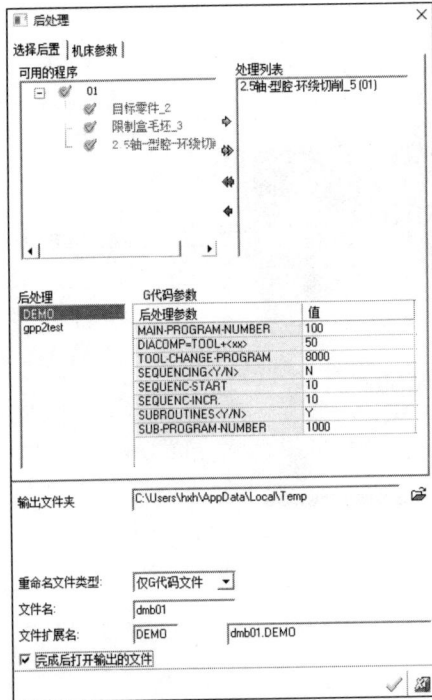

图 1-75 "后处理"对话框

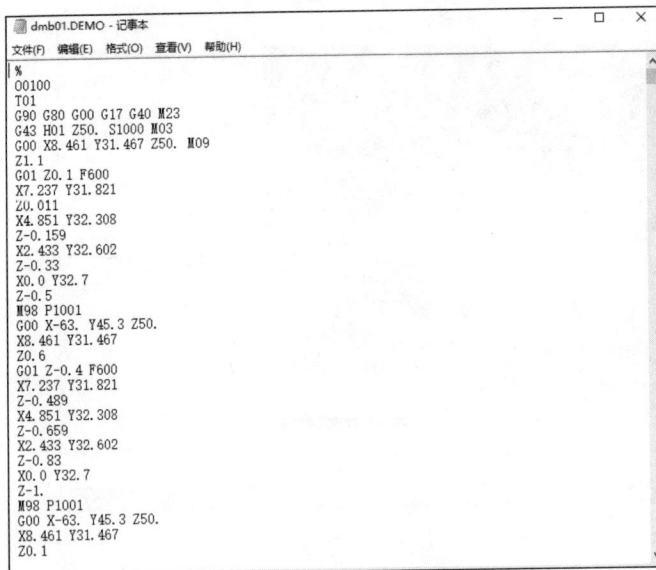

图 1-76 生成数控程序

1.3.2 二次开粗清角

1. 创建刀具

单击"NC向导"中的"刀具"图标，系统弹出"刀具及夹头"对话框，单击"新刀具"

图标，按图 1-77 所示设置参数，单击"确认"图标，创建 D22R0.8 牛鼻刀。

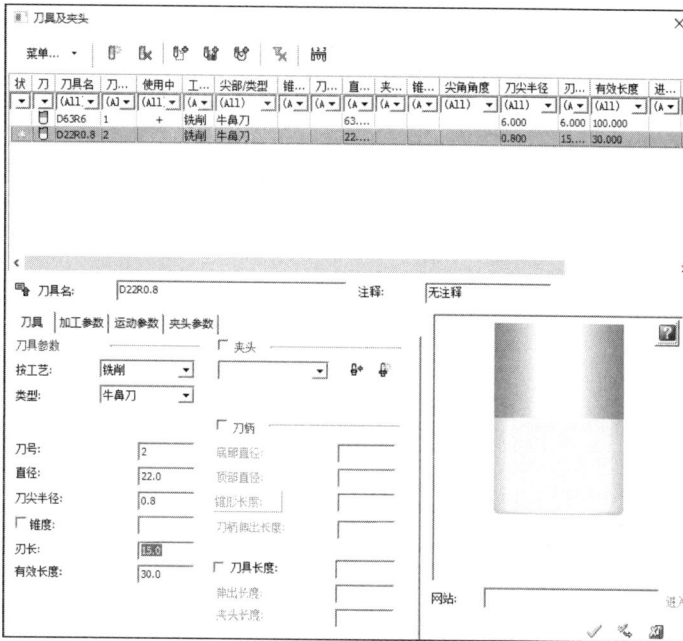

图 1-77　创建刀具

2. 创建刀路轨迹

单击"NC 向导"中的"刀轨"图标，系统弹出"创建刀轨"对话框，修改名称为 02，类型为 2.5 轴，安全平面为 50，单击"确认"图标，创建 2.5 轴刀路轨迹。完成后，在"NC 程序管理器"中会新增一个名为 02 的刀路轨迹，如图 1-78 所示。

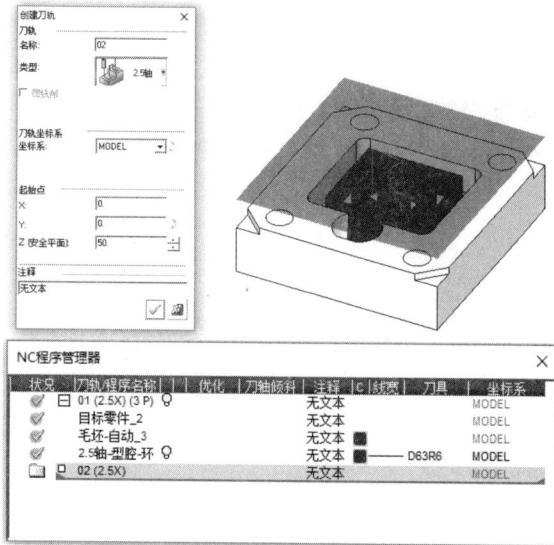

图 1-78　创建刀路轨迹

3. 创建 4 个角部清角程序

为方便后续刀路轨迹的创建，单击程序"2.5 轴-型腔-环绕切削"后的"隐藏"图标，隐藏该程序的刀路轨迹，如图 1-79 所示。

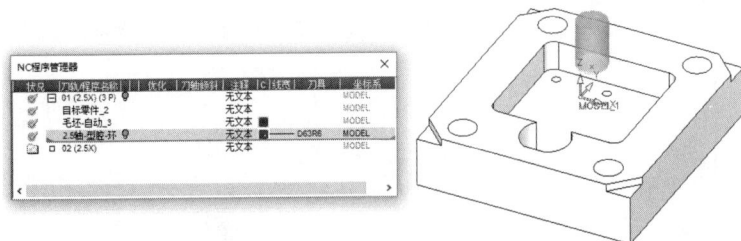

图 1-79　刀路轨迹的隐藏

单击"NC 向导"中的"程序"图标，系统弹出"程序向导"对话框，开始创建加工程序，修改"子选择"为"开放轮廓"，如图 1-80 所示。开放轮廓指沿着开放的轮廓线生成切削加工刀路轨迹的一种加工策略，轮廓线可以是一条或数条。与此相对应，封闭轮廓指沿着封闭的轮廓线生成切削加工刀路轨迹的一种加工策略。其轮廓线也可以是一条或数条，但所有轮廓线是相互独立的，不形成嵌套。

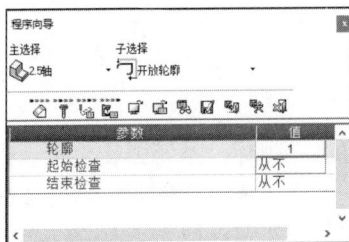

图 1-80　选择工艺

（1）选择轮廓

系统自动继承上一轮廓设置，轮廓值为 1。单击轮廓后的"1"按钮，系统弹出"轮廓管理器"对话框。在绘图区单击右键，系统弹出轮廓修改快捷菜单，如图 1-81 所示。选择"重置所有"命令对轮廓进行重置，在"轮廓管理器"对话框中显示全部轮廓数为 0，如图 1-82 所示。

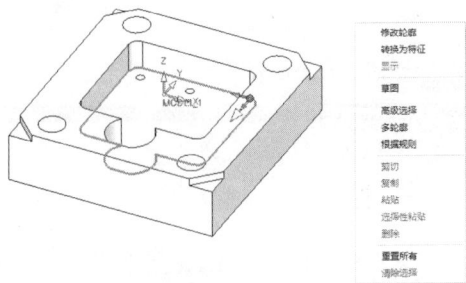

图 1-81　轮廓重置界面

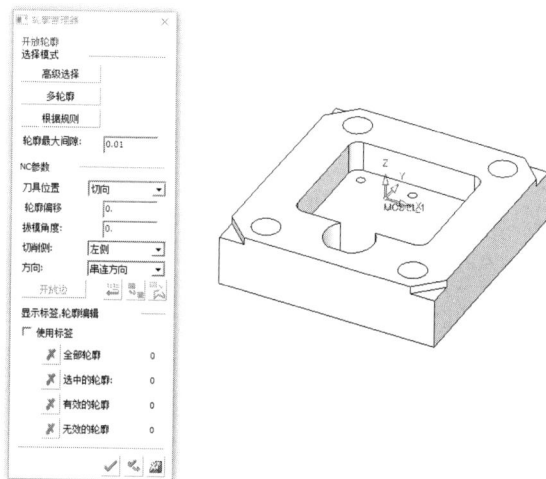

图 1-82　轮廓重置后效果

轮廓参数设置如下。

刀具位置：有"切向"和"轮廓上"两个选项。加工以轮廓线为边界的工件，通常选择"切向"选项。

轮廓偏移：考虑到角落要进行精加工，因此这里设置为 0.2mm。

拔模角度：保持默认值。

切削侧：有"左侧"、"右侧"和"如同挖槽"3 个选项。如果沿轮廓走向，刀具在轮廓左侧，则选择"左侧"选项，反之选择"右侧"选项。这里选择"左侧"选项。

在绘图区选择将要加工的轮廓线，方法为单击左键选择，再单击中键确认，此时有效的轮廓和全部轮廓的值均变为 1，如图 1-83 所示。

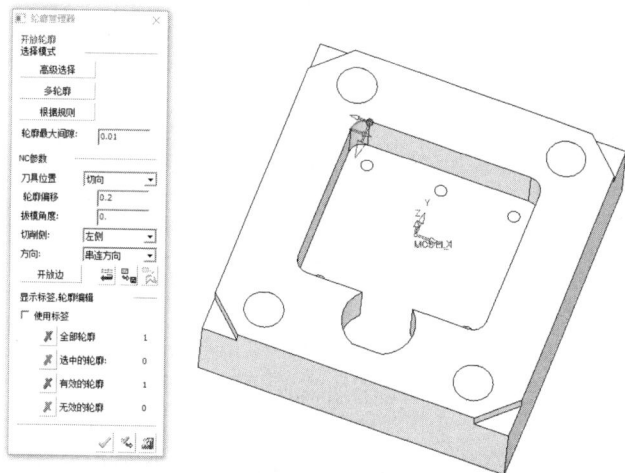

图 1-83　选择第一条轮廓

用相同的方法依次选择其他 3 条轮廓线，完成轮廓的选择。此时，有效的轮廓和全部轮廓的值均变为 4，如图 1-84 所示。单击"确认"图标，退出"轮廓管理器"对话框，此时轮廓值为 4，如图 1-85 所示，完成 4 条轮廓的创建。

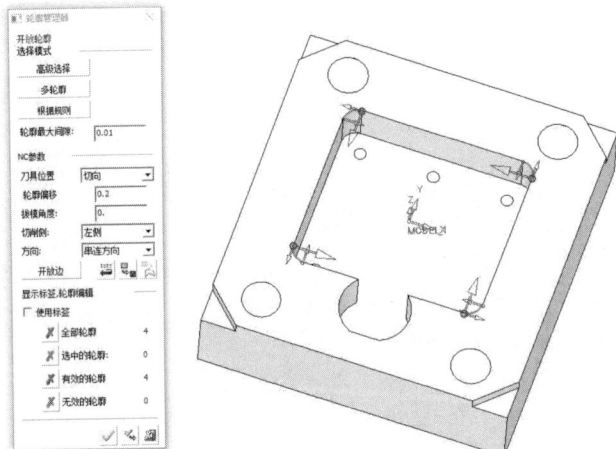

图 1-84　轮廓选择

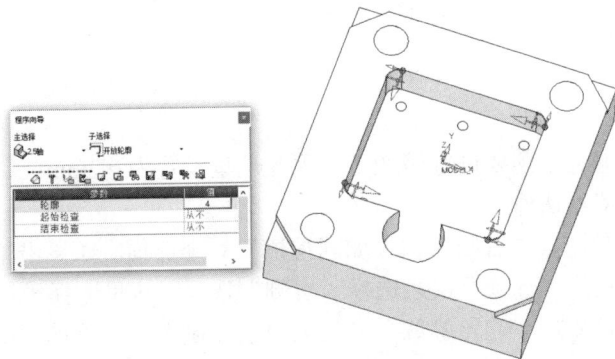

图 1-85　轮廓创建

（2）选择刀具

单击"刀具"图标，系统弹出"刀具及夹头"对话框，选择 D22R0.8 牛鼻刀，单击"确认"图标，完成刀具选择。

（3）设置刀路参数

单击"刀路参数"图标，系统切换到刀路参数界面。安全平面和坐标系、进刀和退刀点、公差及余量等参数可保持默认值，轮廓已在轮廓选择时进行设置。其他各参数设置如下。

步骤 1：进/退刀参数设置。

进/退刀参数如图 1-86 所示。其中，轮廓进刀类型和轮廓退刀类型都有"法向"、"相切"和"等分"3 个选项。不同的进/退刀类型所需要设置的参数不同。这里是粗加工，因此可选择"法向"选项。

图 1-86　进/退刀参数

法向：以一段直线作为引入线，且与轮廓线垂直的进/退刀方式。需要设定法向进刀线或退刀线长度。

相切：以一段圆弧作为引入线，且与轮廓线相切的进/退刀方式。需要设定进/退刀圆弧半径。这种方式可以缓慢地切入（切出）到轮廓边缘，可以获得比较好的加工表面质量，通常在精加工中使用。

等分：以检查曲线和轮廓线的角平分线作引入线的一种进/退刀方式。这种方法在实际中较少使用。

延伸：表示在进刀点之前延伸一段距离再进刀，在退刀点之后延伸一段距离后再退刀。一般选择默认值。

步骤2：刀路轨迹参数设置。

Z最高点、Z最低点：考虑到只是对4个角落进行清角加工，底部还要进行清角加工，因此可将Z最高点设置为0，Z最低点设置为-59.8，底部留有0.2mm余量。

下切步距：设置为0.5mm，如图1-87所示。

刀路轨迹	
Z值方式	值
Z最高点	0.0000 ƒ
Z最低点	-59.8000 ƒ
下切步距	0.5000 ƒ
毛坯宽度：	0.0000 ƒ

图1-87 下切步距参数设置

裁剪环：共有3个选项，分别为"局部"、"全局"和"关闭"，如图1-88所示。进行裁剪可以避免过切，但会造成轮廓的一部分位置加工不到位。图1-89为各选项对比示意图，建议选择"全局"选项，以保证有足够的安全性。

刀路轨迹	
Z值方式	值
Z最高点	0.0000 ƒ
Z最低点	-59.8000 ƒ
下切步距	0.5000 ƒ
毛坯宽度：	0.0000 ƒ
裁剪环	全局 ▾
样条逼近	局部
铣削模式	全局
拐角铣削	关闭
切削风格	双向

图1-88 裁剪环选项

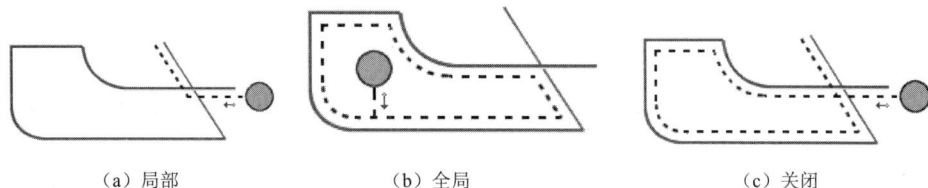

（a）局部　　　　　　　　（b）全局　　　　　　　　（c）关闭

图1-89 各选项对比示意图

样条逼近：样条曲线的刀路轨迹可以采用线性逼近方式（图1-90），此时生成的程序将全部使用直线插补指令；采用圆弧逼近方式时，生成的程序将使用直线插补指令与圆弧插补指令。一般来说，使用圆弧逼近方式所产生的刀路轨迹与轮廓线的重合性更好，同时程序长度也更短。图 1-91 为样条逼近的示意图。

图 1-90　样条逼近选项

（a）样条逼近：线性　　　　　　　　　　　（b）样条逼近：圆弧

图 1-91　样条逼近的示意图

铣削模式：铣削模式决定了加工时的走刀模式，有标准和摆线两种，如图 1-92 所示。通常情况下选择标准模式，刀具沿轮廓直接进给，如图 1-93 所示。摆线模式下，刀具以摆线方式沿轮廓进给，如图 1-94 所示。在切削较大的毛坯宽度时，使用摆线方式进行可保持均匀的切削负荷，并保持较高的进给速度。选择摆线模式时，需要设置"摆线直径"和"摆线步长"两个参数。

图 1-92　铣削模式选项

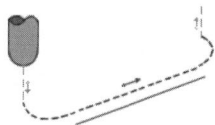

图 1-93　铣削模式：标准　　　　　　　　　　图 1-94　铣削模式：摆线

拐角铣削：拐角部位，特别是较小角度的拐角部位，会使机床的运动方向发生突变，造成切削负荷大幅度变化，对刀具极其不利。因此，可通过设置拐角模式来减少对刀具的不利影响。有 4 种拐角模式可选择，分别为圆角、尖角、尖角运动和全部圆角，如图 1-95 所示。一般情况下，应优先选用圆角模式，以有比较圆滑的过渡；而使用全部圆角模式将在凹角部位留下残余。拐角铣削方式如图 1-96 所示。

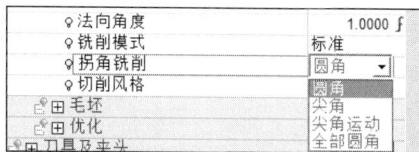

图 1-95 拐角铣削选项

(a) 圆角   (b) 尖角   (c) 尖角运动   (d) 全部圆角

图 1-96 拐角铣削方式

切削风格：设置为双向。

最终刀路轨迹参数设置如图 1-97 所示。

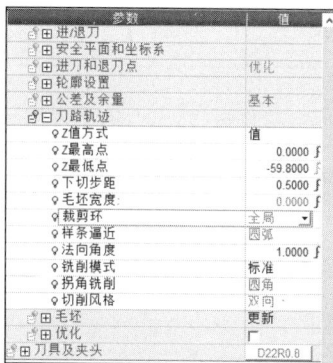

图 1-97 最终刀路轨迹参数设置

（4）设置机床参数

单击"机床参数"图标，系统切换到机床参数界面，设置机床的主轴转速为 2200、进给为 2000，角落进给为 60，其他保持默认值，如图 1-98 所示。

图 1-98 机床参数设置效果

（5）程序生成

单击"保存并计算"图标，系统将根据前面设置的参数自动计算刀路轨迹，并在绘图

区显示生成的刀路轨迹，如图 1-99 所示。

微课：压铸模
动模板 4 个角
落清角加工
编程

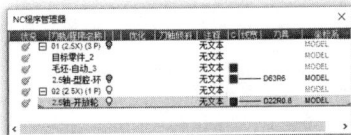

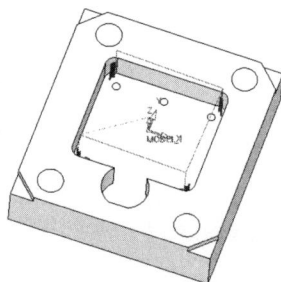

动画：压铸模
动模板 4 个角
落清角

图 1-99　生成刀路轨迹

4. 创建底部清角加工程序

单击"NC 向导"中的"程序"图标，系统弹出"程序向导"对话框，修改"子选择"为"封闭轮廓"，如图 1-100 所示。

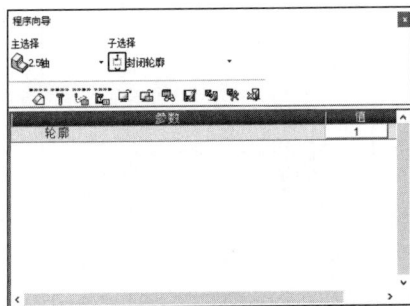

图 1-100　选择工艺

（1）选择轮廓

单击轮廓后的"1"按钮，系统弹出"轮廓管理器"对话框，如图 1-101 所示。

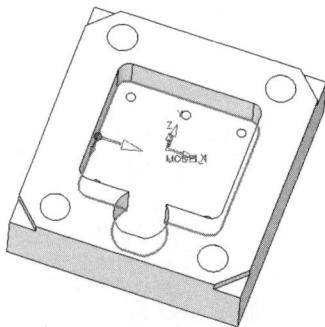

图 1-101　"轮廓管理器"对话框及轮廓效果

参数设置如下。

刀具位置：有"切向"和"轮廓上"两个选项。这里加工以轮廓线为边界的工件，故选择"切向"选项。

轮廓偏移：考虑到侧面还要进行精加工，因此应向内侧偏移一定距离，这里设置为0.2mm。

拔模角度：保持默认值。

切削侧：有"内侧"、"外侧"和"如同挖槽"3个选项，其中，内侧、外侧示意图，如图1-102所示。这里加工型腔，设置为内侧。

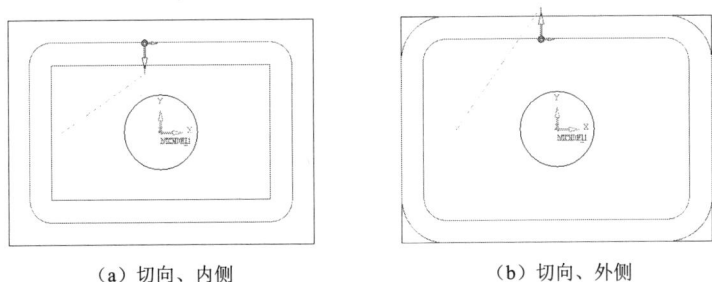

（a）切向、内侧　　　　　　　　　　（b）切向、外侧

图 1-102　内侧、外侧示意图

起始点：用来设置加工起始点。该点最好不要设置在转角附近，并且要注意进/退刀及其延伸段是否会发生过切。注意：图形上箭头所处位置表示当前进刀点，长的箭头表示切削侧，短的箭头表示铣削方向。

若起始点不合适，应进行重置。单击"起始点"按钮，在封闭轮廓上选择合适的起始点，单击左键，完成起始点重置，如图1-103所示。单击"确认"图标，退出"轮廓管理器"对话框，完成轮廓选择，如图1-104所示。

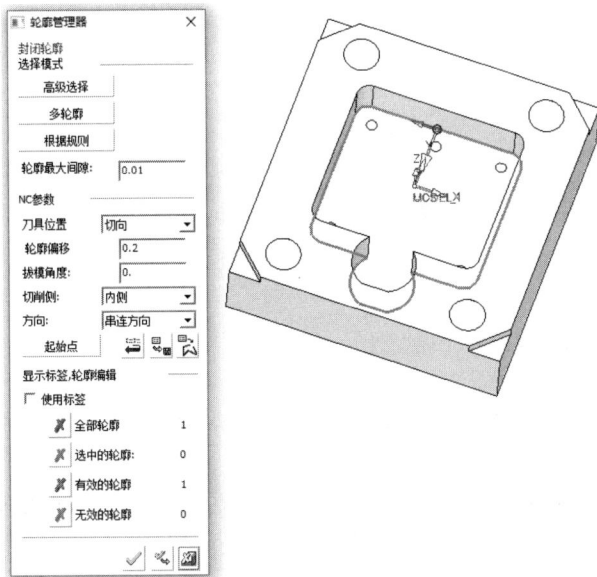

图 1-103　起始点重置

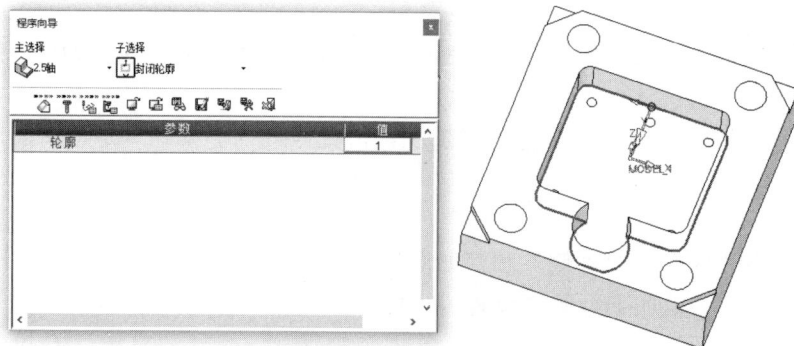

图 1-104　完成轮廓选择

（2）设置刀路参数

单击"刀路参数"图标，系统切换到刀路参数界面，如图 1-105 所示。

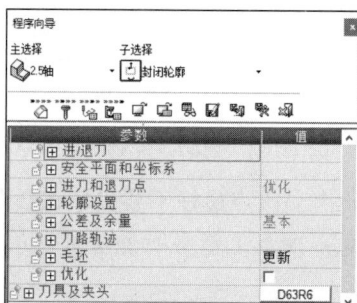

图 1-105　底部清角刀路参数

各参数设置如下。

进/退刀：轮廓进刀类型和轮廓退刀类型都设置为相切，圆弧半径设置为 6，延伸设置为 0，如图 1-106 所示。

图 1-106　进/退刀参数设置

安全平面和坐标系：选择默认值。

进刀和退刀点：选择默认值。

轮廓设置：已在轮廓选择时进行设置，这里选择默认值。

公差及余量：选择默认值。

刀路轨迹：考虑到是底部清角加工，根据上一把刀具开粗后的残料高度，将 Z 最高点设置为-53.8，Z 最低点设置为-59.8，底部留有 0.2mm 余量。下切步距设置为 0.5mm，其他参数按图 1-107 所示进行设置。

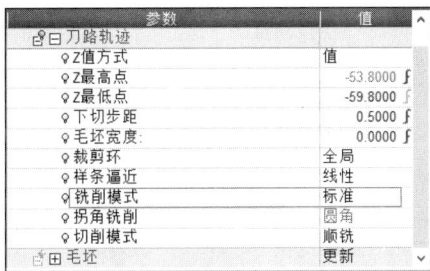

图 1-107 刀路轨迹参数设置

刀具及夹头：如发现刀具不符合要求，可使用该选项，进行重新选择。单击"D63R6"按钮，系统弹出"刀具及夹头"对话框，选择 D22R0.8 刀具，单击"确认"图标，退出"刀具及夹头"对话框，完成刀具的重选，效果如图 1-108 所示。

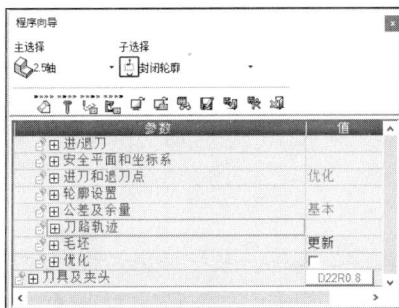

图 1-108 刀具重选效果

（3）程序生成

单击"保存并计算"图标，系统将根据前面设置的参数自动计算刀路轨迹，并在绘图区显示生成的刀路轨迹，如图 1-109 所示。

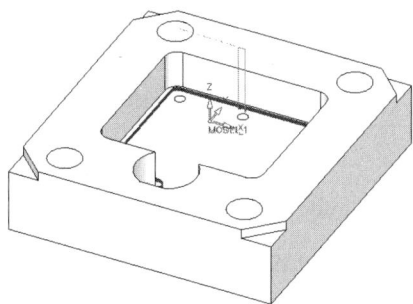

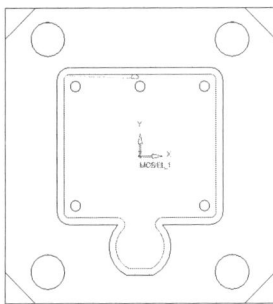

微课：压铸模
动模板底部
清角加工
编程

动画：压铸模
动模板底部
清角

图 1-109 生成刀路轨迹

1.3.3 底面精加工

1. 创建刀路轨迹

单击"NC 向导"中的"刀轨"图标，系统弹出"创建刀轨"对话框，修改名称为 03，类型为 2.5 轴，安全平面为 50，单击"确认"图标，创建 2.5 轴刀路轨迹。完成后，"NC 程序管理器"中新增一个名为 03 的刀路轨迹，同时将 2.5 轴-封闭轮廓的刀路轨迹关闭，如图 1-110 所示。

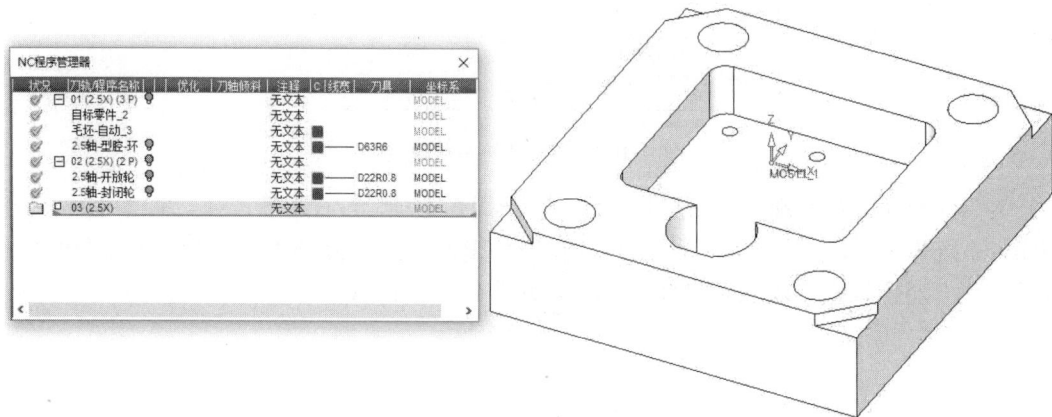

图 1-110　创建 03 刀路轨迹

2. 创建程序

单击"NC 向导"中的"程序"图标，系统弹出"程序向导"对话框，开始创建加工程序，修改"子选择"为"型腔-环绕切削"，如图 1-111 所示。

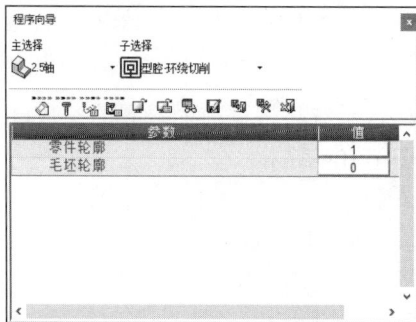

图 1-111　选择工艺

（1）选择零件轮廓

单击零件轮廓后的"1"按钮，系统弹出"轮廓管理器"对话框，选择刀具位置为轮廓内，考虑到还要进行侧壁精铣，留 0.2mm 余量，如图 1-112 所示。此时，如果各参数已经继承上一程序设置，可直接退出。

（2）选择刀具

单击"刀具"图标，系统弹出"刀具及夹头"对话框，选择 D22R0.8 牛鼻刀，单击"确认"图标，完成刀具的选择。

（3）设置刀路参数

单击"刀路参数"图标，系统切换到刀路参数界面。考虑到精铣底面，因此将 Z 最高点设置为-59.8，Z 最低点设置为-60，不留余量，其他参数按图 1-113 所示进行设置。

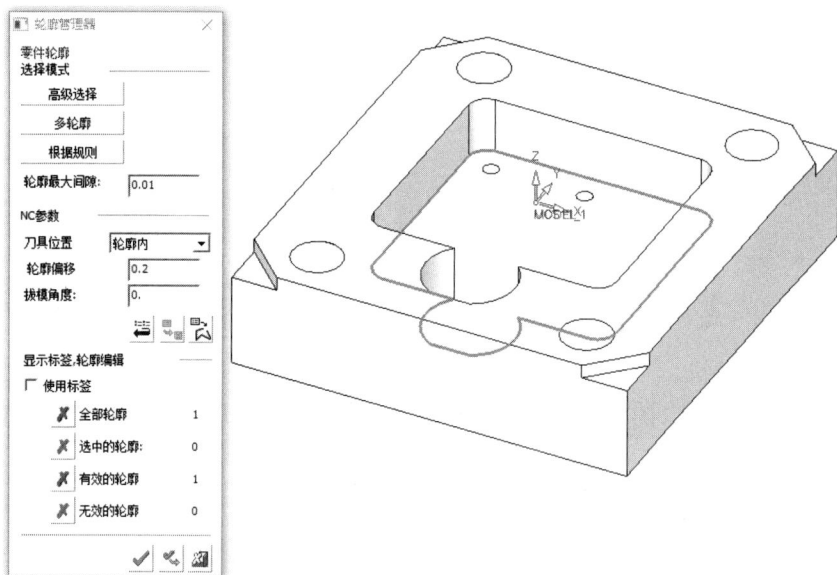

图 1-112 零件轮廓选择

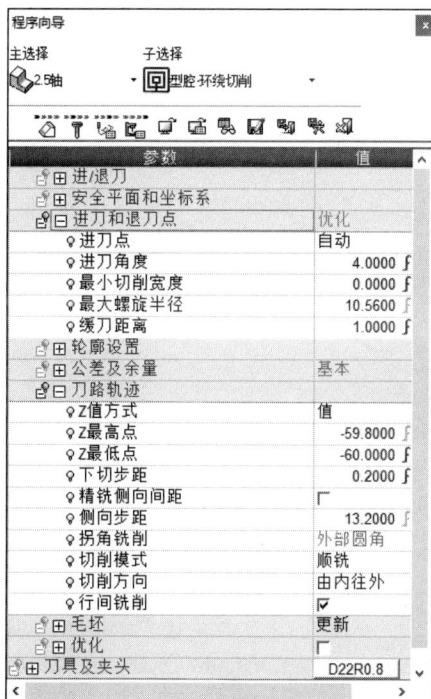

图 1-113 刀路参数设置效果

（4）设置机床参数

单击"机床参数"图标，系统切换到机床参数界面，设置机床的主轴转速为3000、进给为800，其他选择默认值，如图 1-114 所示。

图 1-114　机床参数设置

（5）程序生成

单击"保存并计算"图标，系统将根据前面设置的参数自动计算刀路轨迹，并在绘图区显示生成的刀路轨迹，如图 1-115 所示。

微课：压铸模
动模板底面精
加工编程

动画：压铸模
动模板底面
精加工

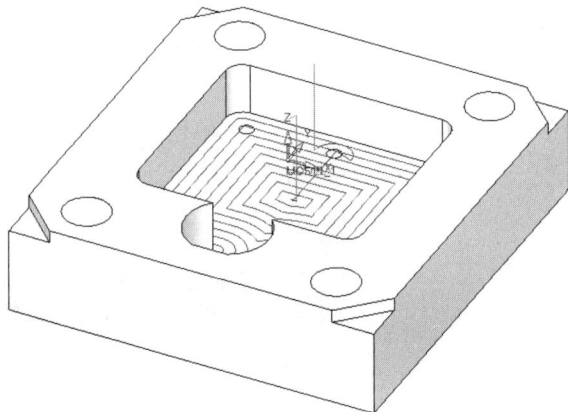

图 1-115　生成刀路轨迹

1.3.4　外轮廓加工

1. 创建刀路轨迹

单击"NC 向导"中的"刀轨"图标，系统弹出"创建刀轨"对话框，修改名称为 04，类型为 2.5 轴，安全平面为 50，单击"确认"图标，创建 2.5 轴刀路轨迹。完成后，"NC程序管理器"中会新增一个名为 04 的刀路轨迹，如图 1-116 所示。

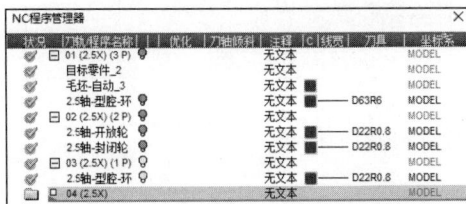

图 1-116　外轮廓加工刀路轨迹创建

2. 创建程序

单击"NC 向导"中的"程序"图标，系统弹出"程序向导"对话框，开始创建加工程序，修改"子选择"为"开放轮廓"，并关闭上一程序的刀路轨迹显示，如图 1-117 所示。

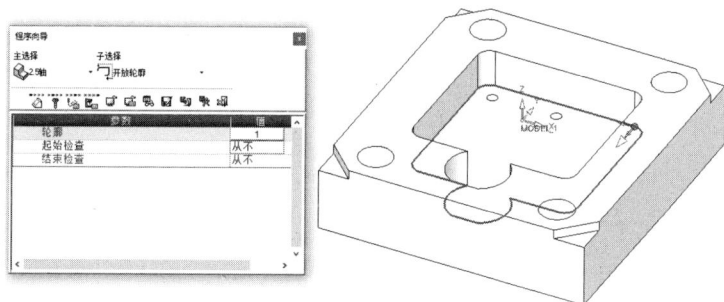

图 1-117　选择工艺及其效果

（1）选择轮廓

单击轮廓后的"1"按钮，系统弹出"轮廓管理器"对话框，首先对轮廓进行重置，如图 1-118 所示。

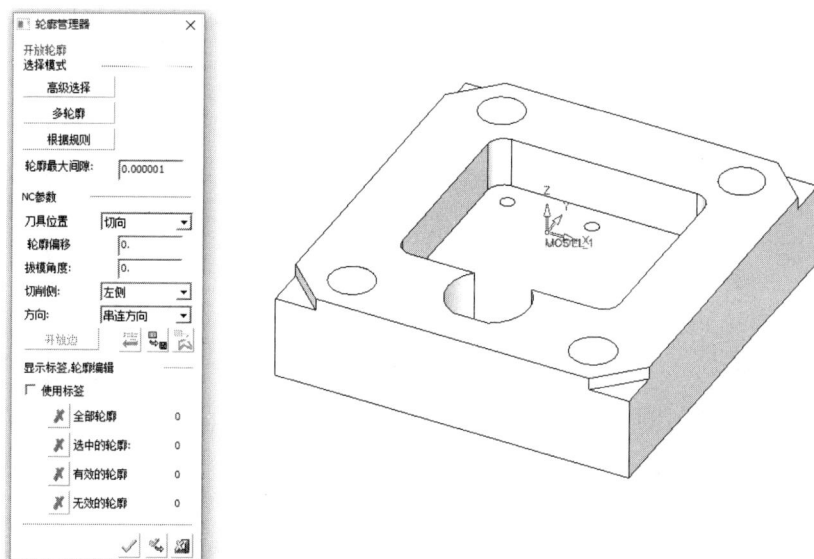

图 1-118　轮廓设置

刀具位置选择切向，轮廓偏移、拔模角度选择默认值，切削侧选择左侧。

在绘图区选择将要加工的第一条轮廓，单击左键，注意方向，如图 1-119 所示。如果箭头方向与要求相反，则单击箭头，使其反向，再单击中键确认，完成第一条轮廓的选择。再依次选择其他 3 条轮廓，如图 1-120 所示。最后单击"确认"图标，退出"轮廓管理器"对话框，完成 4 条开放轮廓的选择。

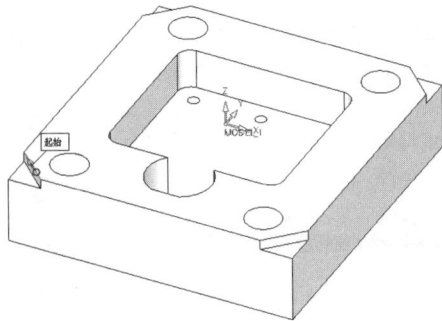

图 1-119　选择第一条轮廓线

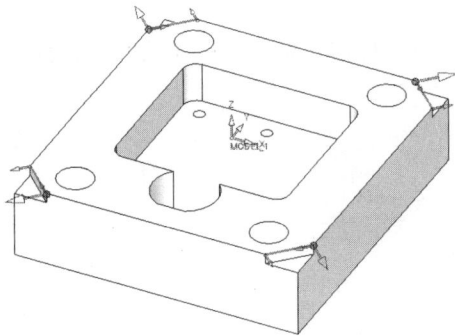

图 1-120　轮廓选择

（2）选择刀具

单击"NC 向导"中的"刀具"图标，选择 D22R0.8 牛鼻刀，单击"确认"图标。如已继承上一程序，则可选择默认值。

（3）设置刀路参数

单击"NC 向导"中的"刀路参数"图标，系统切换到刀路参数界面，按下述步骤设置刀路参数。

进/退刀：考虑到刀具可从边上进/退刀，因此轮廓进/退刀类型选择法向，并设置退刀值为 0、延伸为 5mm，如图 1-121 所示。

参数	值	
进/退刀		
轮廓进刀类型	法向	
进刀	0.0000	ƒ
延伸	5.0000	ƒ
轮廓退刀类型	法向	
退刀	0.0000	ƒ
延伸	5.0000	ƒ

图 1-121　进/退刀参数设置

安全平面与坐标系：可选择默认值。

进刀和退刀点：有"轮廓顺序"和"缓刀距离"两个参数。轮廓顺序是指按指定坐标轴或指定方向的次序切削，该参数仅在加工多条不相连的轮廓线时有效。轮廓顺序的选项如图 1-122 所示，分别为"根据 X"、"根据 Y"、"最近的"和"不排序"，其示例如图 1-123 所示。缓刀距离可选择默认值。

图 1-122　轮廓顺序的选项

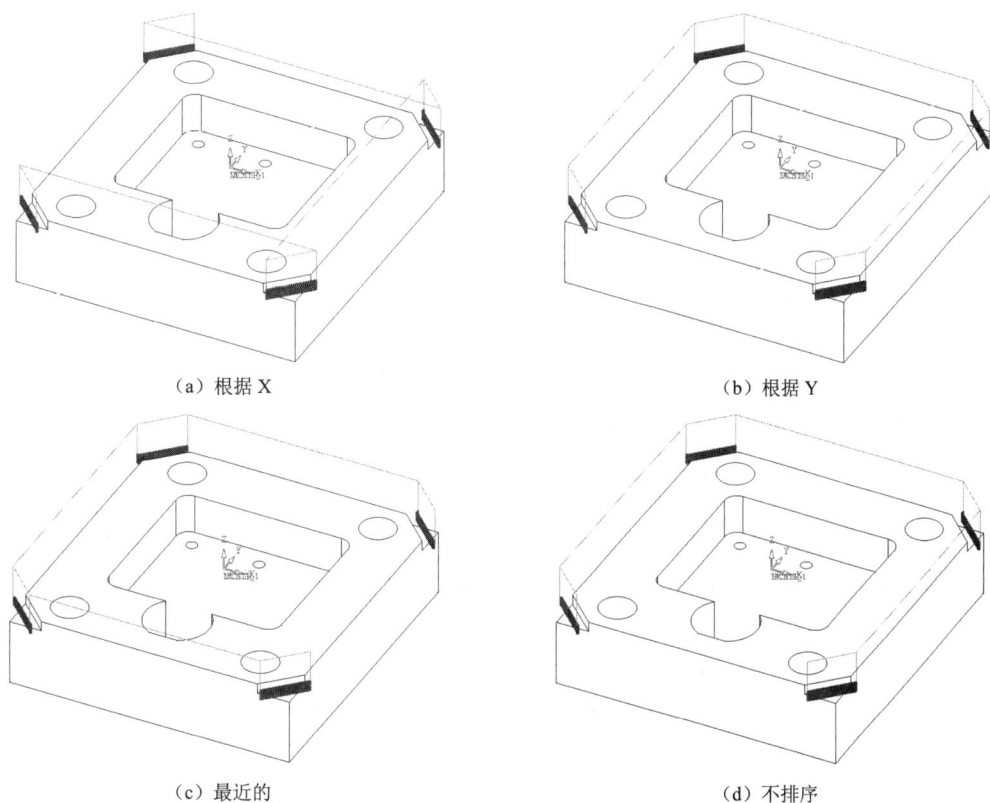

（a）根据 X

（b）根据 Y

（c）最近的

（d）不排序

图 1-123　轮廓顺序示例

轮廓设置、公差及余量：可选择默认值。

刀路轨迹：Z 最高点设置为 0，Z 最低点设置为-15。下切步距设置为 0.5。考虑到刀具直径，不能一刀完成加工，故可通过设置毛坯宽度的方式进行第二刀加工。通过测量，毛坯宽度设置为 30，侧向步距为 15，分两次完成轮廓加工。刀路轨迹参数设置如图 1-124 所示。

图 1-124　刀路轨迹参数设置

切削风格：指定刀具单向或双向铣削，如图 1-125 所示。单向铣削在层间将抬刀，可以控制每一层都是顺铣或逆铣。双向铣削在完成一行加工后直接进入下一行切削，不抬刀，因此可以获得较高的切削效率，但其加工获得的表面质量不如单向铣削好。

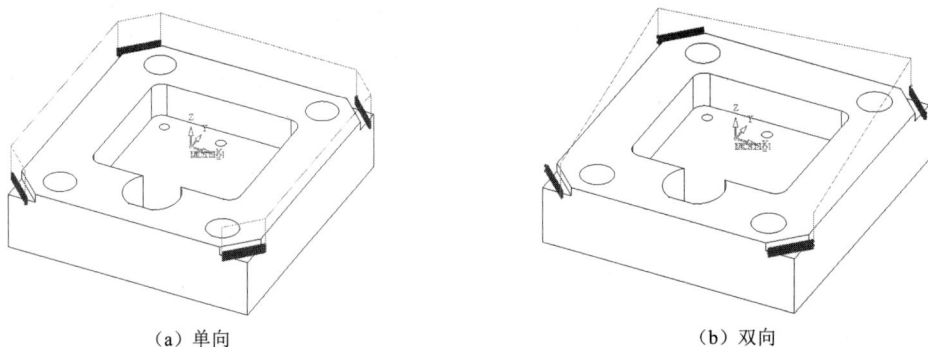

（a）单向　　　　　　　　　　　　　（b）双向

图 1-125　切削方向

如选择单向铣削，还要设置另一组选项：顺铣或逆铣。变换顺、逆铣削方向时，开放轮廓加工的刀具路径的起点和终点将发生变换。

裁剪环、样条逼近等参数可选择默认。

（4）设置机床参数

单击"NC 向导"中的"机床参数"图标，系统切换到机床参数界面，设置机床的主轴转速为 1800、进给为 2000，其他选择默认值，如图 1-126 所示。

图 1-126　机床参数设置

（5）程序生成

单击"保存并计算"图标，系统将根据前面设置的参数自动计算刀路轨迹，并在绘图区显示生成的刀路轨迹，如图 1-127 所示。

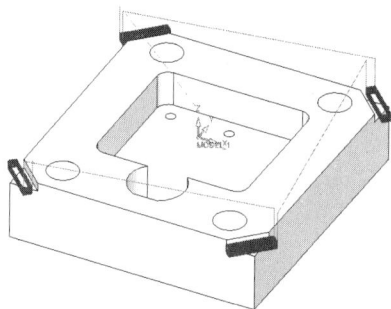

微课：压铸模
动模板外轮廓
加工编程

动画：压铸模
动模板外轮廓
加工

图 1-127 生成刀路轨迹

1.3.5 精修侧壁

1. 创建刀路轨迹

单击"NC 向导"中的"刀轨"图标，系统弹出"创建刀轨"对话框，修改名称为 05，类型为 2.5 轴，安全平面为 50，修改注释中的"无文本"为"精修侧壁"，单击"确认"图标，创建 2.5 轴刀路轨迹。完成后，"NC 程序管理器"中新增一个名为 05 的刀路轨迹。

2. 创建程序

单击"NC 向导"中的"程序"图标，系统弹出"程序向导"对话框，开始创建加工程序，修改"子选择"为"封闭轮廓"，如图 1-128 所示。

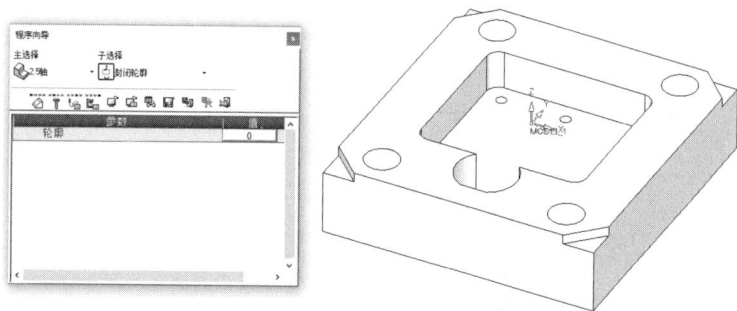

图 1-128 选择工艺

（1）选择轮廓

单击轮廓后的"0"按钮，系统弹出"轮廓管理器"对话框，刀具位置选择切向，轮廓偏移为 0，切削侧选择内侧，其他选择默认值。对轮廓进行重置，选择封闭轮廓线，如图 1-129 所示，再单击中键确认，最后单击"确认"图标，退出"轮廓管理器"对话框，完成轮廓选择，如图 1-130 所示。

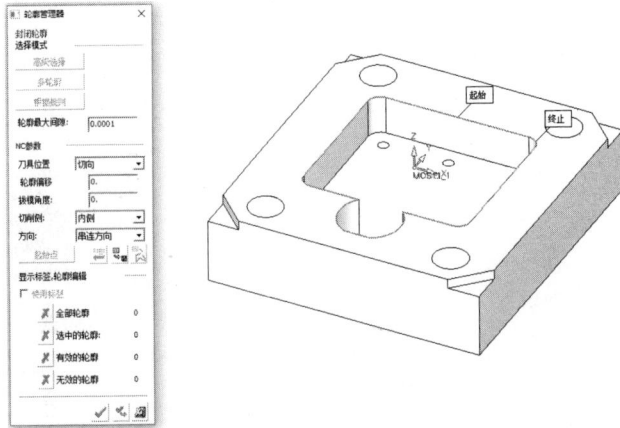

图 1-129　轮廓参数设置

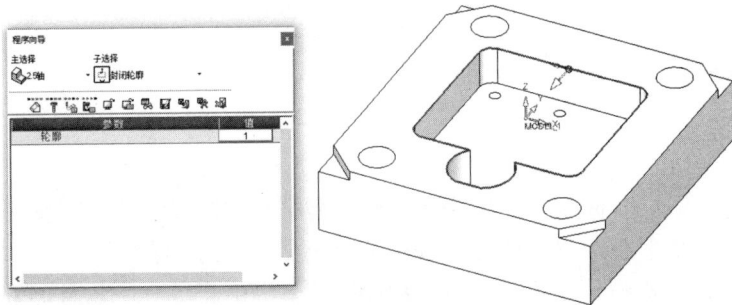

图 1-130　轮廓选择效果

（2）创建刀具

单击"NC 向导"中的"刀具"图标，系统弹出"刀具及夹头"对话框，再单击"新刀具"图标，设置刀具名为 D24，类型为平底刀，系统自动默认刀号为 3，修改直径为 24.0，其他选择默认值，创建 D24 平底刀，如图 1-131 所示。再选择 D24 平底刀，单击"确认"图标，完成刀具创建与选择。

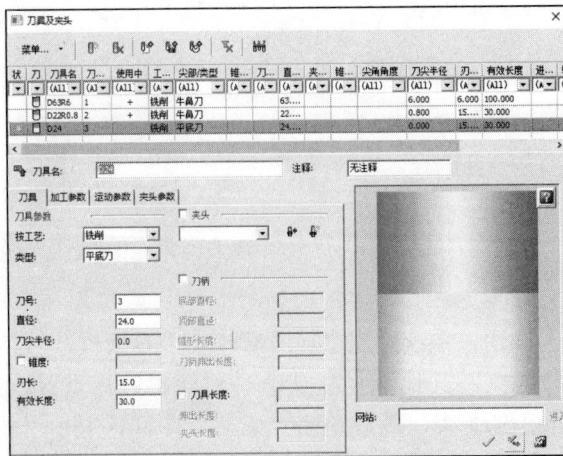

图 1-131　创建刀具

（3）设置刀路参数

单击"刀路参数"图标，系统切换到刀路参数界面，本例采用白钢刀加工。考虑到该刀具的加工特性，将 Z 最高点设置为 0，Z 最低点设置为-60，下切步距设置为 20，通过 3 次环切完成侧壁精加工。其他参数按图 1-132 所示进行设置。

（4）设置机床参数

单击"机床参数"图标，系统切换到机床参数界面，设置机床的主轴转速为 200、进给为 80，其他选择默认值，如图 1-133 所示。

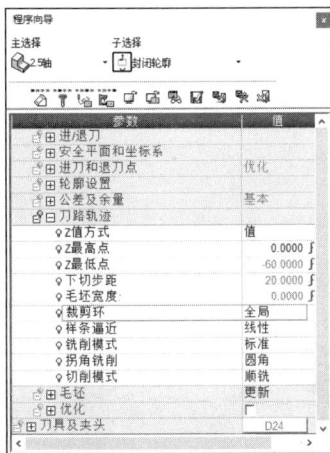

图 1-132　刀路参数设置

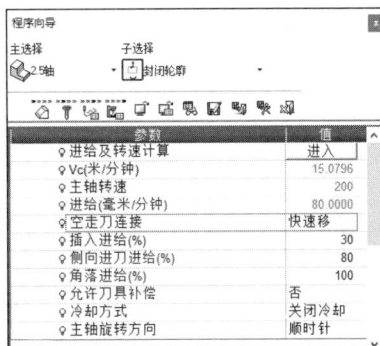

图 1-133　机床参数设置

（5）程序生成

单击"保存并计算"图标，系统将根据前面设置的参数自动计算刀路轨迹，并在绘图区显示生成的刀路轨迹，如图 1-134 所示。

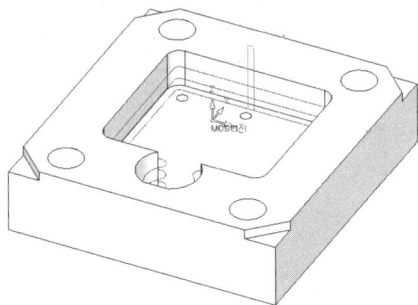

图 1-134　刀路轨迹生成

微课：压铸模动模板精修侧壁编程

动画：压铸模动模板精修侧壁

3. 仿真模拟

单击"NC 向导"中的"机床仿真"图标，系统弹出"机床仿真"对话框，如图 1-135 所示。单击绿色双箭头，选择 01、02、03、04、05 程序，单击"确认"图标，系统将打开一个"CimatronE-机床模拟"窗口，选择"控制"→"运行"命令，进行实体切削模拟，加工模拟仿真结果如图 1-136 所示。

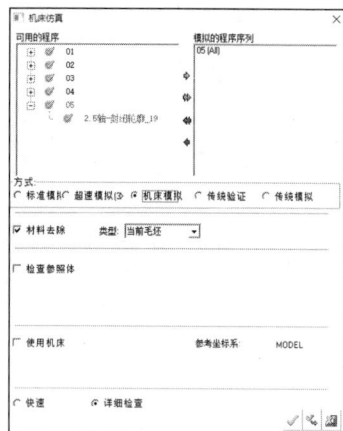

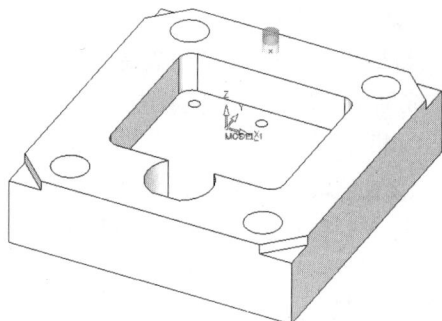

图 1-135　选择仿真程序

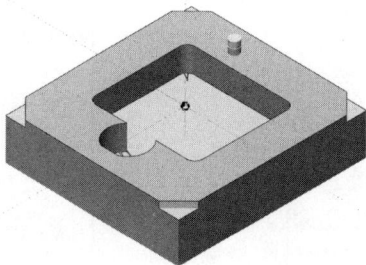

图 1-136　加工模拟仿真结果

4. 后置处理

单击"NC 向导"中的"后处理"图标，进入后处理功能，系统将弹出"后处理"对话框。再选择处理后输出程序的存放文件夹，设置重命名文件类型为仅 G 代码文件，设置文件名为 dmb02，选中"完成后打开输出的文件"复选框，其他选择默认值，如图 1-137 所示。

图 1-137　"后处理"对话框

单击"确认"图标进行后处理。完成后，系统将产生一个程序文件，如图 1-138 所示。

图 1-138 生成数控程序

1.4 填写加工程序单

填写表 1-3 所示的加工程序单。

表 1-3 加工程序单

零件名称：压铸模动模板　　　　　　　　　　操作员：　　　　　　　　　编程员：

工作尺寸/mm		描述：
计划时间		
实际时间		
上机时间		
下机时间		
X_c		
Y_c		
Z_c		

工作数量：1 件　　　　　　　　　　　　　　　四面分中

程序名称	加工类型	刀具	Z 下切量	步距	加工余量	加工时间	完成时间	备注
01	开粗	D63R6	0.5	40	0.2			
02	二次开粗清角	D22R0.8	0.5	11	0.3			
03	底面精加工	D22R0.8	0.2	15	0			
04	外轮廓加工	D22R0.8	0.5		0			
05	侧壁精加工	D24	20		0			白钢刀

项 目 练 习

完成图 1-139 所示压铸模动模板数控程序的创建。

压铸模动模板练习源文件见配套资源包（下载地址：www.abook.cn）。

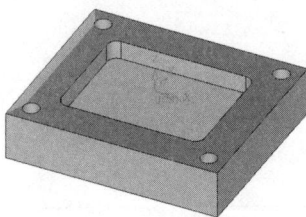

图 1-139　压铸模动模板

推杆固定板数控编程

>>>>

◎ **项目导读**

推杆固定板是常见的模架零件之一。该零件的特点是结构简单，但孔多，同时某些孔的尺寸精度和位置精度要求较高。

推杆固定板源文件见配套资源包（下载地址：www.abook.cn）。

◎ **能力目标**

● 能正确选择孔加工刀具、钻孔点，合理设置刀路参数及机床参数。

● 熟悉钻孔加工（包括钻孔、镗孔、攻丝等）的特点，并能熟练应用。

◎ **思政目标**

● 树立正确的学习观、价值观，自觉践行行业道德规范。

● 牢固树立质量第一、信誉第一的强烈意识。

● 遵规守纪，安全生产，爱护设备，钻研技术。

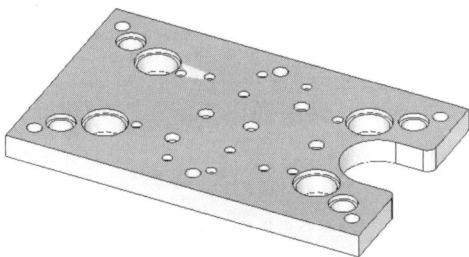

2.1

推杆固定板模型分析

双击 CimatronE 11 图标启动软件，进入 E11 的开始界面。在 CimatronE 11 的工具栏中单击"打开文件"图标，打开"CimatronE 浏览器"窗口，选择需要打开的文件，再单击"打开"按钮，完成文件的打开，如图 2-1 所示。

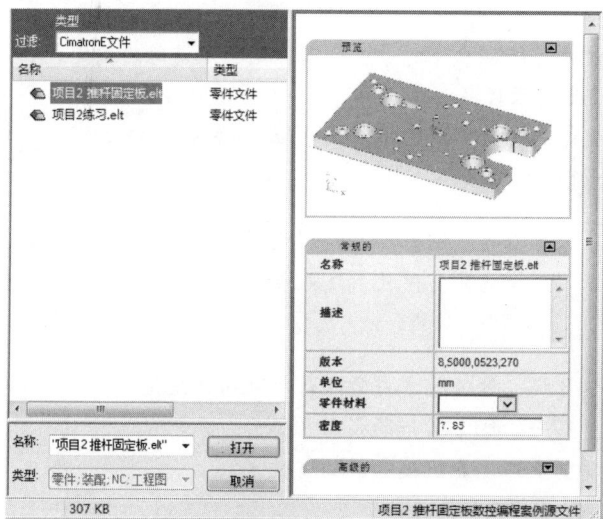

图 2-1　打开文件

选择"分析"→"测量"命令，系统弹出"测量"对话框。通过该对话框对模型进行测量，如图 2-2 所示。

微课：推杆固
定板模型分析

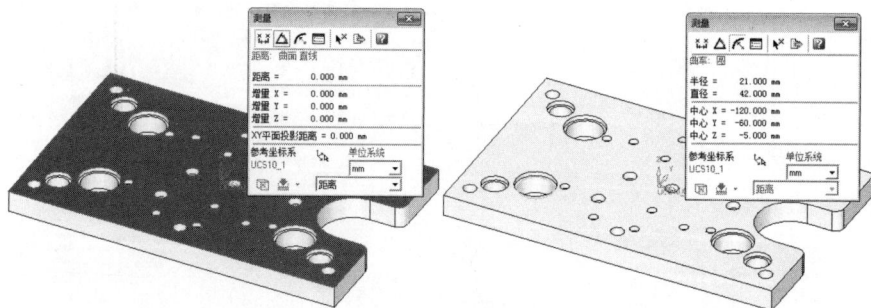

图 2-2　模型分析

模型分析结果如下。

长×宽×高：400mm×250mm×25mm。

2.2

推杆固定板加工工艺制定

推杆固定板加工工艺，可按表 2-1 所示进行编制。

微课：推杆固定板加工工艺制定

表 2-1　推杆固定板加工工艺流程

序号	加工内容	加工策略	图解	备注
01	开放轮廓加工	2.5 轴-开放轮廓		根据型腔尺寸及深度确定使用 D63R6 牛鼻刀进行开粗
02	点孔（所有需要加工的孔）	钻孔-钻孔三轴		使用中心钻点孔，深 5～8mm
03	钻镗孔（4 个 $\phi42$ 孔）	钻孔-钻孔三轴		根据孔径及加工效率选择 $\phi41$ 的快速钻头进行预钻孔加工，再使用 $\phi34$～$\phi43$ 镗刀进行镗孔加工至尺寸
04	钻镗孔（4 个 $\phi25$ 孔）	钻孔-钻孔三轴		根据孔径选择 $\phi23.5$ 的钻头进行预钻孔加工后，再使用 $\phi24$～$\phi26$ 镗刀进行镗孔加工至尺寸
05	钻孔、攻丝（6 个 M16 孔）	钻孔-钻孔三轴		根据螺距选择 $\phi14$ 的钻头进行底孔加工，再使用丝锥进行攻丝加工
06	钻孔$\phi11$、沉孔$\phi16$ 加工（5 个）	钻孔-钻孔三轴		根据孔径选择 $\phi11$ 的钻头进行预钻孔加工后，再使用 $\phi16$ 沉孔刀进行沉孔加工
07	钻孔$\phi7$、沉孔$\phi11$ 加工（12 个）	钻孔-钻孔三轴		根据孔径选择 $\phi7$ 的钻头进行预钻孔加工后，再使用 $\phi11$ 沉孔刀进行沉孔加工

2.3

推杆固定板编程操作

2.3.1 开放轮廓加工

1. 读取模型

启动软件，单击"新建文件"图标，弹出"新建文档"对话框，选择类型为编程，单击"确认"图标打开编程工作窗口。单击"NC 向导"中的"读取模型"图标，选择零件文件，单击"选择"按钮读取模型，如图 2-3 所示。在特征向导栏中单击"确认"图标，将模型放置到当前坐标系的原点，同时不做旋转。

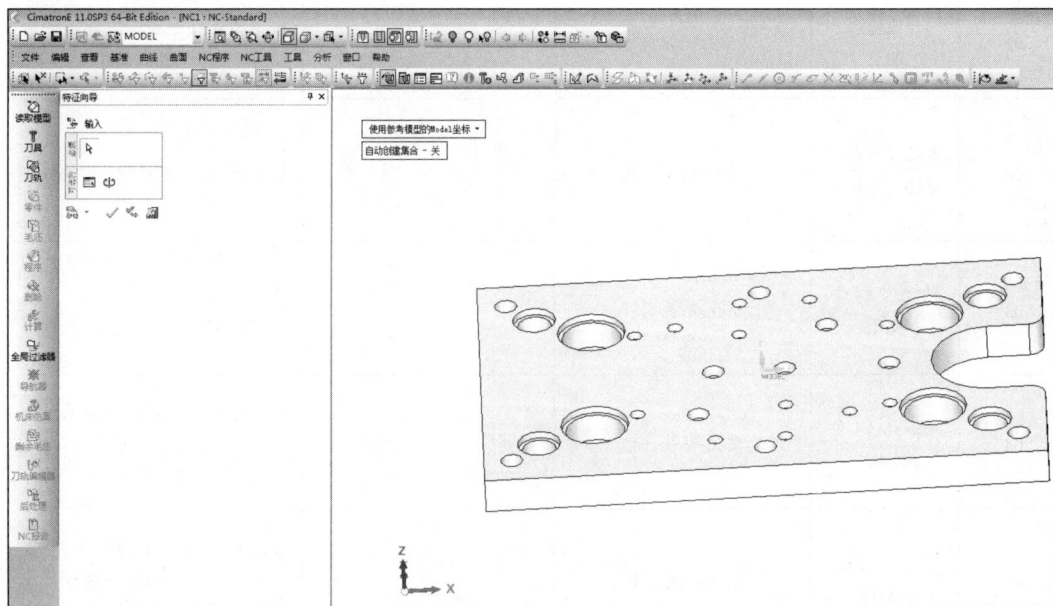

图 2-3　读取模型

2. 创建刀具

单击"NC 向导"中的"刀具"图标，系统弹出"刀具及夹头"对话框，再单击"新刀具"图标，按图 1-14 所示设置参数，单击"确认"图标，新建 D63R6 牛鼻刀。

3. 创建刀路轨迹

单击"NC 向导"中的"刀轨"图标，进入创建刀路轨迹功能，系统弹出"创建刀轨"对话框，修改名称为 01，类型为 2.5 轴，安全平面为 50，如图 2-4 所示，创建 2.5 轴刀路轨迹。

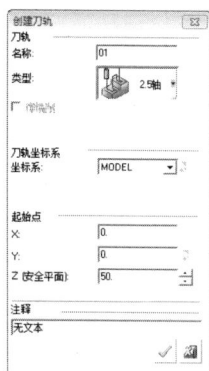

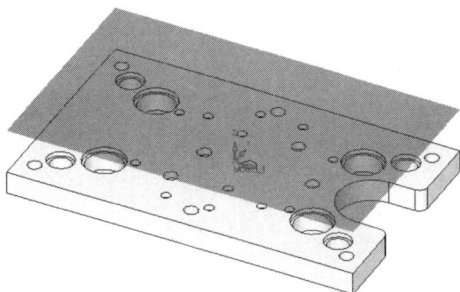

图 2-4　创建刀路轨迹

4. 创建毛坯

单击"NC 向导"中的"毛坯"图标，系统弹出"初始毛坯"对话框，各参数保持默认设置，如图 2-5 所示，单击"确认"图标退出。

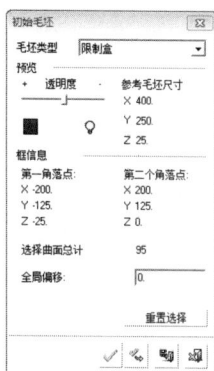

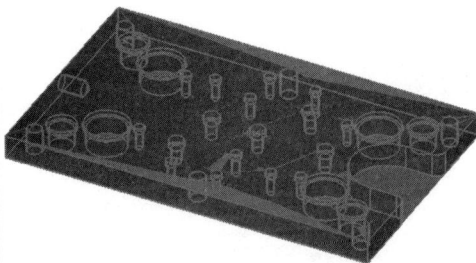

图 2-5　创建毛坯

5. 创建加工程序

单击"NC 向导"中的"程序"图标，系统弹出"程序向导"对话框，开始创建加工程序，修改"子选择"为"开放轮廓"，如图 2-6 所示。

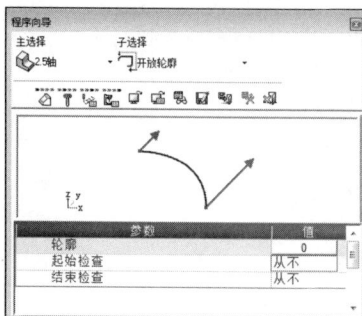

图 2-6　选择工艺

（1）选择轮廓

单击轮廓，系统弹出"轮廓管理器"对话框，选择刀具位置为切向。然后在绘图区选择开放轮廓的第一段，再选择最后一段轮廓，单击中键确认，完成轮廓选择，如图 2-7 所示。此时轮廓值变为 1。

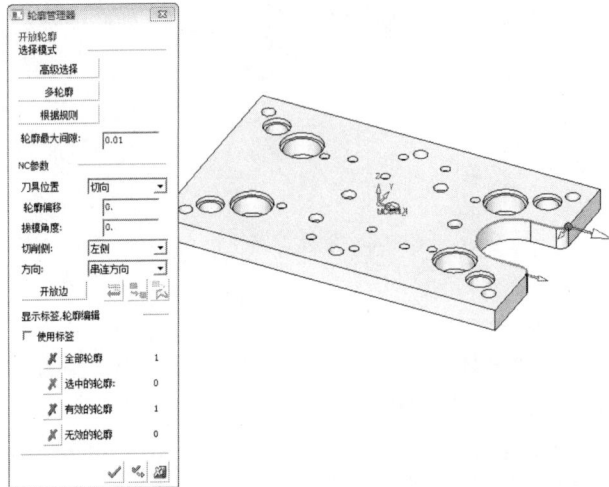

图 2-7　轮廓选择

（2）设置刀路参数

单击"刀路参数"图标，系统切换到刀路参数界面，按图 2-8 所示设置刀路参数。注意：Z 最低点的值应比固定板厚度小，并考虑牛鼻刀的角落半径，这里取−32。

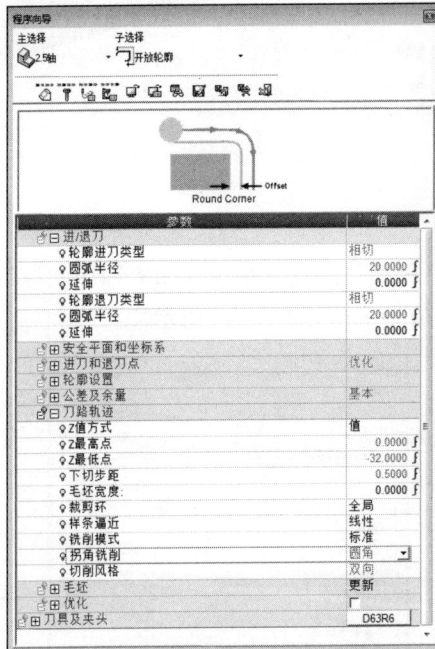

图 2-8　刀路参数设置

（3）设置机床参数

单击"机床参数"图标，系统切换到机床参数界面，设置机床的主轴转速为 1000、进给为 2000，其他选择默认值，如图 2-9 所示。

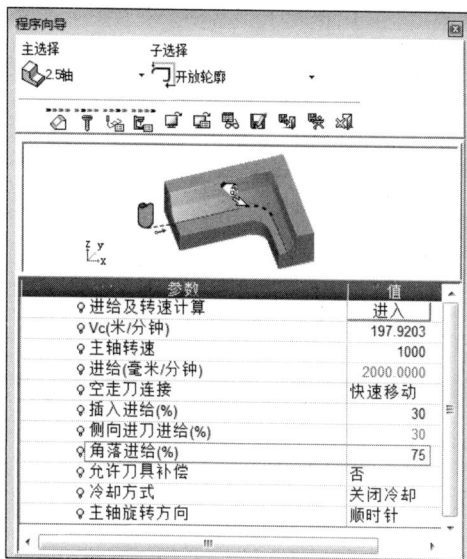

图 2-9　机床参数设置

（4）程序生成

单击"保存并计算"图标，系统将根据前面设置的参数自动计算刀路轨迹，并在绘图区显示生成的刀路轨迹，如图 2-10 所示。

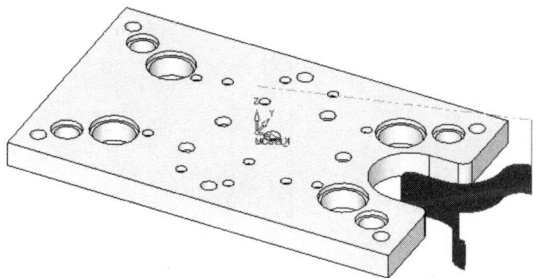

图 2-10　生成刀路轨迹

微课：推杆固定
板外轮廓编程

动画：推杆固定
板外轮廓加工

2.3.2　点孔

1. 创建刀路轨迹

单击"NC 向导"中的"刀轨"图标，进入创建刀路轨迹功能，系统弹出"创建刀轨"对话框，修改名称为 02，其他选择默认值，单击"确认"图标，创建刀路轨迹。

2. 创建 $\phi 42$ 点孔程序

单击"NC 向导"中的"程序"图标，系统弹出"程序向导"对话框，开始创建加工程序，修改"主选择"为"钻孔"、"子选择"为"钻孔三轴"，如图 2-11 所示。

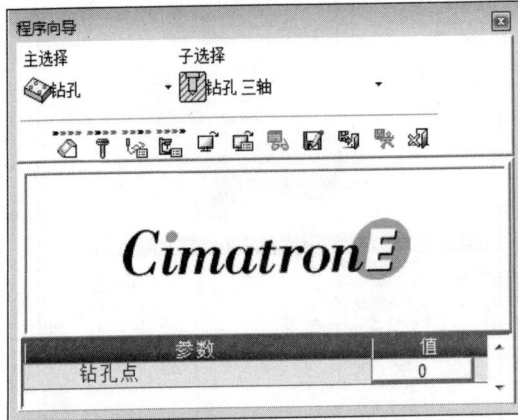

图 2-11　选择工艺

（1）选择钻孔点

在"程序向导"对话框中单击钻孔点后的"0"按钮，系统弹出"编辑点"对话框，如图 2-12 所示。

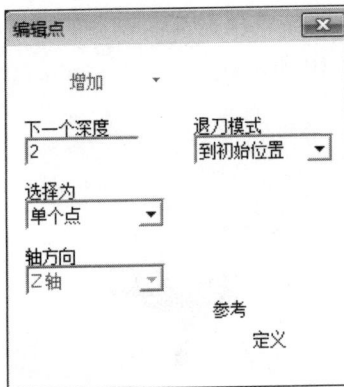

图 2-12　"编辑点"对话框

该对话框中的参数介绍如下。

1）下一个深度：用于指定要选择点的钻孔深度。注意：深度值对以前所选的点不起作用，只对当前选择的点有效，并将作为以后选择点的深度的默认值。深度值是一个相对值，即从指定点的位置向下钻孔到这一深度，所以虽然是在下方，但其值仍要输入正值。

2）退刀模式：用于指定完成一个孔的钻削加工后，转移到下一个钻孔点时的抬刀位置。有"到初始位置"和"到退刀点"两个选项，如图 2-13 所示。其中，到初始位置相当于 G 指令的 G98 固定循环起始点复归，具有较高的安全性。到退刀点相当于 G 指令的 G99 固定循环 R 点复归，退刀到退刀点的退刀路径相对较短。

3）选择为：有"单个点"、"孔中心"和"圆柱中心"3个选项，如图2-14所示。

① 单个点：直接选择点。点的指定方法与生成点元素的方法一样，可以配合使用点过滤方式进行快捷选择。

② 孔中心：在绘图区拖动出一个窗口，系统自动选择窗口内图形实体上的孔中心点作为钻孔点。当选择"孔中心"选项时，可以指定按其孔尺寸选择。此时，若"孔尺寸"栏选择"所有孔"选项，则所有孔的孔中心均可被选择。而选择"根据直径"选项时，只有直径等于指定孔直径的孔中心时才能被选择，如图2-15所示。

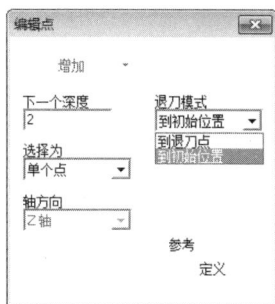

图2-13　退刀模式选项　　　图2-14　选择为选项　　　图2-15　孔尺寸选项

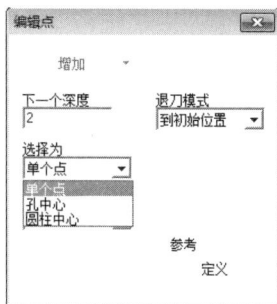

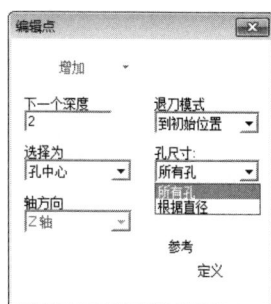

③ 圆柱中心：在图形上选择圆柱面，其轴心线的上端点将被定义为钻孔的位置。

这里设置钻孔点参数，修改下一个深度为5，退刀模式为到退刀点，"选择为"栏选择"孔中心"选项，"孔尺寸"栏选择"所有孔"选项。在绘图区依次选择4个ϕ42孔中心，完成钻孔位置的选择，如图2-16所示。

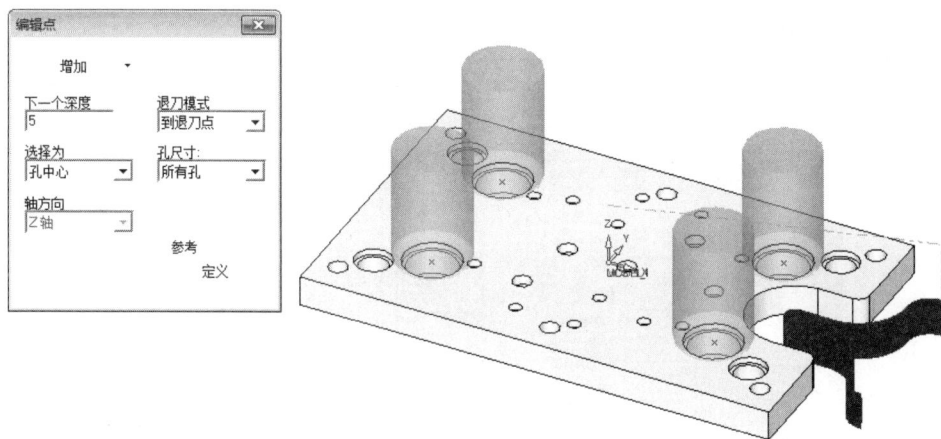

图2-16　钻孔位置的选择

（2）刀具选择

钻中心孔，选择中心钻。中心钻分A型中心钻和B型中心钻，如图2-17所示。因为切削部分的直径较小，所以使用中心钻钻孔时，应选取较高的转速。

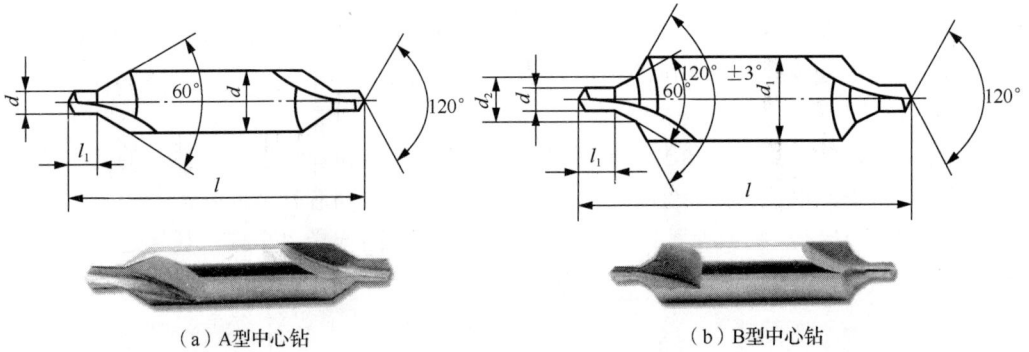

（a）A型中心钻 （b）B型中心钻

图 2-17　A 型中心钻与 B 型中心钻

在编程时，考虑到仿真加工效果，也可选用较大直径的钻头来代替中心钻。这里用新建中心钻的方法创建刀具。

单击"NC 向导"中的"刀具"图标，系统弹出"刀具及夹头"对话框，再单击"新刀具"图标，按图 2-18 所示设置参数，单击"确认"图标，新建 D3 中心钻。注意：在编程中可采用 DRILL10 刀具，在实际使用时采用中心钻即可。

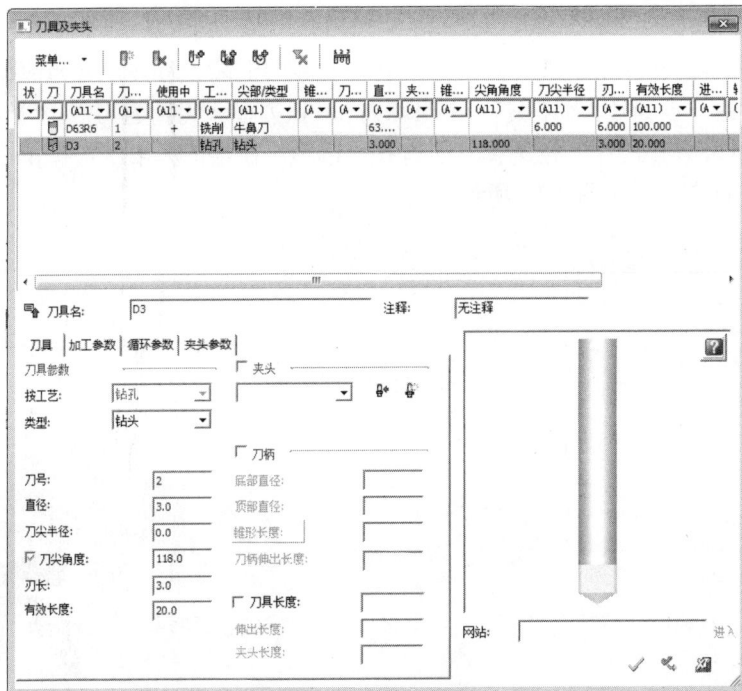

图 2-18　创建中心钻

（3）设置刀路参数

单击"刀路参数"图标，系统切换到刀路参数界面，按以下步骤设置刀路参数。

步骤 1：钻孔参数设置。

钻孔类型：包括"点钻""镗孔""攻丝"等选项，如图 2-19 所示。不同钻孔方式可以设置不同的参数，表 2-2 为各种钻孔方式对应的标准指令及其有效参数。这里选择点钻方式。

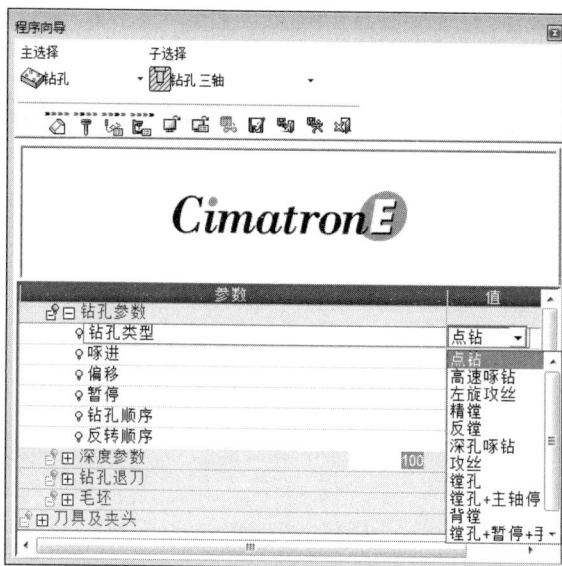

图 2-19 钻孔类型选项

表 2-2 各种钻孔方式对应的标准指令及其有效参数

钻孔方式	啄进	偏移	暂停	对应 G 指令
点钻	—	—	—	G81
高速啄钻	√	—	—	G73
左旋攻丝	—	—	—	G74
精镗	—	√	—	G76
反镗	—	—	√	G82
深孔啄钻	√	—	—	G83
攻丝	—	—	—	G84
镗孔	—	—	—	G85
镗孔+主轴停转	—	√	—	G86
背镗	—	—	—	G87
镗孔+暂停+手动	—	—	√	G88
镗孔+暂停+进给	—	—	√	G89

注：√表示对此钻孔方式有效。

啄进：对高速啄钻和深孔啄钻方式有效。选择啄进方式时，需要设置步进和步退，如图 2-20 所示，步进表示每次攻进深度，即标准代码中的 Q，步退表示退屑高度。

图 2-20 啄进参数选项

偏移：对于精镗和镗孔+主轴停转方式有效。对于镗孔加工，刀具加工到底部后，先偏移再抬刀。这样可避免在退刀时镗刀与孔壁发生接触。使用偏移时，需要分别指定 X 向偏移 I 和 Y 向变换 J，如图 2-21 所示。

参数	值
🔒⊟钻孔参数	
♀钻孔类型	点钻
♀啄进	☐
♀偏移	☑
♀偏移 I	1.0000 ∫
♀偏移 J	1.0000 ∫
♀暂停	☐

图 2-21　偏移参数选项

暂停：对于反镗、镗孔+暂停+进给、镗孔+暂停+手动方式有效，指定刀具在钻削到指定尺寸后，在孔底部停留一段时间，以保证取得准确的孔深度，如图 2-22 所示。使用暂停方式，需要指定暂停时间。

参数	值
🔒⊟钻孔参数	
♀钻孔类型	点钻
♀啄进	☐
♀偏移	☐
♀暂停	☑
♀时间	50.0000

图 2-22　暂停参数选项

钻孔顺序：可指定按坐标轴方向的次序加工或按点的选择顺序进行加工，该选项仅在有多个点加工时有效。钻孔顺序有 3 个选项，分别是选择顺序、X 方向优先和 Y 方向优先，如图 2-23 和图 2-24 所示。

参数	值
🔒⊟钻孔参数	
♀钻孔类型	点钻
♀啄进	☐
♀偏移	☐
♀暂停	☐
♀钻孔顺序	X方向优 ▾
♀反转顺序	选择顺序
🔒⊞深度参数　　　100	X方向优先
🔒⊞钻孔退刀	Y方向优先

图 2-23　钻孔顺序选项

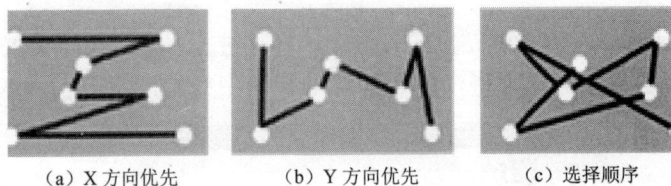

（a）X 方向优先　　　（b）Y 方向优先　　　（c）选择顺序

图 2-24　钻孔顺序

反转顺序：不选择"反转顺序"选项时，按点的选择顺序进行加工，而选择"反转顺序"选项时，按点选择的倒序进行加工，即按从最后选择点到第一个选择点的顺序进行加工。

步骤 2：深度参数设置。

最大深度：当选择了多个点，并设置了不同的钻孔深度时，可以使用最大深度计算方式得到最大深度值。方法为单击最大深度后的"计算"按钮，系统会弹出一个提示对话框，告知计算所得的最大深度值，如图 2-25 所示。

图 2-25　最大深度计算

全局深度类型：有"全局深度"、"全局 Z 顶部"和"全局 Z 底部" 3 个选项，如图 2-26 所示。可以设置所有钻孔点统一的深度或起始、终止高度，也可以指定统一的全局 Z 顶部和全局 Z 底部作为起始高度或终止高度。

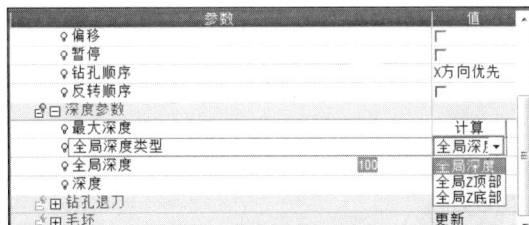

图 2-26　全局深度类型选项

全局深度：指定钻孔深度。考虑本例是钻中心孔，因此将该值设置为 5。

深度：指定钻孔深度的最后计算方法。由于钻头的端部一般为尖角，以刀尖计算钻孔深度在某些情况下可能会造成孔的深度不足。深度有 3 个选项供选择，分别是"刀尖"、"完整直径"和"倒角直径"，如图 2-27 和图 2-28 所示。

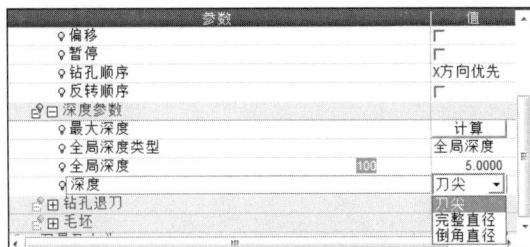

图 2-27　深度选项

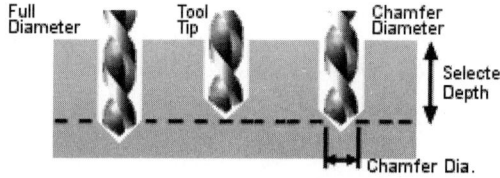

图 2-28　钻孔深度

步骤 3：钻孔退刀参数设置。

退刀模式：与点选择时的参数一致，但此处可以对该选项进行修改，修改结果对所有点有效。

初始增量：相对于所选点的高度或指定的全局 Z 顶部，如果设定抬刀为到初始位置，则将抬刀到这一高度后再做横向转移。设置该高度时考虑到安全性，一般应高于零件的最高表面。

增量退刀：增量退刀值即指令代码中的 R 值，从该位置起，刀具将做切削进给。该值使用相对于所选点的高度或指定的全局 Z 顶部。如果设定抬刀为退刀点，则将抬刀到这一距离后再做横向转移。

刀路其他参数设置如图 2-29 所示。

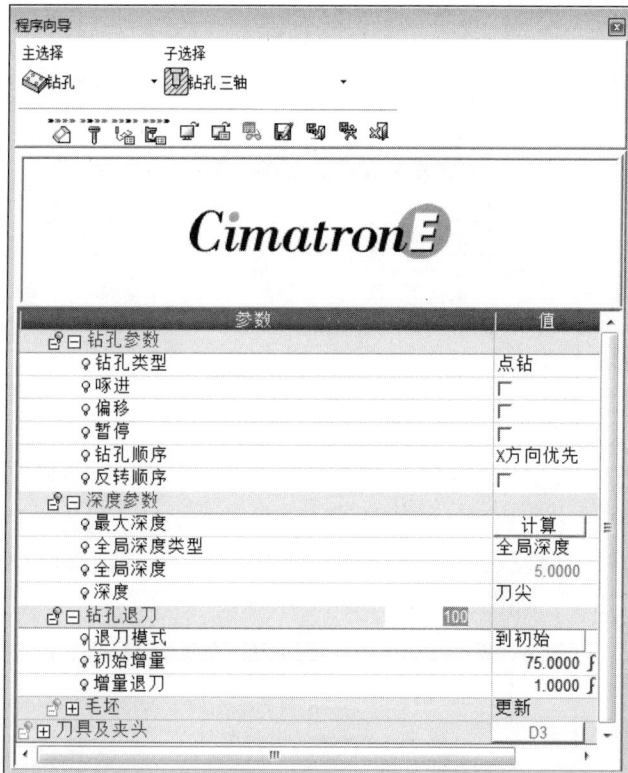

图 2-29　刀路其他参数设置

（4）设置机床参数

单击"机床参数"图标，系统切换到机床参数界面，设置机床的主轴转速为 1200、进

给为100，其他选择默认值，如图2-30所示。

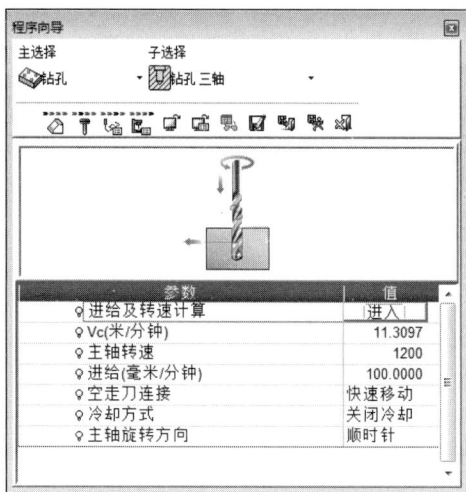

图2-30 机床参数设置

（5）程序生成

单击"保存并计算"图标，系统将根据前面设置的参数自动计算刀路轨迹，并在绘图区显示生成的刀路轨迹，如图2-31所示。

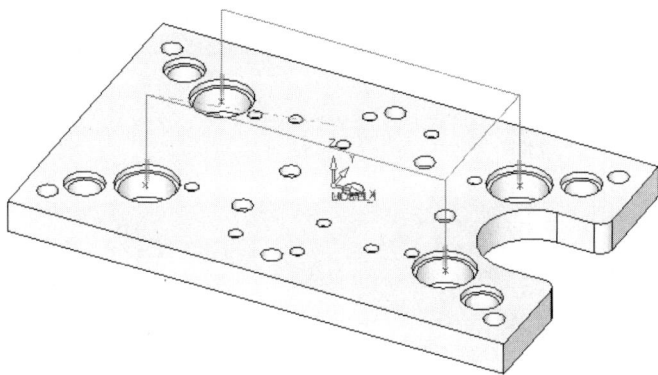

图2-31 $\phi42$点孔程序刀路轨迹的生成

3. 创建 $\phi25$ 点孔程序

单击"NC向导"中的"程序"图标，系统弹出"程序向导"对话框，开始创建加工程序，修改"主选择"为"钻孔"、"子选择"为"钻孔三轴"。

（1）选择钻孔点

在"程序向导"对话框中单击钻孔点后的"0"按钮，系统将弹出"编辑点"对话框。在绘图区单击右键，在弹出的快捷菜单中选择"重置选择"命令，取消前面孔的选择。设置钻孔点参数，修改下一个深度为3，退刀模式为到初始位置，"选择为"栏选择"孔中心"选项，"孔尺寸"栏选择"所有孔"选项。再在绘图区依次选择4个 $\phi25$ 孔中心，完成钻孔位置的选择，如图 2-32 所示。

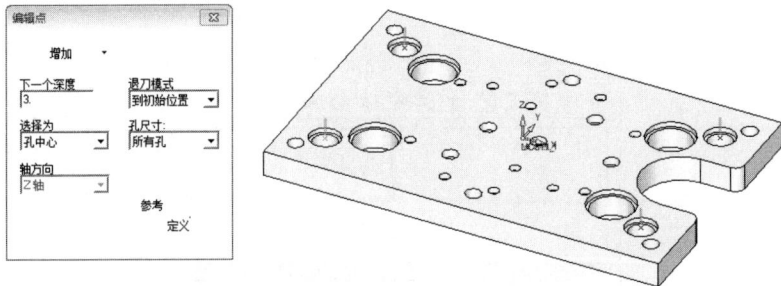

图 2-32　φ25 点孔程序钻孔点选择

（2）设置刀路参数

单击"刀路参数"图标，系统切换到刀路参数界面，按图 2-33 所示设置刀路参数。

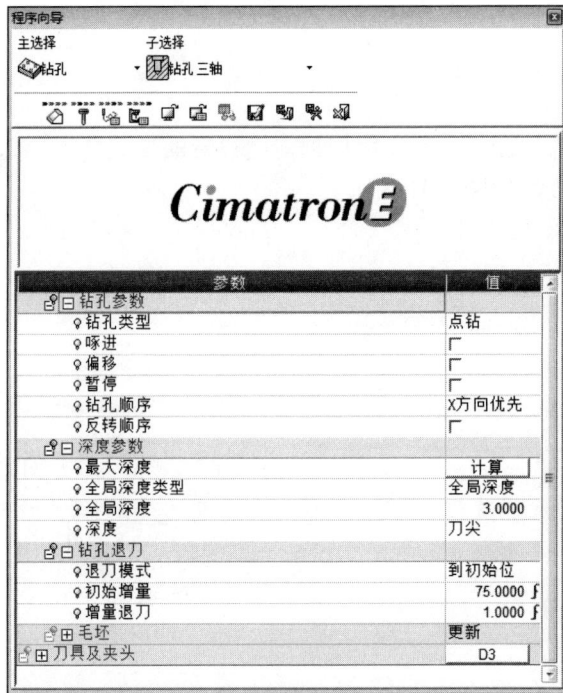

图 2-33　刀路参数设置

（3）设置机床参数

单击"机床参数"图标，系统切换到机床参数界面，设置机床的主轴转速为 1200、进给为 100，其他选择默认值，如图 2-30 所示。

（4）程序生成

单击"保存并计算"图标，系统将根据前面设置的参数自动计算刀路轨迹，并在绘图区显示生成的刀路轨迹，如图 2-34 所示。

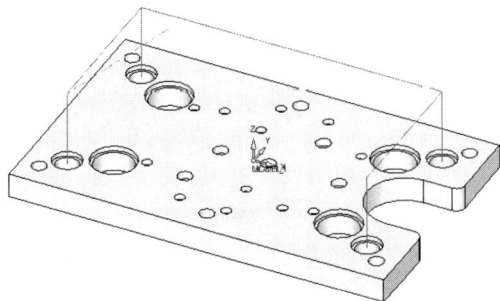

图 2-34　$\phi25$ 点孔程序刀路轨迹的生成

4. 创建 M16 点孔程序

单击 "NC 向导" 中的 "程序" 图标，系统弹出 "程序向导" 对话框，开始创建加工程序，修改 "主选择" 为 "钻孔"、"子选择" 为 "钻孔三轴"。

（1）选择钻孔点

在 "程序向导" 对话框中单击钻孔点后的 "0" 按钮，系统将弹出 "编辑点" 对话框，保持默认设置。在绘图区单击右键，在弹出的快捷菜单中选择 "重置选择" 命令，取消前面孔的选择。再在绘图区依次选择 6 个 M16 孔中心，完成钻孔位置的选择，如图 2-35 所示。

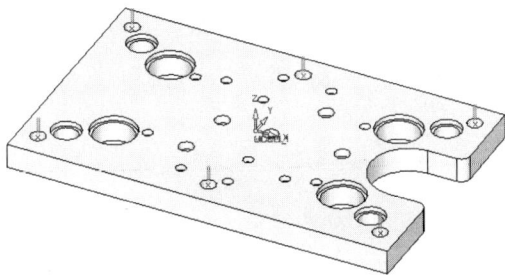

图 2-35　M16 点孔程序钻孔点选择

（2）设置刀路参数

单击 "刀路参数" 图标，系统切换到刀路参数界面，按图 2-33 所示设置刀路参数。

（3）设置机床参数

单击 "机床参数" 图标，系统切换到机床参数界面，设置机床的主轴转速为 1200、进给为 100，其他选择默认值。

（4）程序生成

单击 "保存并计算" 图标，系统将根据前面设置的参数自动计算刀路轨迹，并在绘图区显示生成的刀路轨迹，如图 2-36 所示。

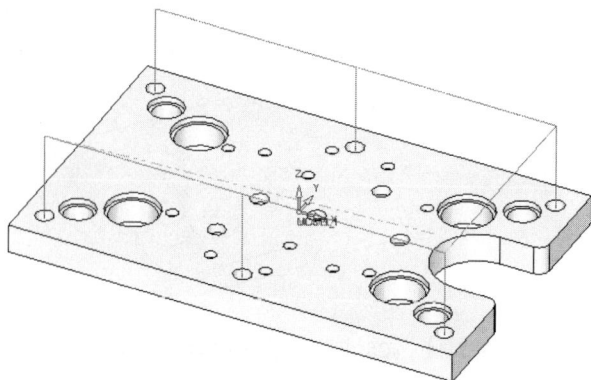

图 2-36　M16 点孔程序刀路轨迹的生成

5. 创建 $\phi16$ 点孔程序

单击"NC 向导"中的"程序"图标，系统弹出"程序向导"对话框，开始创建加工程序，修改"主选择"为"钻孔"、"子选择"为"钻孔三轴"。

（1）选择钻孔点

在"程序向导"对话框中单击钻孔点后的"0"按钮，系统将弹出"编辑点"对话框，保持默认设置即可。在绘图区单击右键，在弹出的快捷菜单中选择"重置选择"命令，取消前面孔的选择。再在绘图区依次选择 5 个 $\phi16$ 孔中心，完成钻孔位置的选择，如图 2-37 所示。

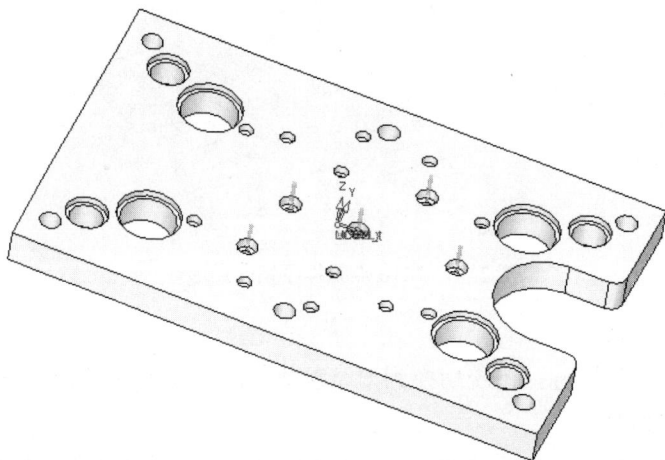

图 2-37　$\phi16$ 点孔程序钻孔点的选择

（2）设置刀路参数

单击"刀路参数"图标，系统切换到刀路参数界面，按图 2-33 所示设置刀路参数。

（3）设置机床参数

单击"机床参数"图标，系统切换到机床参数界面，设置机床的主轴转速为 1200、进给为 100，其他选择默认值。

（4）程序生成

单击"保存并计算"图标，系统将根据前面设置的参数自动计算刀路轨迹，并在绘图区显示生成的刀路轨迹，如图 2-38 所示。

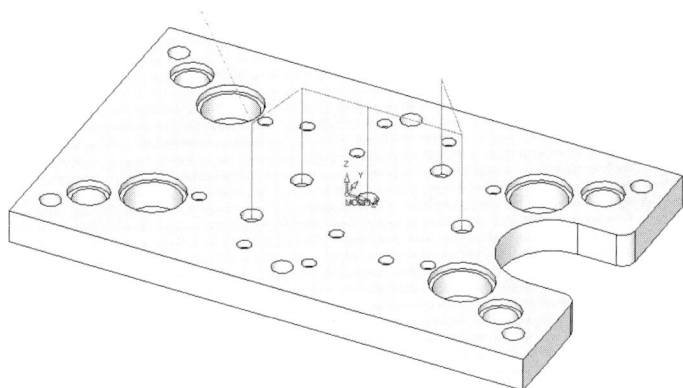

图 2-38 ϕ16 点孔程序刀路轨迹的生成

6. 创建ϕ11 点孔程序

单击"NC 向导"中的"程序"图标，系统弹出"程序向导"对话框，开始创建加工程序，修改"主选择"为"钻孔"、"子选择"为"钻孔三轴"。

（1）选择钻孔点

在"程序向导"对话框中单击钻孔点后的"0"按钮，系统将弹出"编辑点"对话框，保持默认参数设置。在绘图区单击右键，在弹出的快捷菜单中选择"重置选择"命令，取消前面孔的选择。再在绘图区依次选择 12 个ϕ11 孔中心，完成钻孔位置的选择，如图 2-39 所示。

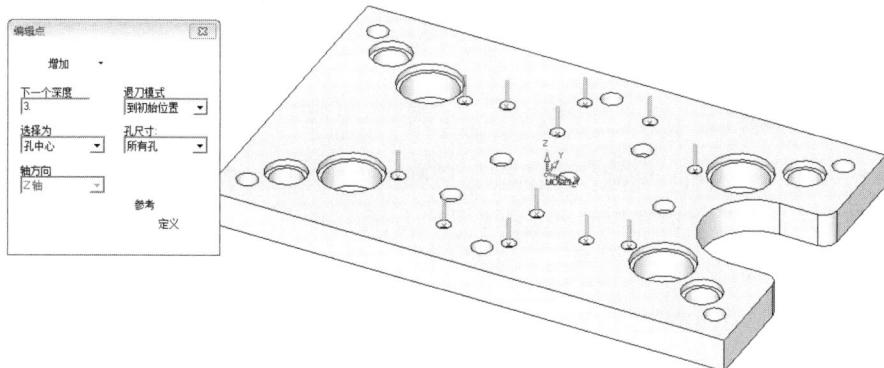

图 2-39 ϕ11 点孔程序钻孔点选择

（2）设置刀路参数

单击"刀路参数"图标，系统切换到刀路参数界面，按图 2-33 所示设置刀路参数。

（3）设置机床参数

单击"机床参数"图标，系统切换到机床参数界面，设置机床的主轴转速为 1200、进

给速度为 100，其他选择默认值。

（4）程序生成

单击"保存并计算"图标，系统将根据前面设置的参数自动计算刀路轨迹，并在绘图区显示生成的刀路轨迹，如图 2-40 所示。

微课：推杆固定板点孔加工编程

动画：推杆固定板点孔加工

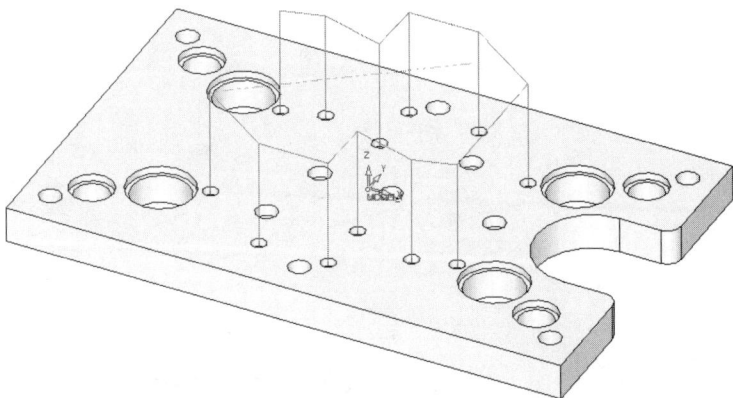

图 2-40　ϕ11 点孔程序刀路轨迹的生成

2.3.3　钻镗 ϕ42 孔

1. 创建刀路轨迹

单击"NC 向导"中的"刀轨"图标，进入创建刀路轨迹功能，系统弹出"创建刀轨"对话框，修改名称为 4-42，其他选择默认值，单击"确认"图标，创建刀路轨迹。

2. 创建刀具

单击"NC 向导"中的"刀具"图标，系统弹出"刀具及夹头"对话框，再单击"新刀具"图标，新建 DRILL41 钻头，单击"确认"图标。

3. 创建钻孔程序

单击"NC 向导"中的"程序"图标，系统弹出"程序向导"对话框，开始创建加工程序，修改"主选择"为"钻孔"、"子选择"为"钻孔三轴"。

（1）选择钻孔点

在"程序向导"对话框中单击钻孔点后的"0"按钮，系统将弹出"编辑点"对话框。在绘图区单击右键，在弹出的快捷菜单中选择"重置选择"命令，取消前面孔的选择。设置钻孔点参数，修改下一个深度为 35，退刀模式为到初始位置，"选择为"栏选择"孔中心"选项，"孔尺寸"栏选择"所有孔"选项。再在绘图区依次选择 4 个 ϕ42 孔中心，完成钻孔位置的选择，如图 2-41 所示。

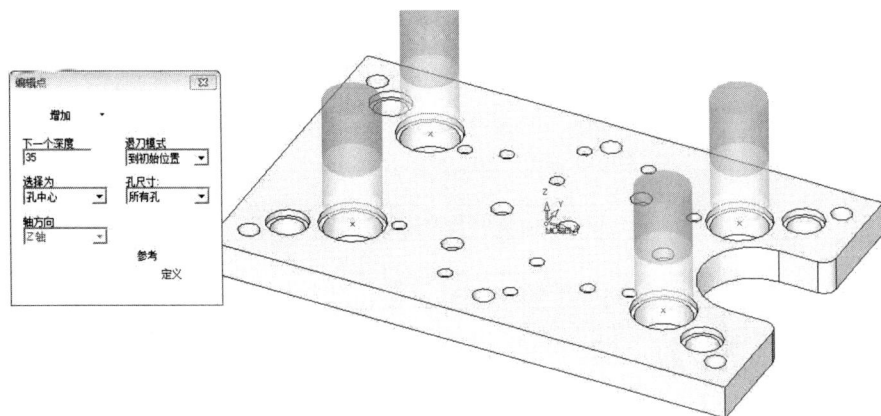

图 2-41 ϕ42 孔程序钻孔点选择

（2）设置刀路参数

单击"刀路参数"图标，系统切换到刀路参数界面，按图 2-42 所示设置刀路参数。

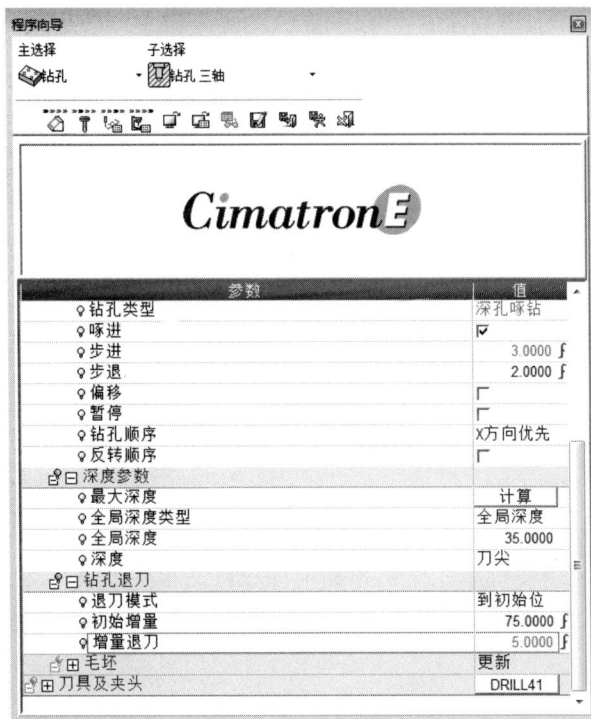

图 2-42 ϕ42 孔程序刀路参数设置

（3）设置机床参数

钻削中的线速度、进给速度与刀具的材料、加工零件的材料有着密切联系，可以参考表 2-3 中的推荐值进行设置。

表 2-3　常用高速钢钻头钻孔切削用量

工件材料	工件材料牌号或硬度	切削用量	钻头直径 d/mm			
			1～6	6～12	12～22	22～50
铸铁	160～200HBS	V_c/（m/min）	16～24			
		F/（mm/r）	0.07～0.12	0.12～0.2	0.2～0.4	0.4～0.8
	200～240HBS	V_c/（m/min）	10～18			
		F/（mm/r）	0.05～0.1	0.1～0.18	0.18～0.25	0.25～0.4
	300～400HBS	V_c/（m/min）	5～12			
		F/（mm/r）	0.03～0.08	0.08～0.15	0.15～0.2	0.2～0.3
钢	35 钢、45 钢	V_c/（m/min）	8～25			
		F/（mm/r）	0.05～0.1	0.1～0.2	0.2～0.3	0.3～0.45
	15Cr、20Cr	V_c/（m/min）	12～30			
		F/（mm/r）	0.05～0.1	0.1～0.2	0.2～0.3	0.3～0.45
	合金钢	V_c/（m/min）	8～15			
		F/（mm/r）	0.03～0.08	0.05～0.15	0.15～0.25	0.25～0.35

工件材料		切削用量	钻头直径 d/mm		
			3～8	8～28	25～50
铝	纯铝	V_c/（m/min）	20～50		
		F/（mm/r）	0.03～0.2	0.06～0.5	0.15～0.8
	铝合金（长切屑）	V_c/（m/min）	20～50		
		F/（mm/r）	0.05～0.25	0.1～0.6	0.2～1.0
	铝合金（短切屑）	V_c/（m/min）	20～50		
		F/（mm/r）	0.03～0.1	0.05～0.15	0.08～0.36
铜	黄铜、青铜	V_c/（m/min）	60～90		
		F/（mm/r）	0.06～0.15	0.15～0.3	0.3～0.75
	硬青铜	V_c/（m/min）	25～45		
		F/（mm/r）	0.05～0.15	0.12～0.25	

　　单击"机床参数"图标，系统切换到机床参数界面，设置机床的主轴转速为 750、进给速度为 50，其他选择默认值。

　　（4）程序生成

　　单击"保存并计算"图标，系统将根据前面设置的参数自动计算刀路轨迹，并在绘图区显示生成的刀路轨迹，如图 2-43 所示。

动画：推杆固定
板钻 ϕ41 孔

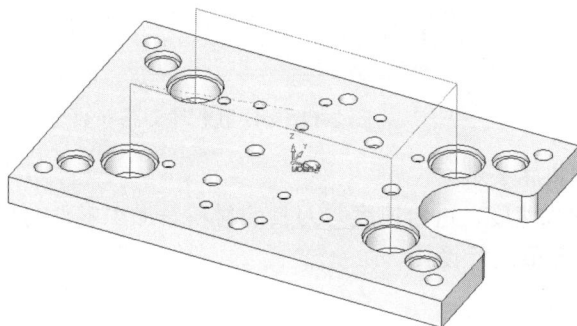

图 2-43　ϕ42 孔程序刀路轨迹的生成

4. 创建镗孔程序

单击"NC 向导"中的"程序"图标，系统弹出"程序向导"对话框，开始创建加工程序，修改"主选择"为"钻孔"、"子选择"为"钻孔三轴"。

（1）设置刀路参数

单击"刀路参数"图标，系统切换到刀路参数界面，按图 2-44 所示设置刀路参数。注意：实际使用时，刀具应选用$\phi 42$ 的镗刀。

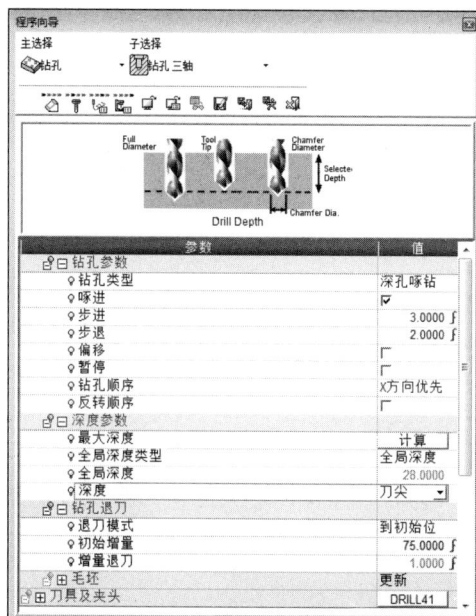

图 2-44 镗孔程序刀路参数设置

（2）设置机床参数

单击"机床参数"图标，系统切换到机床参数界面，设置机床的主轴转速为 800、进给为 160，其他选择默认值。镗孔切削用量选择如表 2-4 所示。

表 2-4 镗孔切削用量

工件材料		铸铁		钢		铝及其合金	
		切削用量					
工序	刀具材料	V_c/（mm/min）	F/（mm/r）	V_c/（mm/min）	F/（mm/r）	V_c/（mm/min）	F/（mm/r）
粗镗	高速钢	20～25	0.4～1.5	15～30	0.35～0.7	100～150	0.5～1.5
	硬质合金	30～35		50～70		100～250	
半精镗	高速钢	25～35	0.15～0.45	15～50	0.15～0.45	100～200	0.2～0.5
	硬质合金	50～70		90～130			
精镗	高速钢	70～90	0.08	100～135	0.12～0.15	150～400	0.06～0.1

（3）程序生成

单击"保存并计算"图标，系统将根据前面设置的参数自动计算刀路轨迹，并在绘图区显示生成的刀路轨迹，如图 2-45 所示。

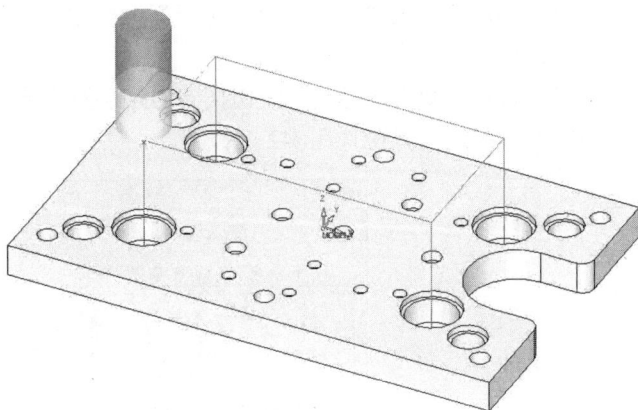

图 2-45 镗孔程序刀路轨迹的生成

2.3.4 钻镗 ϕ25 孔

1. 创建刀路轨迹

单击"NC 向导"中的"刀轨"图标，进入创建刀路轨迹功能，系统弹出"创建刀轨"对话框，修改名称为 4-25，其他选择默认值，单击"确认"图标，创建刀路轨迹。

2. 创建刀具

单击"NC 向导"中的"刀具"图标，系统弹出"刀具及夹头"对话框，再单击"新刀具"图标，新建 DRILL23.5 钻头，单击"确认"图标。

3. 创建钻孔程序

单击"NC 向导"中的"程序"图标，系统弹出"程序向导"对话框，开始创建加工程序，修改"主选择"为"钻孔"、"子选择"为"钻孔三轴"。

（1）选择钻孔点

在"程序向导"对话框中单击钻孔点后的"0"按钮，系统将弹出"编辑点"对话框。在绘图区单击右键，在弹出的快捷菜单中选择"重置选择"命令，取消前面孔选择。设置钻孔点参数，修改下一个深度为 35，退刀模式为到初始位置，"选择为"栏选择"孔中心"选项，"孔尺寸"栏选择"所有孔"选项。再在绘图区依次选择 4 个 ϕ25 孔中心，完成钻孔位置的选择，如图 2-46 所示。

（2）设置刀路参数

单击"刀路参数"图标，系统切换到刀路参数界面，按图 2-47 所示设置刀路参数。

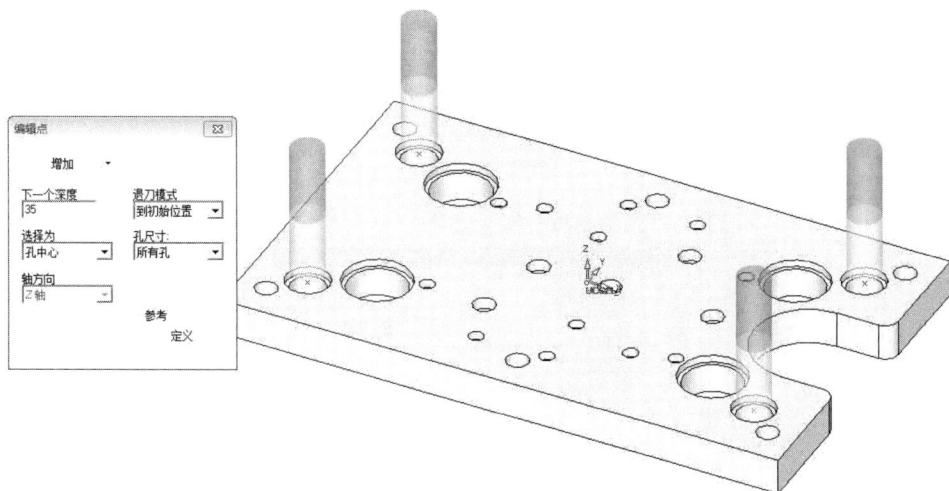

图 2-46　ϕ25 孔程序钻孔点选择

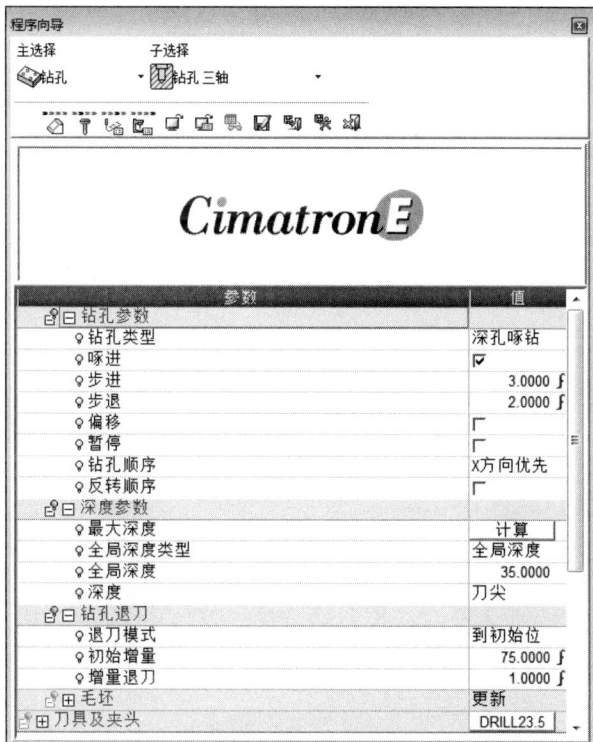

图 2-47　ϕ25 孔程序刀路参数设置

（3）设置机床参数

单击"机床参数"图标，系统切换到机床参数界面，进行机床参数设置。这里设置机床的主轴转速为 220、进给为 50，其他选择默认值，如图 2-48 所示。

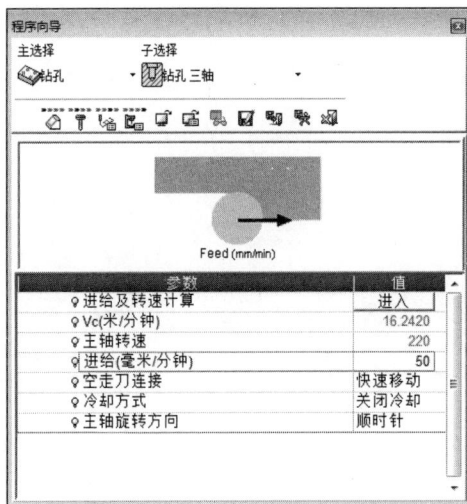

图 2-48　ϕ25 孔程序机床参数设置

（4）程序生成

单击"保存并计算"图标，系统将根据前面设置的参数自动计算刀路轨迹，并在绘图区显示生成的刀路轨迹，如图 2-49 所示。

动画：推杆固定

板钻ϕ23.5 孔

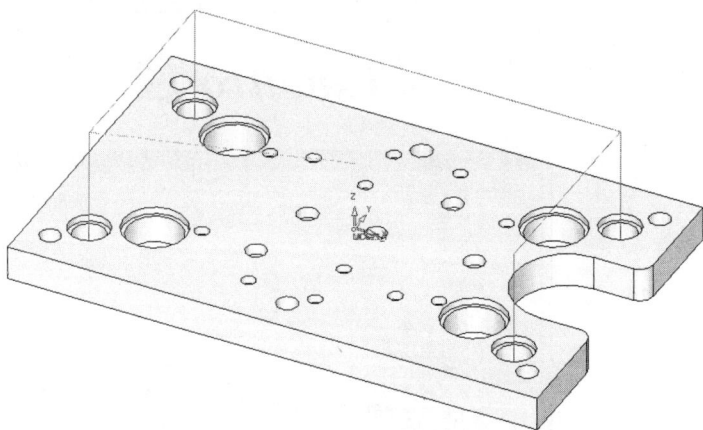

图 2-49　ϕ25 孔程序刀路轨迹的生成

4. 创建镗孔程序

单击"NC 程序管理器"中 4-25 刀路轨迹下的钻孔 3 轴，单击右键，在弹出的快捷菜单中选择"复制"命令，再次单击右键，在弹出的快捷菜单中选择"粘贴"命令，最后单击左键，完成程序的复制。

（1）设置刀路参数

单击"刀路参数"图标，系统切换到刀路参数界面，按图 2-50 所示设置刀路参数。通孔镗孔时，刀具超越量可取 1～3mm，因此将全局深度设置为 28。注意：在实际加工中应选择ϕ25 镗刀进行加工，镗刀如图 2-51 所示。

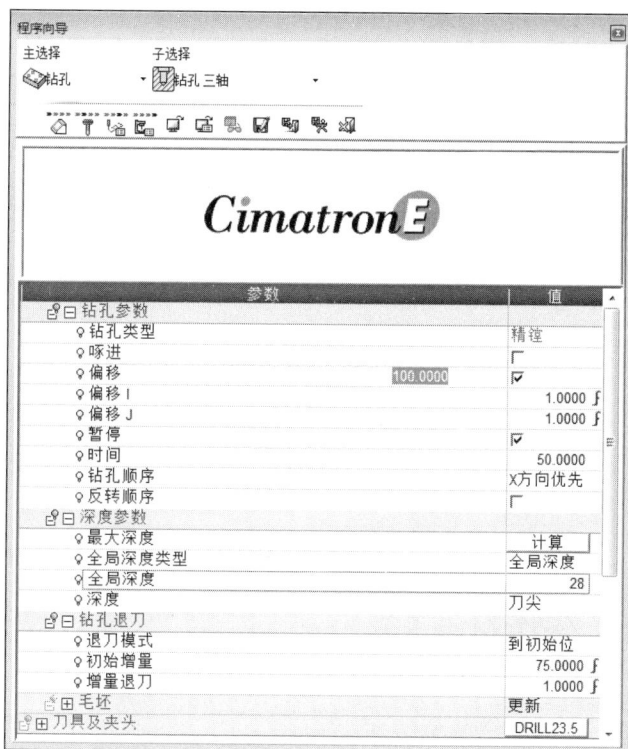

图 2-50　ϕ25 镗孔程序刀路参数设置

图 2-51　镗刀

（2）设置机床参数

单击"机床参数"图标，系统切换到机床参数界面，设置机床的主轴转速为 1400、进给为 280，其他选择默认值。

（3）程序生成

单击"保存并计算"图标，系统将根据前面设置的参数自动计算刀路轨迹，并在绘图区显示生成的刀路轨迹，如图 2-52 所示。

微课：推杆固
定板φ25孔
钻镗加工
编程

动画：推杆
固定板镗
φ25孔

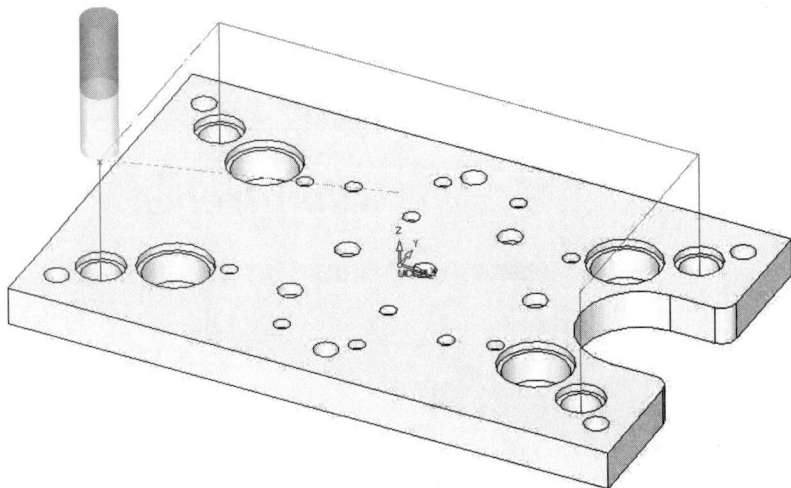

图 2-52　φ25 镗孔程序刀路轨迹的生成

2.3.5　钻孔、攻丝（6 个 M16 孔）

1. 创建刀路轨迹

单击"NC 向导"中的"刀轨"图标，进入创建刀路轨迹功能，系统弹出"创建刀轨"对话框，修改名称为 6-M16，其他选择默认值，单击"确认"图标，创建刀路轨迹。

2. 创建刀具

攻丝时，螺纹底孔直径应稍大于螺纹小径，以防因挤压作用损坏丝锥。底孔直径通常根据经验公式确定，其公式为

$$D_底 = D - P（加工钢件等塑性金属）$$
$$D_底 = D - 1.05P（加工铸铁等塑性金属）$$

式中：$D_底$——钻螺纹底孔用钻头直径，mm；

　　　D——螺纹大径，mm；

　　　P——螺距，mm。

单击"NC 向导"中的"刀具"图标，系统弹出"刀具及夹头"对话框，再单击"新刀具"图标，新建 DRILL14 钻头，单击"确认"图标。

3. 创建钻孔程序

单击"NC 向导"中的"程序"图标，系统弹出"程序向导"对话框，开始创建加工程序，修改"主选择"为"钻孔"、"子选择"为"钻孔三轴"。

（1）选择钻孔点

在"程序向导"对话框中单击钻孔点后的"0"按钮，系统将弹出"编辑点"对话框。在绘图区单击右键，在弹出的快捷菜单中选择"重置选择"命令，取消前面孔的选择。设置钻孔点参数，修改下一个深度为 35，退刀模式为到初始位置，"选择为"栏选择"孔中

心"选项,"孔尺寸"栏选择"所有孔"选项。再在绘图区依次选择 6 个 ϕ16 孔中心,完成钻孔位置的选择,如图 2-53 所示。

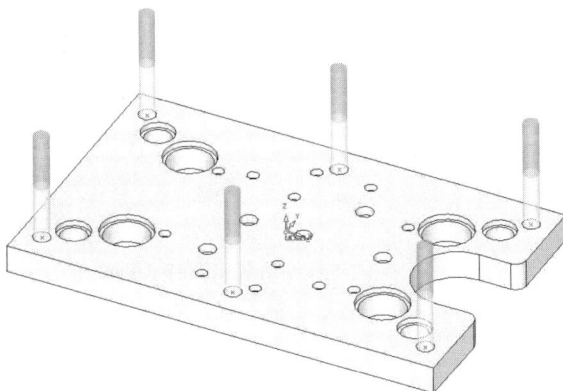

图 2-53　ϕ16 钻孔程序钻孔点选择

（2）设置刀路参数

单击"刀路参数"图标,系统切换到刀路参数界面,按图 2-54 所示设置刀路参数。

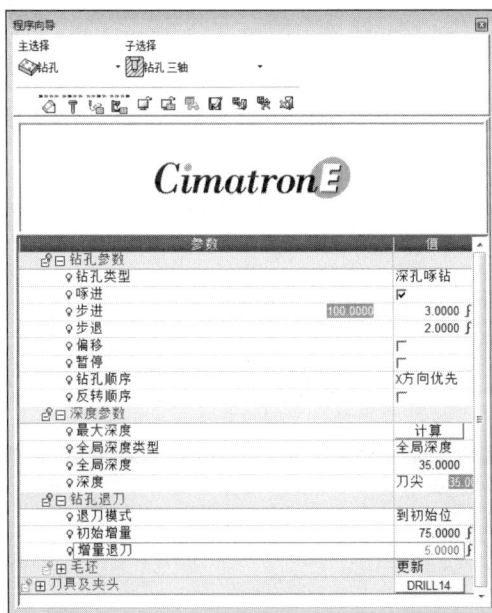

图 2-54　ϕ16 钻孔程序刀路参数设置

（3）设置机床参数

单击"机床参数"图标,系统切换到机床参数界面,设置机床的主轴转速为 400、进给为 50,其他选择默认值。

（4）程序生成

单击"保存并计算"图标,系统将根据前面设置的参数自动计算刀路轨迹,并在绘图区显示生成的刀路轨迹,如图 2-55 所示。

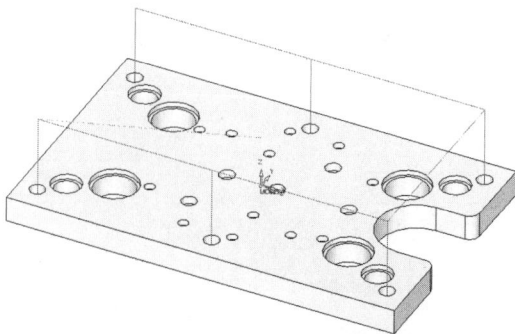

图 2-55　φ16 钻孔程序刀路轨迹的生成

4. 创建攻丝程序

单击"NC 程序管理器"中 6-M16 刀路轨迹下的钻孔-3 轴程序，单击右键，在弹出的快捷菜单中选择"复制"命令，再次单击右键，在弹出的快捷菜单中选择"粘贴"命令，最后单击左键，完成程序的复制。

（1）设置刀路参数

单击"刀路参数"图标，系统切换到刀路参数界面，进行设置刀路参数。在数控机床上攻丝时，沿螺纹方向应选择合理的导入距离 δ_1 和导出距离 δ_2。一般 δ_1 取 $(2\sim3)P$，对于大螺距和高精度的螺纹可取较大值；一般 δ_2 取 $(1\sim2)P$。此外，在加工通孔螺纹时，导出量还要考虑丝锥前端切削锥角的长度。因此，将全局深度设置为 30。其他参数可按图 2-56 所示进行设置。注意：实际应选用丝锥进行加工。

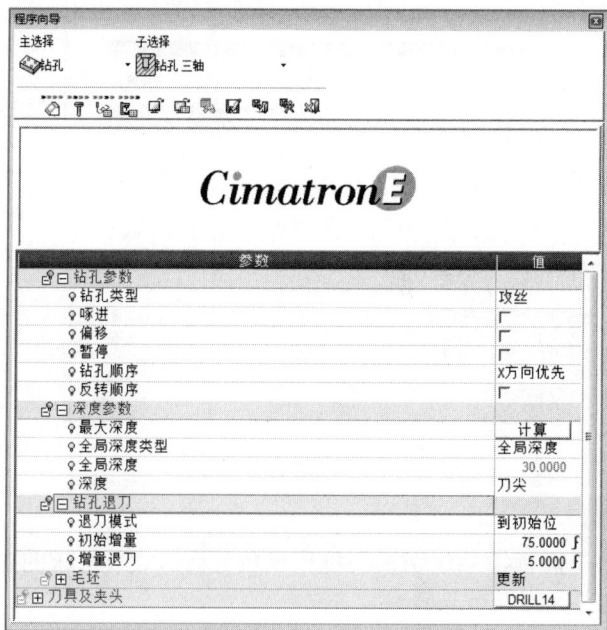

图 2-56　刀路参数设置

（2）设置机床参数

单击"机床参数"图标，系统切换到机床参数界面，设置机床的主轴转速为 100、进给为 200，其他选择默认值，如图 2-57 所示。

图 2-57　ϕ16 攻丝程序机床参数设置

（3）程序生成

单击"保存并计算"图标，系统将根据前面设置的参数自动计算刀路轨迹，并在绘图区显示生成的刀路轨迹，如图 2-58 所示。

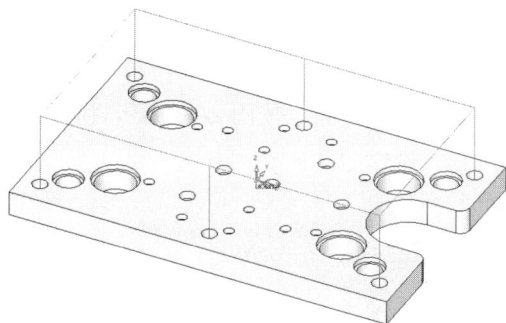

微课：推杆固定板钻孔、攻丝（6 个 M16 孔）编程

动画：推杆固定板攻丝（6 个 M16 孔）

图 2-58　ϕ16 攻丝程序刀路轨迹的生成

2.3.6　钻孔ϕ11、沉孔ϕ16 加工（5 个）

1. 创建刀路轨迹

单击"NC 向导"中的"刀轨"图标，进入创建刀路轨迹功能，系统弹出"创建刀轨"对话框，修改名称为 5-11，其他选择默认值，单击"确认"图标，创建刀路轨迹。

2. 创建刀具

单击"NC 向导"中的"刀具"图标，系统弹出"刀具及夹头"对话框，再单击"新刀具"图标，新建 DRILL11 钻头，单击"确认"图标。

3. 创建钻孔程序

单击"NC 向导"中的"程序"图标，系统弹出"程序向导"对话框，开始创建加工程序，修改"主选择"为"钻孔"、"子选择"为"钻孔三轴"。

（1）选择钻孔点

在"程序向导"对话框中单击钻孔点后的"0"按钮，系统将弹出"编辑点"对话框。在绘图区单击右键，在弹出的快捷菜单中选择"重置选择"命令，取消前面孔的选择。设置钻孔点参数，修改下一个深度为 30，退刀模式为到初始位置，"选择为"栏选择"孔中心"选项，"孔尺寸"栏选择"所有孔"选项。再在绘图区依次选择 5 个 ϕ11 孔中心，完成钻孔位置的选择，如图 2-59 所示。

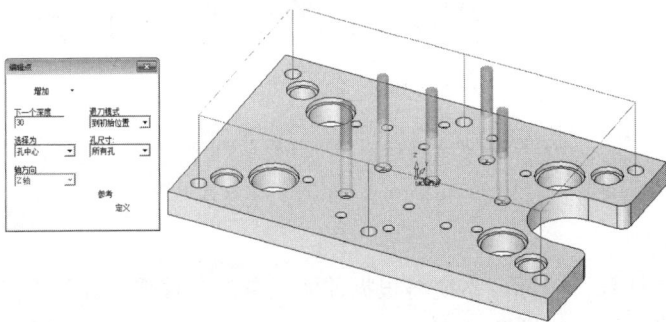

图 2-59　ϕ11 钻孔程序钻孔点选择

（2）设置刀路参数

单击"刀路参数"图标，系统切换到刀路参数界面，按图 2-60 所示设置刀路参数。

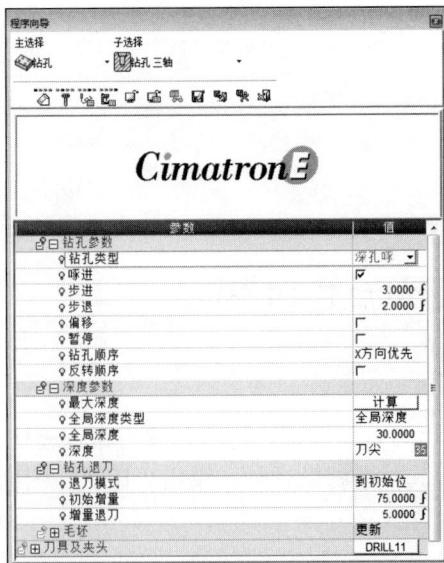

图 2-60　ϕ11 钻孔程序刀路参数设置

（3）设置机床参数

单击"机床参数"图标，系统切换到机床参数界面，设置机床的主轴转速为 400、进给速度为 50，其他选择默认值。

（4）程序生成

单击"保存并计算"图标，系统将根据前面设置的参数自动计算刀路轨迹，并在绘图区显示生成的刀路轨迹，如图 2-61 所示。

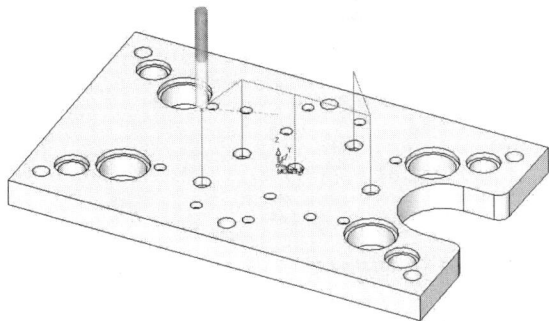

动画：推杆固
定板钻孔（5
个 ϕ11 孔）

图 2-61　ϕ11 钻孔程序刀路轨迹的生成

4. 创建沉孔加工程序

单击"NC 向导"中的"程序"图标，系统弹出"程序向导"对话框，开始创建加工程序，修改"主选择"为"钻孔"、"子选择"为"钻孔三轴"。

（1）设置刀路参数

单击"刀路参数"图标，系统切换到刀路参数，按图 2-62 所示设置刀路参数。注意：此时应选用 ϕ16 的沉孔刀进行沉孔加工，沉孔刀如图 2-63 所示。但编程时可采用 ϕ11 的刀具。

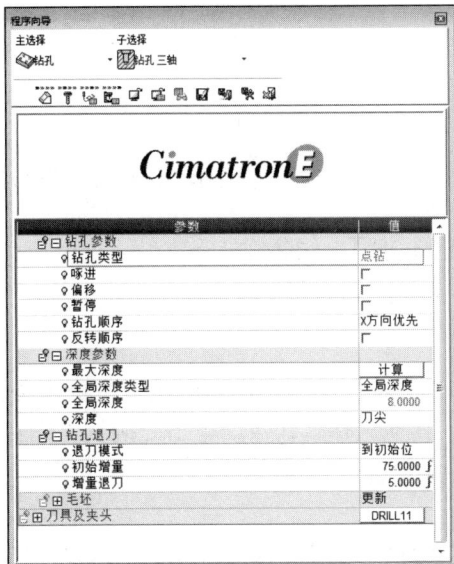

图 2-62　沉孔加工程序刀路参数设置

图 2-63   沉孔刀

（2）设置机床参数

单击"机床参数"图标，系统切换到机床参数界面，设置机床的主轴转速为 300、进给为 30，其他选择默认值。

（3）程序生成

单击"保存并计算"图标，系统将根据前面设置的参数自动计算刀路轨迹，并在绘图区显示生成的刀路轨迹，如图 2-64 所示。

微课：推杆固
定板钻孔、沉
孔加工（5 个
ϕ11 孔）编程

动画：推杆固
定板沉孔加工
（5 个ϕ16 孔）

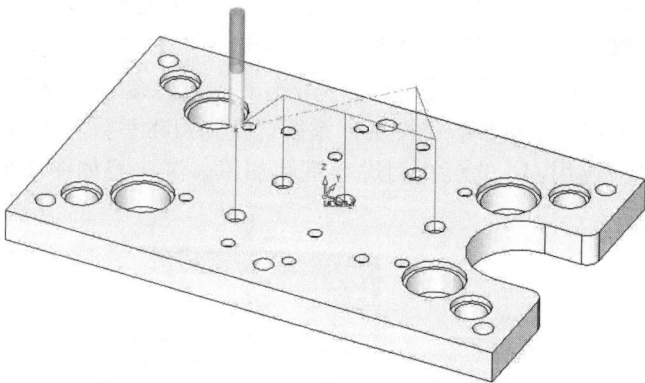

图 2-64   沉孔加工程序刀路轨迹的生成

2.3.7   钻孔ϕ7、沉孔ϕ11 加工（12 个）

1. 创建刀路轨迹

单击"NC 向导"中的"刀轨"图标，进入创建刀路轨迹功能，系统弹出"创建刀轨"对话框，修改名称为 12-7，其他选择默认值，单击"确认"图标，创建刀路轨迹。

2. 创建刀具

单击"NC 向导"中的"刀具"图标，系统弹出"刀具及夹头"对话框，再单击"新刀具"图标，新建 DRILL7 钻头，单击"确认"图标。

3. 创建钻孔程序

单击"NC 向导"中的"程序"图标，系统弹出"程序向导"对话框，开始创建加工程序，修改"主选择"为"钻孔"、"子选择"为"钻孔三轴"。

（1）选择钻孔点

在"程序向导"对话框中单击钻孔点后的"0"按钮，系统将弹出"编辑点"对话框。在绘图区单击右键，在弹出的快捷菜单中选择"重置选择"命令，取消前面孔的选择。设置钻孔点参数，修改下一个深度为 30，退刀模式为到初始位置，"选择为"栏选择"孔中心"选项，"孔尺寸"栏选择"所有孔"选项。再在绘图区依次选择 12 个 $\phi7$ 孔中心，完成钻孔位置的选择，如图 2-65 所示。

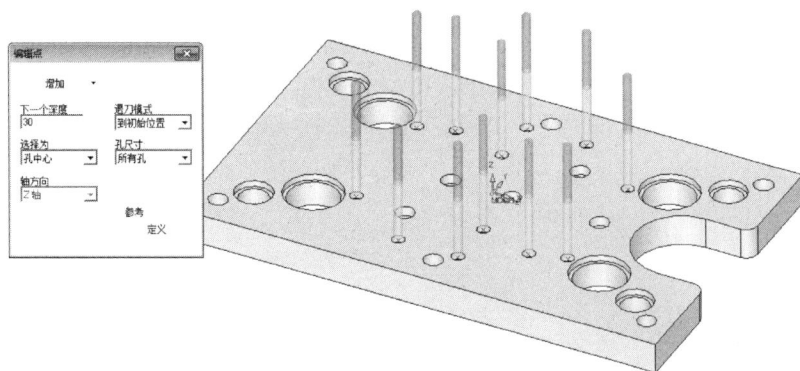

图 2-65　钻孔程序钻孔点选择

（2）设置刀路参数

单击"刀路参数"图标，系统切换到刀路参数界面，按图 2-66 所示设置刀路参数。

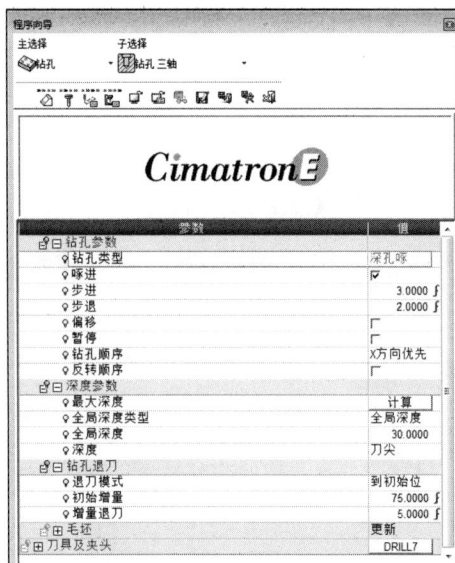

图 2-66　钻孔程序刀路参数设置

（3）设置机床参数

单击"机床参数"图标，系统切换到机床参数界面，设置机床的主轴转速为 800、进给为 50，其他选择默认值。

（4）程序生成

单击"保存并计算"图标，系统将根据前面设置的参数自动计算刀路轨迹，并在绘图区显示生成的刀路轨迹，如图 2-67 所示。

动画：推杆固
定板钻孔（12
个 ϕ7 孔）

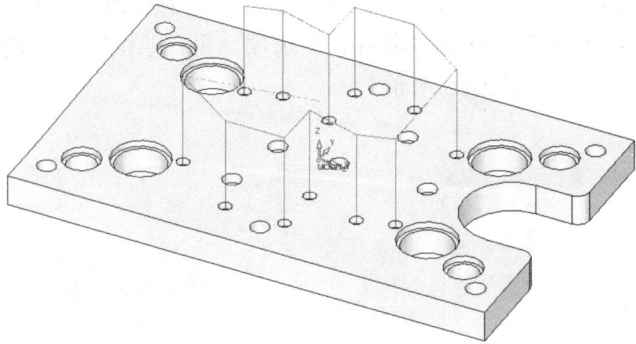

图 2-67　刀路轨迹生成

4. 创建沉孔加工程序

单击"NC 向导"中的"程序"图标，系统弹出"程序向导"对话框，开始创建加工程序，修改"主选择"为"钻孔"、"子选择"为"钻孔三轴"。

（1）设置刀路参数

单击"刀路参数"图标，系统切换到"刀路参数"对话框，按图 2-68 所示设置刀路参数。注意：此时应选用 ϕ11 的沉孔刀进行沉孔加工，但编程时可选用 ϕ7 的刀具。

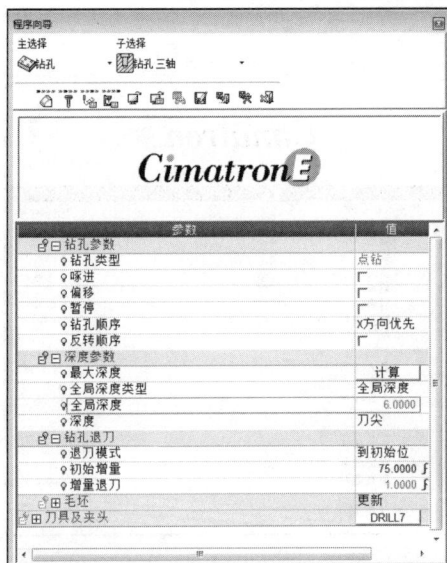

图 2-68　沉孔程序刀路参数设置

（2）设置机床参数

单击"机床参数"图标，系统弹出"机床参数"对话框，设置机床的主轴转速为 300、进给为 30，其他选择默认值。

（3）程序生成

单击"保存并计算"图标，系统将根据前面设置的参数自动计算刀路轨迹，并在绘图区显示生成的刀路轨迹，如图 2-69 所示。

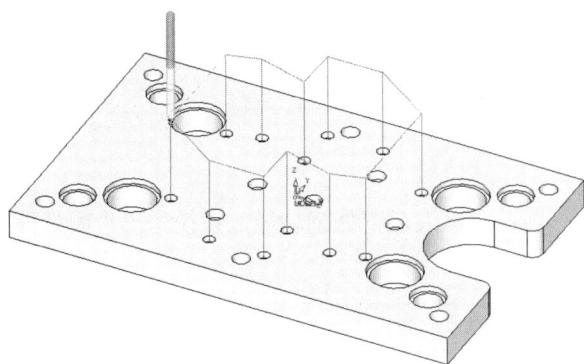

微课：推杆固　动画：推杆固
定板钻孔、沉　定板沉孔加工
孔加工（12 个　（12 个 ϕ11 孔）
ϕ7 孔）编程

图 2-69　沉孔程序刀路轨迹的生成

5. 仿真模拟

单击"NC 向导"中的"机床仿真"图标，系统弹出"机床仿真"对话框，如图 2-70 所示。单击双绿色箭头，选择仿真程序，单击"确认"图标，系统将打开一个"CimatronE-机床模拟"窗口，单击"运行"图标，进行实体切削模拟，加工模拟仿真结果如图 2-71 所示。

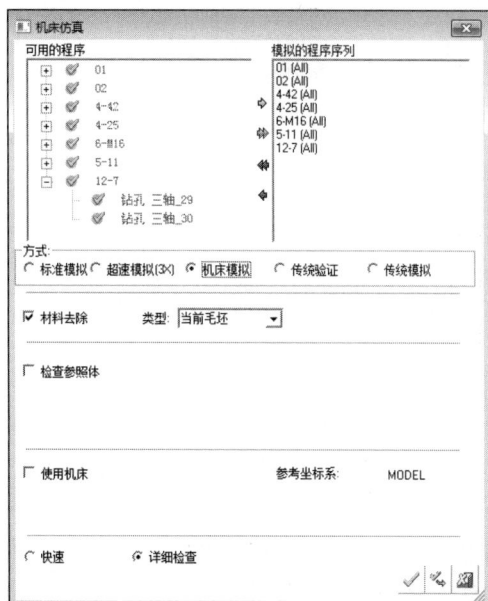

图 2-70　选择仿真程序

动画：推杆固
定板机床仿真
加工

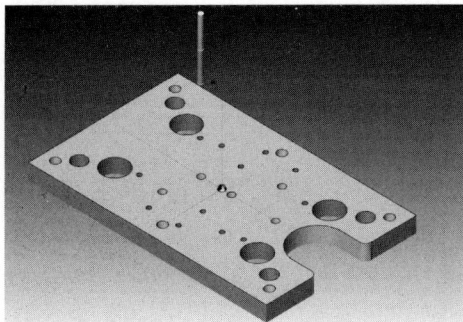

图 2-71　加工模拟仿真结果

6. 后处理

单击"NC 向导"中的"后处理"图标，进入后置处理功能，系统弹出"后处理"对话框，如图 2-72 所示。

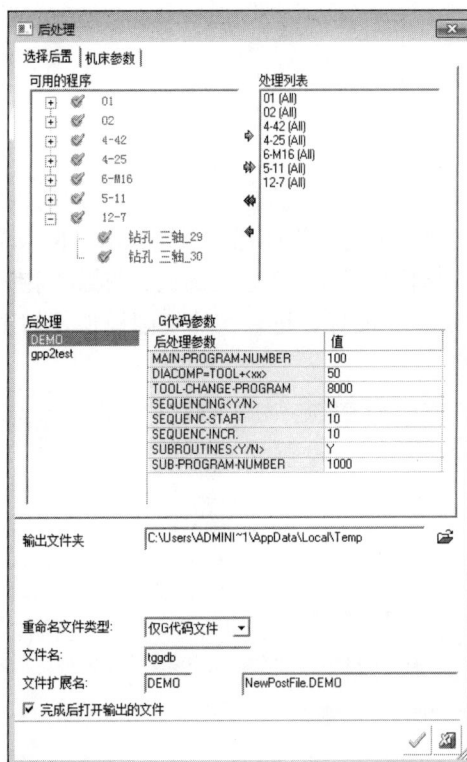

图 2-72　"后处理"对话框

系统默认选择 DEMO 后置处理器，在对话框的"可用的程序"栏中选择所要后处理的加工程序。

修改目标文件夹，将文件名命名为 tggdb，设置重命名文件类型为仅 G 代码文件，选中"完成后打开输出的文件"复选框，其他选择默认值。单击"确认"图标，进行后处理。后处理完成后，系统将产生一个程序文件，如图 2-73 所示。

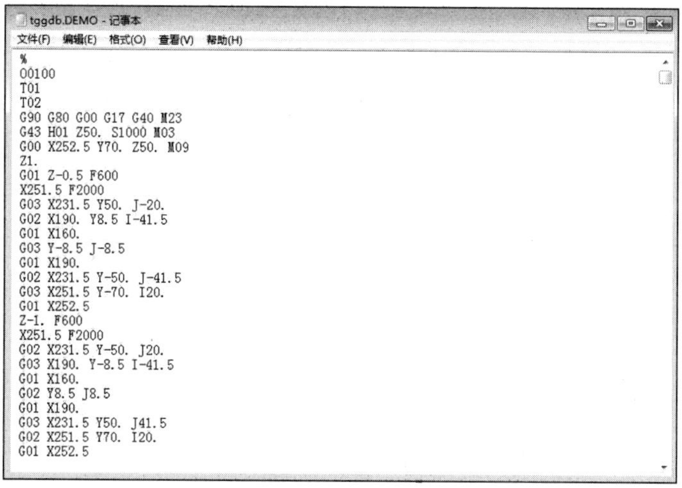

```
%
O0100
T01
T02
G90 G80 G00 G17 G40 M23
G43 H01 Z50. S1000 M03
G00 X252.5 Y70. Z50. M09
Z1.
G01 Z-0.5 F600
X251.5 F2000
G03 X231.5 Y50. J-20.
G02 X190. Y8.5 I-41.5
G01 X160.
G03 Y-8.5 J-8.5
G01 X190.
G02 X231.5 Y-50. J-41.5
G03 X251.5 Y-70. I20.
G01 X252.5
Z-1. F600
X251.5 F2000
G02 X231.5 Y-50. J20.
G03 X190. Y-8.5 I-41.5
G01 X160.
G02 Y8.5 J8.5
G01 X190.
G03 X231.5 Y50. J41.5
G02 X251.5 Y70. I20.
G01 X252.5
```

图 2-73　后处理程序

2.4 填写加工程序单

填写表 2-5 所示的加工程序单。

表 2-5　加工程序单

零件名称：推杆固定板　　　　操作员：　　　　编程员：

<table>
<tr><td>计划时间</td><td colspan="2"></td><td colspan="5" rowspan="9">描述：
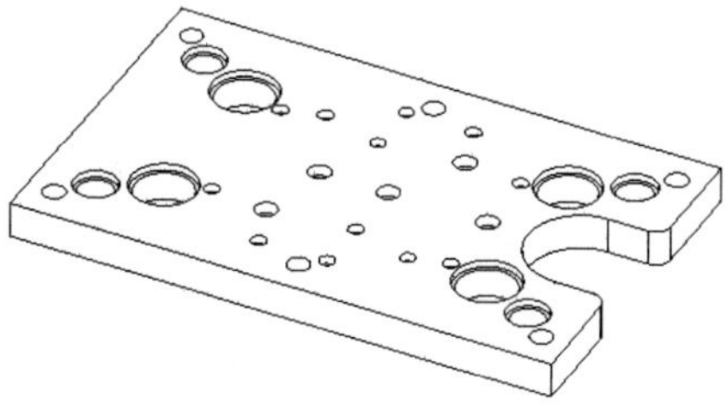
四面分中</td></tr>
<tr><td>实际时间</td><td colspan="2"></td></tr>
<tr><td>上机时间</td><td colspan="2"></td></tr>
<tr><td>下机时间</td><td colspan="2"></td></tr>
<tr><td colspan="3">工作尺寸/mm</td></tr>
<tr><td>X_c</td><td colspan="2"></td></tr>
<tr><td>Y_c</td><td colspan="2"></td></tr>
<tr><td>Z_c</td><td colspan="2"></td></tr>
<tr><td colspan="3">工作数量：1 件</td></tr>
<tr><td>程序名称</td><td>加工类型</td><td>刀具</td><td>背吃刀量/mm</td><td>加工余量/mm</td><td>上机时间</td><td>完成时间</td><td>备注</td></tr>
<tr><td>01</td><td>开放轮廓加工</td><td>D63R6</td><td>0.5</td><td>0</td><td></td><td></td><td></td></tr>
<tr><td>02</td><td>点孔</td><td>中心钻</td><td></td><td></td><td></td><td></td><td></td></tr>
<tr><td rowspan="2">4-42</td><td>钻孔</td><td>DRILL41</td><td></td><td></td><td></td><td></td><td></td></tr>
<tr><td>镗孔</td><td>镗刀</td><td></td><td></td><td></td><td></td><td></td></tr>
<tr><td rowspan="2">4-25</td><td>钻孔</td><td>DRILL23.5</td><td></td><td></td><td></td><td></td><td></td></tr>
<tr><td>镗孔</td><td>镗刀</td><td></td><td></td><td></td><td></td><td></td></tr>
</table>

续表

程序名称	加工类型	刀具	背吃刀量/mm	加工余量/mm	上机时间	完成时间	备注
6-M16	钻孔	DRILL14					
	攻丝	M16 丝锥					
5-11	钻孔	DRILL11					
	沉孔加工	DRILL16					
12-7	钻孔	DRILL7					
	沉孔加工	DRILL11					

项 目 练 习

完成图 2-74 所示动模板固定板数控程序的创建。

动模板固定板源文件见配套资源包（下载地址：www.abook.cn）。

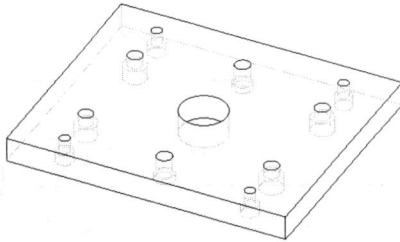

图 2-74　动模板固定板

3 项目

注塑模动模板数控编程

>>>>

◎ **项目导读**

注塑模动模板是主要的模架零件之一。

注塑模动模板源文件见配套资源包（下载地址：www.abook.cn）。

◎ **能力目标**

- 熟悉体积铣加工方式。
- 掌握环绕粗铣加工策略。
- 了解曲面铣削中的层切加工方式。

◎ **思政目标**

- 树立正确的学习观、价值观，自觉践行行业道德规范。
- 牢固树立质量第一、信誉第一的强烈意识。
- 遵规守纪，安全生产，爱护设备，钻研技术。

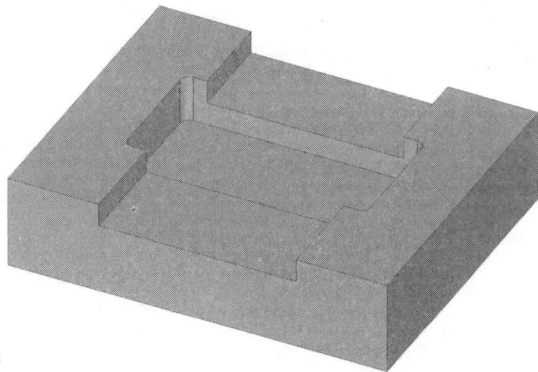

3.1

注塑模动模板模型分析

双击注塑模动模板模型文件，直接进入 CimatronE 11 CAD 模式界面，完成模型文件加载，如图 3-1 所示。

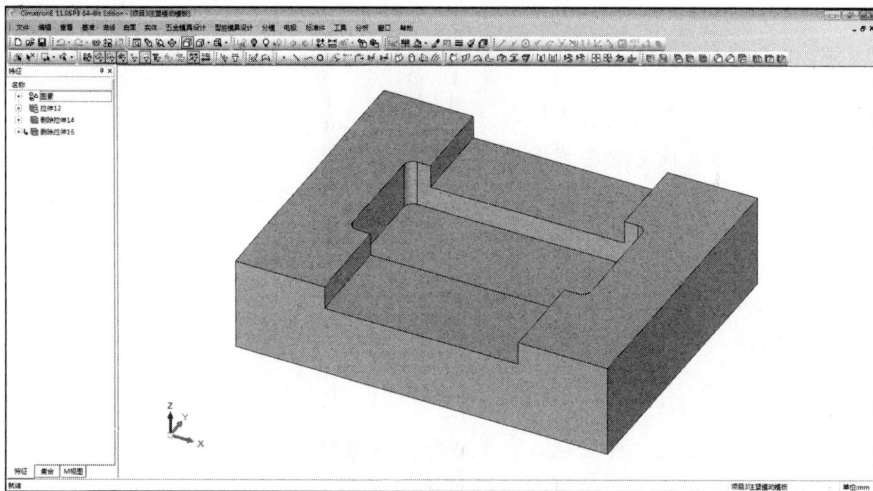

图 3-1　CAD 模型

选择"分析"→"测量"命令，系统弹出"测量"对话框。通过该对话框对模型两点之间的距离、圆弧半径进行测量，如图 3-2 所示。

微课：注塑模
动模板模型
分析

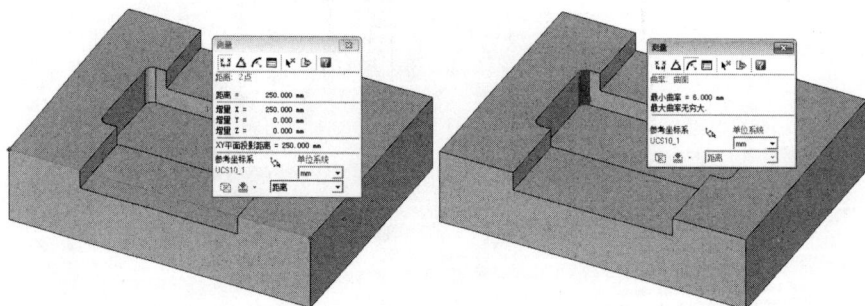

图 3-2　模型分析

模型分析结果如下。

长×宽×高：250mm×200mm×60mm。

型腔深度：30mm。

最小圆弧半径：6mm。

3.2

注塑模动模板加工工艺制定

注塑模动模板加工工艺，可按表 3-1 所示进行编制。

微课：注塑模动模板加工工艺制定

表 3-1　注塑模动模板加工工艺流程

序号	加工内容	加工策略	图解	备注
01	开粗	体积铣-环绕粗铣		根据型腔尺寸及深度确定使用 D30R5 牛鼻刀进行开粗
02	二次开粗	体积铣-环绕粗铣		根据型腔 R 角及深度确定使用 D12R0.8 的牛鼻刀进行二次开粗
03	底面精加工	曲面铣削-层切		为了提高加工效率，使用 D16R0.8 牛鼻刀进行底面精加工
04	精修侧壁	2.5 轴-封闭轮廓		根据型腔 R 角及深度确定使用 D10 平底刀（钨钢刀）进行侧壁精加工
		2.5 轴-开放轮廓		使用上一程序的 D10 平底刀进行侧壁精加工，减少换刀以提高效率

3.3

动模板数控编程操作

3.3.1　开粗

1. 调入模型

选择"文件"→"输出"→"至加工"命令，进入编程工作界面，如图 3-3 所示。加载文件后，需要指定模型的放置位置和旋转角度，默认方式下直接放置到当前坐标系的原点。

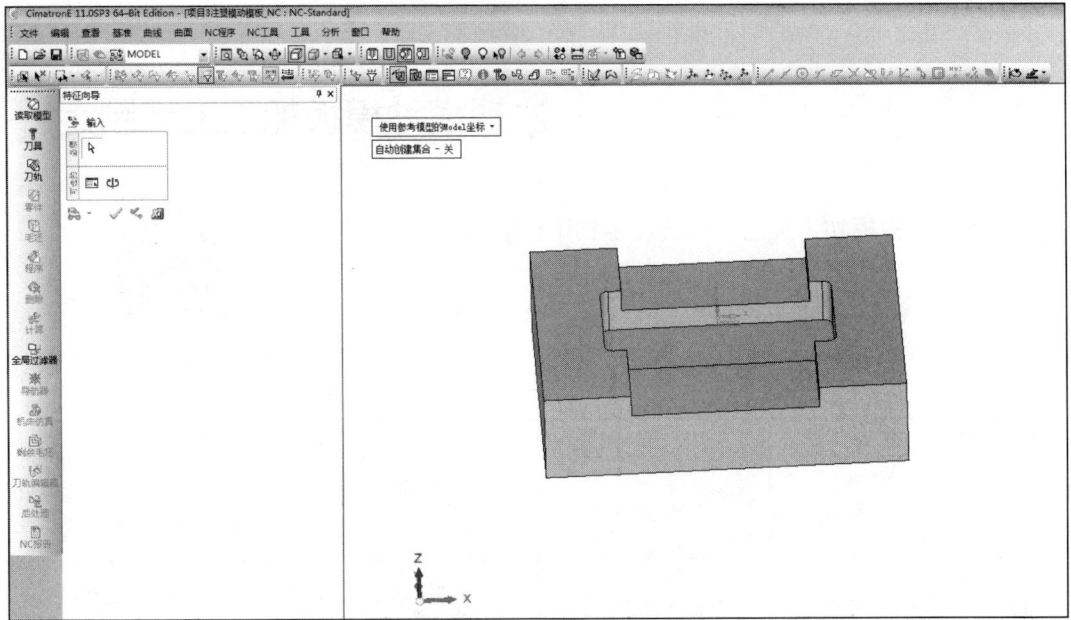

图 3-3　编程工作界面

　　在"特征向导"栏中有两个可选项，分别为"选择选项并拾取参考"和"设置旋转参数"。单击"选择选项并拾取参考"图标，则在绘图区中弹出一个下拉列表框，有"点对点移动"、"根据 XYZ 增量"、"沿方向"和"无"4 个选项，如图 3-4 所示。

　　点对点移动：以指定点对应零件模型。先选取将要设置的坐标系原点，再选取原坐标系原点，将坐标系放置到原点上，如图 3-5 所示。

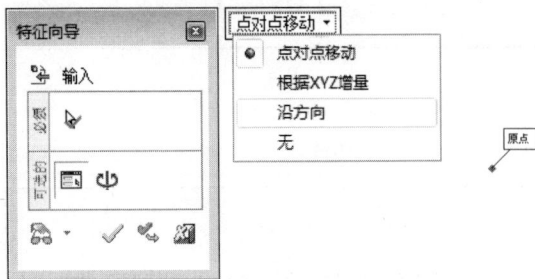

图 3-4　模型放置向导栏

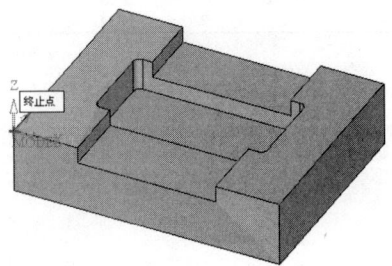

图 3-5　点对点移动

　　根据 XYZ 增量：通过指定 X、Y、Z 3 个方向的增量值来确定零件模型的原点与编程原点的相对位置，如图 3-6 所示。

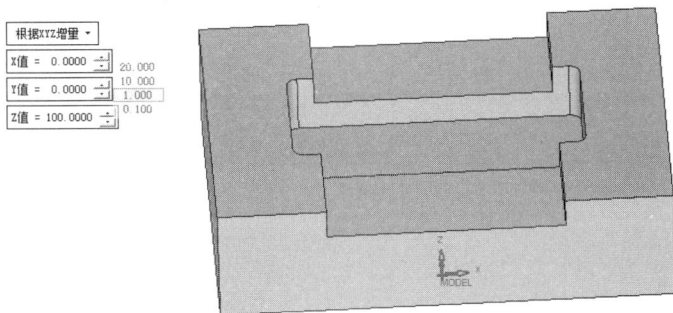

图 3-6　根据 XYZ 增量

沿方向：通过指定一个坐标轴方向与增量确定零件模型的原点与编程原点的相对位置，如图 3-7 所示。

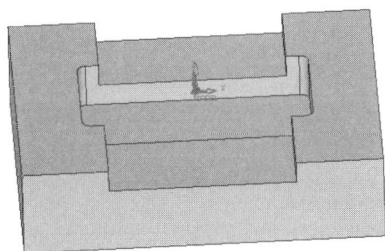

图 3-7　沿方向

无：不进行移动，即放置在编程文件的当前工作坐标系位置，两坐标系重合。

如载入的模型在编程文件中需要旋转，则可以指定坐标系旋转，单击"设置旋转参数"图标，即会出现与坐标系旋转相关的数值框，可以分别指定 3 个坐标系的旋转值，如图 3-8 所示。

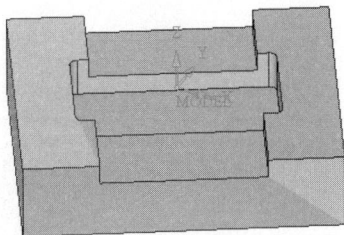

图 3-8　坐标系旋转

本例选择默认设置，即在"特征向导"栏中直接单击"确认"图标，将模型放置到当前坐标系的原点，同时不做旋转，完成模型调入，如图 3-9 所示。

微课：注塑模
动模板坐标
系创建

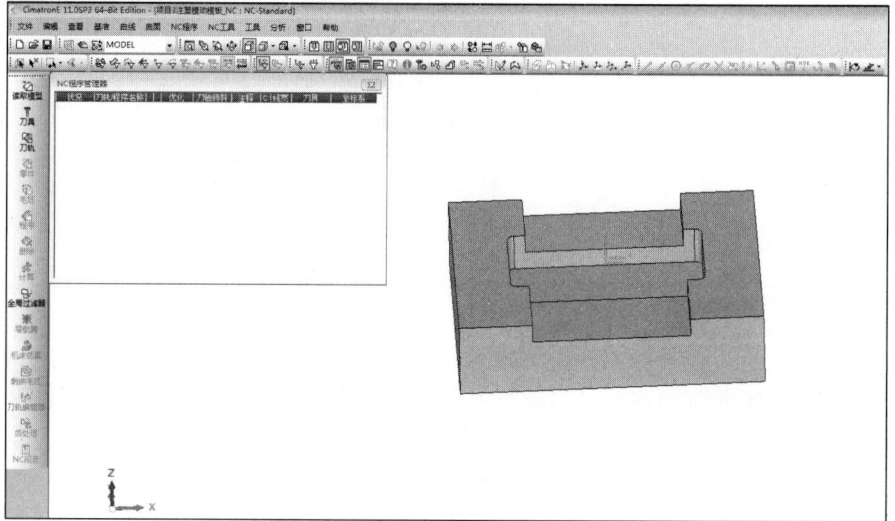

图 3-9 模型调入

2. 创建刀具

单击"NC 向导"的"刀具"图标，系统弹出"刀具及夹头"对话框，再单击"新刀具"图标，按图 3-10 所示设置参数，单击"确认"图标，新建 D30R5 牛鼻刀。

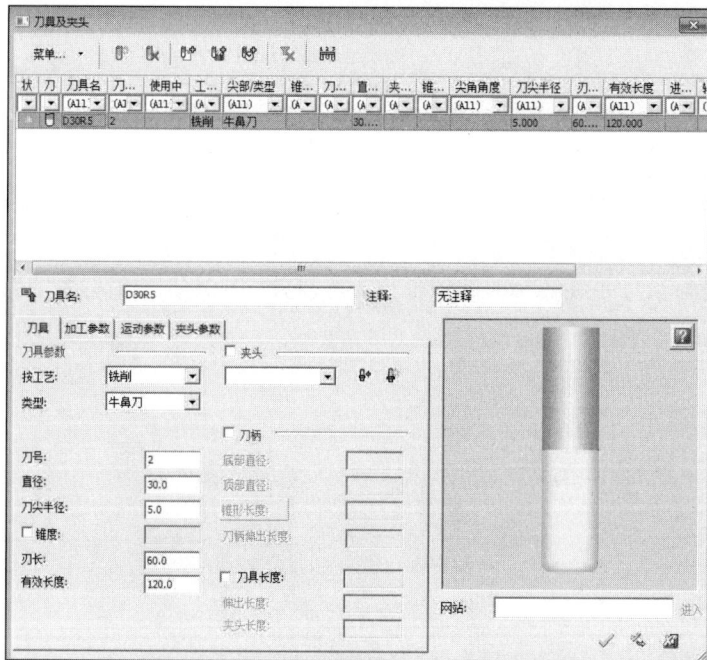

图 3-10 "刀具及夹头"对话框

3. 创建刀路轨迹

单击"NC向导"中的"刀轨"图标，进入创建刀路轨迹功能，系统弹出"创建刀轨"对话框，修改名称为01，类型为3轴，安全平面为50，创建刀路轨迹，如图3-11所示。单击"确认"图标，完成3轴刀路轨迹的创建。此时，"NC程序管理器"中会新增一个刀路轨迹，如图3-12所示。

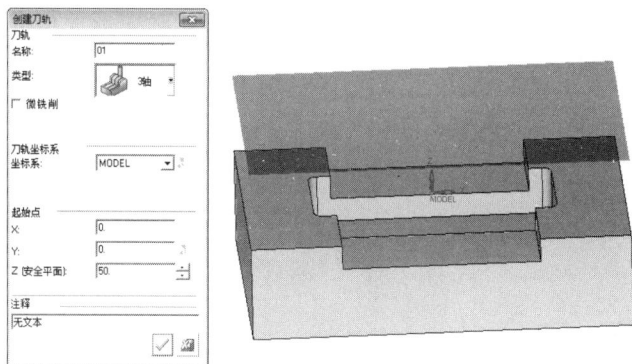

图3-11 创建刀路轨迹

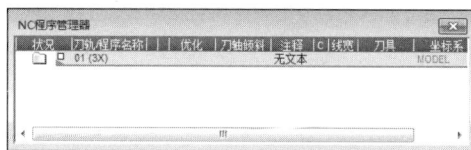

图3-12 NC程序管理器

4. 创建毛坯

单击"NC向导"中的"毛坯"图标，系统弹出"初始毛坯"对话框，各参数保持默认设置，单击"确认"图标退出，如图3-13所示。注意：3轴铣削中的大部分新NC策略加工方式需要设置毛坯，而使用传统加工程序中的子选择不一定选择毛坯。

图3-13 "初始毛坯"对话框

（1）创建毛坯

创建毛坯的方法有 6 种，分别是限制盒、曲面、轮廓、矩形、从文件和多轴毛坯。

限制盒：用一个箱体将所有曲面包容在内的一种毛坯建立方法。这种方法适用于复杂零件的立方体毛坯的建立，是最为常见的毛坯建立方法，也是毛坯建立的默认方法。

曲面：按指定的偏移值生成一个毛坯，这种方式适用于铸件等表面余量较为均匀的零件的毛坯生成。选择该选项时，指定其曲面偏移值和 Z 最小值，就可以以所选的曲面偏移一定值生成毛坯。注意：系统默认为选择所有曲面，直接在图形上点选是反选。图 3-14 为按曲面建立毛坯的示例。

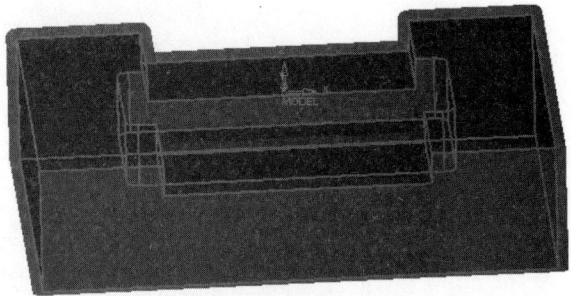

图 3-14　按曲面建立毛坯的示例

轮廓：选择轮廓，通过指定 Z 最高值与 Z 最低值创建毛坯。在图形上指定封闭的轮廓后，就可以该轮廓生成一个拉伸实体作为毛坯。图 3-15 为按轮廓建立毛坯的示例。

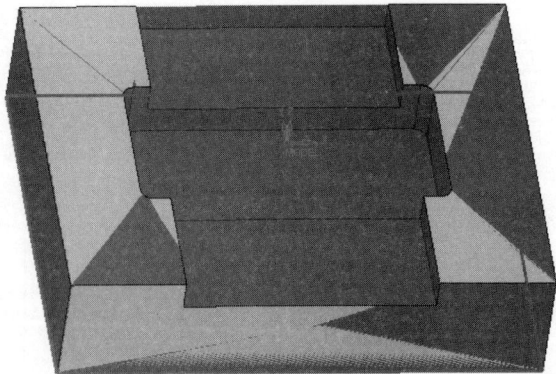

图 3-15　按轮廓建立毛坯的示例

矩形：以指定的两对角点定义一个立方体当作毛坯，即在图形上指定两个点坐标创建一个立方体毛坯。图 3-16 为按矩形建立毛坯的示例。

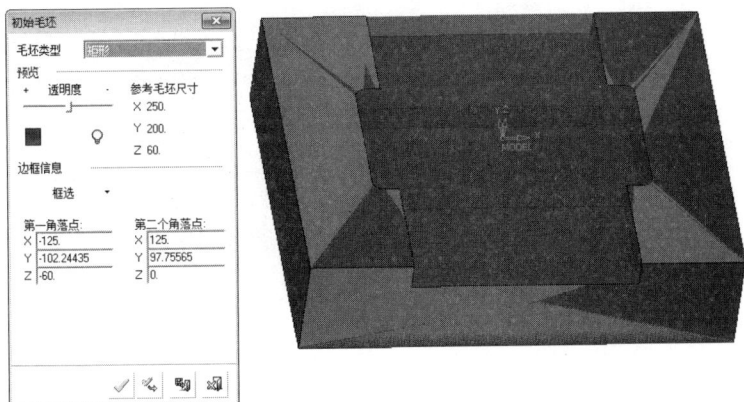

图 3-16　按矩形建立毛坯的示例

从文件：读入一个已经保存的毛坯文件，并将其当作当前使用的毛坯。该方法适用于已经经过加工并保存了毛坯文件的模型。通过在打开的文件中选择已经保存的毛坯文件，指定其 X、Y、Z 方向的移动量，即可创建一个毛坯。

多轴毛坯：适合于定义受以前不同方向的加工程序影响的当前毛坯状态，这样即使当前程序与以前程序加工方向不同，也可以参考真正的更新毛坯而不会建立不必要的空走刀。

（2）毛坯的保存

毛坯可以在任何时候或执行某个工序后保存为一个毛坯文件，其扩展名为.stk。随后文件可以被读入其他图形文件作为毛坯。方法：在"NC 程序管理器"中选择一个程序，然后单击右键，在弹出的快捷菜单中选择"剩余毛坯"命令，如图 3-17 所示，系统弹出"剩余毛坯"对话框，如图 3-18 所示。输入毛坯文件保存的文件名，并单击"保存"图标 ，即可将执行工序后的剩余毛坯保存为毛坯文件。

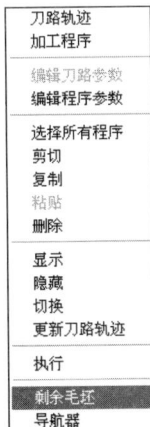

图 3-17　选择"剩余毛坯"命令

图 3-18　保存剩余毛坯

本例采用限制盒方式建立毛坯，并保持各参数的默认设置，如图 3-19 所示，单击"确认"图标退出，完成毛坯创建。

微课：注塑模
动模板毛坯
创建

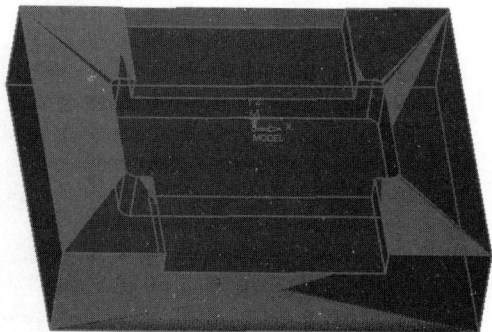

图 3-19　毛坯创建

5. 创建程序

单击"NC 向导"中的"程序"图标，系统弹出"程序向导"对话框，开始创建加工程序，主选择设置为体积铣。该加工方式是最常用的粗加工方法，其采用层铣加工方式，系统按照零件在不同深度的截面形状计算各层的刀路轨迹。相对于 2.5 轴加工，体积铣以曲面在这一高度的截面线作为轮廓线。体积铣适用于绝大多数粗加工，如模具型腔或型芯及其他带有复杂曲面零件的粗加工。另外，通过限定高度值，只做一层加工，体积铣也可用于平面的精加工。

在体积铣中有环绕粗铣、平行切削、高效加工和传统策略 4 个子选择。其中，环绕粗铣和平行切削是常用的两种加工策略。传统策略包括毛坯环切-3D、平行切削-3D、环绕切削-3D、插铣、Zcut 平行、Zcut 放射 6 个加工子策略。

毛坯环切-3D：又称沿边环绕切削，它按零件形状偏置分层环切，能对层间进行细化加工。加工边界线可不选，此时系统以曲面 Z 向投影区域为加工范围。毛坯环切提供高效的粗坯料加工路径，轮廓部分留料均匀，有利于精加工，同时，其切削负荷相对固定，适用于凸模加工，会有多处进刀点，如图 3-20 所示。

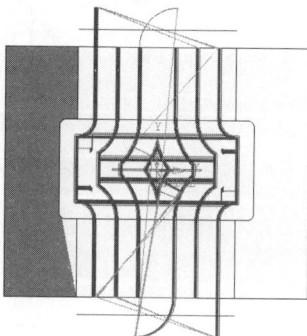

图 3-20　毛坯环切-3D 示例

平行切削-3D：又称行切法加工，按分层等高平行铣削，刀路轨迹相互平行，可设置与坐标轴的夹角。加工边界线可不选，此时系统以曲面 Z 向投影区域为加工范围，如图 3-21 所示。在粗加工时，平行切削具有最高的效率，一般其切削的步距可以达到刀具直径的 70%～90%。

环绕切削-3D：指按零件边界分层环绕切削，能对层间进行细化加工，如图 3-22 所示。注意：必须设置毛坯，加工边界线可不选，此时系统以曲面 Z 向投影区域为加工范围，优点是提刀次数较少。在传统加工程序中，它是较为常用的加工策略。

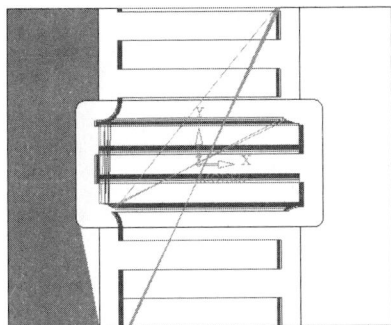

图 3-21　平行切削-3D 示例

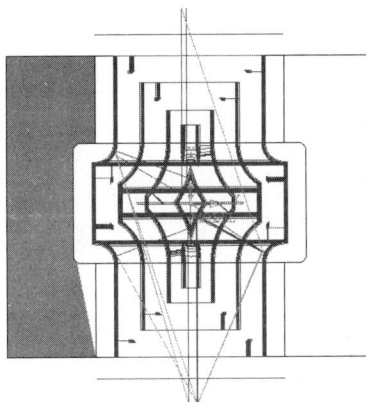

图 3-22　环绕切削-3D 示例

插铣：又称钻铣加工或直捣式加工。当加工较深的工件时，可以使用两刃铣刀以插铣方式进行加工，这是加工效率最高的去除残料的加工方法。该方式较适合于深腔零件的直壁或斜坡加工。

Zcut 平行：Z 向平行等高分层切削，可按曲面轮廓起伏向上、向下切削，如图 3-23 所示。该方式刀路轨迹计算速度快，适用于波浪形曲面或软材料粗加工。

Zcut 放射：Z 向等高分层放射（径向）切削，可按曲面轮廓起伏向上、向下切削，如图 3-24 所示。该方式刀路轨迹计算速度快，适用于球状型曲面或软材料粗加工。

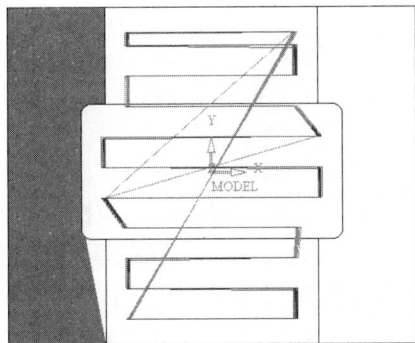

图 3-23　Z 向平行切削示例

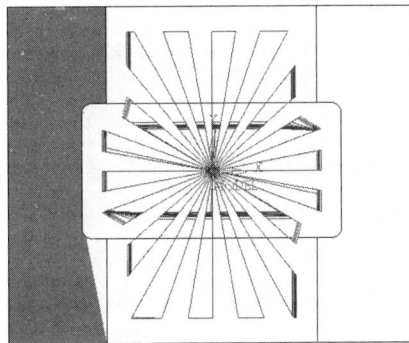

图 3-24　Z 向放射切削示例

本例采用环绕粗铣加工策略，因此修改"子选择"为"环绕粗铣"，如图 3-25 所示。

图 3-25 选择工艺

（1）选择轮廓、零件曲面

单击轮廓后的"0"按钮，系统弹出"轮廓管理器"对话框，进行轮廓设置，如图 3-26 所示。

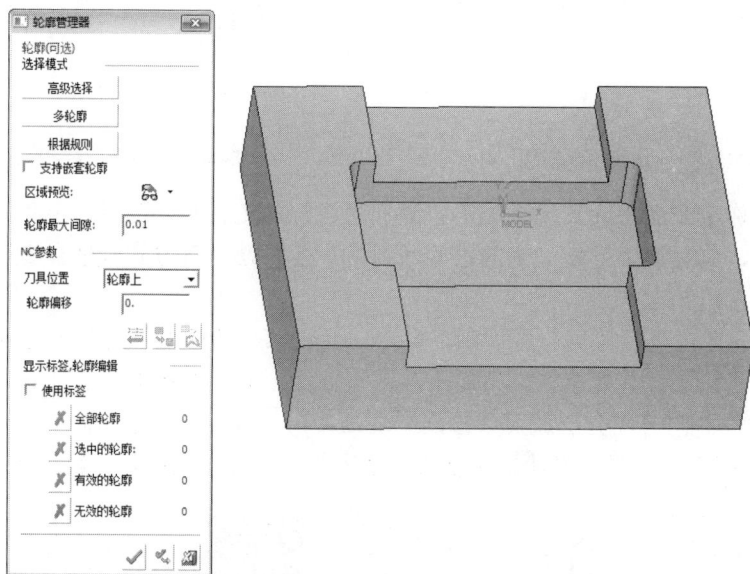

图 3-26 "轮廓管理器"对话框及模型效果

轮廓：作用是指定加工范围。在曲面上生成的刀路轨迹，将按轮廓向上、向下无限延伸形成的区域修剪，在轮廓限定范围内的刀具路径将被保留，而在轮廓限制范围以外的刀具路径将不再保留。轮廓选择方法与 2.5 轴加工中选择封闭轮廓的方法是相同的。对于局部加工的零件，用选择全部曲面的方法，再选择一个轮廓限制其加工范围，这样可以相对安全，而且编程也较方便。注意：体积铣也可不定义轮廓，系统将以曲面在 Z 轴方向的最大投影范围作为加工区域。相关参数说明如下。

刀具位置：有"轮廓上"、"轮廓内"和"轮廓外"3 个选项，通常凹模设置为轮廓内，凸模设置为轮廓上。这里设置为轮廓上。

轮廓偏移：输入轮廓偏移值对侧壁做预留，通常保持默认值。

在绘图区选择一条封闭的零件最大轮廓线，单击中键确认，如图 3-27 所示。单击中键退出，完成轮廓选择，此时程序向导中的轮廓值变为"1"。

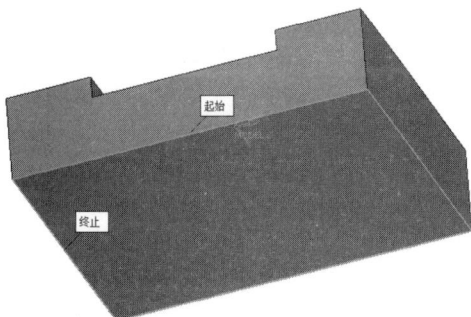

图 3-27　选择轮廓

进行零件曲面选择。零件曲面在体积铣中必须定义。单击零件曲面后的"0"按钮，进行零件曲面选择，通常选择全部曲面，这样运算较慢，但较安全，选中的曲面将改变显示的颜色，如图 3-28 所示。再单击中键退出，此时零件曲面值变为"22"，完成零件曲面选择。

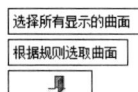

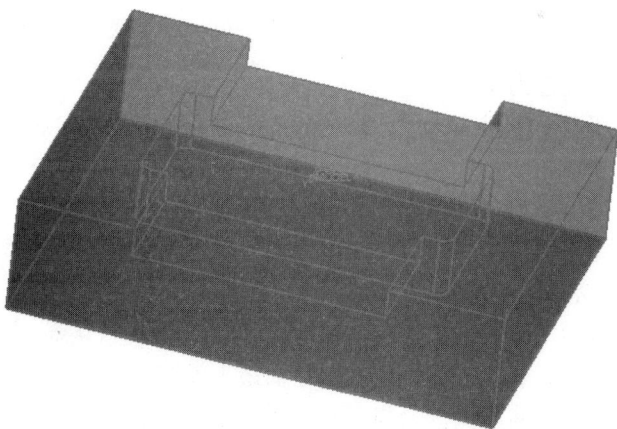

图 3-28　零件曲面选择

（2）设置刀路参数

单击"刀路参数"图标，系统切换到刀路参数界面，如图 3-29 所示。按以下步骤进行各参数设置。

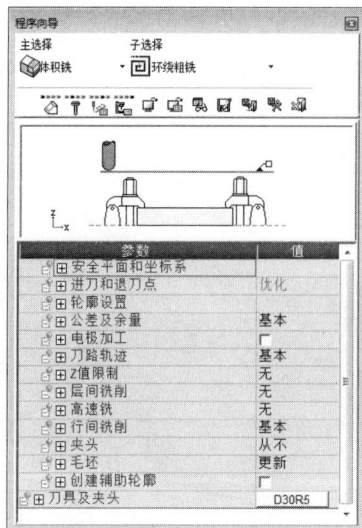

图 3-29 刀路参数界面

步骤 1：进刀和退刀点参数设置。

进入方式：有 4 个选项，分别是"优化"、"用长度"、"不插入"和"钻孔"。一般选择"优化"选项，如图 3-30 所示。

图 3-30 进刀和退刀点设置

进刀角度：设置为 4。

最大螺旋半径：设定螺旋进刀半径，最大输入半径为 2.5 倍的刀具直径，这里设置为 75。

注意：进刀方式为"不插入"和"钻孔"时，无法做螺旋进刀。建议选择优化或用长度进刀方式，并搭配螺旋进刀使用，但角度不可过大。

步骤 2：公差及余量参数设置。

公差及余量参数有"基本"和"高级"两个选项，默认显示为基本。选择"基本"选项时，下有加工曲面余量、曲面公差和轮廓最大间隙 3 个参数，如图 3-31 所示；选择"高级"选项时，有加工曲面侧壁余量、加工曲面底部余量、逼近方式、曲面公差和轮廓最大间隙 5 个参数，可实现分别对曲面侧壁和底部进行余量控制，如图 3-32 所示。

图 3-31 公差及余量基本参数

图 3-32 公差及余量高级参数

下面介绍本例需设置的参数。

加工曲面余量：若输入正值，加工后的实体大于理论实体，有加工余量；若输入负值，刀具过切削，加工后的实体小于理论实体，如图 3-33 所示。通常通过设置零件加工曲面余量的大小来控制加工曲面的实际尺寸。粗加工余量为 0.2mm，因此这里设置为 0.2。

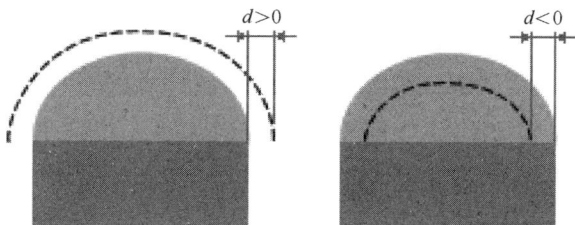

图 3-33　加工曲面余量示例

逼近方式：有两个选项，分别为"根据精度"和"根据精度+长度"。根据精度依所选曲面设定的公差值做运算，如图 3-34 所示。通常选择该种方式。根据精度+长度依所选取曲面公差加长度做运算，必须输入最大长度值，如图 3-35 所示。

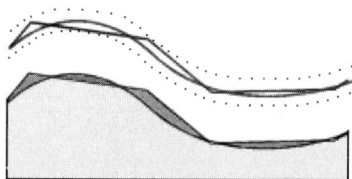

图 3-34　根据精度示例

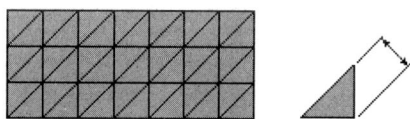

图 3-35　根据精度+长度示例

当选择"根据精度+长度"选项时，将出现最大三角片长度参数，如图 3-36 所示。根据精度逼近指通过最大允差来控制逼近，但对于曲率半径较大的曲面（即较平坦的曲面），一个不大的允差可能会有很长的弦（三角片长度），用曲面精度和最大三角片长度进行控制，可以获得更好的加工质量。

公差及余量	高级	
加工曲面侧壁余量	0.0000	∫
加工曲面底部余量	0.0000	∫
逼近方式	根据精	
最大三角片长度	8.0000	∫
曲面公差	0.0100	∫
轮廓最大间隙	0.0100	

图 3-36　"根据精度+长度"选项

曲面公差：考虑到粗加工，可设置为 0.05。

轮廓最大间隙：一般选择默认值，如图 3-37 所示。

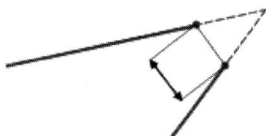

图 3-37　轮廓最大间隙示例

步骤 3：刀路轨迹参数设置。

刀路轨迹参数有"基本"和"高级"两个选项，默认显示为基本。选择"基本"选项时，只有切削模式、下切步距类型、固定垂直步距和侧向步距 4 个参数，如图 3-38 所示。

🔒☐刀路轨迹	基本
♀切削模式	顺铣
♀下切步距类型	固定 ▼
♀固定垂直步距	0.5000 ƒ
♀侧向步距	18.0000 ƒ

图 3-38　刀路轨迹基本参数

切削模式：有"顺铣"、"逆铣"、"混合铣"、"混合铣+顺铣边"和"混合铣+逆铣边" 5 个选项。一般选择"混合铣"选项。

下切步距类型：有"固定"、"可变"和"固定+水平面" 3 个选项，如图 3-39 所示。如选择"可变"选项，则需对"最大下切步距"和"最小下切步距"两个选项进行设置。

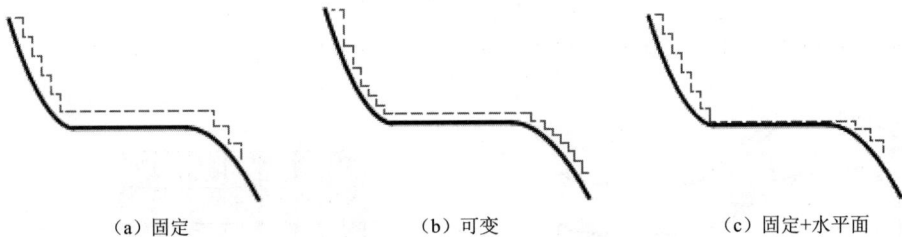

| (a) 固定 | (b) 可变 | (c) 固定+水平面 |

图 3-39　下切步距类型示例

固定垂直步距：设置为 0.5。

侧向步距：设置为 0.6 倍刀具直径。

选择"高级"选项时，将增加计算、策略、真环切、半精轨迹等参数，如图 3-40 所示。

🔒☐刀路轨迹	高级
♀计算	优化
♀切削模式	顺铣
♀策略	优化
♀下切步距类型	固定 + 水
♀固定垂直步距	12.0000
♀侧向步距	12.0000 ƒ
♀真环切	☐
♀半精轨迹	从不
♀忽略平面上的余量	☐
♀加工顺序	区域
♀最小毛坯宽度	0.0000 ƒ

图 3-40　刀路轨迹高级参数

计算：有"优化"、"高精度"和"更快的计算" 3 个选项，一般选择默认值。

策略：有"优化"和"用户自定义"两个选项，一般选择"优化"选项。选择"用户自定义"选项时，需对策略:毛坯环切、策略:由内到外和策略:由外到内等参数进行选择，如图 3-41 所示。

策略	用户自 ▼
策略:毛坯环切	☑
限制毛坯环切行数	☐
策略:由外到内	☑
策略:由内到外	☑
连接区域	当前层

图 3-41　用户自定义策略

真环切：一般选择该选项。

半精轨迹：一般选择"从不"选项。

加工顺序：有"区域"和"层"两个选项。对于有多个凸台或凹槽的零件做等高切削时会形成不连续的加工区域。层优先时，生成的刀路轨迹将同一高度内的所有内外型加工完成后，再进入下一层加工，刀具会在不同的加工区域之间跳来跳去，如图 3-42 所示。区域优先时，在加工凸台或凹槽时，先将一个可以连续加工的部分形状加工完成后，再跳到其他部位加工。这种方式抬刀次数少，效率高，如图 3-43 所示。为提高加工效率，该参数设置为区域。

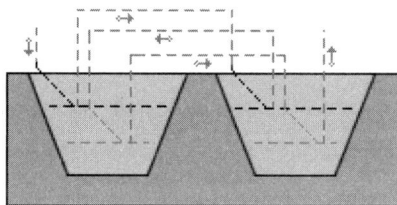

图 3-42　层示例

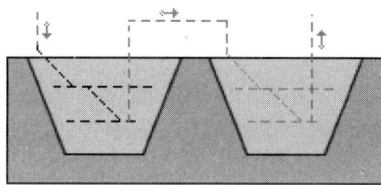

图 3-43　区域示例

最小毛坯宽度：一般选择默认值。

刀路轨迹参数最终设置效果如图 3-44 所示。

刀路轨迹	高级
计算	优化
切削模式	混合铣
策略	优化
下切步距类型	固定
固定垂直步距	0.5000
侧向步距	18.0000
真环切	☑
半精轨迹	从不
加工顺序	区域
最小毛坯宽度	0.0000

图 3-44　刀路轨迹参数最终设置效果

（3）设置机床参数

单击"机床参数"图标，系统切换到机床参数界面，设置机床的主轴转速为 1800、进给为 2000，其他选择默认值，如图 3-45 所示。

图 3-45　机床参数设置

（4）程序生成

单击"保存并计算"图标，系统将根据前面设置的参数自动计算刀路轨迹，并在绘图区显示生成的刀路轨迹，如图 3-46 所示。

微课：注塑模
动模板开粗
编程

动画：注塑模
动模板开粗

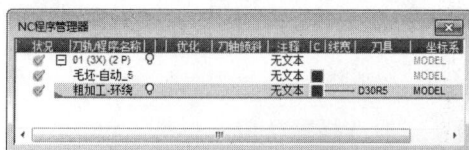

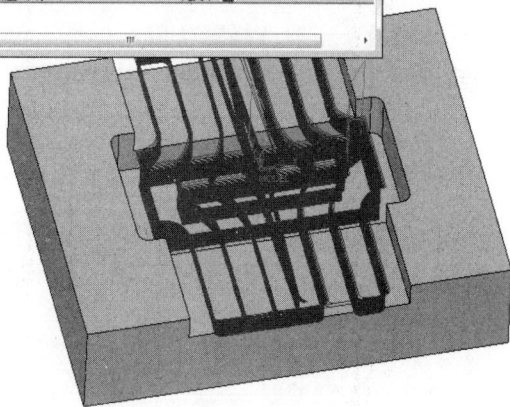

图 3-46　生成的刀路轨迹

3.3.2　二次开粗

1. 创建刀具

单击"NC 向导"中的"刀具"图标，系统弹出"刀具及夹头"对话框，再单击"新刀具"图标，按图 3-47 所示设置参数，单击"确认"图标，新建 D12R0.8 牛鼻刀。

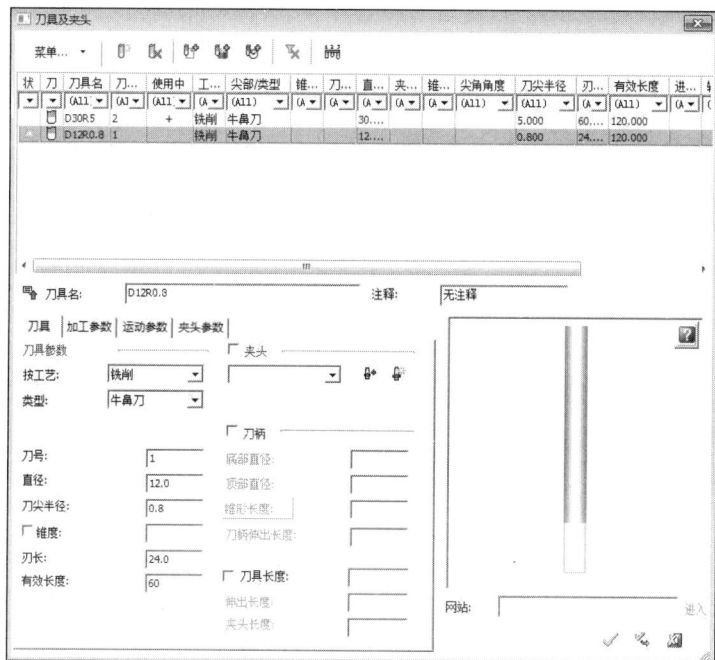

图 3-47　创建二次开粗使用的刀具

2. 创建刀路轨迹

单击"NC 向导"中的"刀轨"图标，进入创建刀路轨迹功能，系统弹出"创建刀轨"对话框，修改名称为 02，类型为 3 轴，安全平面为 50，创建刀路轨迹，单击"确认"图标，完成 3 轴刀路轨迹的创建。此时，"NC 程序管理器"中会新增一个刀路轨迹，如图 3-48 所示。

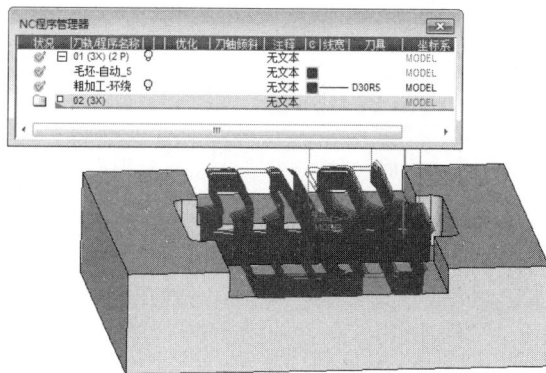

图 3-48　创建二次开粗的刀路轨迹

3. 创建程序

单击"NC 向导"中的"程序"图标，系统弹出"程序向导"对话框，开始创建加工程序，设置"主选择"为"体积铣"，"子选择"为"环绕粗铣"，如图 3-49 所示。系统会自动应用所选的较小直径刀具处理前一程序使用较大的刀具导致在局部的角落部位留下的残料，保证零件周边的余量均等，从而保证精加工的加工质量。

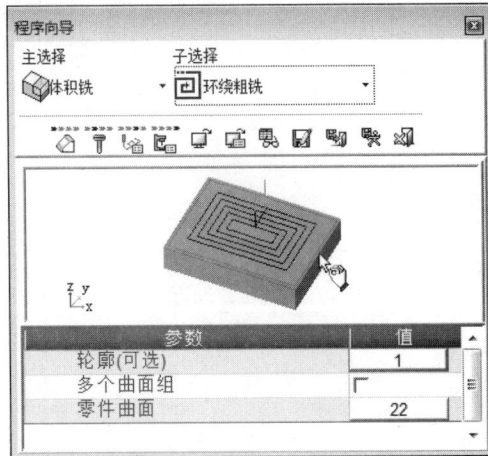

图 3-49　选择二次开粗工艺

（1）选择轮廓、零件曲面

系统自动继承上一程序的设置，此时轮廓、零件曲面可选择默认值。

（2）设置刀路参数

进刀和退刀点、公差及余量、刀路轨迹等参数可选择默认值，刀具及夹头参数选择 D12R0.8 牛鼻刀，此时刀路轨迹参数中的侧向步距会自动调整为 0.6 倍的刀具直径。二次开粗刀路参数设置如图 3-50 所示。

图 3-50　二次开粗刀路参数设置

（3）设置机床参数

单击"机床参数"图标，系统切换到机床参数界面，设置机床的主轴转速为 3500、进给为 2000，其他选择默认值，如图 3-51 所示。

图 3-51　二次开粗机床参数设置

（4）程序生成

单击"保存并计算"图标，系统将根据前面设置的参数自动计算刀路轨迹，并在绘图区显示生成的刀路轨迹，如图 3-52 所示。

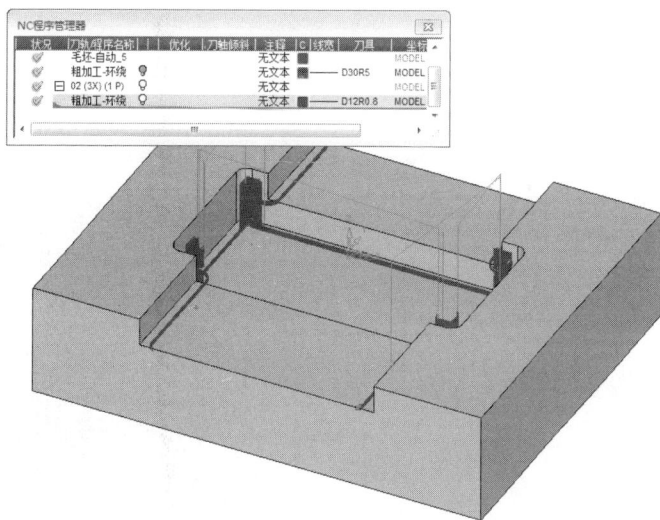

微课：注塑模
动模板二次
开粗编程

图 3-52　二次开粗生成的刀路轨迹

4. 机床仿真

单击"NC 向导"中的"机床仿真"图标，进入模拟检验功能，系统弹出"机床仿真"对话框，单击双绿色箭头，选择 01、02 程序，再选择"机床模拟"选项，如图 3-53 所示，单击"确认"图标，系统打开"CimatronE-机床模拟"窗口，如图 3-54 所示，选择"控制"→"运行"命令，进行实体切削模拟。加工仿真模拟结果如图 3-55 所示。

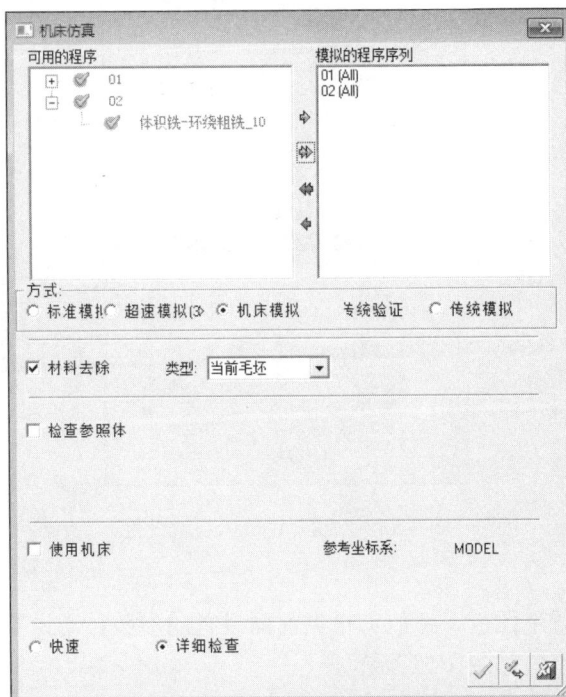

图 3-53　机床仿真程序选择

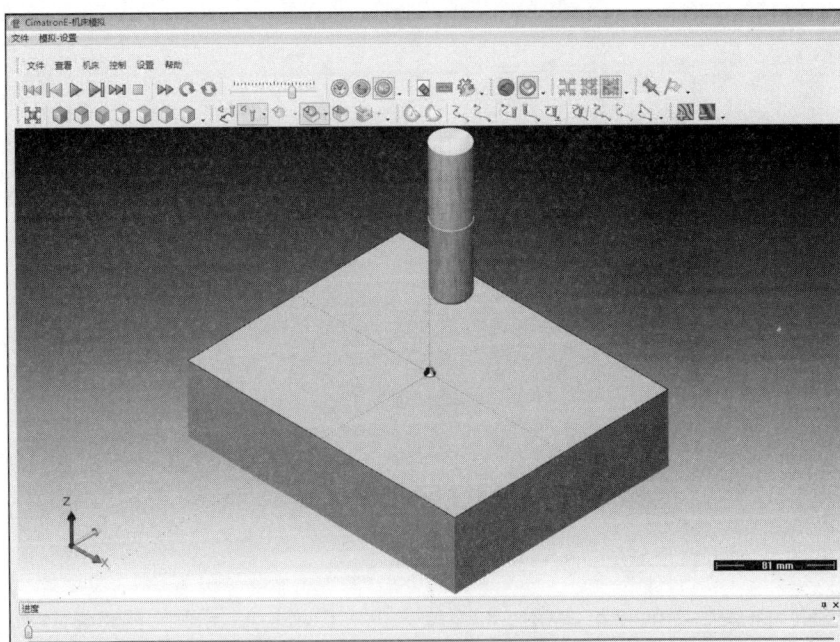

图 3-54　"CimatronE-机床模拟"窗口

动画：注塑模
动模板二次
开粗

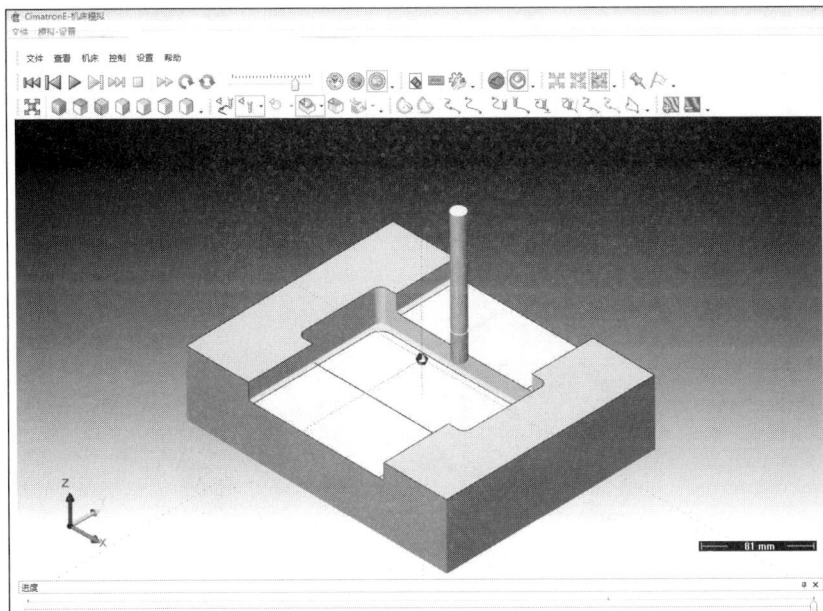

图 3-55　加工仿真模拟结果

3.3.3　底面精加工

1. 创建刀具

单击"NC 向导"中的"刀具"图标，系统弹出"刀具及夹头"对话框，再单击"新刀具"图标，按图 3-56 所示设置参数，单击"确认"图标，新建 D16R0.8 牛鼻刀。

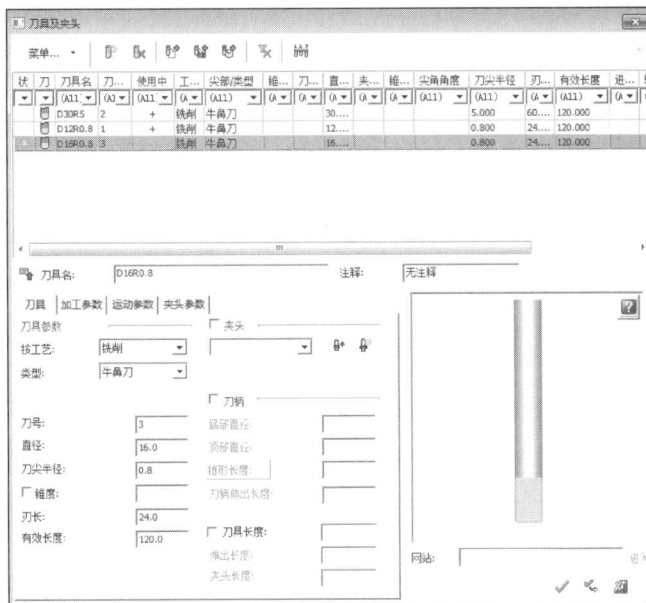

图 3-56　创建底面精加工使用的刀具

2. 创建刀路轨迹

单击"NC 向导"中的"刀轨"图标，进入创建刀路轨迹功能，系统弹出"创建刀轨"对话框，修改名称为 03，类型为 3 轴，安全平面为 50，创建刀路轨迹。单击"确认"图标，完成 3 轴刀路轨迹的创建。此时，"NC 程序管理器"中会新增一个刀路轨迹，如图 3-57 所示。

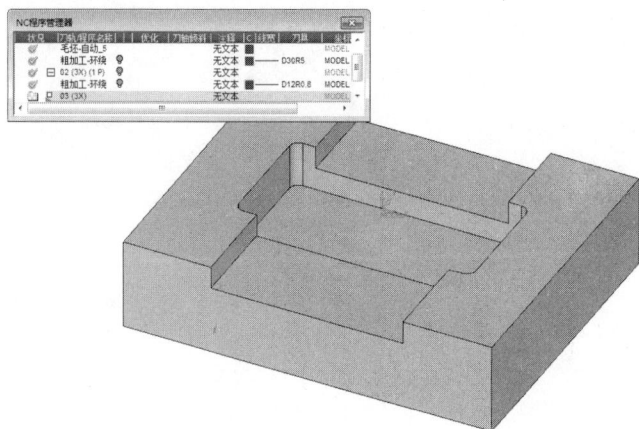

图 3-57　创建刀路轨迹

3. 创建程序

单击"NC 向导"中的"程序"图标，系统弹出"程序向导"对话框，开始创建加工程序，主选择设置为曲面铣削，此时有精铣所有、根据角度精铣、精铣水平面、开放轮廓、封闭轮廓和传统策略 6 个子选择。

下面介绍传统策略常用的加工子策略。其有 3D 步距、毛坯环切-3D、平行切削-3D、环绕切削-3D、层切、平坦区域平行铣、平坦区域环切、平坦区域放射铣、陡峭区域、型腔铣削和放射精铣 11 个加工子策略。

3D 步距：又称 3D 恒等距加工，产生的刀路轨迹在刀路切削行之间的距离按指定值恒定不变。它适用于曲面斜度变化较多的零件的半精加工和精加工。图 3-58 为 3D 步距示例。

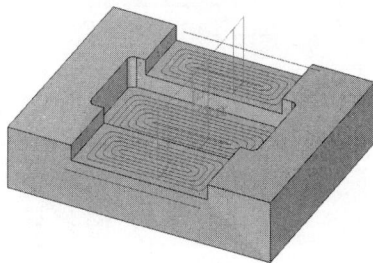

毛坯环切-3D：在切削范围内生成环绕的切削加工路径，所建构的刀路轨迹将沿所有指定轮廓边界，以等距偏移方式产生，直至到达中心或边界。图 3-59 为毛坯环切-3D 示例。

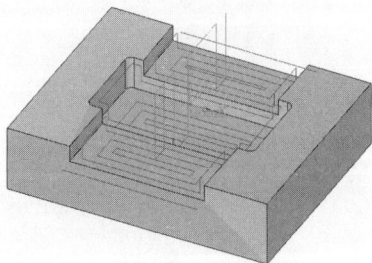

图 3-58　3D 步距示例

图 3-59　毛坯环切-3D 示例

平行切削-3D：沿指定的轮廓边界线内与坐标轴成一定的夹角产生刀具路径。在曲面精加工中，平行切削具有很广泛的适应性。该方式适用于铣削大部分曲面比较平缓且过渡平滑的曲面。图 3-60 为平行切削-3D 示例。

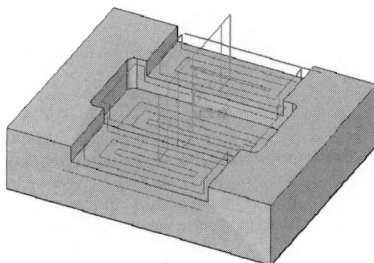

环绕切削-3D：在限定范围内以环绕方式进行铣削。图 3-61 为环绕切削-3D 示例。

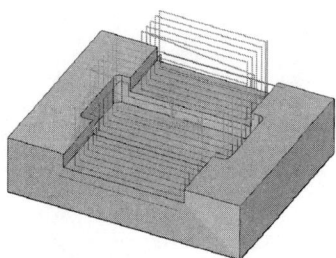

图 3-60　平行切削-3D 示例　　　　图 3-61　环绕切削-3D 示例

层切：该方式采用等高切削加工，针对多曲面以等高方式做半精加工或精加工。其应用较为广泛，适用于外形比较陡峭的侧壁精加工。通过限定高度值，该方式还可用于清角加工。图 3-62 为层切示例。

平坦区域平行铣：在限定的范围内，按设定的角度仅对平坦曲面采用平行切削。图 3-63 为平坦区域平行铣示例。

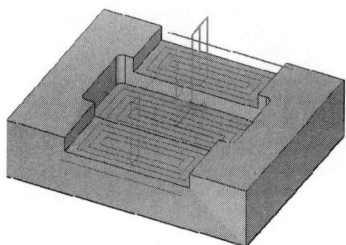

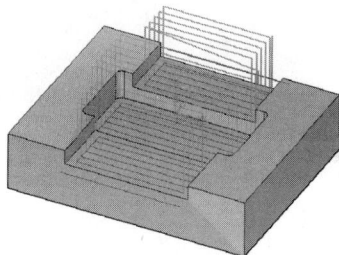

图 3-62　层切示例　　　　图 3-63　平坦区域平行铣示例

平坦区域环切：按设定的角度仅对平坦曲面采用环绕切削。图 3-64 为平坦区域环切示例。

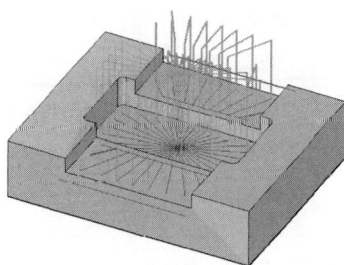

平坦区域放射铣：按设定的角度仅对平坦曲面采用径向切削。图 3-65 为平坦区域放射铣示例。

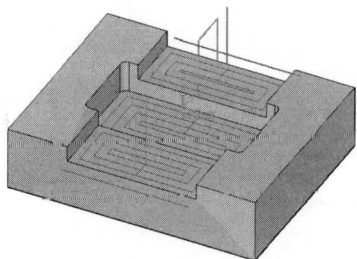

图 3-64　平坦区域环切示例　　　　图 3-65　平坦区域放射铣示例

陡峭区域：按设定的角度仅对陡峭曲面采用平行切削加工。图 3-66 为陡峭区域示例。

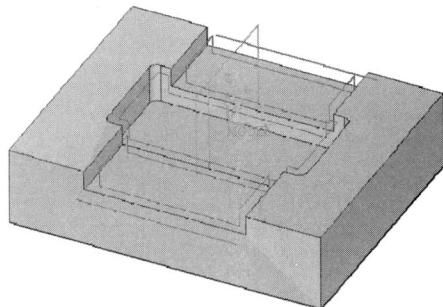

型腔铣削：按轮廓沿曲面走刀一次，对其他曲面不做加工。这种方式在实际中很少用到，因为这种方式使用封闭轮廓铣更为合适。图 3-67 为型腔铣削示例。

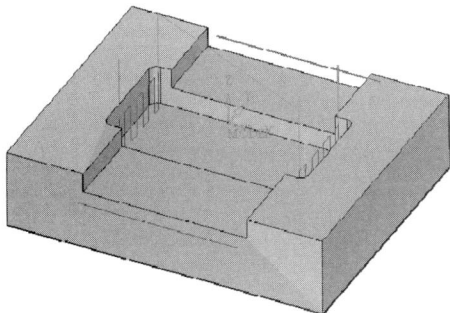

图 3-66　陡峭区域示例

图 3-67　型腔铣削示例

放射精铣：沿曲面径向走刀精加工曲面，对球面或同心圆的弧面加工，可获得较好的表面质量。图 3-68 为放射精铣示例。

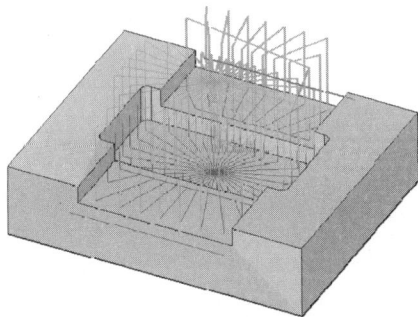

图 3-68　放射精铣示例

本例"子选择"设置为"层切"，如图 3-69 所示。

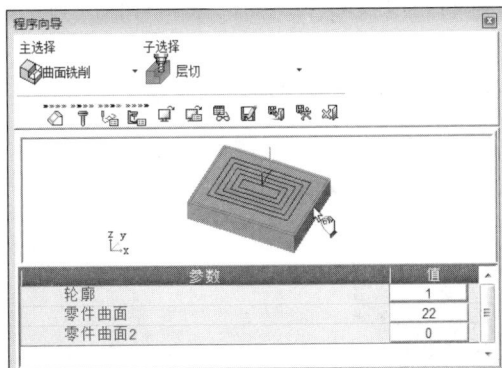

图 3-69　选择底面精加工工艺

（1）选择轮廓、零件曲面

系统自动继承上一程序设置，此时轮廓、零件曲面可选择默认值。

（2）选择刀具

单击"刀具"图标，系统弹出"刀具及夹头"对话框，选择 D16R0.8 牛鼻刀，如图 3-70 所示，单击"确认"图标，完成刀具的选择。

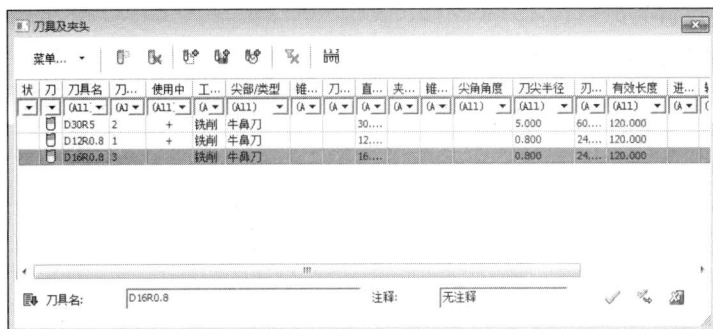

图 3-70　底面精加工刀具的选择

（3）创建刀路轨迹

单击"刀路参数"图标，系统切换到刀路参数界面，按以下步骤设置刀路参数。

步骤 1：安全平面和坐标系参数设置。

内部安全高度参数有"绝对"和"优化"两个选项，相应示例如图 3-71 所示。选择"绝对"选项时，应设置绝对 Z 参数，一般保持默认安全平面参数值。本例选择"优化"选项，设置内部安全高度 Z 值为 5，其他参数选择默认值，如图 3-72 所示。

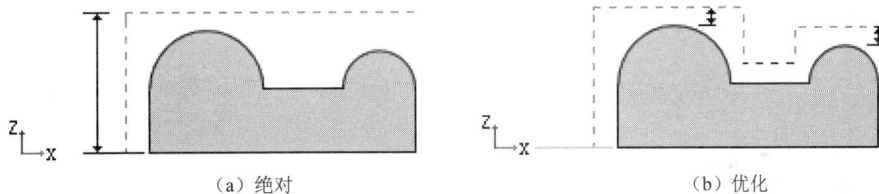

（a）绝对　　　　　　　　　　　（b）优化

图 3-71　内部安全高度参数示例

图 3-72　安全平面和坐标系参数设置

步骤 2：进刀和退刀点、轮廓设置、公差及余量参数设置。

这 3 组参数选择默认值即可。

步骤 3：刀路轨迹参数设置。

Z 最高点、Z 最低点：设置加工范围，考虑到上表面不用加工，Z 最高点设置为-1，Z 最低点设置为-30，底部不留余量。

下切步距：设置为 0.3。

拐角铣削：设置为外部圆角。

切削模式：设置为顺铣。

开放零件：设置为默认参数。

方向：有两个选项，分别为“向下”和“向上”，相应示例如图 3-73 所示。这里设置为向下。

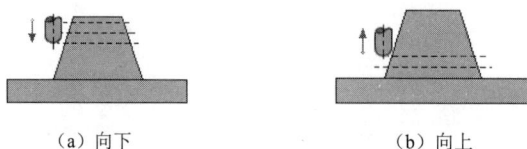

（a）向下　　（b）向上

图 3-73　方向示例

加工由：设置为区域。

刀路轨迹各参数设置如图 3-74 所示。

参数	值
安全平面和坐标系	
进刀和退刀点	优化
轮廓设置	
公差及余量	高级
刀路轨迹	
Z最高点	-1.0000
Z最低点	-30.0000
下切步距	0.3000
拐角铣削	外部圆角
切削模式	顺铣
开放零件	无
方向	向下
加工顺序	区域
层间高速连接	

图 3-74　刀路轨迹各参数设置

步骤 4：层间铣削参数设置。

层间方式：设置为水平。

子选择：设置为环绕切削。

侧向步距：设置为刀具半径值。

斜率限制角度：设置为 0，只对水平面进行加工。

侧壁加工余量：考虑到还要进行侧壁加工，因此在侧壁留有 0.3mm，将该参数设置为 0.3。

行间铣削：选中该复选框。

其他参数可采用默认值，如图 3-75 所示。

（4）设置机床参数

单击“机床参数”图标，系统切换到机床参数界面，设置机床的主轴转速为 3500、进给为 2000，其他选择默认值，如图 3-76 所示。

图 3-75 层间铣削参数设置

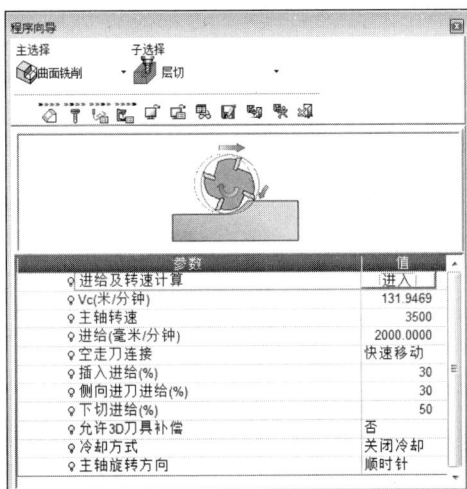

图 3-76 底面精加工机床参数设置

（5）程序生成

单击"保存并计算"图标，系统将根据前面设置的参数自动计算刀路轨迹，并在绘图区显示生成的刀路轨迹，如图 3-77 所示。

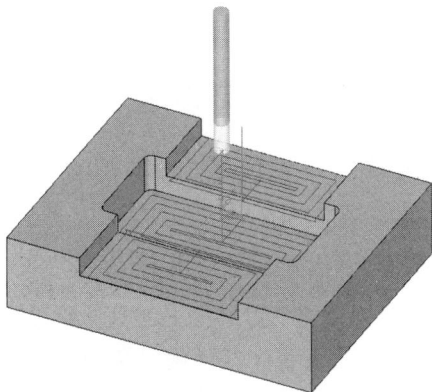

图 3-77 底面精刀路轨迹的生成

微课：注塑模
动模板底面
精加工编程

动画：注塑模
动模板底面
精加工

3.3.4　精修侧壁

1. 创建刀路轨迹

单击"NC 向导"中的"刀轨"图标，进入创建刀路轨迹功能，系统弹出"创建刀轨"对话框，修改名称为 04，类型为 3 轴，安全平面为 50，修改注释的"无文本"为"精修侧壁"，单击"确认"图标，完成 3 轴刀路轨迹的创建，如图 3-78 所示。完成后，"NC 程序管理器"中会新增一个名为 04 的刀路轨迹。

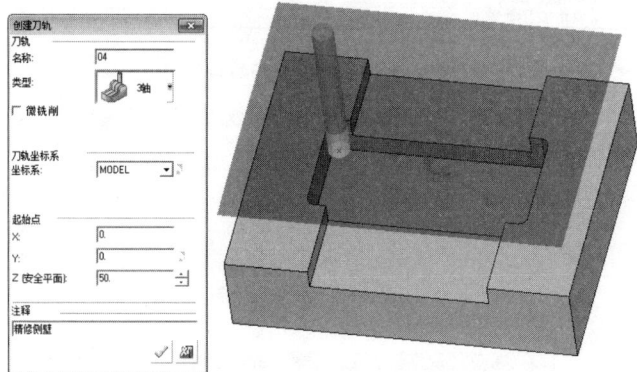

图 3-78　创建精修侧壁的刀路轨迹

2. 创建程序 1

单击"NC 向导"中的"程序"图标，系统弹出"程序向导"对话框，开始创建加工程序，修改"主选择"为"2.5 轴"、"子选择"为"封闭轮廓"，如图 3-79 所示。

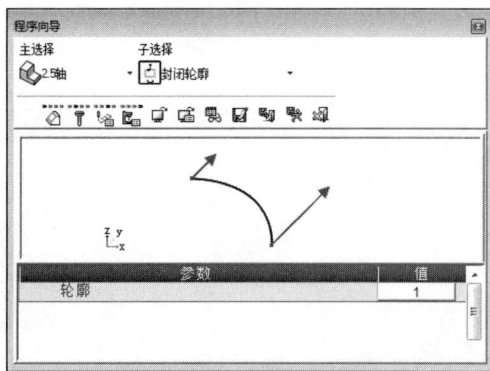

图 3-79　选择精修侧壁工艺

（1）选择轮廓

单击轮廓后的"1"按钮，系统弹出"轮廓管理器"对话框，刀具位置设置为切向，铣削侧设置为内侧，其他选择默认值。在绘图区单击右键，在弹出的快捷菜单中选择"重置所有"命令，取消前面默认的轮廓，再选择将要加工的封闭轮廓线，单击中键确认，完成轮廓选择，如图 3-80 所示。

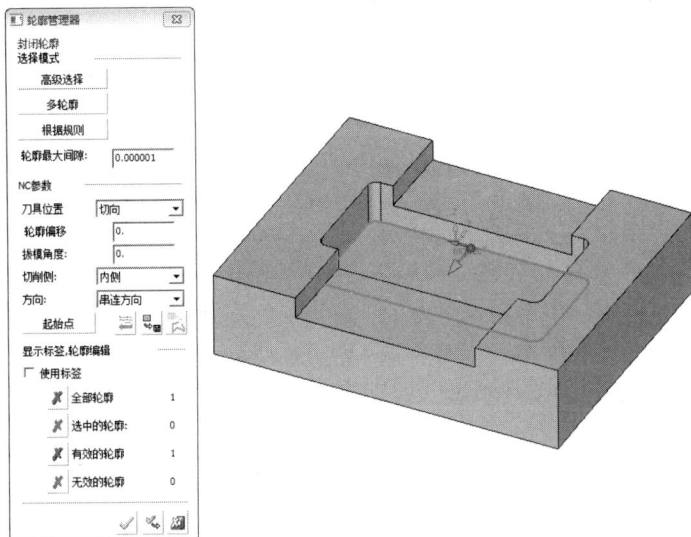

图 3-80　封闭轮廓选择

（2）创建刀具

单击"刀具"图标，系统弹出"刀具及夹头"对话框，再单击"新刀具"图标，创建 D10 平底刀，如图 3-81 所示。选择 D10 平底刀，单击"确认"图标，完成刀具创建。

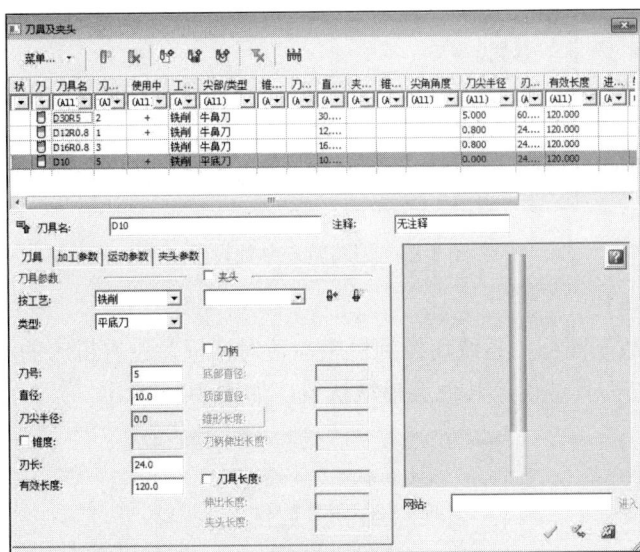

图 3-81　创建精修侧壁使用的刀具

（3）创建刀路轨迹

单击刀路参数图标，系统切换到刀路参数界面，按以下步骤进行刀路参数设置。

步骤 1：进/退刀参数设置。

轮廓进刀和退刀都设置为相切，圆弧半径设置为刀具半径，延伸设置为 2，如图 3-82 所示。

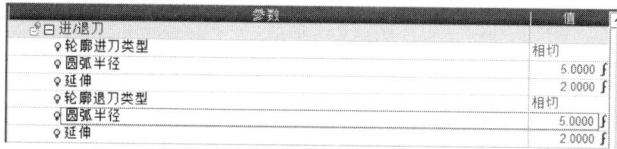

图 3-82　进/退刀参数设置

步骤 2：安全平面和坐标系等参数设置。

安全平面和坐标系、进刀和退刀点、轮廓设置、公差及余量等参数可保持默认设置。

步骤 3：刀路轨迹参数设置。

Z 最高点设置为 0，Z 最低点设置为-29.95，底部留 0.05mm。考虑到用钨钢刀，下切步距设置为 15，拐角铣削设置为圆角，切削模式设置为顺铣，其他参数可保持默认设置，如图 3-83 所示。

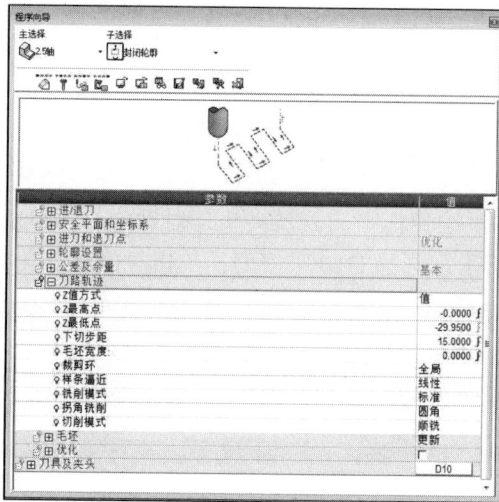

图 3-83　刀路轨迹参数设置

（4）设置机床参数

单击"机床参数"图标，系统切换到机床参数对话框，设置机床的主轴转速为 2800、进给为 400，并允许刀具补偿，其他选择默认值，如图 3-84 所示。

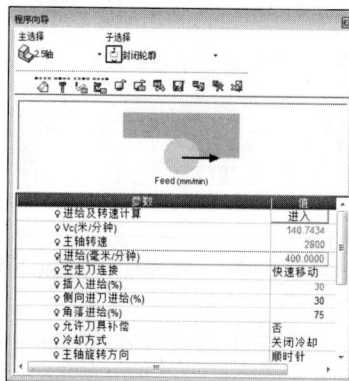

图 3-84　精修侧壁的机床参数设置

（5）程序生成

单击"保存并计算"图标，系统将根据前面设置的参数自动计算刀路轨迹，并在绘图区显示生成的刀路轨迹，如图 3-85 所示。

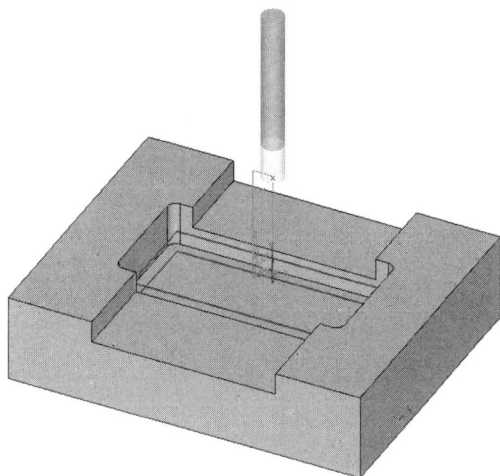

动画：注塑模
动模板侧壁
精修（一）

图 3-85　精修侧壁刀路轨迹的生成

3. 创建程序 2

单击 04 刀路轨迹下的"2.5 轴-封闭轮廓"，再单击右键，弹出的快捷菜单如图 3-86 所示。选择"复制"命令，再单击右键，在弹出的快捷菜单中选择"粘贴"命令，在"2.5 轴-封闭轮廓"下方创建一个相同名称的加工程序，如图 3-87 所示。单击新建的"2.5 轴-封闭轮廓"，系统弹出"程序向导"对话框，修改"子选择"为"开放轮廓"，如图 3-88 所示。

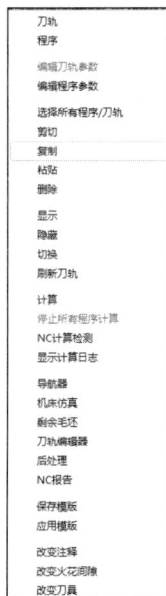

图 3-86　弹出的快捷菜单

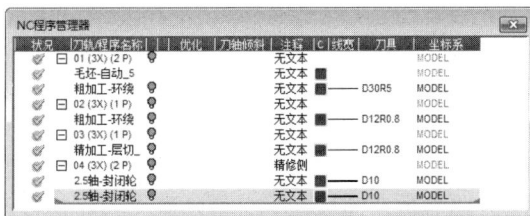

图 3-87　程序粘贴后效果

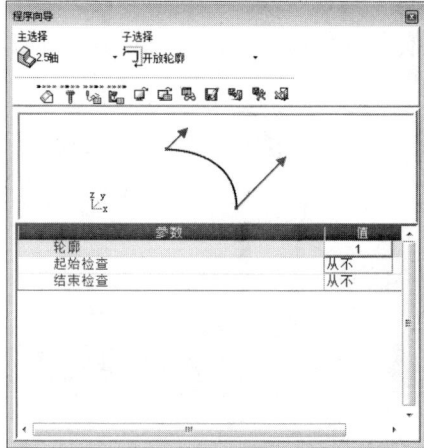

图 3-88　选择工艺

（1）选择轮廓

单击轮廓后的"1"按钮，系统弹出"轮廓管理器"对话框，刀具位置选择切向，切削侧设置为左侧，其他参数保持默认值。在绘图区单击右键，在弹出的快捷菜单中选择"重置所有"命令，取消默认的轮廓设置。再选择第一条轮廓，注意轮廓方向，单击中键确认。用相同的方法，依次选择第 2～4 条轮廓，如图 3-89 所示。退出"轮廓管理器"对话框，完成轮廓选择。

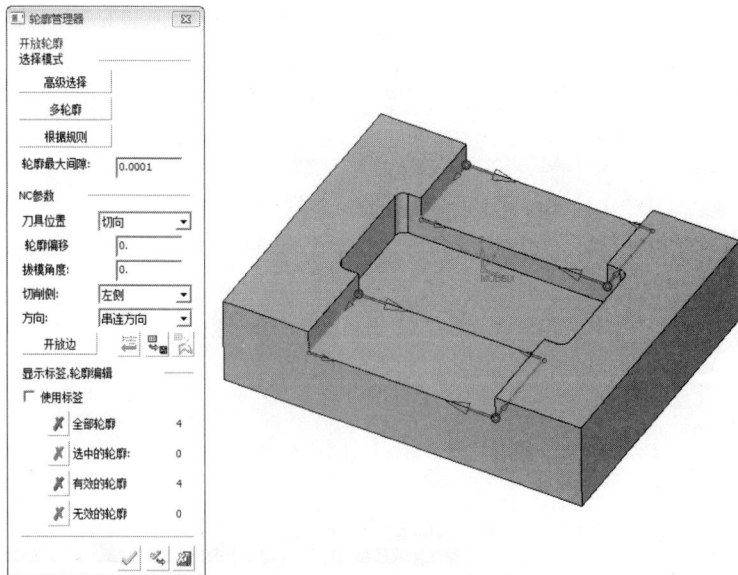

图 3-89　轮廓选择

（2）创建刀路轨迹

单击"刀路参数"图标，系统切换到"刀路参数"对话框，按以下步骤设置刀路参数。

步骤 1：进/退刀参数设置。

轮廓进刀和退刀方式选择相切，圆弧半径设置为刀具半径，各向两边延伸 3mm，保证加工到位，如图 3-90 所示。

参数	值
进/退刀	
轮廓进刀类型	相切
圆弧半径	5.0000
延伸	3.0000
轮廓退刀类型	相切
圆弧半径	5.0000
延伸	3.0000

图 3-90　进刀和退刀参数设置

步骤 2：刀路轨迹参数设置。

Z 最高点、Z 最低点分别设置为 0 和 -14.95，底面留 0.05mm，切削深度设置为 15。其他参数按图 3-91 所示设置。

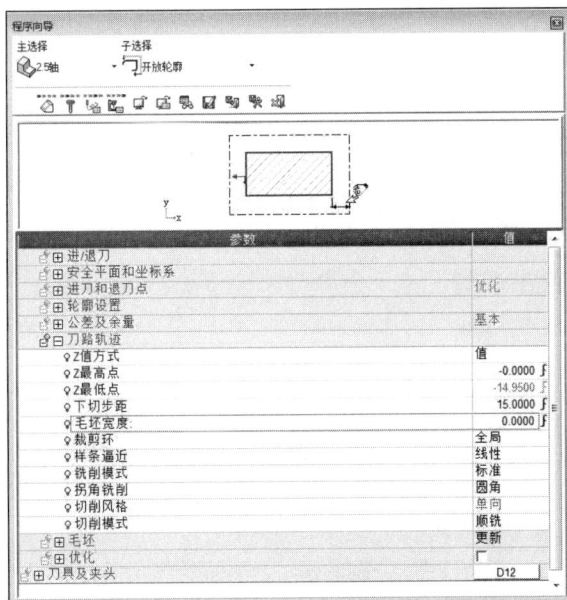

图 3-91　刀路参数设置

安全平面和坐标系等参数可保持默认设置。

（3）程序生成

单击"保存并计算"图标，系统将根据前面设置的参数自动计算刀路轨迹，并在绘图区显示生成的刀路轨迹，如图 3-92 所示。

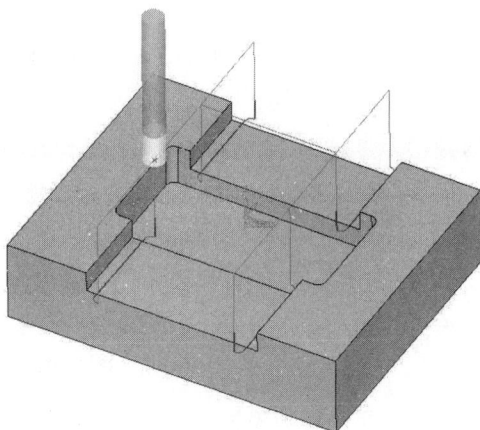

图 3-92　刀路轨迹的生成

4. 刀路路径检视

CimatronE 11 提供了两种刀具路径检视与模拟切削的方式：导航器和机床仿真。通过切削模拟可以提高程序的安全性和合理性。

在"NC 程序管理器"中选择一个程序后，单击"NC 向导"中的"导航器"图标，系统弹出"导航器"对话框，可以通过单击选择方式，对刀路轨迹进行检视；也可以设置相关参数，再单击"开始"图标进行模拟走刀，如图 3-93 所示。

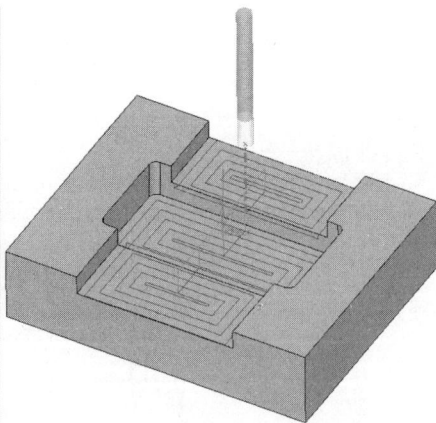

图 3-93　刀具路径检视

5. 机床仿真

单击"NC 向导"中的"机床仿真"图标，进入机床仿真功能，系统弹出"机床仿真"对话框，如图 3-94 所示。机床仿真有 5 种方式，分别是标准模拟、超速模拟、机床模拟、传统验证和传统模拟，一般使用机床模拟。仿真进行实体模拟切削，当刀具依照加工程序移动时，以图形模拟毛坯切削过程，随时更新毛坯得到最终的加工外形，实体切削仿真让使用者更了解加工方式或切削方法是否正确或过切，并能对切削过程进行跟踪。注意：一定要选中"材料去除"复选框，参考坐标系选取要与导轨创建时选用的坐标系一致。

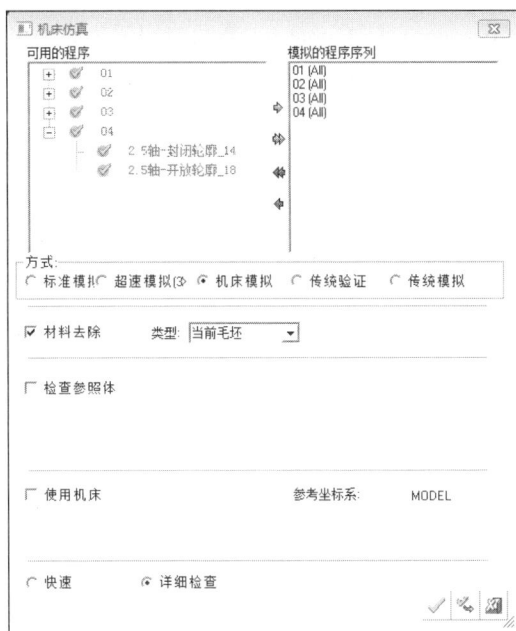

图 3-94　"机床仿真"对话框

单击双绿色箭头，选择 01、02、03、04 程序，单击"确认"图标，系统打开"CimatronE-机床模拟"窗口，选择"控制"→"运行"命令，进行实体切削模拟。开始模拟切削时，右边的信息将给出轨迹运动列表，包括现执行程序、刀具位置等，在绘图区下方显示执行进度，执行速度可通过速度滑动条 ━━━━ 进行控制，在绘图区显示图形及刀具切削过程。在模拟显示中，每一把刀具的加工结果将显示不同的颜色，而如果发生干涉现象，将以醒目的颜色进行提示。加工仿真结果如图 3-95 所示。

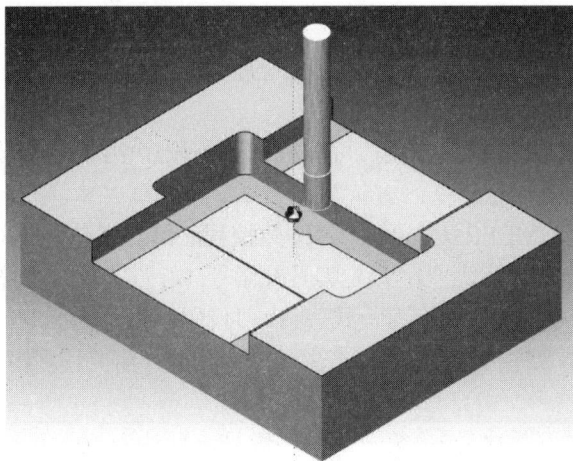

图 3-95　加工仿真结果

动画：注塑模
动模板机床
仿真加工

6. 后处理

GPP（general post processor）是 Cimatron 公司自己开发的通用后处理工具，该后置处理器的名称为 DEMO，主要是针对 ISO 标注通用数控系统开发的。应用 DEMO 后置处理器的操作步骤如下。

单击"NC 向导"中的"后处理"图标，进入后处理功能，系统将弹出"后处理"对话框，如图 3-96 所示。

图 3-96 "后处理"对话框

在"可用的程序"栏中，选择需要后处理的加工程序，单击绿色单箭头，将其调入"处理列表"栏中。

再在"G 代码参数"栏中修改相关参数，可以控制数控程序中的 G 代码输出格式，应用说明如下。

1）MAIN-PROGRAM-NUMBER（主程序号）：数控程序名，默认为 100。

2）DIACOMP=TOOL+<xx>（补偿号）：设定刀具补偿号，若刀号为 1，则补偿号为 50+1。

3）TOOL-CHANGE-PROGRAM（换刀程式）：换刀代码，设置为 8000。

4）SEQUENCING<Y/N>（序列号开/关）：产生程序序列号，需要程序序列号时输入 Y，反之输入 N。

5）SEQUENC-START（开始序号）：第一个程序段号，默认为 10，可修改。

6）SEQUENC-INCR（序号增量）：程序段序列号增量值，默认为 10，可修改，建议输入 1 或 2。

7）SUBROUTINES<Y/N>（子程序开/关）：是否产生子程序，若用计算机传送加工程序（在线加工），应输入 N。

8）SUB-PROGRAM-NUMBER（子程序编号）：子程序号，默认为 1000。

修改“输出文件夹”栏，可重新设置输出程序的存放文件夹，重命名文件类型设置为仅 G 代码文件，修改文件名称，选中“完成后打开输出的文件”复选框，其他选择默认值。单击“确认”图标进行后处理，后处理完成后，系统将产生一个程序文件，如图 3-97 所示。

```
NewPostFile.DEMO - 记事本
文件(F) 编辑(E) 格式(O) 查看(V) 帮助(H)
%
O0100
T04
G90 G80 G00 G17 G40 M23
G43 H04 Z50. S2800 M03
G00 X-51.75 Y-32. Z50. M09
Z1.
G01 Z-14.95 F120
M98 P1001
G00 X-51.75 Y-110.244 Z50.
Y105.756
Z1.
G01 Z-14.95 F120
M98 P1002
G00 X-51.75 Y32. Z50.
X51.75
Z1.
G01 Z-14.95 F120
M98 P1003
G00 X51.75 Y105.756 Z50.
Y-110.244
Z1.
G01 Z-14.95 F120
M98 P1004
G00 X51.75 Y-32. Z50.
M30

O1001
```

图 3-97　程序文件

考虑到数控机床是 FANUC-0 系统，无须自动换刀，应对输出的数控程序头部若干行做如下修改：

1）在第 2 程序段中删除 T04。

2）在第 3 程序段中删除 M23，添加 G54。

3）在第 4 程序段中删除 G43 和 H03。

4）在第 5 程序段中删除 M09。

数控程序尾部符合 FANUC-0 系统要求，无须修改。

3.4 填写加工程序单

填写表 3-2 所示加工程序单。

表 3-2　加工程序单

零件名称：动模板		操作员：			编程员：		
计划时间			描述：				
实际时间							
上机时间							
下机时间							
工作尺寸/mm							
X_c							
Y_c							
Z_c							
工作数量：1 件			四面分中				
程序名称	加工类型	刀具	背吃刀量/mm	加工余量/mm	上机时间	完成时间	备注
01	开粗	D30R5	0.5	0.2			
02	二次开粗	D12R0.8	0.3	0.2			
03	底面精加工	D16R0.8	0.2	0			
04	精修侧壁	D10	15	0			

项 目 练 习

完成图 3-98 所示槽板数控程序的创建。

槽板模型源文件见配套资源包（下载地址：www.abook.cn）。

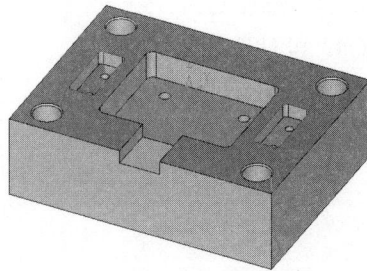

图 3-98　槽板

4

项 目

电极数控编程

>>>>>

◎ **项目导读**

电极又称铜公，其形状与模具型芯相似，电极材料多为容易切削的纯铜，尺寸精度要求较高，一般取零件尺寸公差的1/3。

电极模型源文件见配套资源包（下载地址：www.abook.cn）。

◎ **能力目标**

- 会加载刀具库文件。
- 能合理选择曲面加工刀具。
- 熟悉曲面铣削-精铣所有加工策略的特点。
- 能合理设置精铣所有的刀路参数及机床参数。

◎ **思政目标**

- 树立正确的学习观、价值观，自觉践行行业道德规范。
- 牢固树立质量第一、信誉第一的强烈意识。
- 遵规守纪，安全生产，爱护设备，钻研技术。

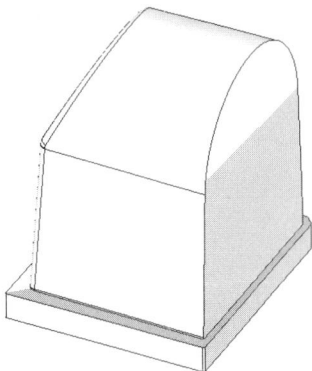

4.1

电极模型分析

进入 CimatronE 11 的开始环境，在工具栏中单击"打开文件"图标，打开"CimatronE 浏览器"窗口，选择需要打开的文件，单击"打开"按钮，完成文件的打开。

选择"分析"→"测量"命令，系统弹出"测量"对话框。通过该对话框对模型两点之间的距离、圆弧半径等进行测量，如图 4-1 所示。

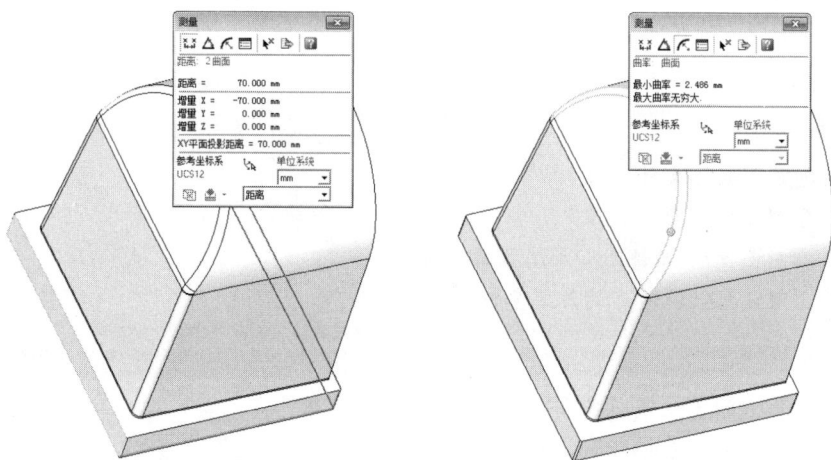

图 4-1　模型分析

模型测量结果如下。

长×宽×高：80mm×70mm×84.597mm。

4.2

电极加工工艺制定

电极加工工艺，可按表 4-1 所示进行编制。

微课：电极模型加工工艺分析

表 4-1　电极加工工艺流程

序号	加工内容	加工策略	图解	备注
01	开粗	体积铣-环绕粗铣		根据电极高度确定使用 F16R0.8 牛鼻刀进行开粗
	侧壁精加工	2.5 轴-封闭轮廓	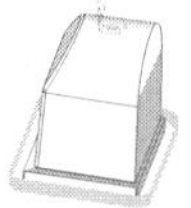	使用上一程序的刀具进行侧壁加工，减少换刀以提高效率
02	曲面半精加工	曲面铣削-精铣所有		使用上一程序的刀具采用精铣所有方式，进行曲面半精铣
03	曲面精加工	曲面铣削-精铣所有		使用上一程序的刀具，采用设置火花间隙方式，进行曲面精铣

4.3

电极数控编程操作

4.3.1　开粗

1. 导入刀具库

单击"NC 向导"中的"刀具"图标，系统弹出"刀具及夹头"对话框，选择"菜单"→"从 CSV 或 XML 文件中输入刀具或夹头"命令，修改文件类型为.xml，选择刀具库文件，系统弹出"增加刀具"对话框，如图 4-2 所示。选择准备加载的刀具，单击"应用"图标✎，完成该刀具的导入。使用相同的方法，可完成多把刀具的导入，最后单击"确认"图标，退出"增加刀具"对话框。

2. 创建刀路轨迹

单击"NC 向导"中的"刀轨"图标，进入创建刀路轨迹功能，系统弹出"创建刀轨"对话框，修改名称为 01，类型为 3 轴，安全平面为 50，如图 4-3 所示。单击"确认"图标，完成 3 轴刀路轨迹的创建。此时，"NC 程序管理器"中会新增一个刀路轨迹。

微课：刀具库
导入方法

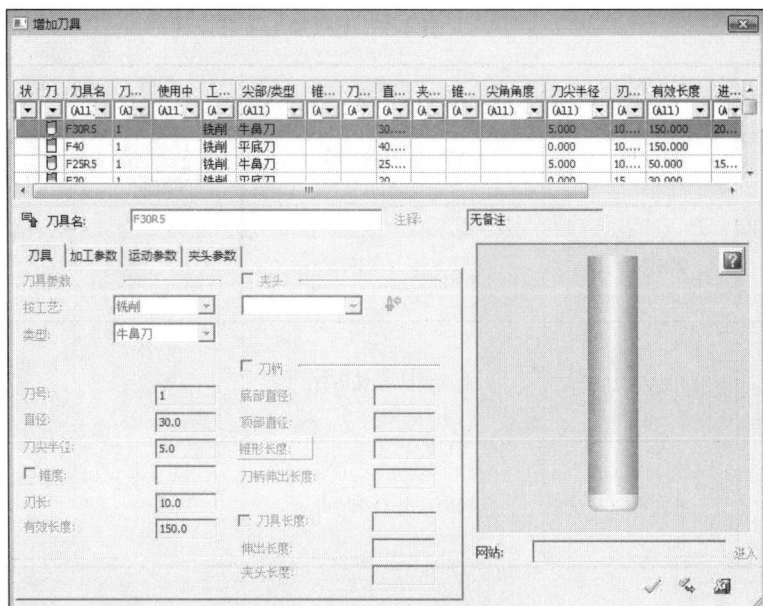

图 4-2 "增加刀具"对话框

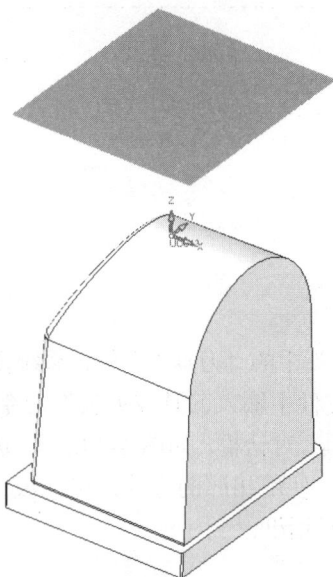

图 4-3 创建刀路轨迹

3. 创建毛坯

单击"NC 向导"中的"毛坯"图标，系统弹出"初始毛坯"对话框，选择毛坯类型为矩形，根据实际毛坯尺寸，设置第一个角落点和第二个角落点，如图 4-4 所示，单击"确认"图标退出。

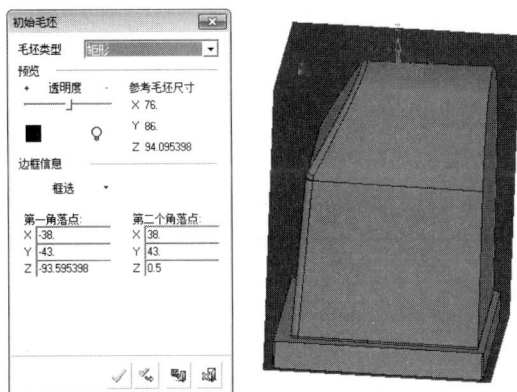

图 4-4　创建毛坯

4. 创建粗加工程序

单击"NC 向导"中的"程序"图标,系统弹出"程序向导"对话框,开始创建加工程序,"主选择"设置为"体积铣","子选择"设置为"环绕粗铣",如图 4-5 所示。环绕粗铣产生环绕切削的粗加工刀具路径,逐层进行切削。采用该方法可选择不同的加工策略,生成的刀路轨迹在同一层内可以不抬刀,并且可以将轮廓及岛屿加工到位,是做复杂曲面零件粗加工的理想选择。

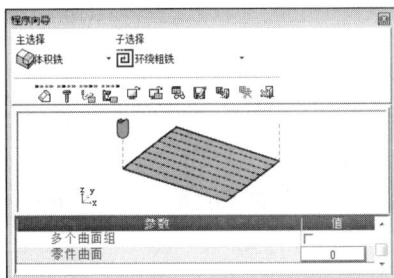

图 4-5　创建程序

（1）选择零件曲面

单击零件曲面后的"0"按钮,通过框选方式,选择全部零件曲面,单击中键确认,完成零件曲面选择,此时零件曲面值变为 29,如图 4-6 所示。

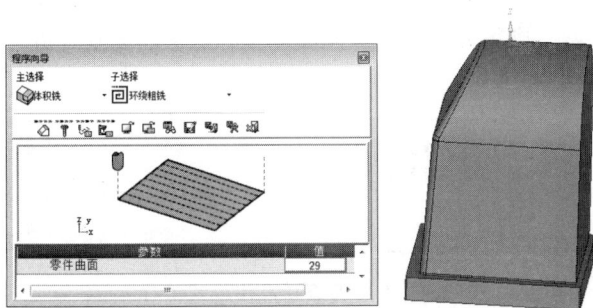

图 4-6　零件曲面选择

（2）设置刀路参数

单击"刀路参数"图标，系统切换到刀路参数界面，按以下步骤完成刀路参数设置。

步骤 1：安全平面和坐标系参数设置。

该组参数可保持默认设置。

步骤 2：进刀和退刀点参数设置，如图 4-7 所示。

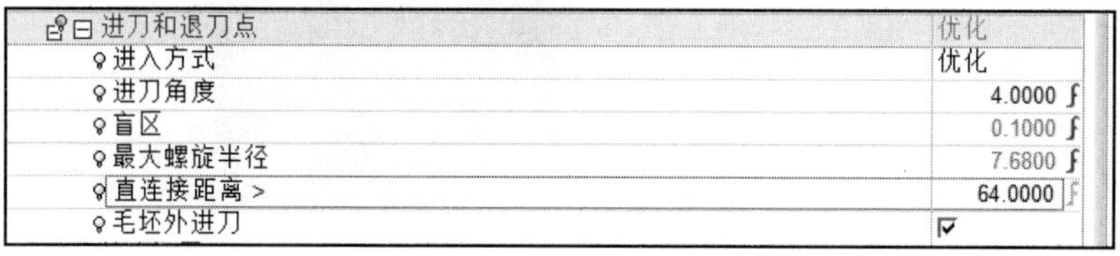

进刀和退刀点	优化
进入方式	优化
进刀角度	4.0000 ƒ
盲区	0.1000 ƒ
最大螺旋半径	7.6800 ƒ
直连接距离 >	64.0000 ƒ
毛坯外进刀	☑

图 4-7　进刀和退刀点参数设置

该组参数用于设置进刀方式。

1）进入方式用于定义刀具在进入切削时所采取的方式。采用合理的进入方式，可以减少刀具磨损，延长刀具寿命。其有 4 个选项，分别是"优化"、"用长度"、"不插入"和"钻孔"。

① 优化：使用该方式，系统将自动选择加工时间最短的进刀方式进行进刀，是常用的进刀方式。

② 用长度：定义一个最大长度范围，用于在该范围内寻找一个空的插入点，当在该范围内没有插入点时，使用螺旋下刀方式进刀。与优化方式的差别在于，优先在材料以外下刀。

③ 不插入：使用该方式，只能进行水平切入，不允许在材料上方下刀。

④ 钻孔：类似于钻孔方式下刀。这种方式下刀距离最短，特别适用于材料硬度较低的工件，但要使用具有端部切削能力的铣刀。

注意：使用不插入方式时，进刀角度只能是 0°，而使用钻孔方式时，进刀角度只能是 90°。没有最大螺旋半径与最小切削宽度选项不能生成螺旋进刀。

2）进刀角度：设置为 4°。

3）盲区：设置为 0.1。

4）最大螺旋半径：设置为 7.68。

5）毛坯外进刀：用于设置是否允许在边界范围以外下刀，再水平进入切削。

步骤 3：公差及余量参数设置。

考虑到是粗加工，加工曲面余量可设置为 0.2，留曲面余量 0.2mm。曲面公差可设置为 0.05。如切换到高级参数，则可分别对加工曲面侧壁和加工曲面底部进行余量设置，如图 4-8 所示。

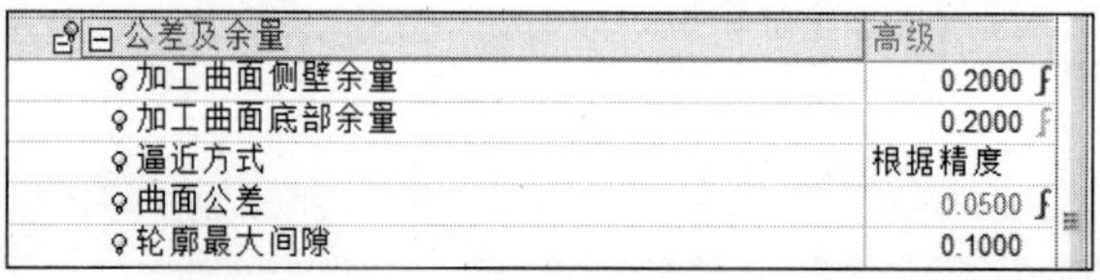

公差及余量	高级
加工曲面侧壁余量	0.2000 ƒ
加工曲面底部余量	0.2000 ƒ
逼近方式	根据精度
曲面公差	0.0500 ƒ
轮廓最大间隙	0.1000

图 4-8　公差及余量高级参数设置

步骤 4：电极加工参数设置。

由于是粗加工，可不考虑电极加工参数。

步骤 5：刀路轨迹参数设置。

1）切削模式：共有 5 个选项，如图 4-9 所示。粗加工时采用混合铣方式可以获得相对较高的加工效率，而采用顺铣，一般来说，最终轮廓可以获得相对较高的表面加工质量。建议选择混合铣+顺铣边方式。

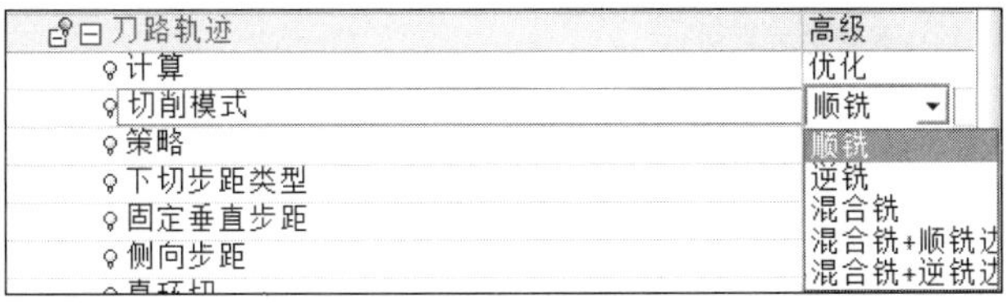

图 4-9　切削模式

2）策略：有"优化"和"用户自定义"两个选项。选择优化方式，则由系统自动定义。对大部分零件而言，相对较好的策略是选择用户自定义，相关参数如图 4-10 所示。

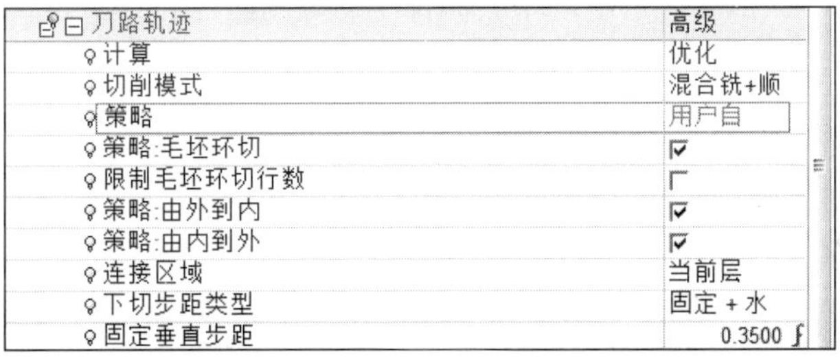

图 4-10　策略相关参数

3）策略:毛坯环切：当选中该复选框时，系统将采用毛坯环切的方法加工零件，否则使用环切的方法。同时显示"限制毛坯环切行数"复选框，选中该复选框，可以设置"更改加工策略 如果"选项。设置当毛坯环切的行数大于一定数值时，使用环切方法。

4）策略:由外到内：允许刀具路径由外向内切削。

5）策略:由内到外：允许刀具路径由内向外切削。

注意：3 个策略至少选择一个，当多个策略同时选中时，系统将自动选择最优化的走刀路径。

6）连接区域：在加工时，形成多个加工区域。选择"当前层"选项，在遇到不同区域时将直接连接而不抬刀。选择"内部安全高度"选项，在遇到不同区域进行区域转换时，会抬刀到内部安全高度，移动到下一个加工区域下刀切削。

注意：使用用户定义策略时，如果由内到外和由外到内策略均关闭时，将没有"连接区域"选项。

7）下切步距类型：有 3 个选项，分别是"固定"、"可变"和"固定+水平面"。

① 固定是指产生的刀路除最后一层外，每层的切深为固定值。

② 可变是指在指定的最大垂直步进和最小垂直步进范围内以最合适的垂直步进进行分层加工。这种方式特别适用于有台阶的零件加工。

③ 固定+水平面是指在固定垂直步进加工层外，在台阶的水平面上生成一个切削层。

8）侧向步距：决定相邻两行刀路轨迹间的距离。这里粗加工，选择 0.7 倍刀具直径。

9）半精轨迹：用于精铣轮廓周边之前再增加一行环绕曲面轮廓周边的刀具路径。设置半精轨迹后将需要输入"为半精轨迹留余量"的值，这里选择默认参数，如图 4-11 所示。

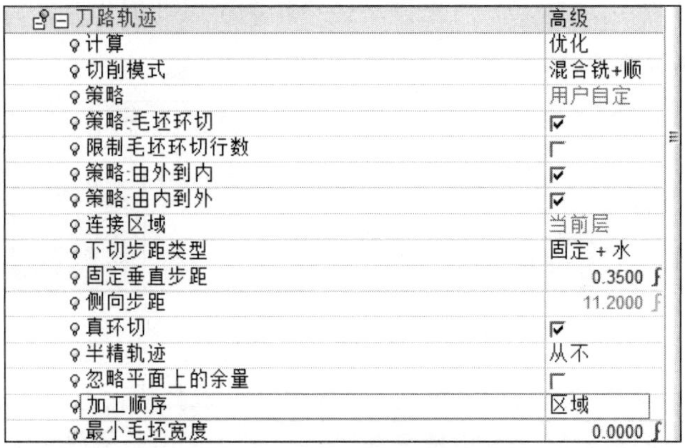

🔲🗆 刀路轨迹	高级
♀ 计算	优化
♀ 切削模式	混合铣+顺
♀ 策略	用户自定
♀ 策略:毛坯环切	☑
♀ 限制毛坯环切行数	☐
♀ 策略:由外到内	☑
♀ 策略:由内到外	☑
♀ 连接区域	当前层
♀ 下切步距类型	固定 + 水
♀ 固定垂直步距	0.3500 ƒ
♀ 侧向步距	11.2000 ƒ
♀ 真环切	☑
♀ 半精轨迹	从不
♀ 忽略平面上的余量	☐
♀ 加工顺序	区域
♀ 最小毛坯宽度	0.0000 ƒ

图 4-11　刀路轨迹参数设置

步骤 6：Z 值限制参数设置。

体积铣默认的加工高度范围为工件的总高度，即 Z 最大值为工件顶部，而 Z 最小值为工件底部。当工件的切削深度较大或其他情形需要限制切削深度范围时，可以使用 Z 值限制定义切削深度范围。该参数选项包括"无"、"仅顶部"、"仅底部"、"顶部和底部"，如图 4-12 所示。当选择"仅顶部"选项时，显示"Z 最高点"和"检查 Z 顶部之上毛坯"两个选项。"检查 Z 顶部之上毛坯"选项的作用是当指定的 Z 值最大值加工起始位置以上部位存在大量毛坯时，将不允许刀具进入；如果不选择该选项，则认为在 Z 最大值以上部位的毛坯已经去除。这里选择"仅底部"选项，对底部以下的范围进行限制，并设置 Z 最低点为-94。

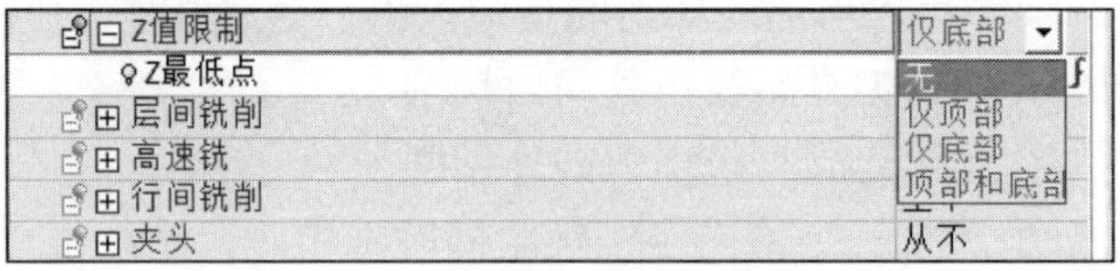

🔲🗆 Z值限制	仅底部 ▾
♀ Z最低点	无 ƒ
🗆🗄 层间铣削	仅顶部
🗆🗄 高速铣	仅底部
🗆🗄 行间铣削	顶部和底部
🗆🗄 夹头	从不

图 4-12　Z 值限制选项

其他参数保持默认设置。

步骤 7：刀具及夹头设置。

选择牛鼻刀 F16R0.8。

（3）设置机床参数

单击"机床参数"图标，系统切换到机床参数界面，设置机床的主轴转速为 3300、进给为 2000。

进刀进给：刀具垂直下刀后，在水平方向切入材料，由于是初始切削，产生全刀切削，此时应以相对较低的进刀速率平稳切入工件。其刀路轨迹示意图如图 4-13 所示。

　　插入进给：设定初始切削进刀时的进给。进刀时，因为进行端铣，所以应以较慢的速度进刀。程序中，刀具以快速移动方式进到接近加工的起始高度时，刀具以该进给速度接近并进入切削，设置该速率可以避免快速进入材料。其刀路轨迹示意图如图 4-14 所示。

图 4-13　进刀进给刀路轨迹示意图　　　　　图 4-14　插入进给刀路轨迹示意图

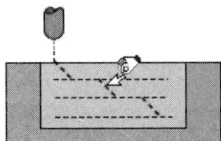

　　自动优化进给：使用该功能，可以在给定进给量变化范围内，由程序自行加减速，如图 4-15 所示。程序运算时根据切削负荷的切削条件的变化，会自动进行进给速度的增加和减小。使用该复选框时，需要设定增加到和减小到的变化极限百分比。

　　冷却方式：通常对于模具加工等单件加工的程序，应设置为关闭冷却，由机床操作人员按实际需要在机床的控制面板上直接控制，这样便于对加工程序中最危险的起始部分进行观察，同时可以确保机床整洁，如图 4-16 所示。对于批量加工的程序来说，由于不需做太多的人工干预，可以设置自动开启切削液。

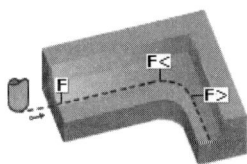

图 4-15　自动优化进给示意图　　　　　图 4-16　冷却方式示意图

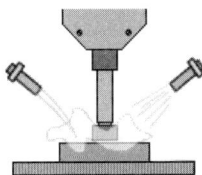

其他参数按图 4-17 所示设置。

图 4-17　其他参数设置

（4）程序生成

单击"保存并计算"图标，系统将根据前面设置的参数自动计算刀路轨迹，并在绘图区显示生成的刀路轨迹，如图4-18所示。

微课：电极模　　动画：电极模
型开粗编程　　　型开粗加工

图4-18　生成的刀路轨迹效果

5. 创建精铣底部侧壁程序

单击"NC向导"中的"程序"图标，系统弹出"程序向导"对话框，开始创建加工程序，"主选择"设置为"2.5轴"，"子选择"设置为"封闭轮廓"，如图4-19所示。

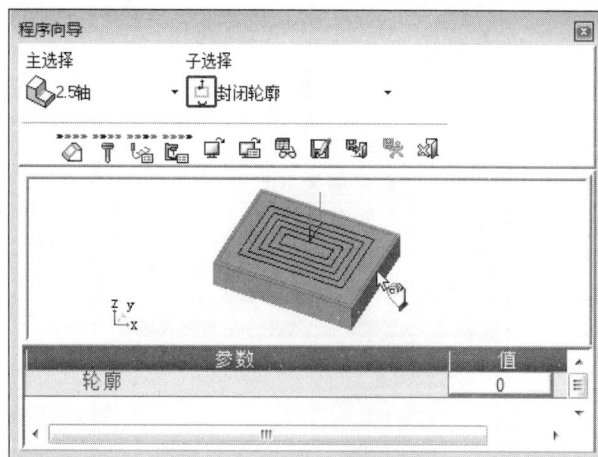

图4-19　选择侧壁精加工工艺

（1）轮廓选择

单击轮廓后的"0"按钮，系统弹出"轮廓管理器"对话框，设置刀具位置为切向，切削侧为外侧，其他参数保持默认设置，在绘图区选择底部轮廓，单击中键确认，如图4-20

所示。再单击中键退出，完成轮廓选择。

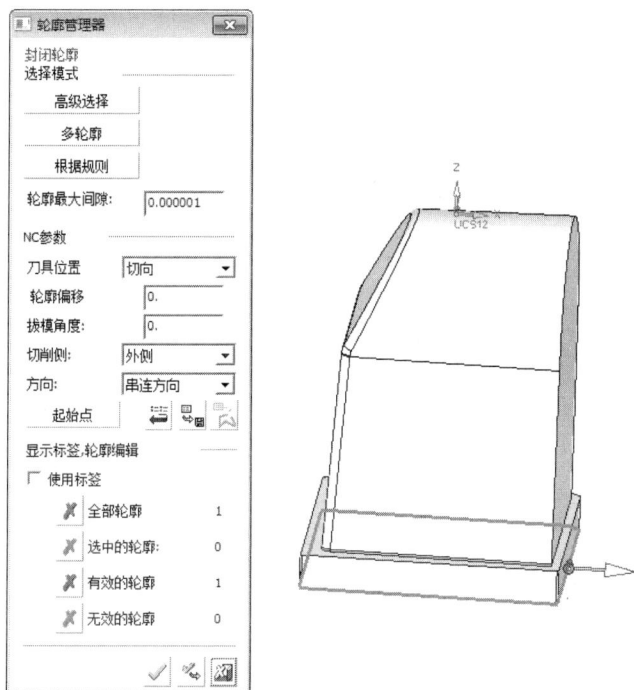

图 4-20　侧壁精加工轮廓选择

（2）选择刀具

单击"刀具"图标，系统弹出"刀具及夹头"对话框，选择 F16R0.8 牛鼻刀，单击"确认"图标，完成刀具的选择。

（3）设置刀路参数

单击"刀路参数"图标，系统切换到刀路参数界面，按以下步骤进行设置刀路参数。

步骤 1：进/退刀参数设置。

修改轮廓进刀类型、轮廓退刀类型为相切，修改圆弧半径为 8，如图 4-21 所示。

参数	值
⊟进/退刀	
◦轮廓进刀类型	相切
◦圆弧半径	8.0000 ∫
◦延伸	0.0000 ∫
◦轮廓退刀类型	相切
◦圆弧半径	8.0000 ∫
◦延伸	0.0000 ∫

图 4-21　进/退刀参数设置

步骤 2：安全平面和坐标系等参数设置。

安全平面和坐标系、进刀和退刀点、轮廓设置等参数可保持默认设置。

步骤 3：刀路轨迹参数设置。

考虑到是加工底部侧壁，因此 Z 最高点、Z 最低点设置为底部 Z 最大值和底部 Z 最小值，其他参数按图 4-22 所示进行设置。

微课：加工范
围设置

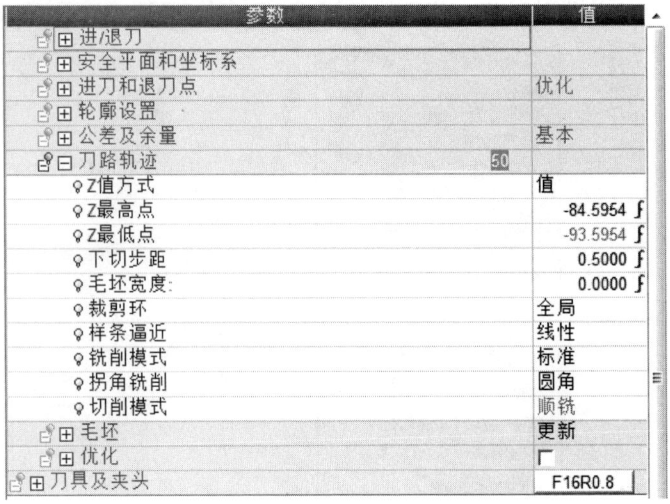

图 4-22　侧面精加工刀路轨迹参数设置

（4）设置机床参数

单击"机床参数"图标，系统切换到机床参数界面，设置机床的主轴转速为4000、进给为1000，其他参数按图 4-23 所示进行设置。

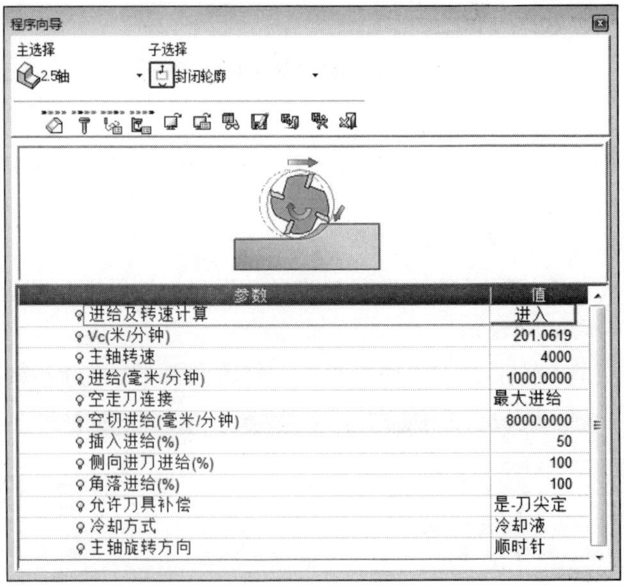

图 4-23　侧面精加工机床参数设置

（5）程序生成

单击"保存并计算"图标，系统将根据前面设置的参数自动计算刀路轨迹，并在绘图区显示生成的刀路轨迹，如图 4-24 所示。

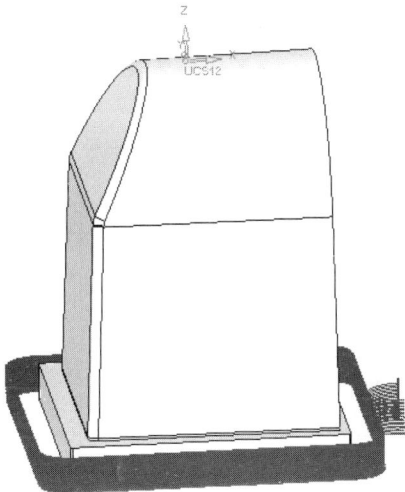

图 4-24　侧面精加工生成的刀路轨迹

4.3.2　半精铣曲面

1. 创建刀路轨迹

单击"NC 向导"中的"刀轨"图标，进入创建刀路轨迹功能，系统弹出"创建刀轨"对话框，修改名称为 02，类型为 3 轴，安全平面为 50，单击"确认"图标。完成后，"NC程序管理器"中会新增一个名为 02 的刀路轨迹，如图 4-25 所示。

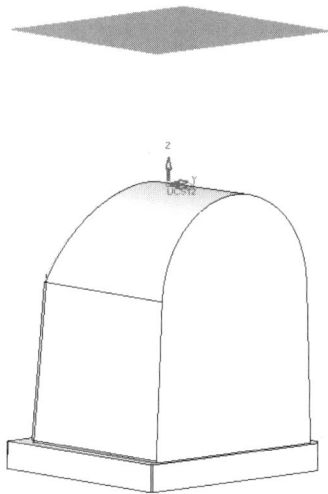

图 4-25　创建刀路轨迹

2. 创建程序

单击"NC 向导"中的"程序"图标，系统弹出"程序向导"对话框，开始创建加工程序，"主选择"设置为"曲面铣削"，"子选择"设置为"精铣所有"，如图 4-26 所示。"精铣所有"是最常用的曲面精加工和半精加工方式。它的走刀方式可以设置为环切、平行切削、层切等，采用平行切削和环切时，适用于水平区域加工；采用层切时，适用于垂直区域加工。

图 4-26　选择半精铣曲面的工艺

（1）选择刀具

单击"刀具"图标，系统弹出"刀具及夹头"对话框，选择 F16R0.8 牛鼻刀，单击"确认"图标，完成刀具的选择。

（2）选择轮廓、零件曲面

单击"轮廓"后的"1"按钮，系统弹出"轮廓管理器"对话框，设置刀具位置为轮廓外，轮廓偏移为-1，确保曲面加工到位，在绘图区选择轮廓，单击中键确认，如图 4-27 所示。再单击"确认"图标，完成轮廓选择。

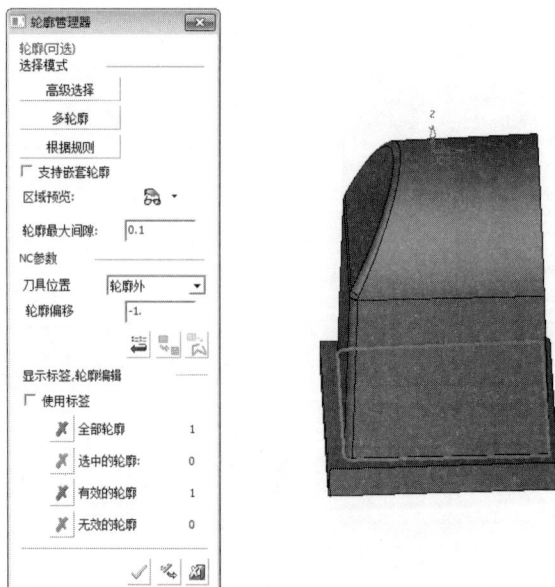

图 4-27　半精铣曲面的轮廓选择

单击零件曲面后的"0"按钮，系统弹出"轮廓管理器"对话框，单击"选择所有"图标，选择全部零件曲面，单击中键确认退出，完成零件曲面的选择。

（3）设置刀路参数

单击"刀路参数"图标，系统切换到刀路参数界面，按如下步骤设置刀路参数。

步骤 1：安全平面和坐标系等参数设置。

安全平面和坐标系参数可保持默认设置；进刀和退刀点参数选择优化设置；对于公差及余量参数，考虑到是精加工，将加工曲面余量设置为 0。具体如图 4-28 所示。

参数	值
安全平面和坐标系	
使用安全高度	☑
安全平面	50.0000
内部安全高度	绝对
绝对Z	50.0000
坐标系名称	UCS12
创建坐标系	进入
进刀和退刀点	优化
直连接距离 >	48.0000
进刀/退刀 - 超出轮廓限制	☑
轮廓设置	
公差及余量	基本
加工曲面余量	0.0000
曲面公差	0.0100
轮廓最大间隙	0.1000

图 4-28　进刀和退刀点等参数设置

步骤 2：刀路轨迹参数设置。

加工方式：包括"平行切削"、"环切"、"层"、"螺旋"和"3D 步距"5 个选项，如图 4-29 所示。

刀路轨迹	高级
加工方式	3D步距
3D 切削方式	环切
3D 切削方向	平行切削
3D步距	层
多层平行加工	螺旋
Z值限制	3D步距

图 4-29　加工方式选项

1）平行切削：生成相互平行的刀具路径，与体积铣的平行切削方式类似，只是在体积铣中刀具路径是在一层中分布的，而在曲面铣中刀具路径是投影在零件表面上的，如图 4-30 所示。平行切削加工方式可以获得一致的刀痕，整齐美观，适用于大部分曲面比较平缓且过渡平滑的曲面。

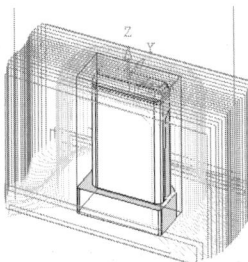

图 4-30　平行切削方式

平行切削的刀路轨迹参数如图 4-31 所示。

刀路轨迹	高级
加工方式	平行切削
平坦区域加工顺序	依最近
平坦区域切削模式	顺铣
平坦区域步距	0.3500 ∫
铣削方向	固定角
铣削角度	0.0000
精铣边界轨迹	从不
侧壁偏移量	1.6000 ∫

图 4-31　平行切削的刀路轨迹参数

① 平坦区域加工顺序：包括"依最近"和"依行"两个选项，一般选择"依最近"选项。

② 平坦区域切削模式：包括"顺铣"、"逆铣"和"混合铣"3 个选项。通常情况下，可选择混合铣方式，以提高效率。

③ 平坦区域步距：两行刀路轨迹之间的距离，该值设置时需要考虑加工后残余与加工效率的平衡。

④ 铣削方向：有"固定角"和"沿几何"两个选项，一般选择"固定角"选项。

⑤ 铣削角度：设置时，需要考虑使切削行相对于各个零件表面的角度基本一致。

⑥ 精铣边界轨迹：一般情况下，不需要进行边界精铣。

2）环切：生成在轮廓限定范围内以环绕方式进行铣削的曲面精加工刀具路径，该方式一般适用于大部分曲面比较平缓且过渡平滑的曲面精加工，如图 4-32 所示。

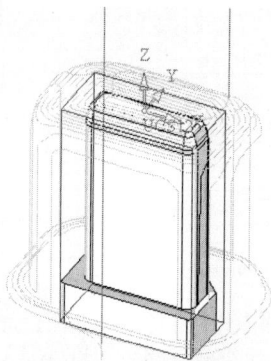

图 4-32　环切加工方式

环切的刀路轨迹参数如图 4-33 所示。

刀路轨迹	高级
加工方式	环切
平坦区域切削模式	顺铣
平坦区域切削方向	由内往外
平坦区域步距	0.3500 ∫
真环切	☑

图 4-33　环切的刀路轨迹参数

① 平坦区域切削模式：包括"顺铣"和"逆铣"两个选项，只能做单向环绕加工，不产生抬刀，通常情况下，都选择顺铣方式。

② 平坦区域切削方向：可以选择"由内往外"或"由外往内"选项。

③ 平坦区域步距：两行刀路轨迹之间的距离。

④ 真环切：使用真环切时，刀具路径呈螺旋形向外扩展，没有两切削行间的连接段。

3）层：生成等高加工的刀路轨迹，与传统加工程序中的层方式类似。层方式一般适用于曲面比较陡峭的零件加工，如图 4-34 所示。

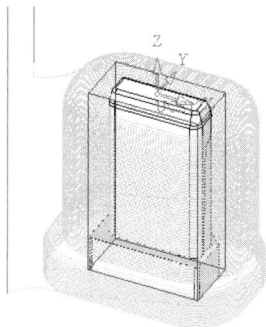

图 4-34　层加工方式

层的刀路轨迹参数如图 4-35 所示。

图 4-35　层的刀路轨迹参数

① 陡峭区域切削方式：该参数包括"顺铣"、"逆铣"和"混合铣"3 个选项。对于陡峭区域的混合铣，在零件存在开放轮廓时可以双向加工；对于没有开放部位的零件，通常情况下采用顺铣方式。

② 陡峭区域步距：精加工时的垂直步进设置主要考虑加工后的残余高度。

③ 加工顺序：可以选择"区域"或"层"选项，当存在多个加工区域时，一般选择区域方式；而当多个加工区域的一致性要求很高时，使用层方式，以保证每一区域加工质量的一致性。

4）螺旋：生成不等切深但等高的加工刀路轨迹。与层切的区别在于其每一层的切深不固定，依据最大粗糙度来确定。

螺旋的刀路轨迹参数如图 4-36 所示。

图 4-36　螺旋的刀路轨迹参数

① 陡峭区域切削方式：该参数包括"顺铣"、"逆铣"和"混合铣"3 个选项。

② 垂直最大粗糙度：设定最大残余高度，由系统确定每一层的垂直步进。

③ 最大切深：指定最大的层间切深。

④ 加工顺序：可以选择"区域"或"层"选项。

5）3D 步距：与环切相似，但生成的刀路轨迹在 3D 方向等步距，而环切生成的刀路轨迹在水平面上等步距。在曲面的斜度变化较大时，使用 3D 步距方式可以在零件表面获得较好的加工质量，如图 4-37 所示。

微课：精铣所有
　　加工方式比较

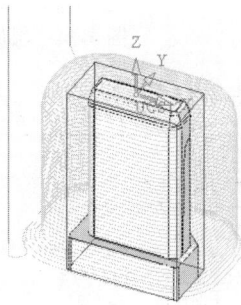

图 4-37　3D 步距加工方式

3D 步距的刀路轨迹参数如图 4-38 所示。

图 4-38　3D 步距的刀路轨迹参数

① 3D 切削方式：该参数包括"顺铣"和"逆铣"两个选项。

② 3D 切削方向：指定由外往内或由内往外。

③ 3D 步距：指定空间步距。

本例采用 3D 步距加工方式，其他参数设置如图 4-39 所示。

⚙⊟刀路轨迹	高级
♀加工方式	3D步距
♀3D 切削方式	顺铣
♀3D 切削方向	由内往外
♀3D步距	0.3500 ∫

图 4-39　刀路轨迹参数设置

步骤 3：Z 值限制参数设置。

选择 Z 值限制为仅底部，Z 最低点通过点选方式选择，如图 4-40 所示。

⚙⊞多层平行加工	▢
⚙⊟Z值限制	仅底部
♀Z最低点	-84.595398 ∫
♀进/退刀忽略限制	▢

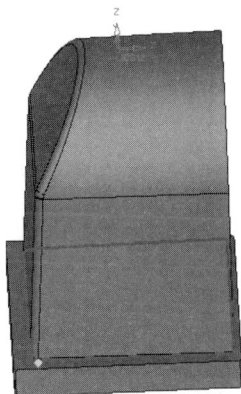

图 4-40　限制 Z 值参数设置

（4）设置机床参数

单击"机床参数"图标，系统切换到机床参数界面，设置机床的主轴转速为 4500、进给为 2000，其他按图 4-41 所示进行设置。

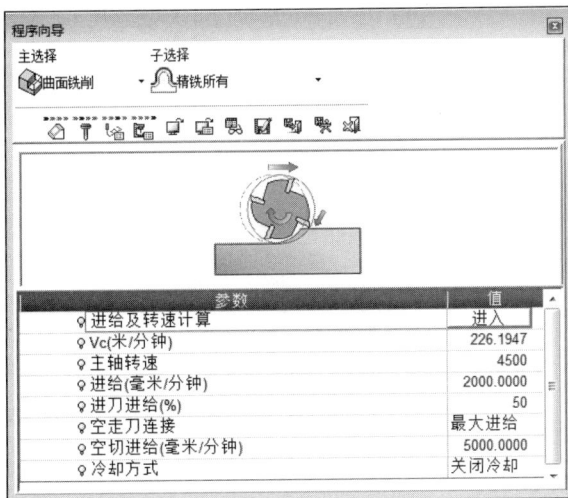

参数	值
♀进给及转速计算	进入
♀Vc(米/分钟)	226.1947
♀主轴转速	4500
♀进给(毫米/分钟)	2000.0000
♀进刀进给(%)	50
♀空走刀连接	最大进给
♀空切进给(毫米/分钟)	5000.0000
♀冷却方式	关闭冷却

图 4-41　机床参数设置

（5）程序生成

单击"保存并计算"图标，系统将根据前面设置的参数自动计算刀路轨迹，并在绘图区显示生成的刀路轨迹，如图 4-42 所示。

微课：电极模型　　动画：电极模

曲面半精铣编程　　型曲面半精铣

图 4-42　生成的刀路轨迹

4.3.3　曲面精铣

1. 创建刀路轨迹

单击"NC 向导"中的"刀轨"图标，进入创建刀路轨迹功能，系统弹出"创建刀轨"对话框，修改名称为 03，类型为 3 轴，安全平面为 50，单击"确认"图标。完成后，"NC 程序管理器"中会新增一个名为 03 的刀路轨迹，如图 4-43 所示。

 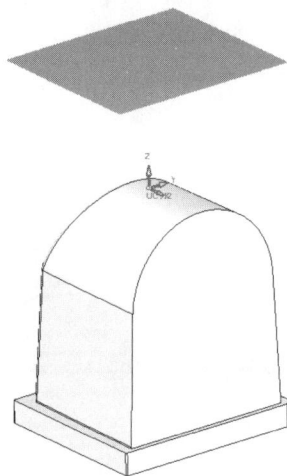

图 4-43　创建刀路轨迹

2. 创建程序

单击"NC 向导"中的"程序"图标，系统弹出"程序向导"对话框，开始创建加工程序，"主选择"设置为"曲面铣削"，"子选择"设置为"精铣所有"。

（1）轮廓、零件曲面选择

轮廓、零件曲面选择方法与 4.3.2 节的设置方法相同。

（2）刀具选择

单击"刀具"图标，系统弹出"刀具及夹头"对话框，选择 F16R0.8 牛鼻刀，单击"确认"图标，完成刀具的选择。

（3）设置刀路参数

单击"刀路参数"图标，系统切换到刀路参数界面，进行刀路参数设置。其中，安全平面和坐标系、进刀和退刀点、轮廓设置、公差及余量等参数同 4.3.2 节的设置。这里主要对电极加工参数进行设置。该参数专门用于电极加工，可以直接加工出具有放电间隙的电极，主要有两个参数，即 2D 平动和火花间隙/3D 偏移量，如图 4-44 所示。

参数	值
⊞ 安全平面和坐标系	
⊞ 进刀和退刀点	优化
⊞ 轮廓设置	
⊞ 公差及余量	基本
⊟ 电极加工	☑
2D平动	0.0000 ƒ
火花间隙/3D偏移量	0.1500 ƒ
应用至检查曲面	☐

图 4-44　电极加工参数

1）2D 平动：指电火花加工进行平动时，电极的运动轨道间隙，如图 4-45 所示。使用该方式可以直接加工出符合条件的电极，而无须更改刀具设置。

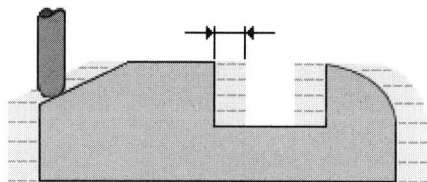

图 4-45　平动间隙

2）火花间隙/3D 偏移量：指进行放电加工时电极与工件之间存在的一个间隙，用于在此产生电火花，如图 4-46 所示。所以，要求加工出来的电极比实际所需加工型腔部位略小，设置了火花间隙后可以直接加工出合格的电极。本例根据要求设置火花间隙/3D 偏移量为0.15。

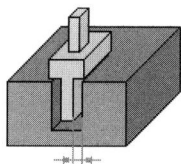

图 4-46　火花间隙/3D 偏移量

同时，对刀路轨迹参数中的 3D 步距进行设置，将其值修改为 0.15。刀路参数设置的最终结果如图 4-47 所示。

参数	值
田 安全平面和坐标系	
田 进刀和退刀点	优化
田 轮廓设置	
田 公差及余量	基本
曰 电极加工	☑
2D平动	0.0000 ƒ
火花间隙/3D偏移量	0.1500 ƒ
应用至检查曲面	☐
曰 刀路轨迹	高级
加工方式	3D步距
3D 切削方式	顺铣
3D 切削方向	由外往内
3D步距	0.1500 ƒ
田 多层平行加工	☐
曰 Z值限制	仅底部
Z最低点	-84.595398 ƒ
进/退刀忽略限制	☐
田 高速铣	无
田 夹头	从不
田 毛坯	忽略
田 创建辅助轮廓	☐
田 刀具及夹头	F16R0.8

图 4-47　刀路参数设置的最终结果

（4）设置机床参数

单击"机床参数"图标，系统切换到机床参数界面，设置机床的主轴转速为 6000、进给为 2000，其他参数可按图 4-48 所示设置。

程序向导

主选择　　　　　子选择
曲面铣削　▾　精铣所有　　　▾

参数	值
进给及转速计算	进入
Vc(米/分钟)	301.5929
主轴转速	6000
进给(毫米/分钟)	2000.0000
进刀进给(%)	50
空走刀连接	最大进给
空切进给(毫米/分钟)	5000.0000
冷却方式	关闭冷却

图 4-48　曲面精铣的机床参数设置

（5）程序生成

单击"保存并计算"图标，系统将根据前面设置的参数自动计算刀路轨迹，并在绘图区显示生成的刀路轨迹，如图 4-49 所示。

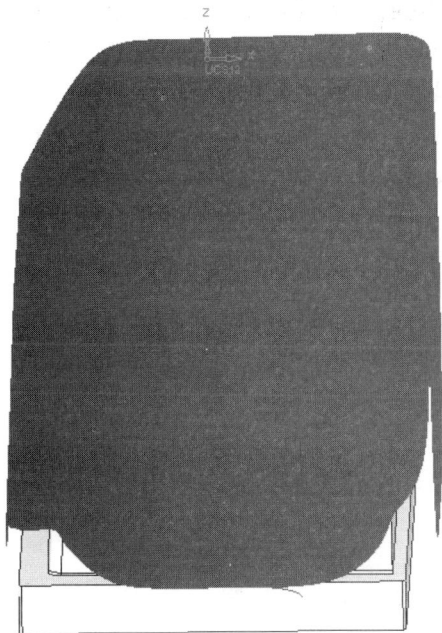

图 4-49　曲面精铣生成的刀路轨迹

3. 仿真模拟

单击"NC 向导"中的"机床仿真"图标，进入模拟检验功能，系统弹出"机床仿真"对话框，单击"确认"图标，系统打开"CimatronE-机床模拟"窗口，选择"控制"→"运行"命令，进行实体切削模拟，加工模拟结果如图 4-50 所示。

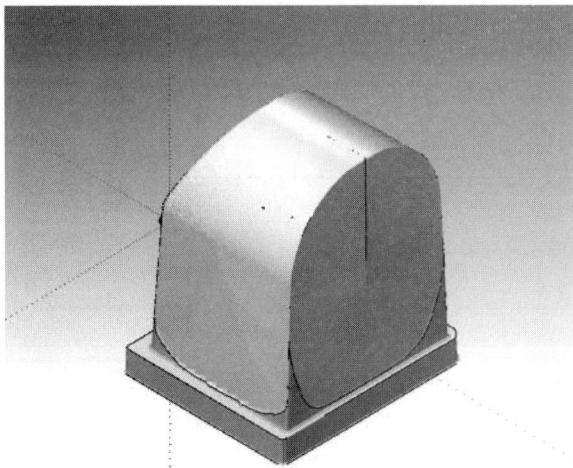

图 4-50　加工模拟结果

4. 后处理

单击"NC 向导"中的"后处理"图标，系统弹出"后处理"对话框，如图 4-51 所示。

选择一个或多个刀路轨迹或加工程序进行后处理，以生成数控加工程序。在当前有效加工程序中选择需要进行后处理的刀路轨迹或加工程序，单击绿色箭头将其加到处理列表中，而不需要在处理列表中处理的，可以单击红色箭头将其删除。

单击绿色双箭头，选择所有刀路轨迹，选择重命名文件类型为仅 G 代码文件，文件名为 djnc，选中"完成后打开输出的文件"复选框，其他选择默认值。单击"确认"图标进行后处理。后处理完成后，系统将产生一个程序文件，如图 4-52 所示。

图 4-51 "后处理"对话框

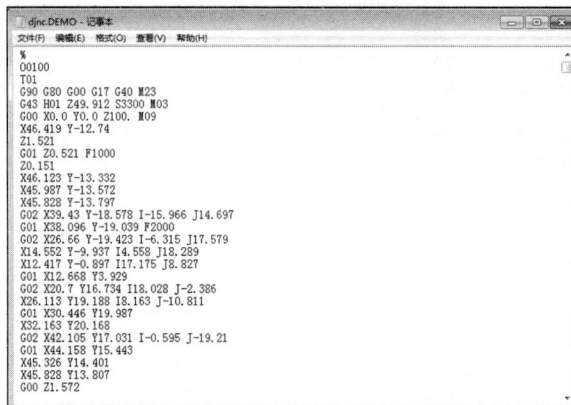

图 4-52 后处理程序

4.4

填写加工程序单

填写表 4-2 所示的加工程序单。

表 4-2　加工程序单

零件名称：电极　　　　　　　　　　　　操作员：　　　　　　　编程员：

计划时间	
实际时间	
上机时间	
下机时间	

描述：

工作尺寸/mm	
X_c	
Y_c	
Z_c	

工作数量：1 件

四面分中

程序名称	加工类型	刀具	背吃刀量/mm	加工余量/mm	上机时间	完成时间	备注
01	开粗	F16R0.8	0.25	0.1			
	侧壁精加工	F16R0.8	0.5	0			
02	曲面半精加工	F16R0.8	0.35	0			
03	曲面精加工	F16R0.8	0.15	0			

项 目 练 习

完成图 4-53 所示的电极数控程序的创建。

电极练习模型源文件见配套资源包（下载地址：www.abook.cn）。

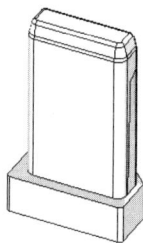

图 4-53　电极

5

项 目

玩具盖凹模数控编程

>>>>>

◎ **项目导读**

本项目学习玩具盖凹模数控编程。

玩具盖凹模模型源文件见配套资源包（下载地址：www.abook.cn）。

◎ **能力目标**

- 熟悉并掌握水平区域精铣的特点和应用。
- 能合理设置水平区域精铣的刀路参数。

◎ **思政目标**

- 树立正确的学习观、价值观，自觉践行行业道德规范。
- 牢固树立质量第一、信誉第一的强烈意识。
- 遵规守纪，安全生产，爱护设备，钻研技术。

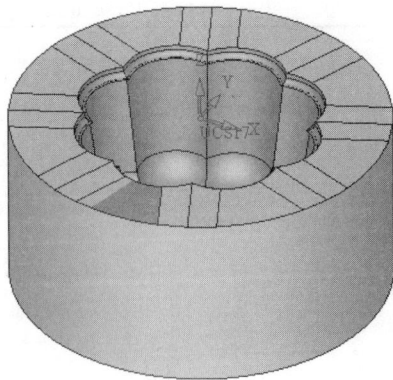

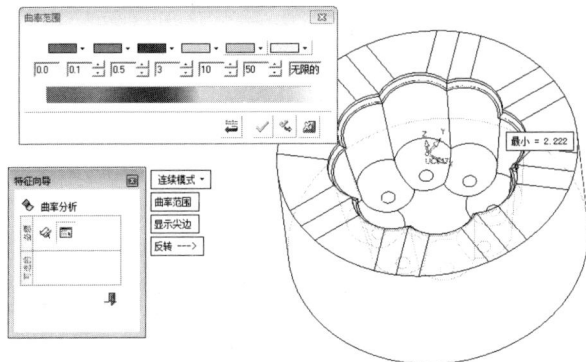

5.1 玩具盖凹模模型分析

进入 CimatronE 11 的开始环境，在工具栏中单击"打开文件"图标，打开"CimatronE 浏览器"窗口，选择需要打开的文件，单击"打开"按钮，完成文件的打开。

选择"分析"→"测量"命令，系统弹出"测量"对话框。通过该对话框对模型两点之间的距离、圆弧半径进行测量，如图 5-1 所示。

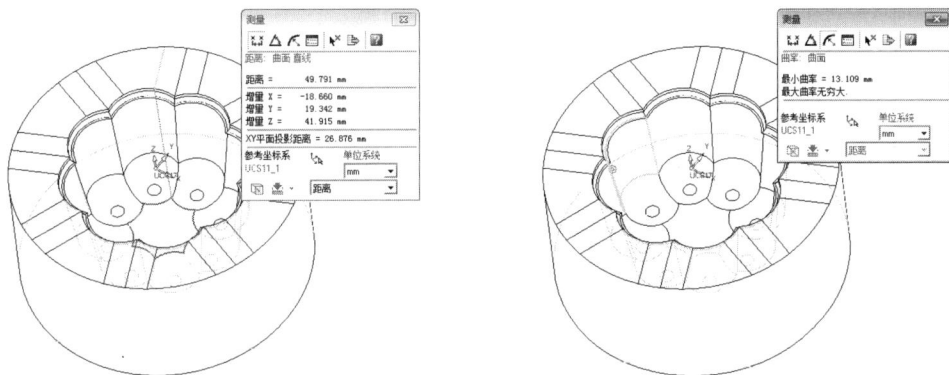

图 5-1 模型分析

选择"分析"→"曲率分析"命令，系统弹出"特征向导"的曲率分析界面，再单击"选择所有"图标，选择所有曲面，系统自动计算得到最小曲率为 2.222，如图 5-2 所示，也可通过点选方式得到各点的曲率半径。

微课：玩具盖
凹模模型分析

图 5-2 模型曲率分析

模型直径×高：130mm×60mm。

型腔深度：46.965mm。

最小曲率半径：2.222mm。

5.2

玩具盖凹模加工工艺制定

玩具盖凹模加工工艺，可按表 5-1 所示进行编制。

表 5-1　玩具盖凹模加工工艺流程　　微课：玩具盖凹模加工工艺制定

序号	加工内容	加工策略	图解	备注
01	开粗	体积铣-环绕粗铣		根据型腔尺寸及深度确定使用 D25R5 牛鼻刀进行开粗
02	二次开粗	体积铣-环绕粗铣		根据型腔 R 角及深度确定使用 D12R0.8 牛鼻刀进行二次开粗加工
03	底部二次开粗	体积铣-环绕粗铣		根据型芯尺寸确定使用 B10 球刀对底部进行二次开粗加工
04	底部水平区域精铣	曲面铣削-精铣水平面		根据型腔尺寸及加工工件表面粗糙度确定使用 D12R0.8 牛鼻刀进行底平面的精加工
05	侧壁精铣	曲面铣削-精铣所有		使用上一程序的 D12R0.8 牛鼻刀进行侧壁精加工，减少换刀，提高效率
06	底部曲面精铣	曲面铣削-精铣所有		根据曲面形状及加工效率确定使用 B10 球刀进行曲面精加工

5.3

玩具盖凹模数控编程操作

5.3.1　开粗

1. 打开文件

启动 CimatronE 11，打开玩具盖凹模文件，选择"重新连接"选项，再选择"断开连接"选项，保存设置，然后选择"文件"→"输出"→"至加工"命令，最后选择"使用参考模型上的其他坐标"选项，选择合适的坐标，如图 5-3 所示。

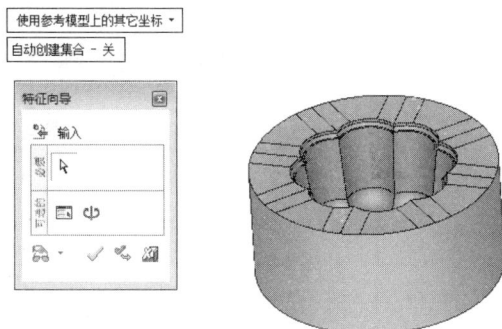

图 5-3　调入模型

2. 导入刀具库

单击"NC 向导"中的"刀具"图标，系统弹出"刀具及夹头"对话框，选择"菜单"→"从 CSV 或 XML 文件中输入刀具或夹头"命令，加载刀具库文件，依次加载 D25R5 和 D12R0.8 两把牛鼻刀，并创建 B10 球刀，如图 5-4 所示。

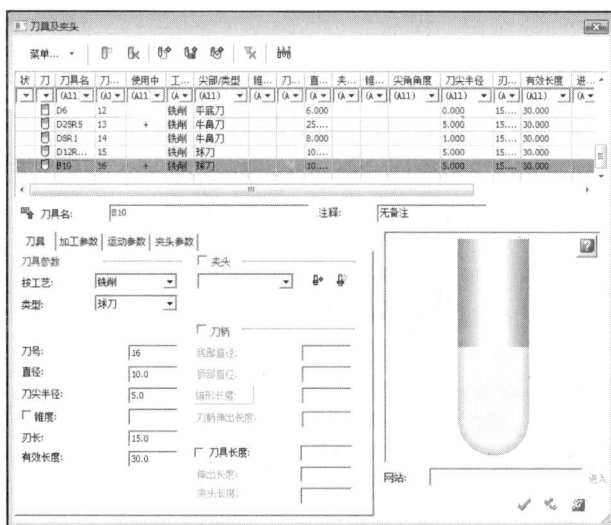

图 5-4　加载刀具库并创建 B10 球刀

3. 创建刀路轨迹

单击"NC 向导"中的"刀轨"图标，进入创建刀轨功能，系统弹出"创建刀轨"对话框，修改名称为 01，类型为 3 轴，安全平面为 50，如图 5-5 所示。单击"确认"图标，完成 3 轴刀轨的创建。此时，"NC 程序管理器"中会新增一个名为 01 的刀路轨迹。

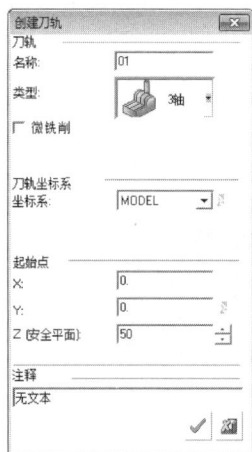

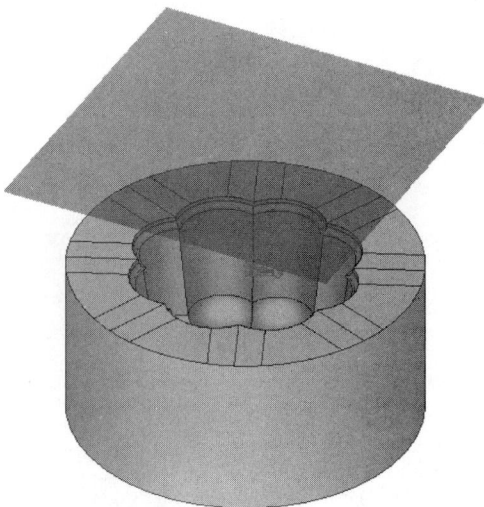

图 5-5　创建刀路轨迹 01

4. 创建毛坯

单击"NC 向导"中的"毛坯"图标，系统弹出"初始毛坯"对话框，毛坯类型选择"轮廓"，在绘图区选择底面轮廓，如图 5-6 所示，单击中键确认退出，完成轮廓选择。单击 Z 最高值后的按钮，在绘图区选择实体顶部，如图 5-7 所示，完成该参数的设置。采用同样的方法设置 Z 最低值参数，其他可选择默认值，单击"确认"图标退出，完成毛坯创建。

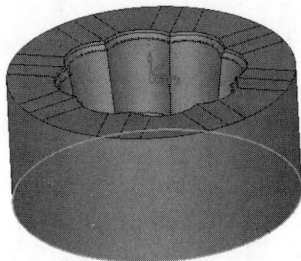

图 5-6　选择底面轮廓

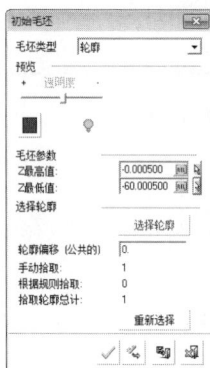

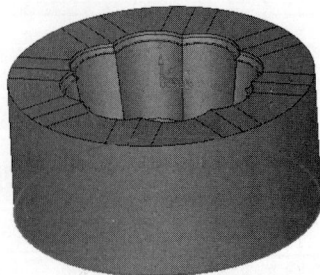

图 5-7　毛坯参数设置

5. 创建程序

单击"NC 向导"中的"程序"图标，系统弹出"程序向导"对话框，开始创建加工程序，"主选择"设置为"体积铣"，"子选择"设置为"环绕粗铣"，如图 5-8 所示。

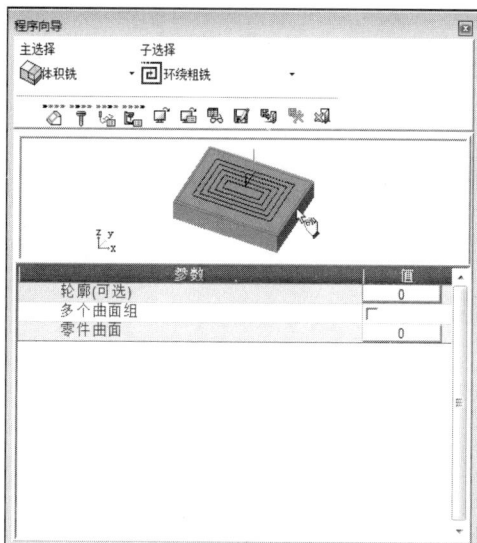

图 5-8 设置主选择和子选择

（1）选择轮廓、零件曲面

单击轮廓后的"0"按钮，系统弹出"轮廓管理器"对话框，选择边界轮廓起始边和终止边，系统自动形成封闭轮廓，如图 5-9 所示，再单击中键确认退出，完成轮廓选择。

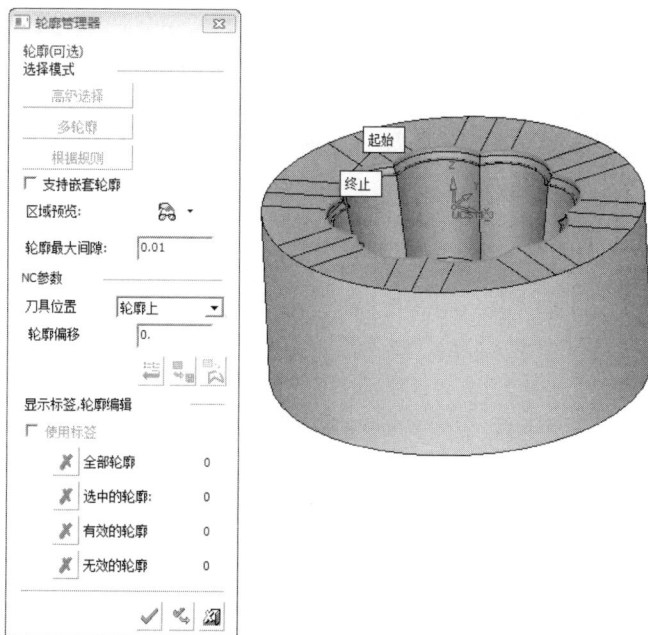

图 5-9 选择边界轮廓

单击零件曲面后的"0"按钮，通过框选方式选择全部零件曲面，单击中键确认退出，完成零件曲面的选择，此时零件曲面值变为 67，如图 5-10 所示。

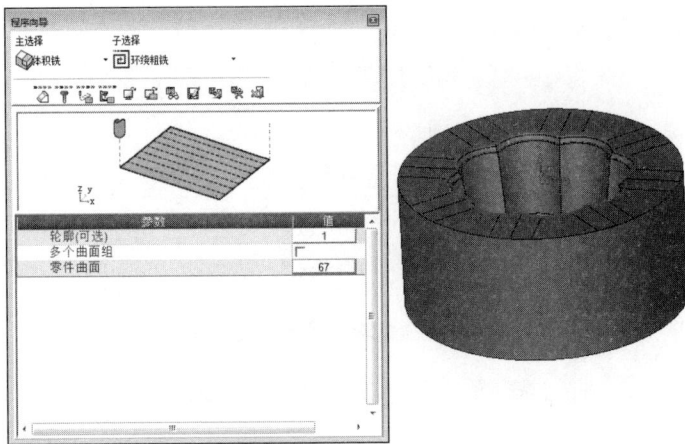

图 5-10　零件曲面选择后效果

（2）选择刀具

单击"刀具"图标，系统弹出"刀具及夹头"对话框，选择 D25R5 牛鼻刀，单击"确认"图标，完成刀具的选择。

（3）设置刀路参数

单击"刀路参数"图标，系统切换到刀路参数界面，按以下步骤进行刀路参数的设置。

步骤 1：安全平面和坐标系参数设置。

该参数可选择默认设置。

步骤 2：进刀和退刀点参数设置。

进刀角度设置为 10，盲区设置为 15，最大螺旋半径设置为 12。

步骤 3：公差及余量参数设置。

该参数在粗加工中为必设参数。将加工曲面余量设置为 0.2，曲面精度设置为 0.01，如图 5-11 所示。

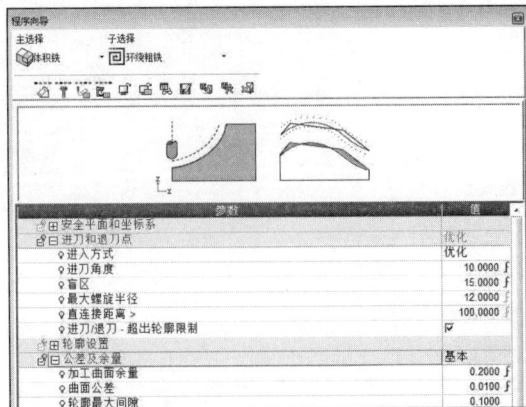

图 5-11　进刀和退刀点等参数设置

步骤 4：刀路轨迹参数设置。

切削模式设置为顺铣，下切步距类型设置为固定+水平面；固定垂直步距设置为 0.5，即每次下刀 0.5mm，侧向步距设置为 15，如图 5-12 所示。

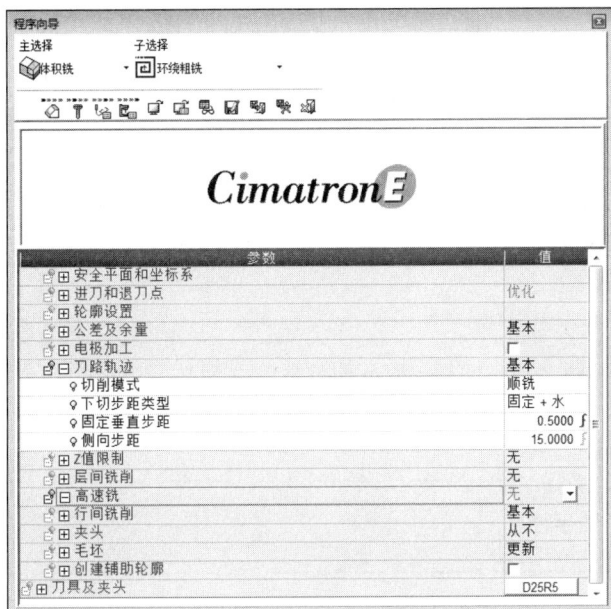

图 5-12　开粗的刀路轨迹参数设置

步骤 5：高速铣参数设置。

该参数有 3 种模式，分别为"无"、"基本"和"高级"，其下主要包括一些用于设置适合于高速加工要求的选项，以避免在高速下进行急转弯。一般设置为无。高速铣相关参数（高级）如图 5-13 所示。

图 5-13　高速铣相关参数（高级）

摆线：进入全刀切削部位时将使用摆线方式逐渐切入，使实际切削的行距变得较小，如图 5-14 所示。选中该复选框时，需要设置摆线步距和摆线半径。

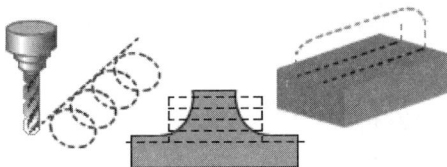

图 5-14　摆线方式示意图

多层 Z：在粗加工中，保持刀具负荷均匀地将切削层自动分为几层进行加工，如图 5-15 所示。

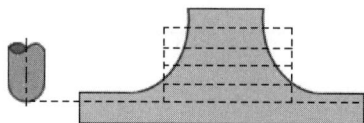

图 5-15　多层 Z 示意图

圆角过渡：可以避免在加工角落部位产生突变的切削进给方向，从而保持刀具运动轨迹的光滑与平稳，避免切削方向的突然变化。选中该复选框时，需要设置角落首选半径和提刀线角落半径。

步骤 6：行间铣削参数设置。

该参数有 3 种模式，分别为无、基本和高级。一般选择无。行间铣削相关参数（高级）如图 5-16 所示。

🔒⊟行间铣削	高级
♀行间间隙策略	补刀/变轨
♀覆盖范围半径	10.5000
♀最小狭窄区域宽度	3.0000

图 5-16　行间铣削相关参数（高级）

行间间隙策略：包括"补刀/变轨"、"仅变轨"和"仅补刀"3 个选项，如图 5-17 所示。仅补刀表示两刀具行间的残余，而仅变轨表示在转角走圆弧部位的残余。

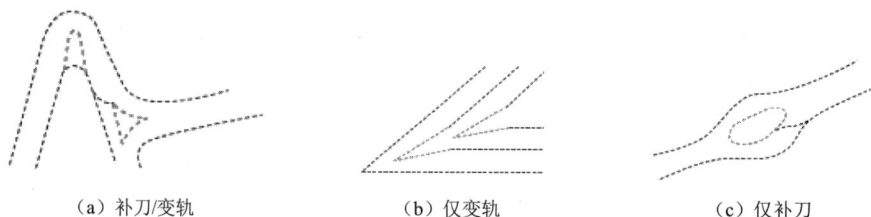

（a）补刀/变轨　　　　　　（b）仅变轨　　　　　　（c）仅补刀

图 5-17　行间间隙策略示意图

步骤 7：毛坯参数设置。

该参数用于设置是否更新剩余毛坯，相关参数如图 5-18 所示。一般选中"更新毛坯"复选框。

🔒⊟毛坯	高级 ▼
♀更新毛坯	☑

图 5-18　毛坯参数设置

步骤 8：创建辅助轮廓参数设置。

该参数用于将加工后的边界作为一个曲线集合进行保存，一般不选中复选框。这种辅助轮廓可以为后续加工或设计提供参考。创建辅助轮廓参数如图 5-19 所示。

🔲🗀 创建辅助轮廓	☑
◇ 轮廓类型	组合曲线
◇ 集合名称	_NC-CONT_
◇ 被忽略的区域(盲区)	☑

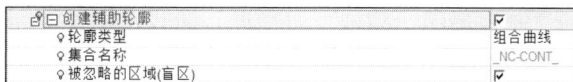

图 5-19　创建辅助轮廓参数

（4）设置机床参数

单击"机床参数"图标，系统切换到机床参数界面，设置机床的主轴转速为 2000、进给为 2000，其他选择默认值，如图 5-20 所示。

图 5-20　开粗程序的机床参数设置

（5）程序生成

单击"保存并计算"图标，系统将根据前面设置的参数自动计算刀路轨迹，并在绘图区显示生成的刀路轨迹，如图 5-21 所示。

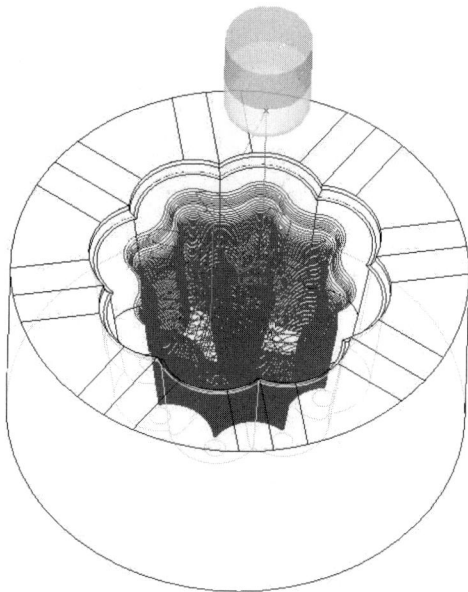

图 5-21　设置完成后生成的刀路轨迹

单击"预览"图标，系统弹出"预览"对话框，如图 5-22 所示。单击多余的毛坯后的"预览"图标，对加工余量残留进行预览，如图 5-23 所示。

微课：玩具盖凹
模开粗编程

动画：玩具盖凹
模开粗

图 5-22　"预览"对话框

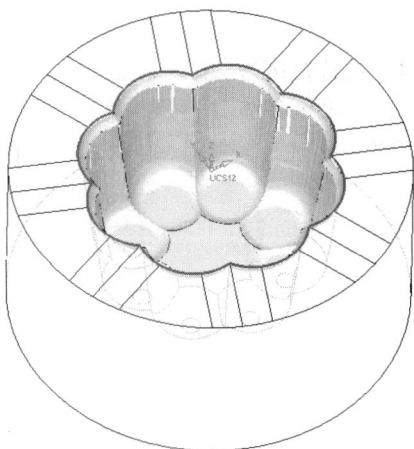

图 5-23　余量残留预览

5.3.2　二次开粗

1. 创建刀路轨迹

单击"NC 向导"中的"刀轨"图标，进入创建刀路轨迹功能，系统弹出"创建刀轨"对话框，修改名称为 02，类型为 3 轴，安全平面为 50，创建 3 轴刀路轨迹。完成后，"NC 程序管理器"中会新增一个名为 02 的刀路轨迹，如图 5-24 所示。

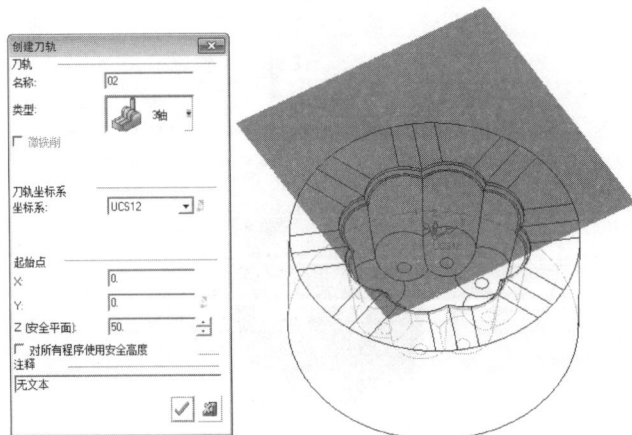

图 5-24　创建刀路轨迹 02

2. 创建程序

单击"NC 向导"中的"程序"图标，系统弹出"程序向导"对话框，开始创建加工程序，"主选择"设置为"体积铣"，"子选择"设置为"环绕粗铣"，如图 5-25 所示。

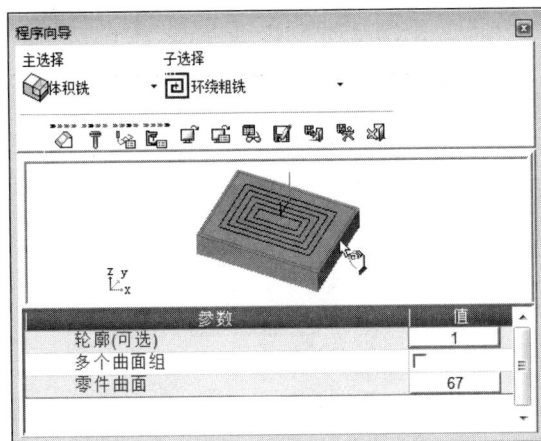

图 5-25　选择二次开粗所使用的工艺

（1）选择刀具

单击"刀具"图标，系统弹出"刀具及夹头"对话框，选择 D12R0.8 牛鼻刀，单击"确认"图标，完成刀具的选择。

（2）创建刀路轨迹

单击"刀路参数"图标，系统切换到刀路参数界面，按图 5-26 所示进行设置。

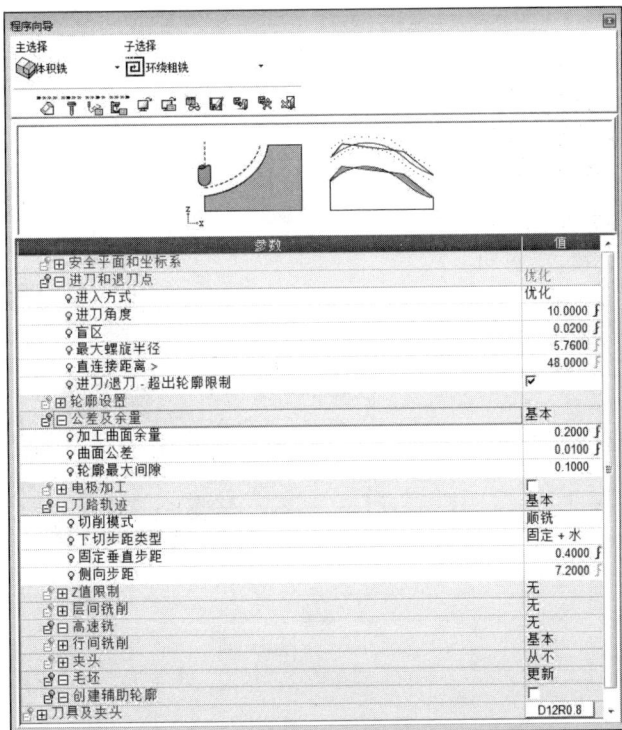

图 5-26　二次开粗刀路参数的设置效果

（3）设置机床参数

单击"机床参数"图标，系统切换到机床参数界面，设置机床的主轴转速为 3500、进

给为 2000，其他选择默认值，如图 5-27 所示。

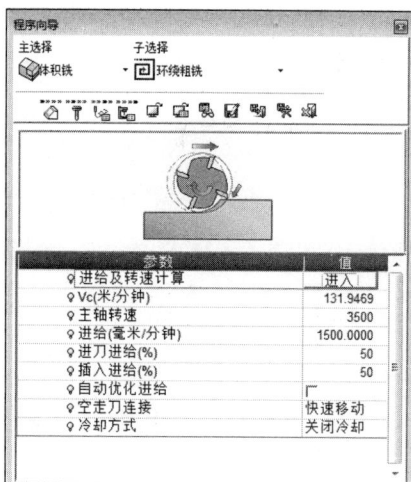

图 5-27　二次开粗机床参数的设置

（4）程序生成

单击"保存并计算"图标，系统将根据前面设置的参数自动计算刀路轨迹，并在绘图区显示生成的刀路轨迹，如图 5-28 所示。

微课：玩具盖凹
模二次开粗编程

动画：玩具盖
凹模二次开粗

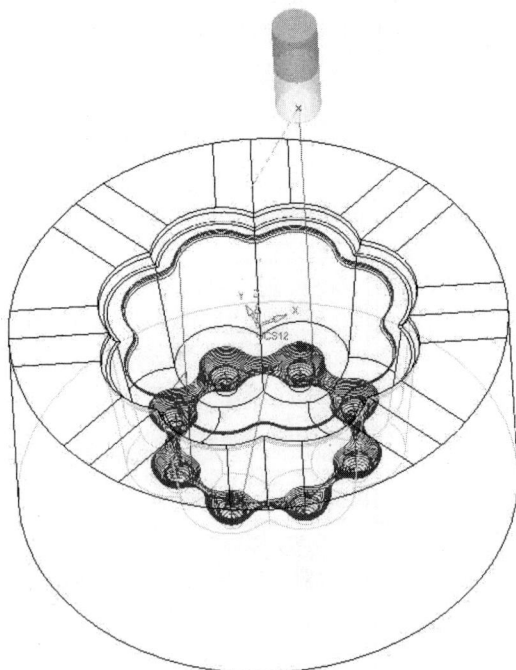

图 5-28　二次开粗生成的刀路轨迹

5.3.3　底部二次开粗

1. 创建刀路轨迹

单击"NC 向导"中的"刀轨"图标，进入创建刀路轨迹功能，系统弹出"创建刀轨"对话框，修改名称为 03，类型为 3 轴，安全平面为 50，单击"确认"图标，创建 3 轴刀路轨迹。完成后，"NC 程序管理器"中会新增一个名为 03 的刀路轨迹。

2. 创建程序

单击"NC 向导"中的"程序"图标，系统弹出"程序向导"对话框，开始创建加工程序，"主选择"设置为"体积铣"，"子选择"设置为"环绕粗铣"。

（1）选择刀具

单击"刀具"图标，系统弹出"刀具及夹头"对话框，选择 B10 球刀，单击"确认"图标，完成刀具的选择。

（2）设置刀路参数

单击"刀路参数"图标，系统切换到刀路参数界面，按图 5-29 所示进行设置。

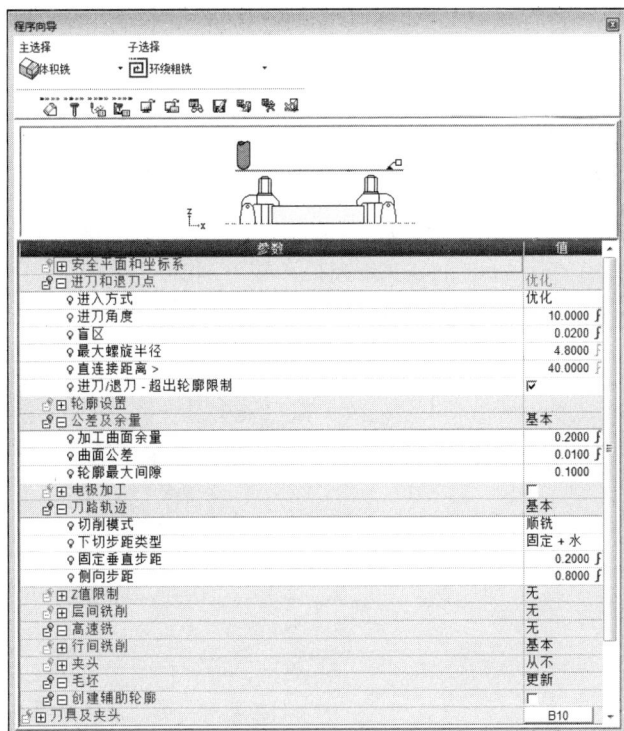

图 5-29　底部二次开粗刀路参数设置

（3）设置机床参数

单击"机床参数"图标，系统切换到机床参数界面，设置机床的主轴转速为 4000、进给为 2000，其他选择默认值，如图 5-30 所示。

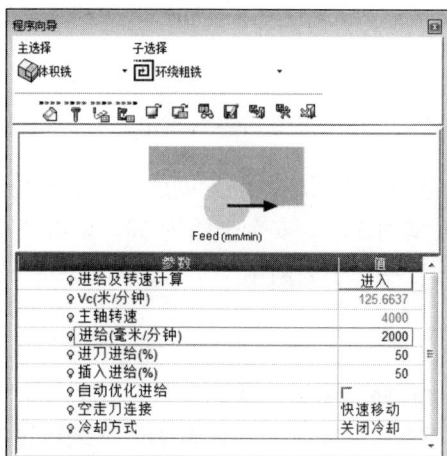

图 5-30　底部二次开粗机床参数设置

（4）程序生成

单击"保存并计算"图标，系统将根据前面设置的参数自动计算刀路轨迹，并在绘图区显示生成的刀路轨迹，如图 5-31 所示。

微课：玩具盖
凹模底部二次
开粗编程

动画：玩具盖
凹模底部二次
开粗

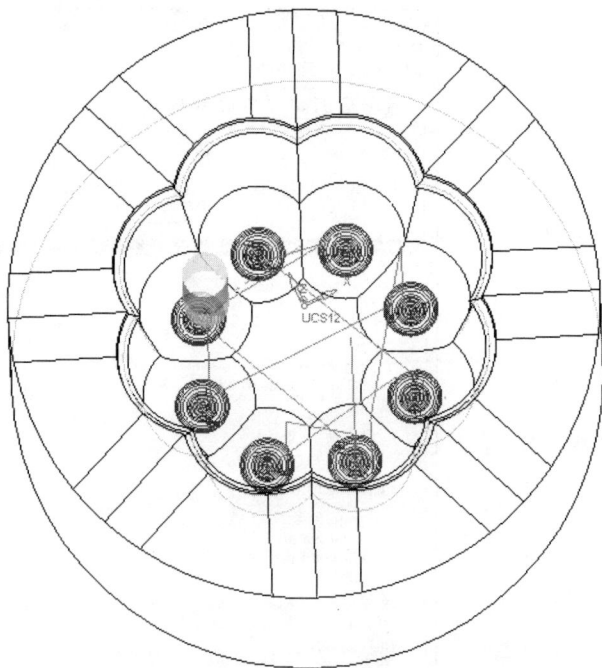

图 5-31　底部二次开粗生成的刀路轨迹

5.3.4　底部水平区域精铣

1. 创建刀路轨迹

曲面精加工时一般采用球刀或牛鼻刀以较小的步距进行加工，而水平面的加工可以采用平底刀或牛鼻刀以较大的侧向步距进行加工，将水平区域单独生成一个加工程序可以有效地提高加工效率。因此，可以创建单独生成精加工水平区域的程序。单击"NC 向导"中的"刀轨"图标，进入创建刀路轨迹功能，系统弹出"创建刀轨"对话框，修改名称为 04，类型为 3 轴，安全平面为 50，单击"确认"图标，创建 3 轴刀路轨迹。完成后，"NC 程序管理器"中会新增一个名为 04 的刀路轨迹。

2. 创建程序

单击"NC 向导"中的"程序"图标，系统弹出"程序向导"对话框，开始创建加工程序，"主选择"设置为"曲面铣削"，"子选择"设置为"精铣水平面"，如图 5-32 所示。该策略用于精加工水平区域。注意：这里也可采用 2.5 轴-封闭轮廓工艺。

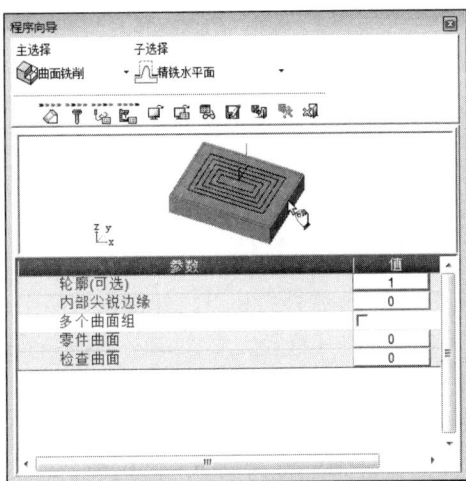

图 5-32　选择底部水平区域精铣的工艺

（1）选择刀具

单击"刀具"图标，系统弹出"刀具及夹头"对话框，选择 D12R0.8 牛鼻刀，单击"确认"图标，完成刀具的选择。

（2）刀路参数设置

单击"刀路参数"图标，系统切换到刀路参数界面，按以下步骤进行设置刀路参数，如图 5-33 所示。

步骤 1：安全平面和坐标系参数设置。

将内部安全高度设置为"优化"，其他参数可保持默认设置。

步骤 2：进刀和退刀点参数设置。

该参数可保持默认设置。

步骤 3：公差及余量参数设置。

考虑到精加工水平区域，因此加工曲面余量设置为 0，曲面公差设置为 0.01。

步骤 4：刀路轨迹参数设置。

平坦区域加工方法：有"平行切削"和"环切"两个选项，这里选择环切。

平坦区域切削模式：包括"顺铣"和"逆铣"两个选项，这里选择顺铣。

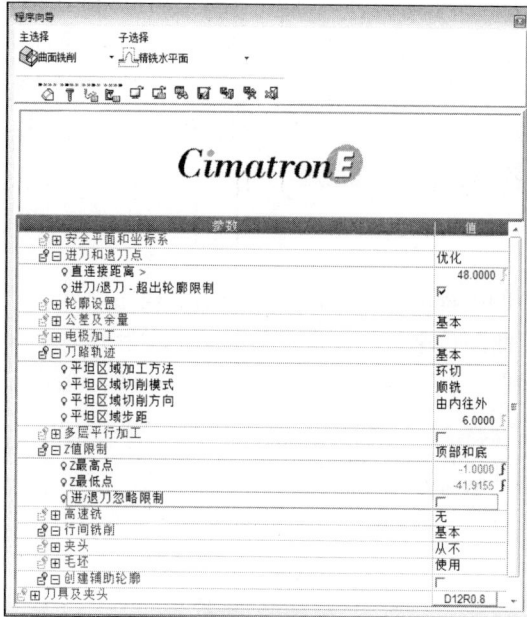

图 5-33　底部水平区域精铣的刀路参数设置

平坦区域切削方向：包括"由内往外"和"由外往内"两个选项，这里选择由内往外。

平坦区域步距：设置为 0.5 倍刀具直径。

步骤 5：Z 值限制参数设置。

精铣水平区域一般应限制 Z 最高点和 Z 最低点，以免在一些极小的平面上生成刀具路径。这里将 Z 最高点和 Z 最低点分别设置为-1 和-41.9155，注意：Z 最低点可通过点选方式选取。

（3）设置机床参数

单击"机床参数"图标，系统切换到机床参数界面，设置机床的主轴转速为 3500、进给为 800，其他选择默认值，如图 5-34 所示。

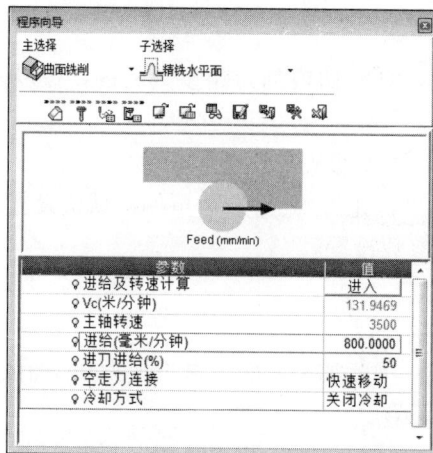

图 5-34　底部水平区域精铣的机床参数设置

（4）程序生成

单击"保存并计算"图标，系统将根据前面设置的参数自动计算刀路轨迹，并在绘图区显示生成的刀路轨迹，如图 5-35 所示。

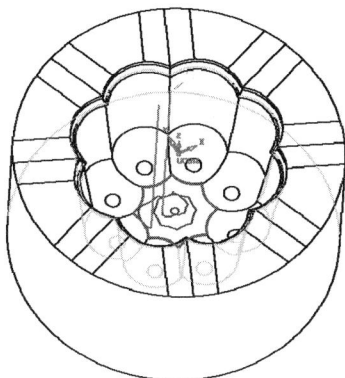

微课：玩具盖
凹模底部水平
区域精铣编程

动画：玩具盖
凹模底部水平
区域精铣

图 5-35　底部水平区域精铣生成的刀路轨迹

5.3.5　侧壁精修

1. 创建刀路轨迹

单击"NC 向导"中的"刀轨"图标，进入创建刀路轨迹功能，系统弹出"创建刀轨"对话框，修改名称为 05，类型为 3 轴，安全平面为 50，单击"确认"图标，创建 3 轴刀路轨迹。完成后，"NC 程序管理器"中会新增一个名为 05 的刀路轨迹。

2. 创建程序

单击"NC 向导"中的"程序"图标，系统弹出"程序向导"对话框，开始创建加工程序，"主选择"设置为"曲面铣削"，"子选择"设置为"精铣所有"，如图 5-36 所示。

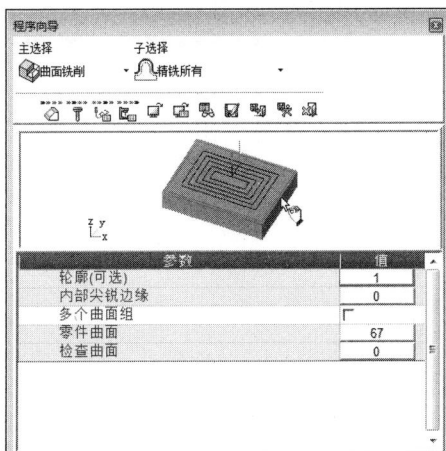

图 5-36　选择侧壁精修的工艺

（1）选择刀具

单击"刀具"图标，系统弹出"刀具及夹头"对话框，默认选择 D12R0.8 牛鼻刀，单击"确认"图标，完成刀具的选择。

（2）选择轮廓

单击轮廓后的"0"按钮，系统弹出"轮廓管理器"对话框，再单击右键，选择边界轮廓，单击中键确认退出，完成轮廓选择，如图 5-37 所示。

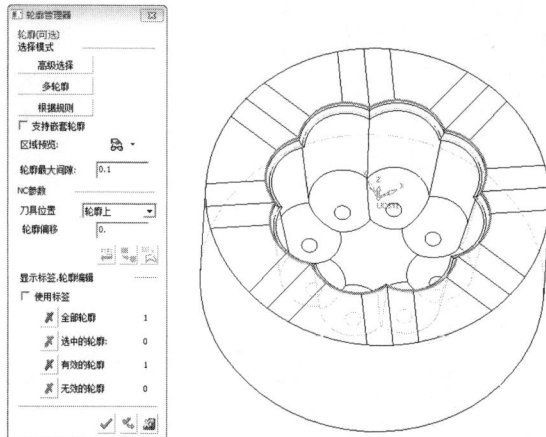

图 5-37　边界轮廓的选择

（3）刀路参数设置

单击"刀路参数"图标，系统切换到刀路参数界面，按图 5-38 所示进行设置。

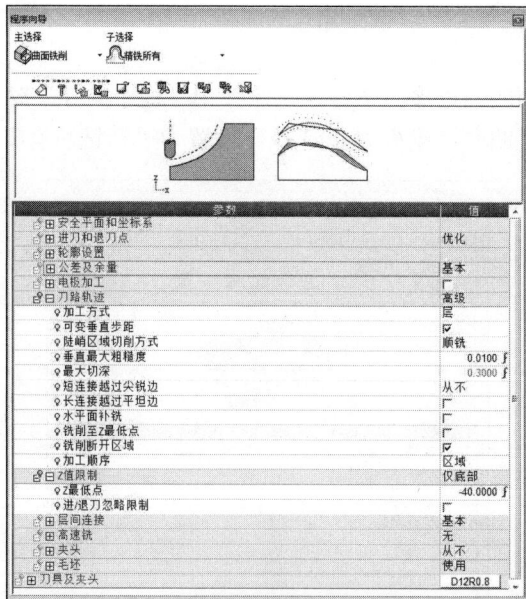

图 5-38　侧壁精修刀路参数设置

（4）设置机床参数

单击"机床参数"图标，系统弹出机床参数界面，设置机床的主轴转速为 3500、进给为 1500，其他默认，如图 5-39 所示。

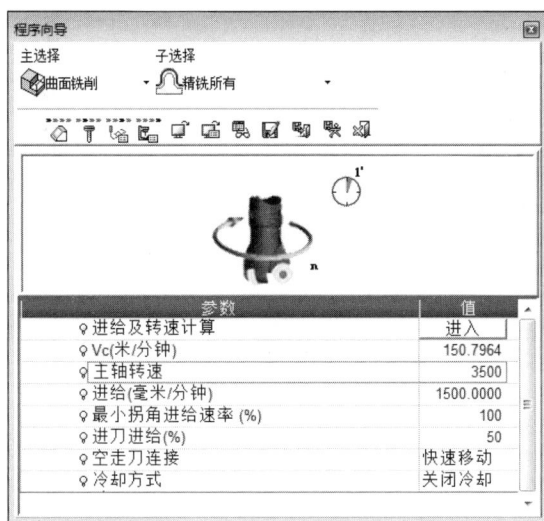

图 5-39　侧壁精修机床参数设置

（5）程序生成

单击"保存并计算"图标，系统将根据前面设置的参数自动计算刀路轨迹，并在绘图区显示生成的刀路轨迹，如图 5-40 所示。

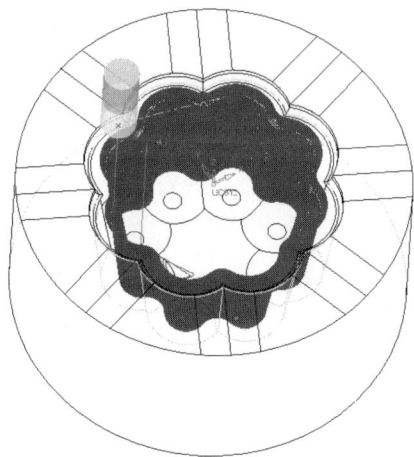

微课：玩具盖　　动画：玩具盖
凹模侧壁精　　凹模侧壁精修
修编程　　　　编程

图 5-40　侧壁精修生成的刀路轨迹

5.3.6　底部曲面精铣

1. 创建刀路轨迹

单击"NC 向导"中的"刀轨"图标，进入创建刀路轨迹功能，系统弹出"创建刀轨"

对话框，修改名称为 06，类型为 3 轴，安全平面为 50，单击"确认"图标，创建 3 轴刀路轨迹。完成后，"NC 程序管理器"中的新增一个名为 06 的刀路轨迹。

2. 创建程序

单击"NC 向导"中的"程序"图标，系统弹出"程序向导"对话框，开始创建加工程序，"主选择"设置为"曲面铣削"，"子选择"设置为"精铣所有"，如图 5-41 所示。

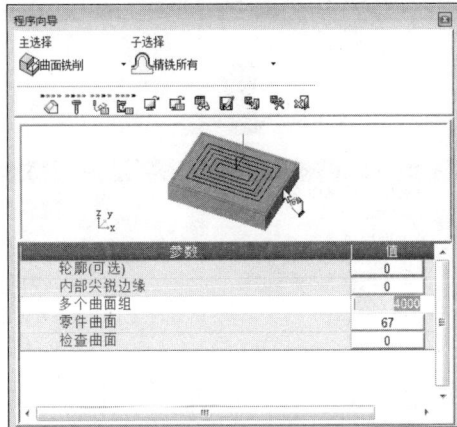

图 5-41　选择底部曲面精铣的工艺

（1）选择刀具

单击"刀具"图标，系统弹出"刀具及夹头"对话框，选择 B10 球刀，单击"确认"图标，完成刀具的选择。

（2）轮廓选择

单击轮廓后的"1"按钮，系统弹出"轮廓管理器"对话框，单击鼠标右键，选择两条边界轮廓，再单击中键确认退出，完成轮廓选择，如图 5-42 所示。

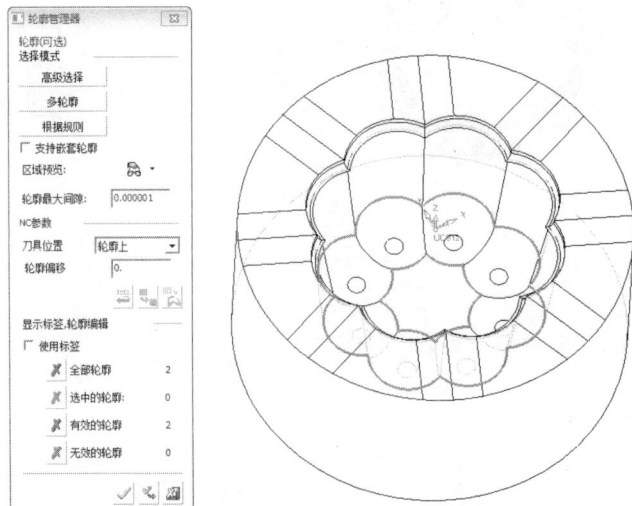

图 5-42　底部曲面精铣的轮廓选择

（3）创建刀路轨迹

单击"刀路参数"图标，系统切换到刀路参数界面，按图 5-43 所示进行设置。其中，加工方式可选择 3D 步距，考虑到是球刀加工，3D 步距设置为 0.2。注意：这里应通过点选的方法，对 Z 最高点和 Z 最低点进行限制。

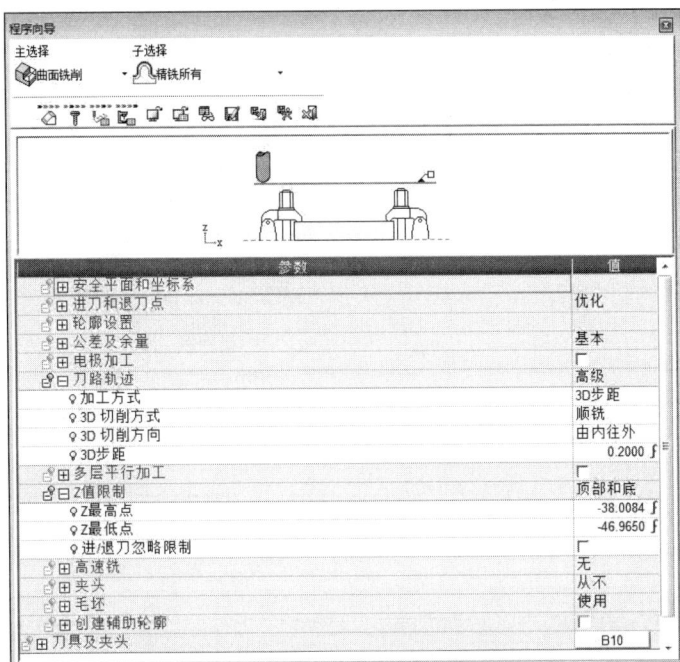

图 5-43　底部曲面精铣的刀路参数设置

（4）设置机床参数

单击"机床参数"图标，系统切换到机床参数界面，设置机床的主轴转速为 4000、进给为 2000，其他选择默认值，如图 5-44 所示。

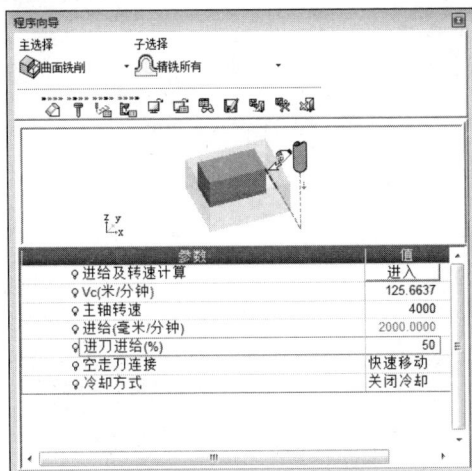

图 5-44　底部曲面精铣的机床参数设置

（5）程序生成

单击"保存并计算"图标，系统将根据前面设置的参数自动计算刀路轨迹，并在绘图区显示生成的刀路轨迹，如图 5-45 所示。

微课：玩具盖
凹模底部曲
面精铣编程

动画：玩具盖
凹模底部曲
面加工

图 5-45 底部曲面精铣生成的刀路轨迹

3. 仿真模拟

单击"NC 向导"中的"机床仿真"图标，进入机床仿真功能，系统弹出"机床仿真"对话框。选择需要机床仿真的程序，单击绿色箭头，完成程序选择，单击"确认"图标，系统将打开"CimatronE-机床模拟"窗口，单击菜单栏中的"运行"图标，进行实体切削模拟，加工模拟结果如图 5-46 所示。

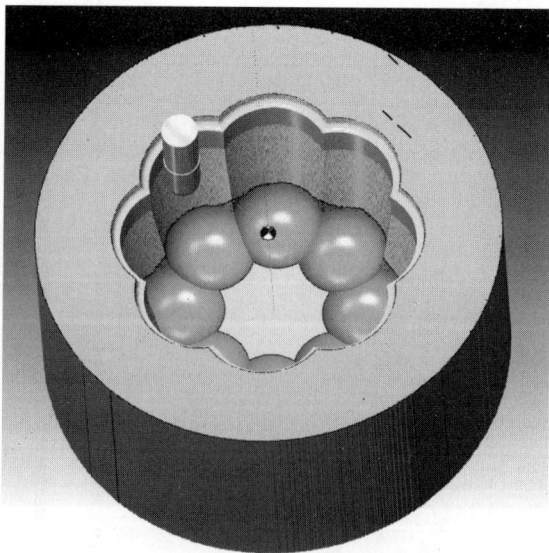

图 5-46 加工模拟仿真

4. 后处理

单击“NC 向导”中的“后处理”图标，进入后处理功能，屏幕将弹出“后处理”对话框。选择需要处理后输出程序的存放文件夹，选择文件类型为仅 G 代码文件，文件名命名为 wanjugai，选中“完成后打开输出的文件”复选框，其他选择默认值。单击“确认”图标进行后处理。后处理完成后，系统将产生一个程序文件，如图 5-47 所示。

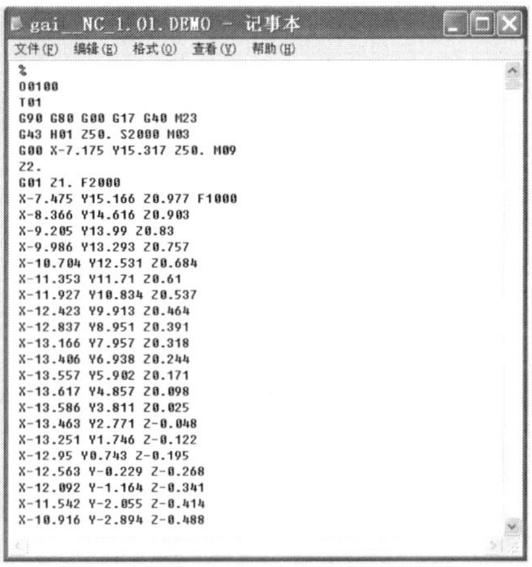
gai__NC_1.01.DEMO - 记事本

文件(F) 编辑(E) 格式(O) 查看(V) 帮助(H)

```
%
O0100
T01
G90 G80 G00 G17 G40 M23
G43 H01 Z50. S2000 M03
G00 X-7.175 Y15.317 Z50. M09
Z2.
G01 Z1. F2000
X-7.475 Y15.166 Z0.977 F1000
X-8.366 Y14.616 Z0.903
X-9.205 Y13.99 Z0.83
X-9.986 Y13.293 Z0.757
X-10.704 Y12.531 Z0.684
X-11.353 Y11.71 Z0.61
X-11.927 Y10.834 Z0.537
X-12.423 Y9.913 Z0.464
X-12.837 Y8.951 Z0.391
X-13.166 Y7.957 Z0.318
X-13.406 Y6.938 Z0.244
X-13.557 Y5.902 Z0.171
X-13.617 Y4.857 Z0.098
X-13.586 Y3.811 Z0.025
X-13.463 Y2.771 Z-0.048
X-13.251 Y1.746 Z-0.122
X-12.95 Y0.743 Z-0.195
X-12.563 Y-0.229 Z-0.268
X-12.092 Y-1.164 Z-0.341
X-11.542 Y-2.055 Z-0.414
X-10.916 Y-2.894 Z-0.488
```

图 5-47　生成程序

5.4 填写加工程序单

填写表 5-2 所示加工程序单。

表 5-2　加工程序单

零件名称：定模板　　　　操作员：　　　　编程员：

<table>
<tr><td>计划时间</td><td></td><td rowspan="11">描述：
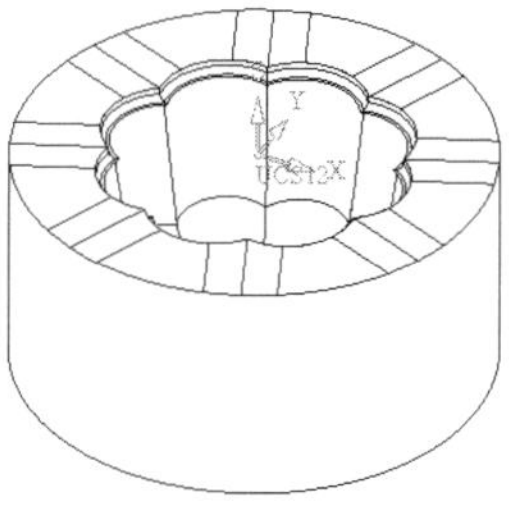
四面分中</td></tr>
<tr><td>实际时间</td><td></td></tr>
<tr><td>上机时间</td><td></td></tr>
<tr><td>下机时间</td><td></td></tr>
<tr><td colspan="2">工作尺寸/mm</td></tr>
<tr><td>X_c</td><td></td></tr>
<tr><td>Y_c</td><td></td></tr>
<tr><td>Z_c</td><td></td></tr>
<tr><td colspan="2">工作数量：1 件</td></tr>
</table>

程序名称	加工类型	刀具	背吃刀量/mm	加工余量/mm	上机时间	完成时间	备注
01	开粗	D25R5	0.3	0.2			
02	二次开粗	D12R0.8	0.3	0.2			
03	底部二次开粗	B10	0.1	0.2			
04	底部水平区域精铣	D12R0.8	0.1	0			
05	侧壁精铣	D12R0.8	0.2	0			
06	底部曲面精铣	B10	0.2	0			

项 目 练 习

完成图 5-48 所示的玩具汽车套凸模数控程序的创建。

玩具汽车套凸模模型源文件见配套资源包（下载地址：www.abook.cn）。

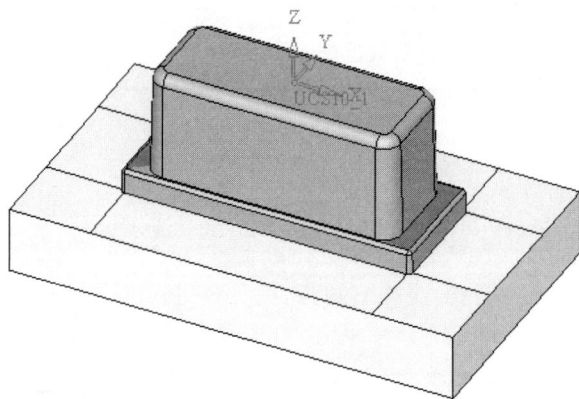

图 5-48　玩具汽车套凸模

6

项 目

KITTY 猫上盖数控编程

>>>>>

◎ **项目导读**

本项目学习 KITTY 猫上盖数控编程。

KITTY 猫上盖模型源文件见配套资源包（下载地址：www.abook.cn）。

◎ **能力目标**

- 熟练掌握加工边界的创建方法。
- 熟悉 CimatronE 11 清角加工类型及特点。
- 能合理设置清根、笔式加工策略的刀路参数。

◎ **思政目标**

- 树立正确的学习观、价值观，自觉践行行业道德规范。
- 牢固树立质量第一、信誉第一的强烈意识。
- 遵规守纪，安全生产，爱护设备，钻研技术。

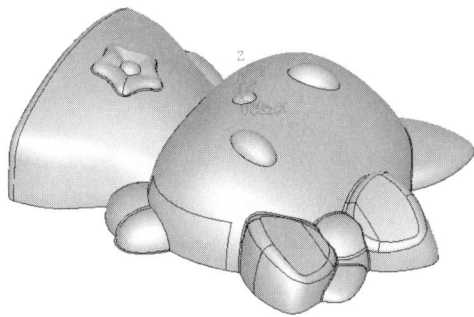

6.1

KITTY 猫上盖模型分析

进入 CimatronE 11 的开始环境，在工具栏中单击"打开文件"图标，打开"CimatronE 浏览器"窗口，选择需要打开的文件，单击"打开"按钮，完成文件的打开。

选择"分析"→"测量"命令，系统弹出"测量"对话框。通过该对话框对模型进行分析，如图 6-1 所示。

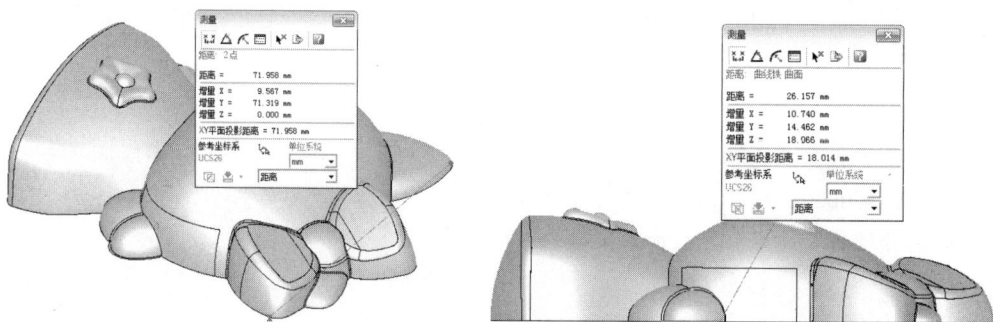

图 6-1 模型分析

选择"分析"→"曲率分析"命令，系统弹出"特征向导"的曲率分析界面，再单击"选择所有"图标或窗选方式，选择零件模型，单击中键确认，系统自动计算得到最小曲率，如图 6-2 所示，也可通过点选方式得到各点的曲率半径。

微课：KITTY
猫上盖模型
分析

图 6-2 模型曲率分析

KITTY 猫上盖加工工艺制定

KITTY 猫上盖加工工艺，可按表 6-1 所示进行编制。

微课：KITTY 猫上盖
模型加工工艺制定

表 6-1　KITTY 猫上盖加工工艺流程

序号	加工内容	加工策略	图解	备注
01	开粗	体积铣-环绕粗铣		根据工件尺寸及高度确定使用 D12R0.8 牛鼻刀进行开粗
02	二次开粗	体积铣-环绕粗铣		根据工件尺寸及高度确定使用 D6 平底刀进行二次开粗
03	曲面精铣	曲面铣削-根据角度精铣		根据工件尺寸及高度确定使用 B6R3 球刀进行曲面精铣
04	精铣侧面	曲面铣削-精铣所有		为减少使用刀具数，采用 D6 平底刀进行侧面精修
05	清根铣	清角-清根		使用 B3R1.5 球刀，采用清根铣方式进行清根加工
06	局部精细加工	曲面铣削-精铣所有		使用 B3R1.5 球刀，采用精铣所有方式进行其他部位曲面的精加工

KITTY 猫上盖数控编程

6.3.1　开粗

1. 调入模型

启动 CimatronE 11，打开 KITTY 猫上盖文件，再单击"打开"按钮，如图 6-3 所示，进入 CimatronE 11 工作窗口。

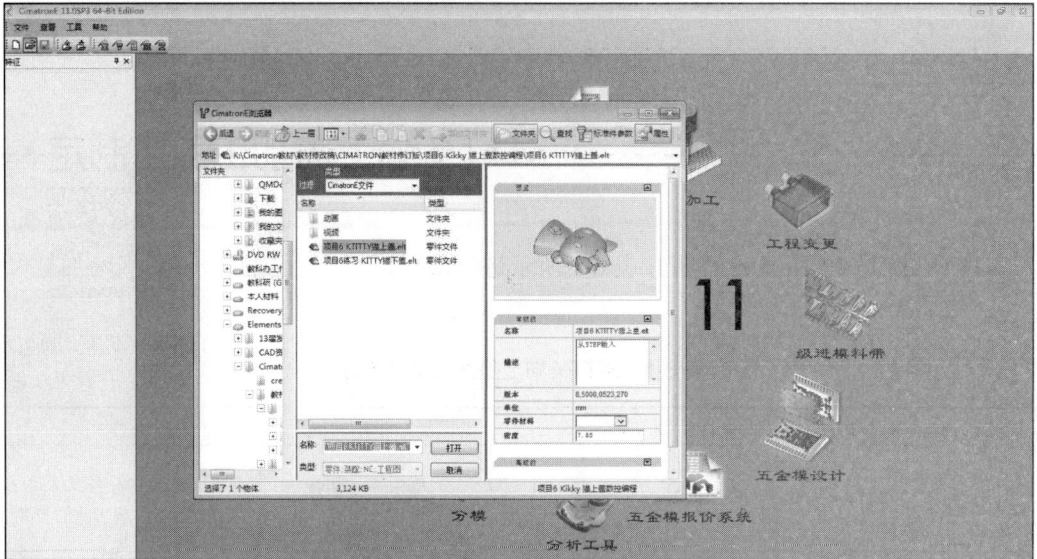

图 6-3　加载文件

选择"文件"→"输出到加工"命令，单击"确认"图标，进入编程工作模式，如图 6-4 所示。选择"使用参考模型上的其他坐标"选项，选择 KITTY 猫嘴巴边上的坐标系作为模型坐标系，系统自动切换到该坐标系下进行显示，如图 6-5 所示，在"特征向导"栏中单击"确认"图标，将模型放置到当前坐标系的原点，同时不做旋转，完成模型的调入。

图 6-4　编程工作界面

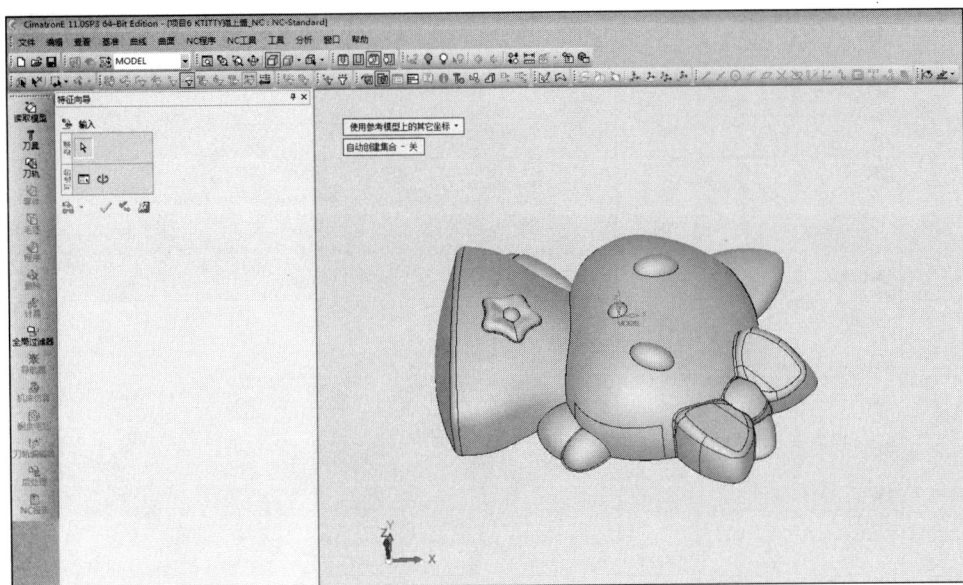

图 6-5　选择坐标系

2. 创建刀具

单击"NC 向导"中的"刀具"图标，系统弹出"刀具及夹头"对话框，单击"新刀具"图标，按图 6-6 所示设置参数，单击"确认"图标，创建 D12R0.8 牛鼻刀。

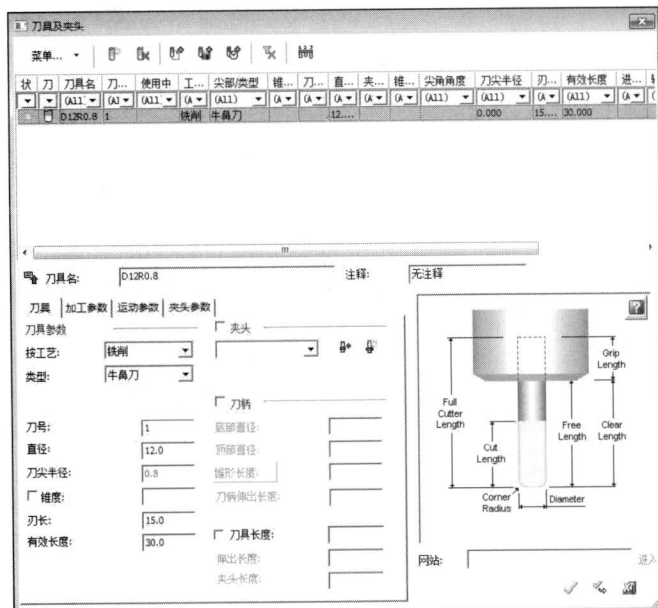

图 6-6　创建 D12R0.8 牛鼻刀

3. 创建刀路轨迹

单击"NC 向导"中的"刀轨"图标，进入创建刀路轨迹功能，系统弹出"创建刀轨"

对话框，修改名称为 01，类型为 3 轴，安全平面为 50，创建刀路轨迹，如图 6-7 所示。

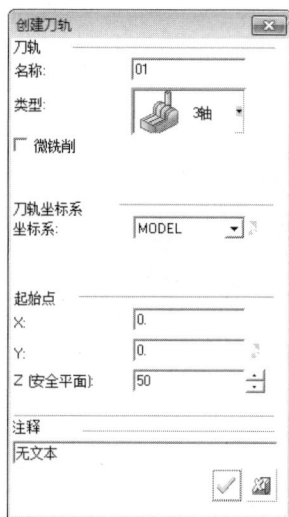

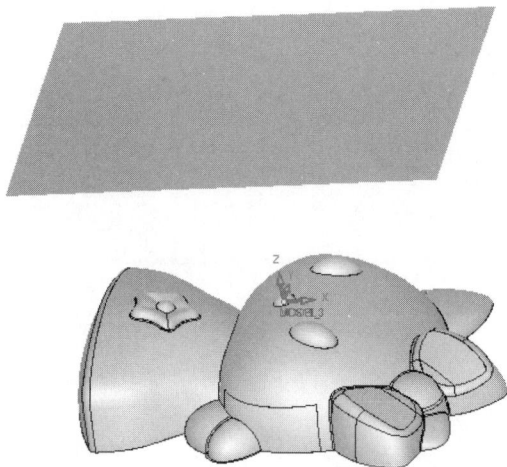

图 6-7　创建刀路轨迹

4. 创建毛坯

单击"NC 向导"中的"毛坯"图标，系统弹出"初始毛坯"对话框，各参数保持默认设置，单击"确认"图标退出，如图 6-8 所示。

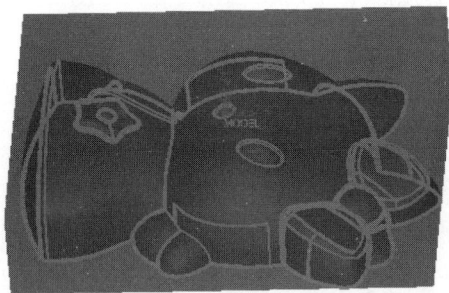

图 6-8　创建毛坯

5. 创建加工程序

单击"NC 向导"中的"程序"图标，系统弹出"程序向导"对话框，开始创建加工程序，修改"主选择"为"体积铣"、"子选择"为"环绕粗铣"，如图 6-9 所示。

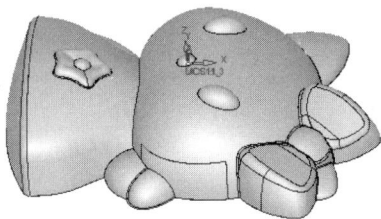

图 6-9　选择开粗的工艺

（1）选择零件曲面

单击零件曲面后的"0"按钮，在绘图区通过框选选择全部曲面，再单击中键确认退出，完成零件曲面选择，如图 6-10 所示。

图 6-10　选择零件

（2）设置刀路参数

单击"刀路参数"图标，系统切换到刀路参数界面，进行刀路参数设置。

步骤 1：安全平面和坐标系参数设置。

该参数可保持默认设置。

步骤 2：进刀和退刀点参数设置。

该参数选择进入方式为优化，进刀角度设置为 4，盲区、最大螺旋半径等参数均选择默认值，如图 6-11 所示。

步骤 3：公差及余量参数设置。

考虑到粗加工，加工曲面余量设置为 0.2，曲面公差设置为 0.03。

步骤 4：刀路轨迹参数设置。

切削模式设置为混合铣，下切步距类型设置为固定+水平面，固定垂直步距设置为 0.25，侧向步距设置为 8，如图 6-12 所示。

图 6-11　进刀和退刀点参数设置

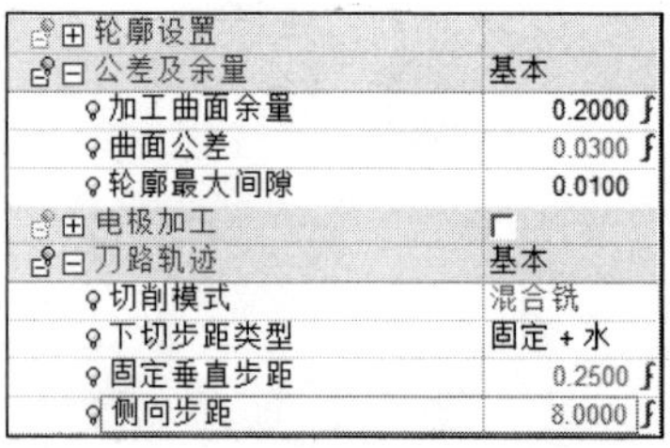

图 6-12　开粗的刀路轨迹参数设置

限制 Z 值等参数可保持默认设置。

（3）设置机床参数

单击"机床参数"图标，系统切换到机床参数界面，设置机床的主轴转速为 3500、进给为 2000，进刀进给为 50%，插入进给为 50%，其他选择默认值，如图 6-13 所示。

图 6-13　开粗机床参数设置

（4）程序生成

单击"保存并计算"图标，系统将根据前面设置的参数自动计算刀路轨迹，并在绘图区显示生成的刀路轨迹，如图 6-14 所示。

微课：KITTY
猫上盖模型
开粗编程

图 6-14　开粗生成的刀路轨迹

6. 仿真模拟

单击"NC 向导"中的"机床仿真"图标,进入模拟检验功能,系统弹出"机床仿真"对话框,选择机床模拟方式、材料去除方式,如图 6-15 所示。单击"确认"图标,系统打开"CimatronE-机床模拟"窗口,选择"控制"→"运行"命令,进行实体切削模拟,加工模拟仿真结果如图 6-16 所示。

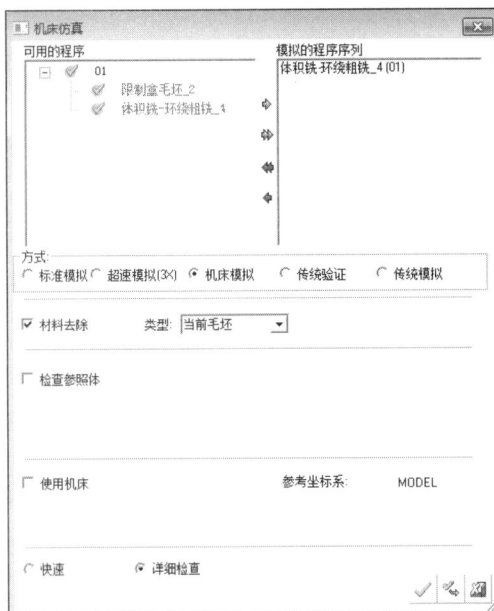

图 6-15　选择模拟检验程序

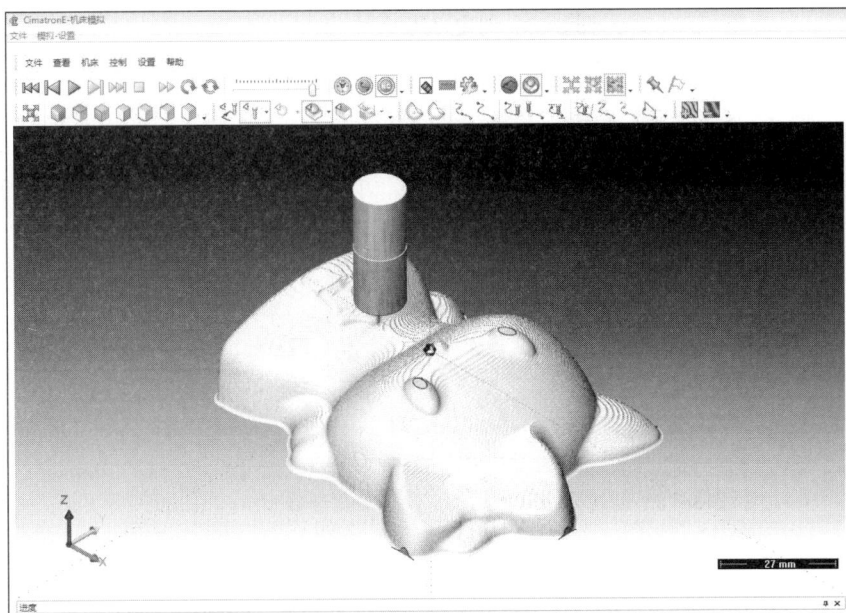

动画:KITTY
猫上盖模型
开粗

图 6-16　加工模拟仿真结果

6.3.2　二次开粗

1. 创建刀具

单击"NC 向导"中的"刀具"图标，系统弹出"刀具及夹头"对话框，单击"新刀具"图标，按图 6-17 所示设置参数，单击"确认"图标，创建 D6 平底刀。

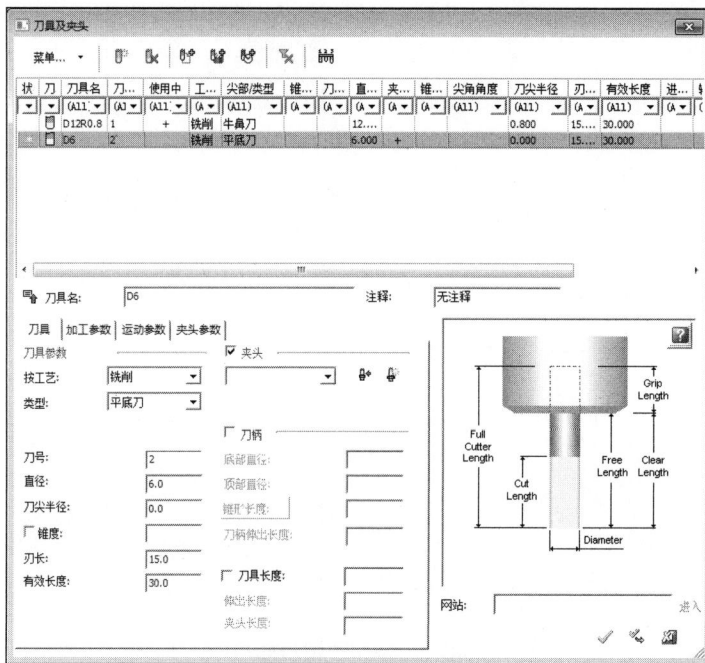

图 6-17　创建刀具

2. 创建刀路轨迹

单击"NC 向导"中的"刀轨"图标，进入创建刀路轨迹功能，系统弹出"创建刀轨"对话框，修改名称为 02，类型为 3 轴，安全平面为 50，单击"确认"图标，创建 3 轴刀路轨迹。完成后，"NC 程序管理器"中会新增一个名为 02 的刀路轨迹，如图 6-18 所示。

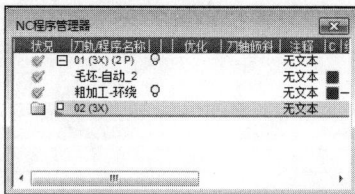

图 6-18　创建刀路轨迹后的 NC 程序管理器

3. 创建程序

单击"NC 向导"中的"程序"图标，系统弹出"程序向导"对话框，开始创建加工程序，系统自动继承上一子选择"环绕粗铣"，如图 6-19 所示。

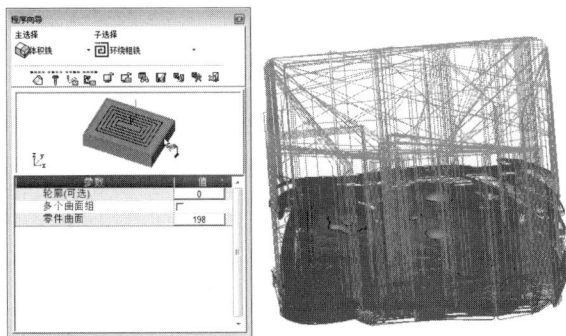

图 6-19　选择工艺效果

（1）选择刀具

单击"刀具"图标，系统弹出"刀具及夹头"对话框，选择 D6 平底刀，如图 6-20 所示，单击"确认"图标，完成刀具的选择。

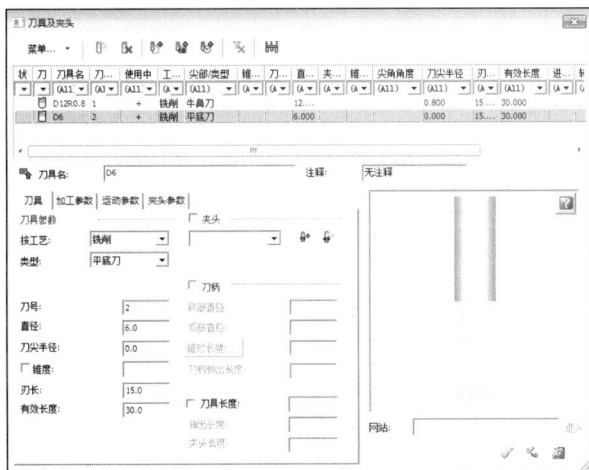

图 6-20　选择 D6 平底刀

（2）设置刀路参数

单击"刀路参数"图标，系统切换到刀路参数界面，按图 6-21 所示进行设置。

图 6-21　二次开粗的刀路参数设置

（3）程序生成

单击"保存并计算"图标，系统将根据前面设置的参数自动计算刀路轨迹，并在绘图区显示生成的刀路轨迹，如图 6-22 所示。

微课：KITTY
猫上盖模型二
次开粗编程

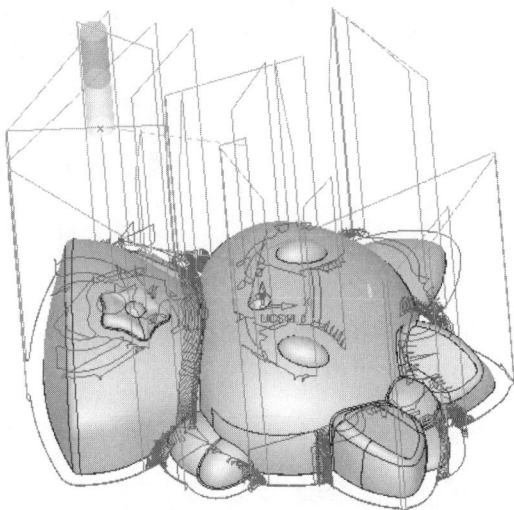

图 6-22　二次开粗后生成的刀路轨迹

4. 仿真模拟

单击"NC 向导"中的"机床仿真"图标，进入模拟检验功能，系统弹出"机床仿真"对话框，单击"确认"图标，系统打开"CimatronE-机床模拟"窗口，选择"控制"→"运行"命令，进行实体切削模拟。二次开粗后的加工模拟仿真结果如图 6-23 所示。

动画：KITTY
猫上盖模型
二次开粗

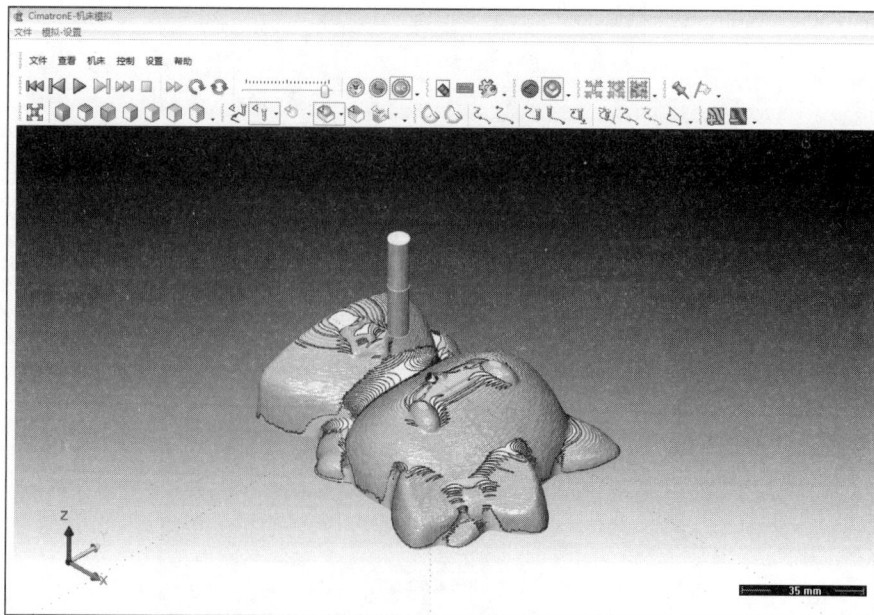

图 6-23　二次开粗后的加工模拟仿真结果

6.3.3　曲面精铣

1. 创建刀具

单击"NC 向导"中的"刀具"图标，系统弹出"刀具及夹头"对话框，单击"新刀具"图标，按图 6-24 所示设置参数，单击"确认"图标，创建 B6R3 球刀。

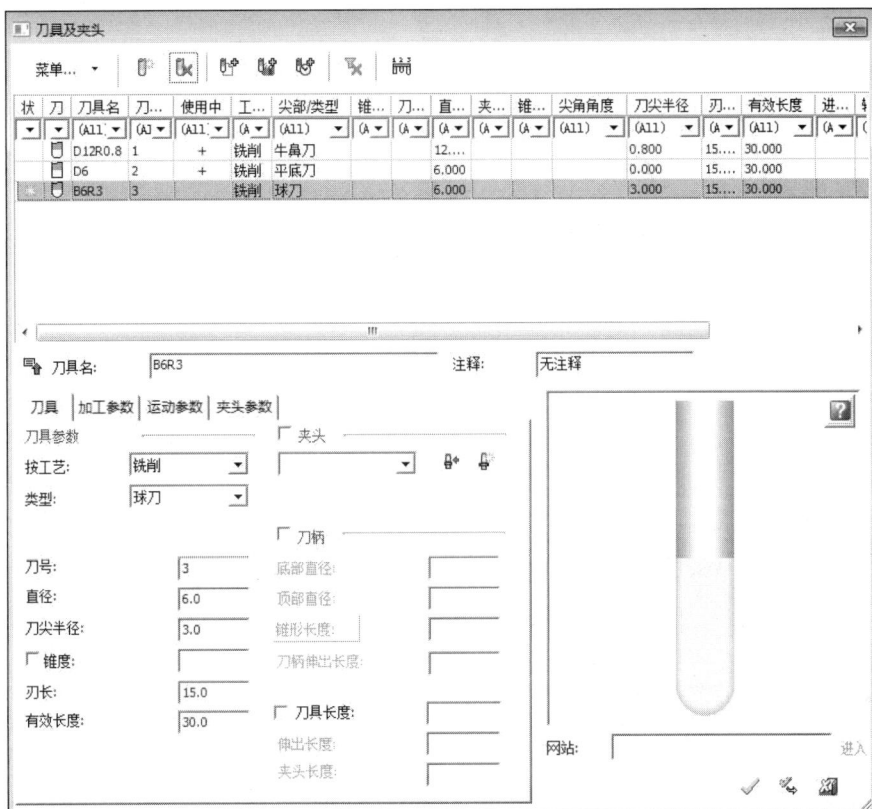

图 6-24　创建 B6R3 球刀

2. 创建刀路轨迹

单击"NC 向导"中的"刀轨"图标，进入创建刀路轨迹功能，系统弹出"创建刀轨"对话框，修改名称为 03，类型为 3 轴，安全平面为 50，单击"确认"图标，创建 3 轴刀路轨迹。完成后，"NC 程序管理器"中会新增一个名为 03 的刀路轨迹，如图 6-25 所示。

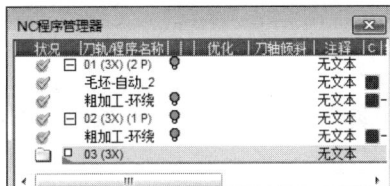

图 6-25　创建 03 刀路轨迹后效果

3. 创建程序

单击 "NC 向导" 中的 "程序" 图标，系统弹出 "程序向导" 对话框，开始创建加工程序，"主选择" 修改为 "曲面铣削"，"子选择" 修改为 "根据角度精铣"，如图 6-26 所示。根据角度精铣方式可按加工部位的陡峭程度进行区分，可分为垂直区域和水平区域，并可选择不同的走刀方式。

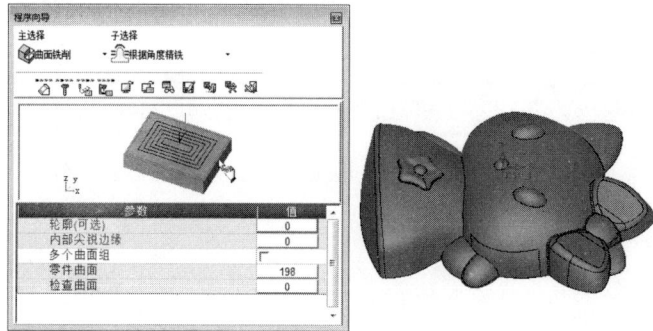

图 6-26　选择曲面精铣工艺

（1）选择刀具

单击 "刀具" 图标，系统弹出 "刀具及夹头" 对话框，选择 B6R3 球刀，如图 6-27 所示，单击 "确认" 图标，完成刀具的选择。

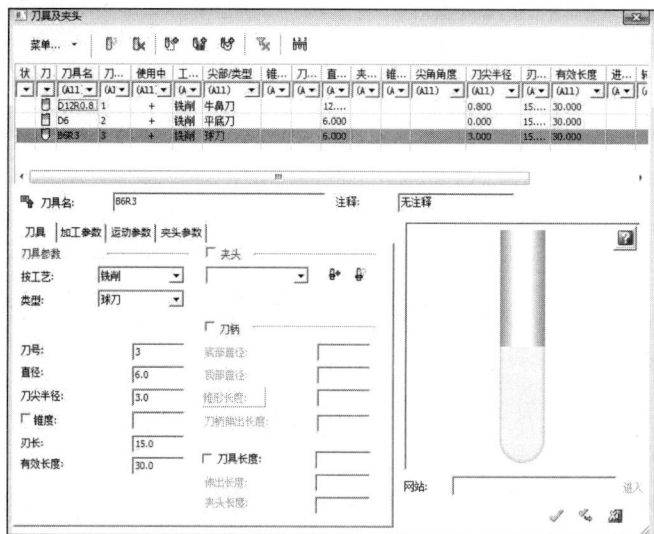

图 6-27　选择 B6R3 球刀

（2）设置刀路参数

单击 "刀路参数" 图标，系统切换到刀路参数界面，按以下步骤进行设置。

步骤 1：安全平面和坐标系参数设置。

该参数可保持默认设置。

步骤 2：进刀和退刀点参数设置。

该参数可保持默认设置。

步骤3：公差及余量参数设置。

考虑到是曲面精加工，加工曲面余量设置为0，曲面公差修改为0.01，如图6-28所示。

参数	值
田 安全平面和坐标系	
日 进刀和退刀点	优化
进刀点	自动
直连接距离 >	24.0000
毛坯外进刀	☑
田 轮廓设置	
日 公差及余量	基本
加工曲面余量	0.0000
曲面公差	0.0100
轮廓最大间隙	0.0100

图6-28　精度和曲面偏移参数设置

步骤4：刀路轨迹参数设置。

1）平坦区域：选中该复选框，将进行平坦区域加工。

2）平坦区域加工方法：该参数有3个选项，分别是"环切"、"平行切削"和"3D步距"，如图6-29所示。这里选择环切方式。

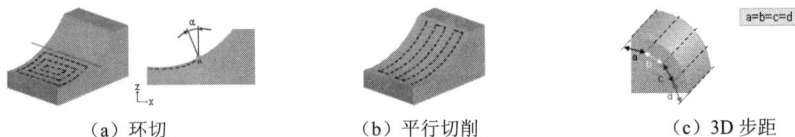

（a）环切　　　　　　　（b）平行切削　　　　　　（c）3D步距

图6-29　平坦区域加工方法示意图

3）平坦区域切削模式：包括"顺铣"和"逆铣"两个选项。这里是精加工，故选择顺铣。

4）平坦区域切削方向：包括"由内往外"和"由外往内"两个选项，这里选择"由内往外"选项。

5）平坦区域步距：球刀曲面精加工，一般可设置为0.2～0.3mm，这里设置为0.2。

6）陡峭区域：选择中复选框，将对陡峭区域进行加工。

7）陡峭区域加工策略：该参数有3个选项，分别是"层"、"螺旋"和"插铣"，如图6-30所示。陡峭区域加工策略示例如图6-31所示。这里选择"层"选项。

陡峭区域	☑
陡峭区域加工策略	层 ▼
陡峭区域切削方式	层
陡峭区域步距	螺旋
通用加工顺序	插铣

图6-30　陡峭区域加工策略选项

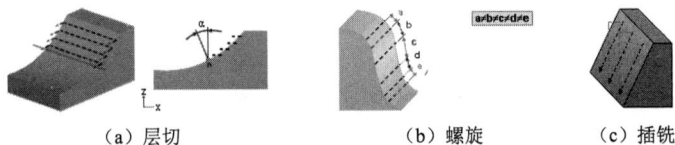

（a）层切　　　　　　　　（b）螺旋　　　　　　（c）插铣

图6-31　陡峭区域加工策略示例

8）陡峭区域切削方式：包括"顺铣"、"逆铣"和"混合铣"3个选项。这里是精加工，故选择"顺铣"选项。

9）陡峭区域步距：设置为 0.3。

10）通用加工顺序：在同时打开平坦区域和陡峭区域时，会有加工顺序选项，可以选择陡峭优先，也可以选择平坦优先。这里选择陡峭优先。

11）斜率限制角度：用于划分平坦区域和陡峭区域的角度。曲面的倾斜角度大于斜率限制角度将被当作陡峭区域，而小于斜率限制角度的则被作为平坦区域，如图 6-32 所示。斜率限制角度设置为 50。

全部刀路轨迹参数设置如图 6-33 所示。

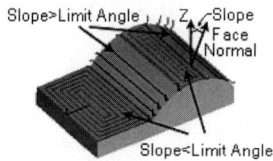

图 6-32　斜率限制角度

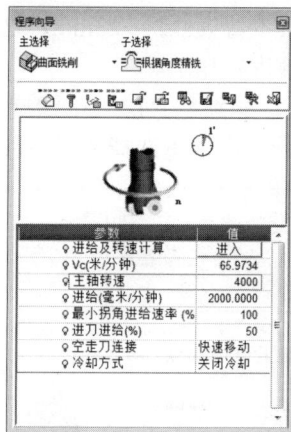

图 6-33　全部刀路轨迹参数设置

其他参数可保持默认设置。

（3）设置机床参数

单击"机床参数"图标，系统切换到机床参数界面，设置机床的主轴转速为 4000、进给为 2000，其他选择默认值，如图 6-34 所示。

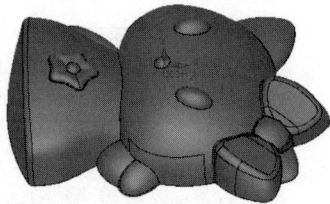

图 6-34　曲面精铣的机床参数设置

（4）程序生成

单击"保存并计算"图标，系统将根据前面设置的参数自动计算刀路轨迹，并在绘图区显示生成的刀路轨迹，如图 6-35 所示。

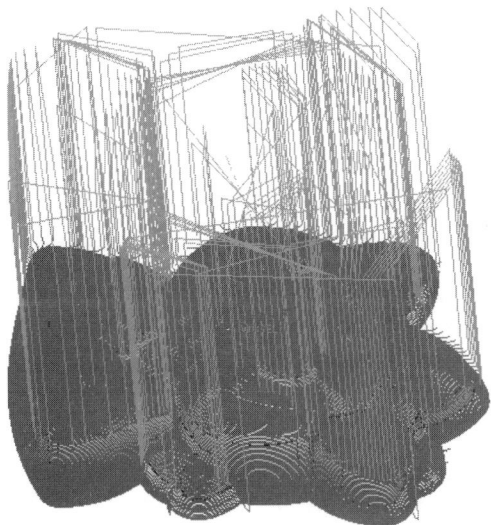

图 6-35　曲面精铣生成的刀路轨迹

4. 仿真模拟

单击"NC 向导"中的"机床仿真"图标，进入模拟检验功能，系统弹出"机床仿真"对话框，单击"确认"图标，系统打开"CimatronE-机床模拟"窗口，选择"控制"→"运行"命令，进行实体切削模拟。曲面精铣后的加工模拟仿真结果如图 6-36 所示。

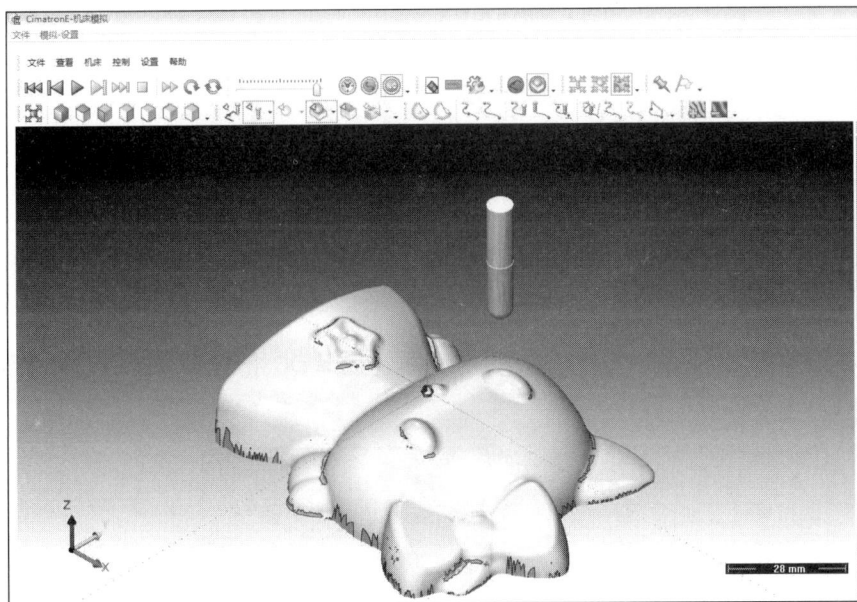

图 6-36　曲面精铣后的加工模拟仿真结果

微课：KITTY
猫上盖模型曲
面精铣编程

动画：KITTY
猫上盖模型
曲面精铣

6.3.4 精铣侧面

1. 创建刀路轨迹

单击"NC 向导"中的"刀轨"图标，进入创建刀路轨迹功能，系统弹出"创建刀轨"对话框，修改名称为 04，类型为 3 轴，安全平面为 50，单击"确认"图标，创建 3 轴刀路轨迹。完成后，"NC 程序管理器"中会新增一个名为 04 的刀路轨迹，如图 6-37 所示。

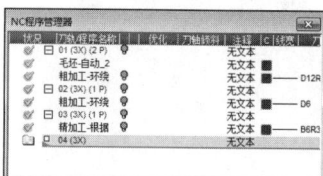

图 6-37　创建刀路轨迹 04 后的 NC 程序管理器

2. 创建程序

单击"NC 向导"中的"程序"图标，系统弹出"程序向导"对话框，开始创建加工程序。考虑到侧面留有一定残料，并且是曲面，因此采用曲面铣加工方式。"主选择"修改为"曲面铣削"，"子选择"修改为"精铣所有"，如图 6-38 所示。

图 6-38　选择精铣侧面工艺

（1）选择刀具

单击"刀具"图标，系统弹出"刀具及夹头"对话框，选择 D6 平底刀，如图 6-39 所示，单击"确认"图标，完成刀具的选择。

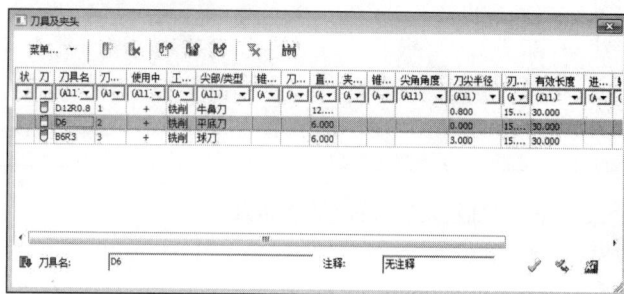

图 6-39　选择 D6 平底刀

（2）轮廓选择

单击轮廓后的"0"按钮，系统弹出"轮廓管理器"对话框，设置刀具位置为"轮廓外"，轮廓偏移为-1，保证侧面加工到位，如图 6-40 所示。在绘图区选择底部轮廓，单击中键确认，如图 6-41 所示，完成轮廓选择。

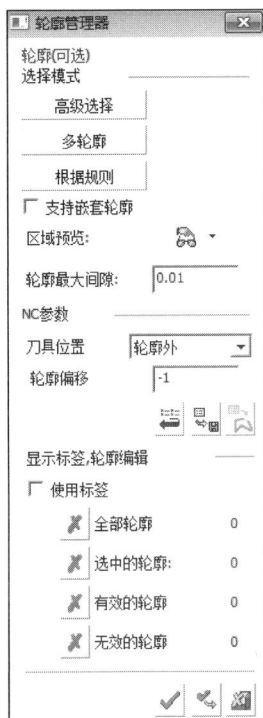

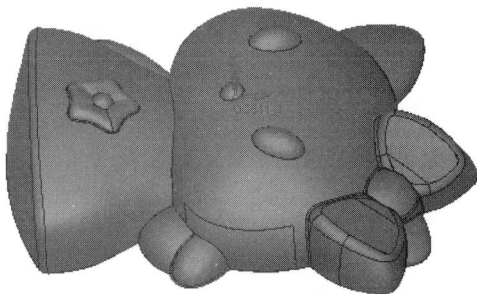

图 6-40　轮廓参数设置

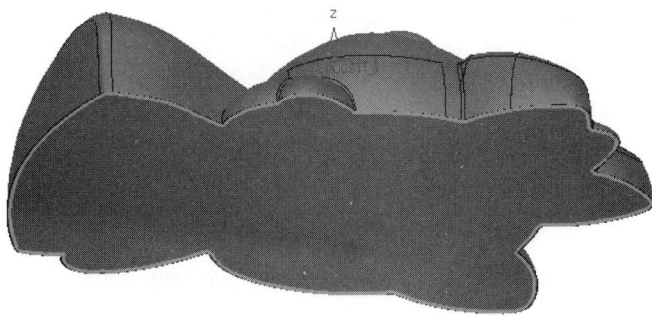

图 6-41　底部轮廓的选择

（3）设置刀路参数

单击"刀路参数"图标，系统切换到刀路参数界面，进行刀路参数设置。考虑到是精加工，加工曲面余量设置为 0，主要对刀路轨迹、Z 值限制参数进行设置。安全平面和坐标系、进刀和退刀点、轮廓设置等参数设置为默认值。

步骤 1：刀路轨迹参数设置。

1）加工方式：设置为层。

2）陡峭区域切削方式：设置为顺铣。

3）陡峭区域步距：考虑到精加工，设置为 0.1。

步骤 2：Z 值限制参数设置。

考虑到只对侧面进行加工，应对加工区域进行限制，分别按图 6-42 所示进行设置。注意：设置高度值应大于残料高度 0.8。

图 6-42 Z 值限制参数设置

（4）设置机床参数

单击"机床参数"图标，系统切换到机床参数界面，设置机床的主轴转速为 4000、进给为 1500，其他保持默认值，如图 6-43 所示。

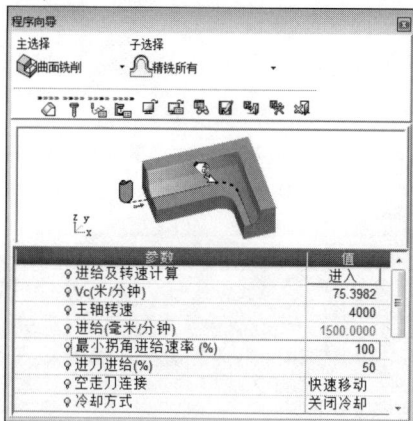

图 6-43 精铣侧面的机床参数设置

（5）程序生成

单击"保存并计算"图标，系统将根据前面设置的参数自动计算刀路轨迹，并在绘图区显示生成的刀路轨迹，如图 6-44 所示。

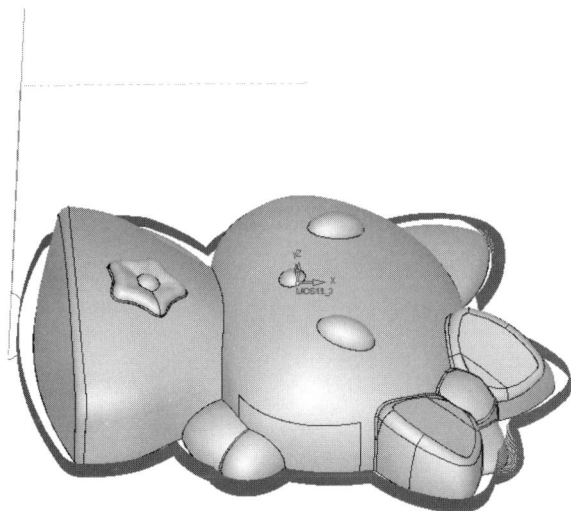

图 6-44　精铣侧面生成的刀路轨迹

微课：KITTY
猫上盖模型侧
面精铣编程

3. 仿真模拟

单击"NC 向导"中的"机床仿真"图标，进入模拟检验功能，系统弹出"机床仿真"对话框，单击"确认"图标，系统打开"CimatronE-机床模拟"窗口，选择"控制"→"运行"命令，进行实体切削模拟。精铣侧面后的加工模拟仿真结果如图 6-45 所示。

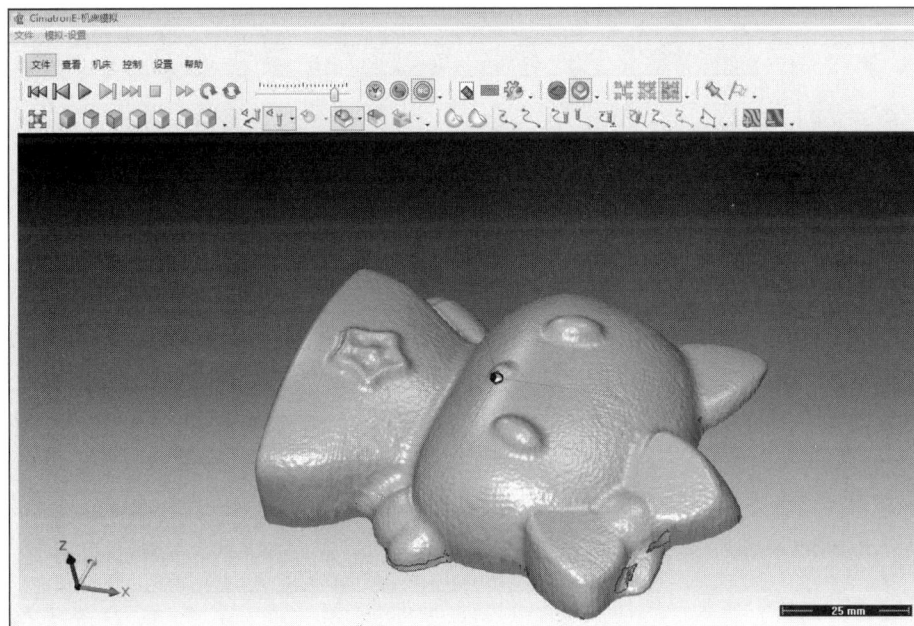

动画：KITTY
猫上盖模型
侧面精铣

图 6-45　精铣侧面后的加工模拟仿真结果

6.3.5　清根铣

1. 创建刀路轨迹

单击"NC 向导"中的"刀轨"图标，进入创建刀路轨迹功能，系统弹出"创建刀轨"对话框，修改名称为 05，类型为 3 轴，安全平面为 50，单击"确认"图标，创建 3 轴刀路轨迹。完成后，"NC 程序管理器"中会新增一个名为 05 的刀路轨迹。

2. 创建加工边界

单击"切换到 CAD 模式"图标 ✎，如图 6-46 所示，切换到 CAD 界面。在绘图区选择模型底面为草图绘制平面，绘制草图，如图 6-47 所示，退出草图绘制功能。注意：草图区域应包括所要进行的清根区域。再单击"切换到 CAM 模式"图标 ▣，切换到 CAM 模式，如图 6-48 所示。

"切换到CAD模式"图标 —→

图 6-46　"切换到 CAD 模式"图标

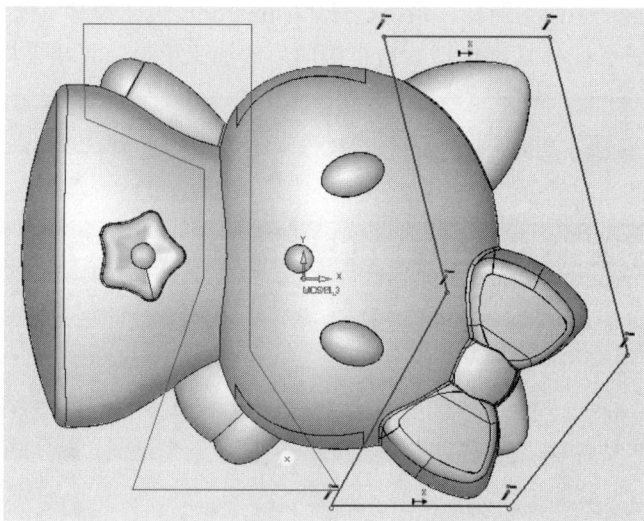

图 6-47　绘制草图

微课：加工边
界创建

"切换到CAM模式"图标 —→

图 6-48　"切换到 CAM 模式"图标

3. 创建程序

单击"NC 向导"中的"程序"图标，系统弹出"程序向导"对话框，开始创建加工程序。"主选择"修改为"清角"。清角又称局部精细加工，沿着零件曲面的凹角和凹谷生成刀路轨迹，常用来作为使用了较大直径的刀具而在凹角处留下较多残料的补充加工。

清角加工有清根、笔式和传统策略 3 个子选择。其中，清根集成了局部精细加工中传统加工程序的大部分选项，通过刀路参数的相应设置可以区分加工区域范围和走刀方式，是常用的清角加工方式之一。笔式是沿着凹角与沟槽产生一条单一刀具路径，适用于在零件的凹角处生成一个光滑的圆角，一般应使用球刀或牛鼻刀进行加工。其刀路轨迹如图 6-49 所示。

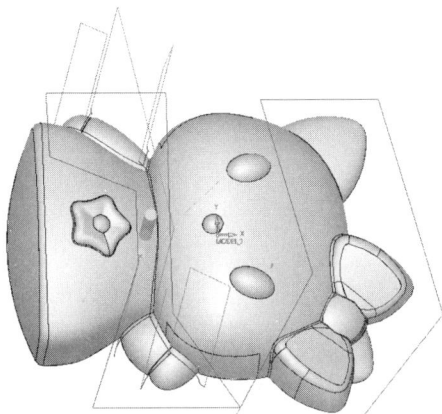

图 6-49   笔式铣加工的刀路轨迹

笔式刀路轨迹有平坦区域、斜率限制角度和陡峭区域 3 个参数，平坦区域有"顺铣"、"逆铣"和"混合铣" 3 个选项，一般选择混合铣；陡峭区域含"从不"、"两者"、"两者：向上"和"两者：向下" 4 个选项，一般选择两者，如图 6-50 所示。

参数	值
⊞ 安全平面和坐标系	
⊞ 进刀和退刀点	优化
⊞ 轮廓设置	
⊞ 公差及余量	基本
⊞ 电极加工	Г
⊟ 刀路轨迹	基本
平坦区域	顺铣
斜率限制角度	33.0000 ƒ
陡峭区域	两者：向

图 6-50   笔式铣刀路轨迹参数

这里"子选择"修改为"清根"，如图 6-51 所示。

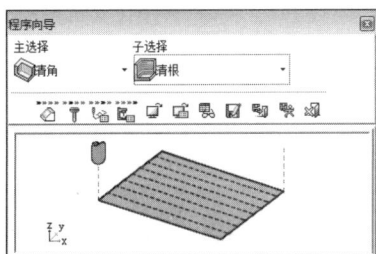

图 6-51   选择清根铣工艺

（1）选择刀具

创建清根加工程序时，对刀具是有要求的。选择刀具应符合以下条件：

1）可以使用牛鼻刀、平底刀和球刀，但不支持使用带有锥度的刀具。同时，前一把刀也不能使用带有锥度的刀具。

2）选择的当前刀具直径不能大于前一把刀具的直径。

3）使用的当前刀具与前一把刀具应有一致的端部平面长度。如前一把刀使用球刀，则当前刀具也应该使用球刀；而如果前一把刀使用牛鼻刀，则当前刀具可以使用直径为前一把刀具的刀具直径减去2倍角落半径的平底刀,或使用刀具半径减去2倍角落半径的牛鼻刀。

（2）创建刀具

单击"NC 向导"中的"刀具"图标，系统弹出"刀具及夹头"对话框，单击"新刀具"图标，按图 6-52 所示设置参数，单击"确认"图标，新建 B3R1.5 球刀。

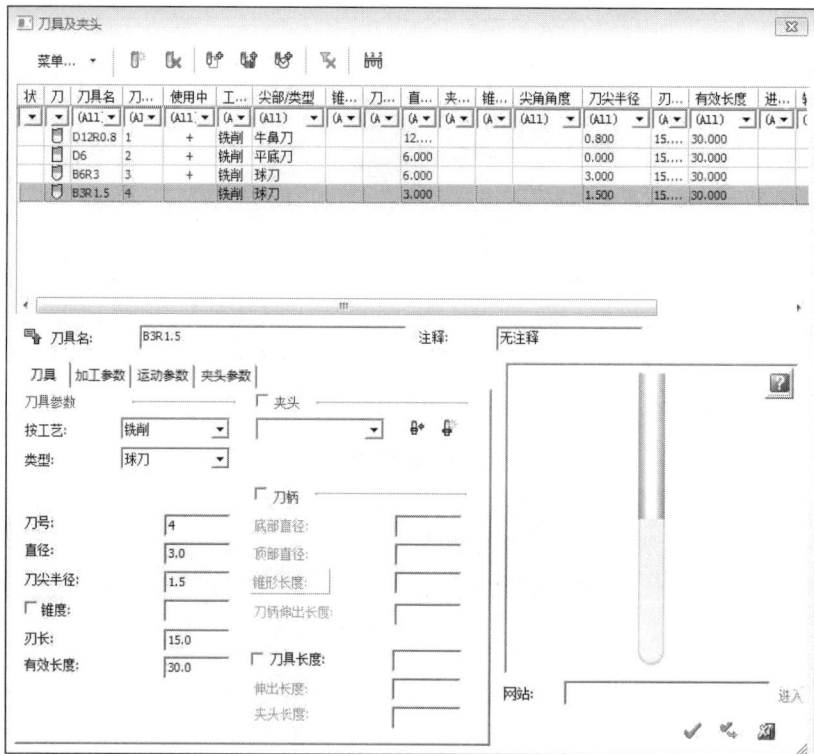

图 6-52　创建 B3R1.5 球刀

（3）零件曲面、边界选择

单击零件曲面后的"0"按钮，通过框选方法选择全部曲面，再单击中键确认退出，完成曲面零件选择。

单击轮廓后的"0"按钮，系统弹出"轮廓管理器"对话框，设置刀具位置为轮廓上，轮廓偏移为0，在绘图区选择刚绘制的边界，如图 6-53 所示。单击中键确认退出，完成轮廓选择。

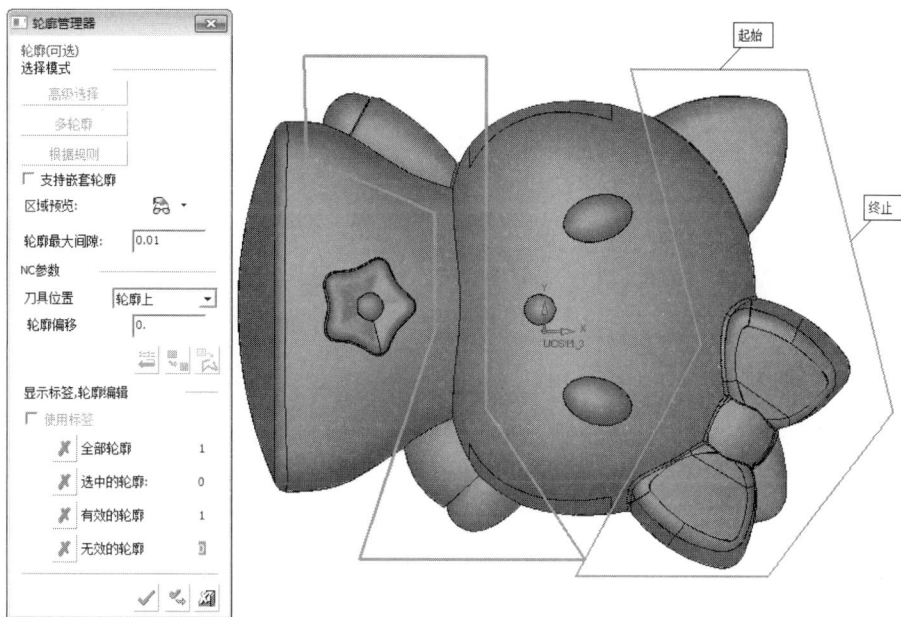

图 6-53　清根铣所需轮廓的选择

（4）设置刀路参数

单击"刀路参数"图标，系统切换到刀路参数界面，按以下步骤进行设置。清根大部分参数均与曲面铣的对应参数相同，只在刀路轨迹参数组有所差别。

步骤 1：安全平面和坐标系等参数设置。

安全平面和坐标系、进刀和退刀点、轮廓设置、公差及余量等参数按默认值设置。

步骤 2：刀路轨迹参数设置。

1）切削模式：可以设置为顺铣、逆铣或混合铣。这里设置为混合铣。

2）二粗：该复选框用于在进行清根加工之前先以体积铣的方式将残余的毛坯材料去除。选中"二粗"复选框，将激活"垂直步距（二次开粗）"、"侧向步距（二粗）"和"偏移（二粗）"3 个选项。相关参数的含义与体积铣的二次开粗中对应的选项相同。注意：如果参考上一毛坯设置为否，则不能使用二粗。这里不选中该复选框。

3）加工区域：用于设置加工区域类型，包括"分割平坦/陡峭"、"全部随形"、"仅平坦"、"仅陡峭"和"无"5 个选项。选择"分割平坦/陡峭"选项时，将激活斜率限制角度，对区分平坦和陡峭的斜率进行设定，并分别设置平坦区域步距和陡峭区域步距；选择"全部随形"选项时，仅需分别设置平坦区域步距和陡峭区域步距即可；选择"仅平坦"或"仅陡峭"选项时，只需设置平坦区域步距或陡峭区域步距。这里选择"全部随形"选项，平坦区域步距和陡峭区域步距都设置为 0.1。

4）参考刀具：指选择前面加工所使用的刀具，单击"刀具名称"按钮，将弹出"刀具及夹头"对话框，在刀具列表中选择加工所用的刀具，这里选择 B6R3 球刀。

其他参数可按图 6-54 所示进行设置。

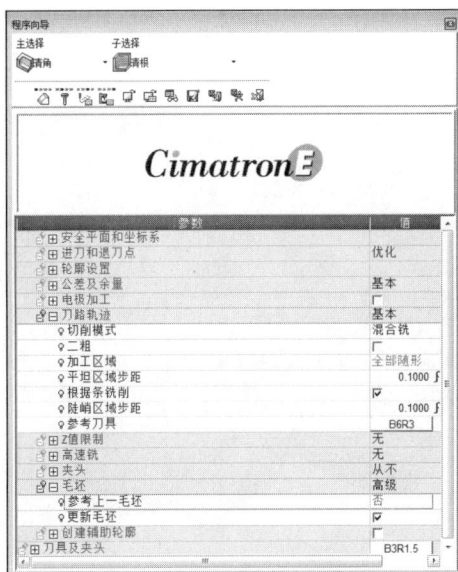

图 6-54 清根铣刀路参数设置

（5）设置机床参数

单击"机床参数"图标，系统切换到机床参数界面，设置机床的主轴转速为 4000、进给为 1500，其他选择默认值，如图 6-55 所示。

图 6-55 清根铣机床参数设置

（6）程序生成

单击"保存并计算"图标，系统将根据前面设置的参数自动计算刀路轨迹，并在绘图区显示生成的刀路轨迹，如图 6-56 所示。

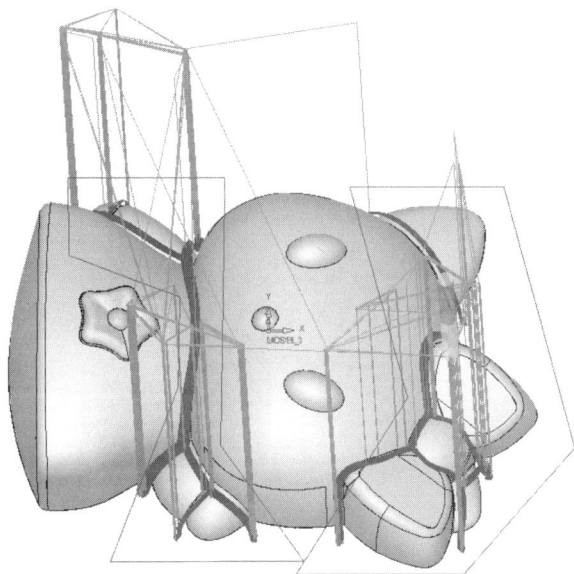

图 6-56   清根铣后生成的刀路轨迹

4. 仿真模拟

单击"NC 向导"中的"机床仿真"图标，进入模拟检验功能，系统弹出"机床仿真"对话框，单击"确认"图标，系统"CimatronE-机床模拟"窗口，选择"控制"→"运行"命令，进行实体切削模拟。清根铣后的加工模拟仿真结果如图 6-57 所示。

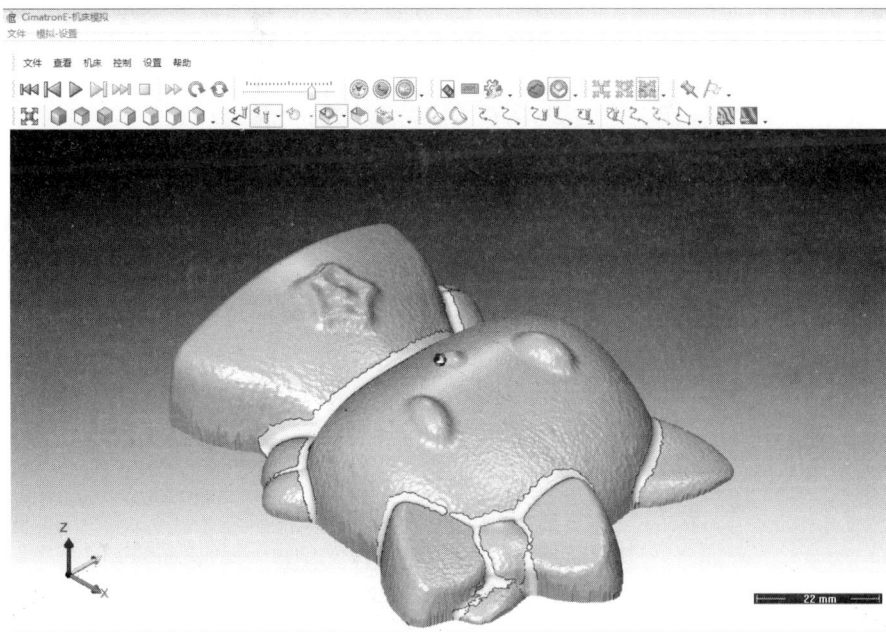

图 6-57   清根铣后的加工模拟仿真结果

微课：KITTY
猫上盖模型
清根铣编程

动画：KITTY
猫上盖模型
清根铣

6.3.6 局部精细加工

1. 创建刀路轨迹

单击"NC 向导"中的"刀轨"图标，进入创建刀路轨迹功能，系统弹出"创建刀轨"对话框，修改名称为 06，类型为 3 轴，安全平面为 50，单击"确认"图标，创建 3 轴刀路轨迹。完成后，"NC 程序管理器"中会新增一个名为 06 的刀路轨迹，如图 6-58 所示。

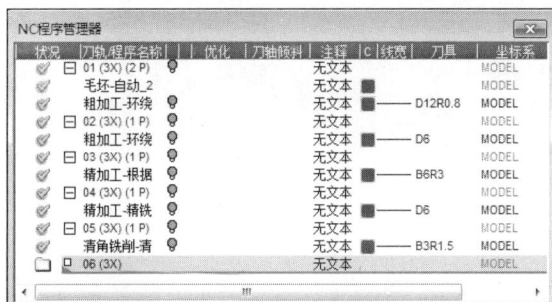

图 6-58　新增 06 刀路轨迹后的 NC 程序管理器

2. 创建程序

单击"NC 向导"中的"程序"图标，系统弹出"程序向导"对话框，开始创建加工程序。"主选择"修改为"曲面铣削"，"子选择"修改为"精铣所有"，如图 6-59 所示。

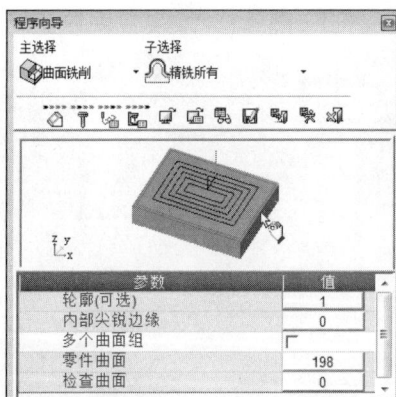

图 6-59　选择局部精细加工所需的工艺

（1）选择刀具

单击"刀具"图标，系统弹出"刀具及夹头"对话框，选择 B3R1.5 球刀，如图 6-60 所示，单击"确认"图标，完成刀具的选择。

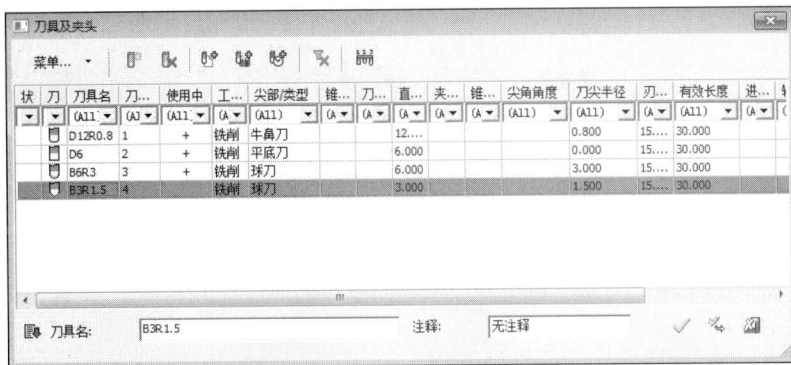

图 6-60　选择 B3R1.5 球刀

（2）轮廓选择

单击轮廓后的"1"按钮，系统弹出"轮廓管理器"对话框，在绘图区单击默认的轮廓线，单击右键，在弹出的快捷菜单中选择"重置所有"命令，取消默认的轮廓线选择。设置刀具位置为轮廓上，轮廓偏移为-2，使加工区域向外部拓展 2mm，保证加工到位。在绘图区选择花纹、眼睛、鼻子边界，单击中键确认，如图 6-61 所示，完成轮廓选择。

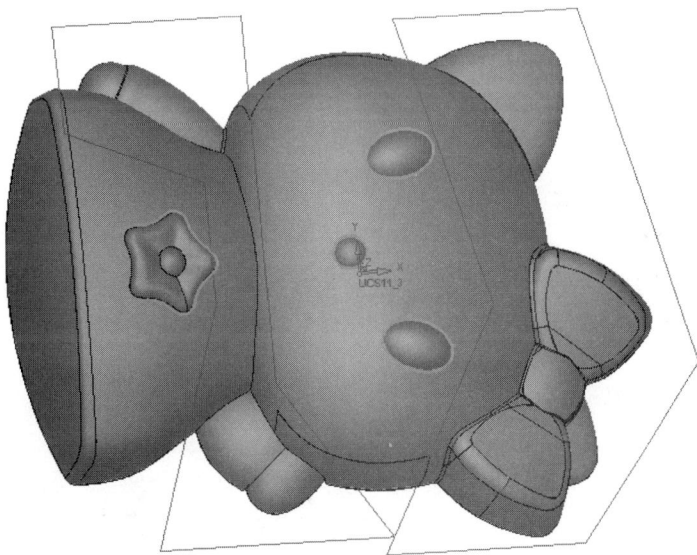

图 6-61　局部精细加工轮廓选择

（3）设置刀路参数

单击"刀路参数"图标，系统切换到刀路参数界面，按图 6-62 所示进行设置。

图 6-62　局部精细加工刀路参数设置

（4）程序生成

单击"保存并计算"图标，系统将根据前面设置的参数自动计算刀路轨迹，并在绘图区显示生成的刀路轨迹，如图 6-63 所示。

微课: KITTY 猫
上盖模型局部
精细加工编程

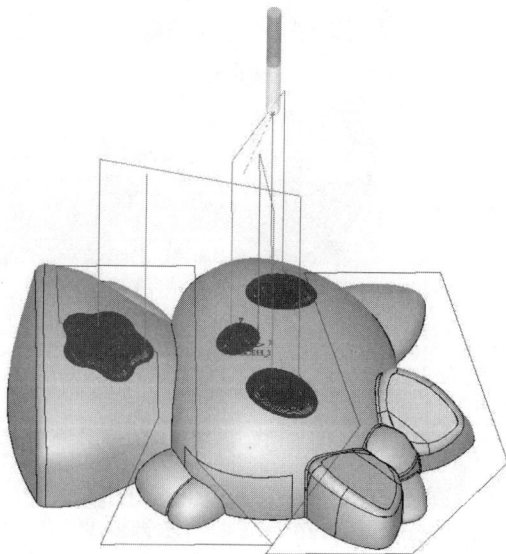

图 6-63　局部精细加工生成的刀路轨迹

3. 仿真模拟

单击"NC 向导"中的"机床仿真"图标，进入模拟检验功能，系统弹出"机床仿真"对话框，单击"确认"图标，系统打开"CimatronE-机床模拟"窗口，选择"控制"→"运行"命令，进行实体切削模拟。局部精细加工的加工模拟仿真结果如图 6-64 所示。

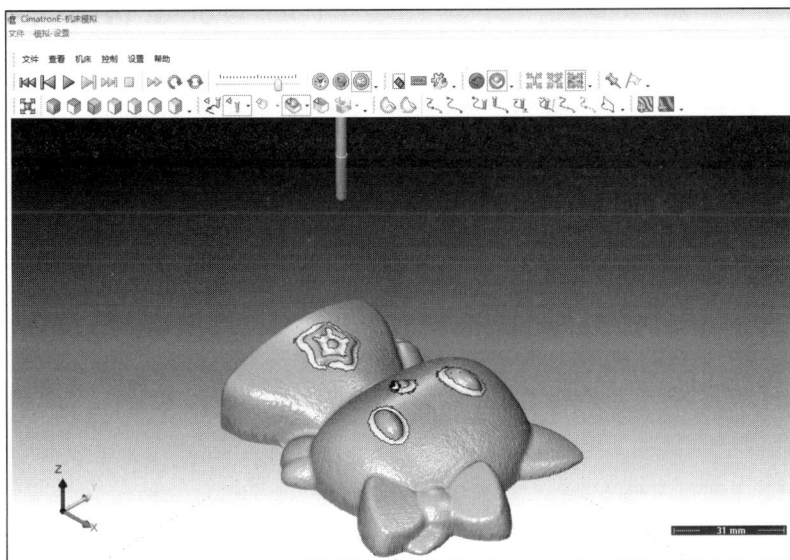

动画：KITTY 猫
上盖模型局部
精细加工

图 6-64   局部精细加工的加工模拟仿真结果

4. 后处理

单击"NC 向导"中的"后处理"图标，进入后处理功能，系统弹出"后处理"对话框。选择需要处理后输出程序的存放文件夹，选择文件类型为仅 G 代码文件，文件名命名为 KITTY07，选中"完成之后打开输出的文件"复选框，其他选择默认值。单击"确认"图标进行后处理。后处理完成后，系统将产生一个程序文件，如图 6-65 所示。

图 6-65   生成数控程序

6.4

填写加工程序单

填写表 6-2 所示加工程序单。

表 6-2　加工程序单

零件名称：KITTY 猫上盖　　　　　　操作员：　　　　　　编程员：

计划时间	
实际时间	
上机时间	
下机时间	

工作尺寸/mm	
X_c	
Y_c	
Z_c	

工作数量：1 件

描述：

四面分中

程序名称	加工类型	刀具	背吃刀量/mm	加工余量/mm	上机时间	完成时间	备注
01	开粗	D12R0.8	0.25	0.2			
02	二次开粗	D6	0.3	0.2			
03	曲面精铣	B6R3	0.2	0			
04	精铣侧面	D6	0.1	0			
05	清根铣	B3R1.5	0.1	0			
06	局部精细加工	B3R1.5	0.1	0			

项 目 练 习

完成图 6-66 所示 KITTY 猫下盖数控程序的创建。

KITTY 猫下盖模型源文件见配套资源包（下载地址：www.abook.cn）。

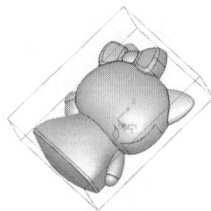

图 6-66　KITTY 猫下盖

7

项目

过滤器瓶盖模板数控编程

>>>>>

◎ **项目导读**

　　过滤器瓶盖模板的加工内容包括平面、曲面及小槽等，编程时应注意合理地选取刀具及加工策略。

　　过滤器瓶盖模板源文件见配套资源包（下载地址：www.abook.cn）。

◎ **能力目标**

- 能创建工件坐标系，创建夹具，能正确导入刀具库。
- 掌握补面等基本技巧。
- 掌握 CimatronE 11 中的曲面铣削-开放轮廓加工的策略的应用。

◎ **思政目标**

- 树立正确的学习观、价值观，自觉践行行业道德规范。
- 牢固树立质量第一、信誉第一的强烈意识。
- 遵规守纪，安全生产，爱护设备，钻研技术。

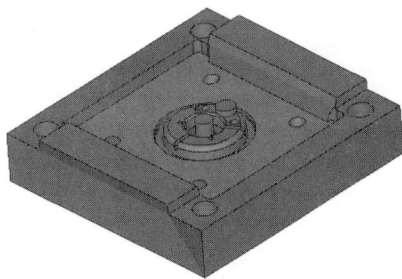

7.1 过滤器瓶盖模板模型分析

进入 CimatronE 11 的开始环境，在工具栏中单击"打开文件"图标，打开"CimatronE 浏览器"窗口，选择需要打开的文件，单击"打开"按钮，完成文件的打开。

选择"分析"→"测量"命令，也可选择"查看"→"动态截面"命令。通过两个对话框对模型进行分析，如图 7-1 所示。

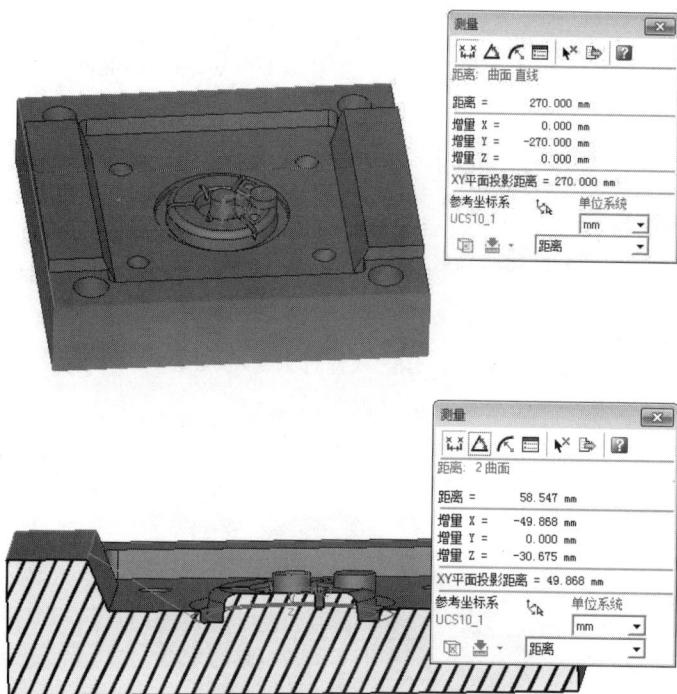

图 7-1　模型分析

选择"分析"→"曲率分析"命令，系统弹出"特征向导"的曲率分析界面，再单击"选择所有"图标，选择所有曲面，单击中键确认，系统自动计算得到最小曲率为 1.005，如图 7-2 所示，也可通过点选方式得到各点的曲率半径。

微课：过滤器瓶盖模板模型分析

模型长×宽×高：280mm×270mm×65mm。

型腔深度：36.675mm。

最小圆弧半径：1.005mm。

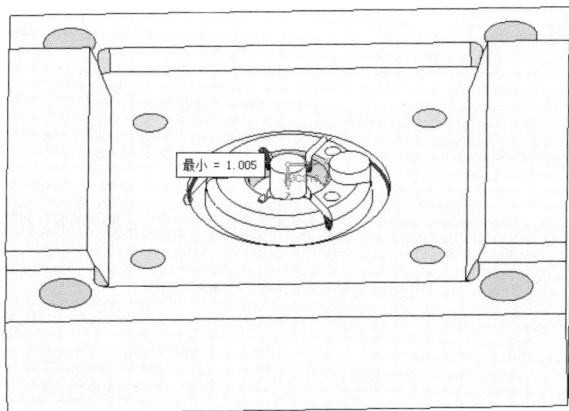

图 7-2　模型曲率分析

7.2

过滤器瓶盖模板加工工艺制定

过滤器瓶盖模板加工工艺，可按表 7-1 所示进行编制。

微课：过滤器瓶盖模板
加工工艺制定

表 7-1　过滤器瓶盖模板加工工艺流程

序号	加工内容	加工策略	图解	备注
01	开粗	体积铣-环绕切削-3D		根据型腔尺寸及深度确定使用 D30R5 牛鼻刀进行开粗
02	二次开粗	体积铣-环绕粗铣		根据型腔 R 角及深度确定使用 D12R0.8 牛鼻刀进行二次开粗加工
03	底部二次开粗	体积铣-环绕粗铣		根据型芯尺寸确定使用 F8 的平底刀再进行二次开粗加工
04	槽粗铣	曲面铣削-开放轮廓		根据槽的宽度及从加工效率出发确定使用 B3 球刀进行槽的粗加工
05	槽精铣	曲面铣削-精铣所有		考虑到槽的斜率变化较大，所以采用精铣所有中的 3D 步距加工策略，选用 B3 球刀进行精加工
06	平面精铣	曲面铣削-层切		根据型腔尺寸及加工后得到的工件表面粗糙度确定使用 D16R0.8 牛鼻刀来进行底平面的精加工
07	斜面精铣	2.5 轴-开放轮廓		使用上一程序的 D16R0.8 牛鼻刀进行斜面的精加工，减少换刀以提高效率

序号	加工内容	加工策略	图解	备注
08	侧壁精修	2.5 轴-开放轮廓		根据型腔 R 角及深度确定使用 F10 平底刀进行侧壁精加工
09	曲面精铣	曲面铣削-精铣所有		根据型腔尺寸及角落半径确定使用 D6R0.5 的牛鼻刀进行精加工
		曲面铣削-层切		使用上一程序的 D6R0.5 牛鼻刀进行底面的精加工，减少换刀以提高效率
10	曲面侧壁精修	2.5 轴-封闭轮廓		根据型腔尺寸确定使用 F6 平底刀进行侧壁及角落的精加工

7.3

过滤器瓶盖模板数控编程

7.3.1 开粗

1. 调入模型

启动 CimatronE 11，打开模板文件，再单击"加载"按钮，进入 CAD 工作窗口。由于坐标系不符合编程需要，应先创建工作坐标系。选择"基准"→"坐标系"→"几何中心"命令，系统弹出"特征向导"对话框，开始创建坐标系。该功能可在对象最大范围的中心点或指定点建立坐标系。

在绘图区分别选择两平面，单击中键确认退出，注意坐标系方向，如相反，单击原点进行反向，如图 7-3 所示。

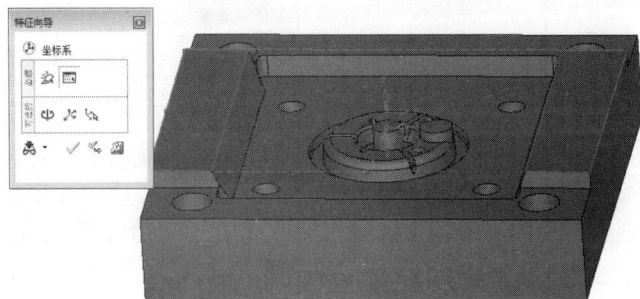

图 7-3 创建坐标系

选择"基准"→"坐标系"→"激活坐标系"命令，再选择刚创建的坐标系，激活坐标系,这时坐标系将以红色显示,如图 7-4 所示。

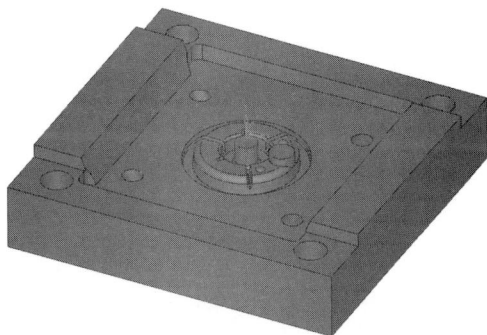

图 7-4 激活坐标系

为保证加工的刀路轨迹不与夹具进行干涉,可在编程时创建夹具。单击"绘制草图"图标, 选择草图平面,开始创建草图,如图 7-5 和图 7-6 所示。

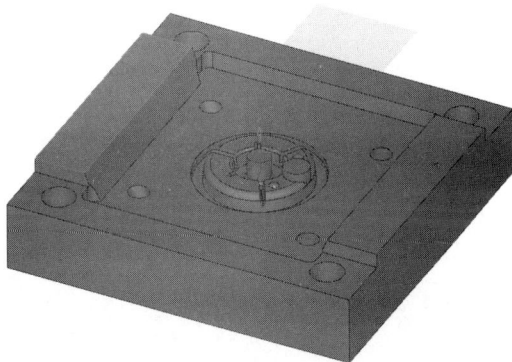

图 7-5 草图平面选择

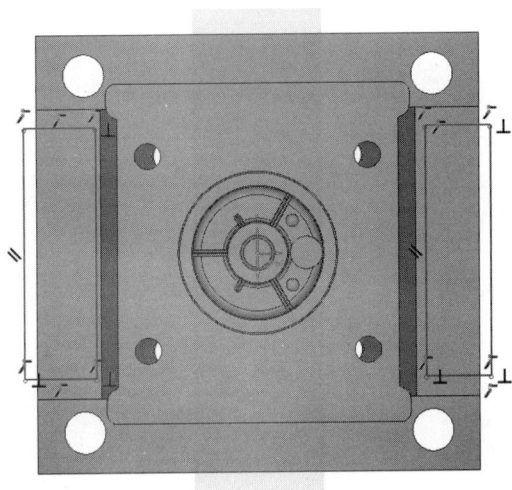

图 7-6 草图绘制

选择"实体"→"新建"→"拉伸"命令,新建拉伸实体,完成夹具实体创建,如

图 7-7 所示。

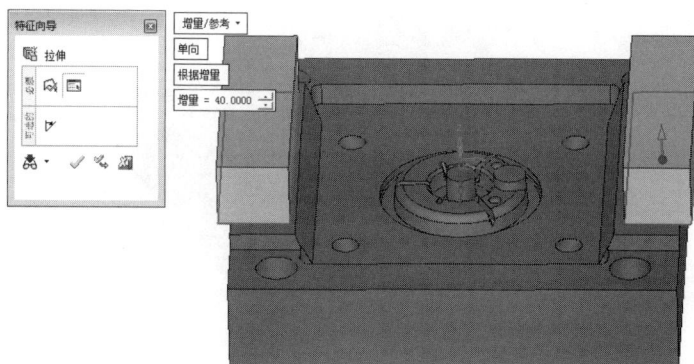

图 7-7　夹具创建

为防止在加工时，刀具进入一些不必要加工的孔或小槽内，有必要对这些区域进行补面。选择"曲面"→"边界曲面"命令，依次选择孔轮廓进行补面操作，如图 7-8 所示。

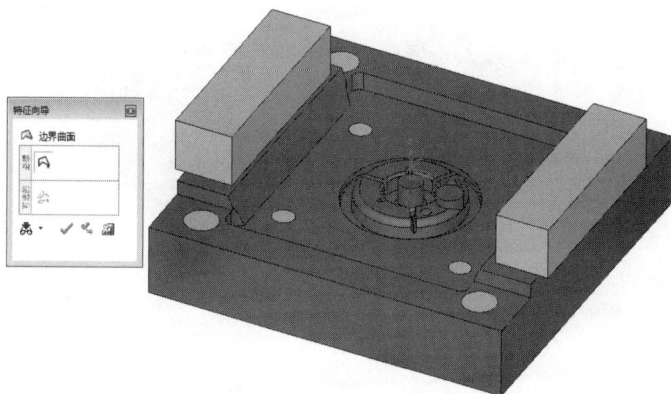

图 7-8　补面

为开放轮廓铣创建直线，选择"曲线"→"直线"命令，依次创建 5 条轮廓直线，如图 7-9 所示。

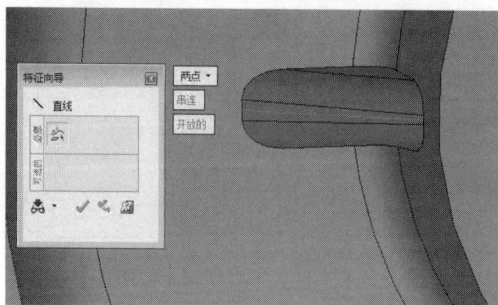

图 7-9　轮廓直线创建

选择"文件"→"输出至加工"命令，进入编程工作模式。选择"使用参考模型的其他坐标"选项，再选择坐标系，如图 7-10 所示，在"特征向导"栏中单击"确认"图标，将模型放置到当前坐标系的原点，同时不做旋转，完成模型的调入。

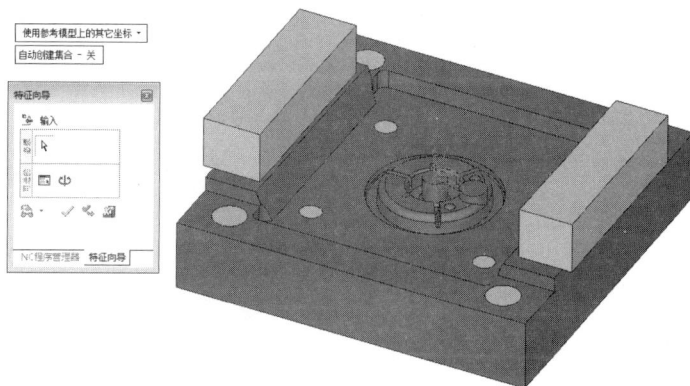

图 7-10　模型调入

2. 选择、创建刀具

单击"NC 向导"中的"刀具"图标，系统弹出"刀具及夹头"对话框，选择"菜单"→"从 CSV 或 XML 文件中输入刀具或夹头"命令，系统弹出"输入刀具"对话框，修改文件类型为 XML Files，选择刀具库文件，系统弹出"增加刀具"对话框。选择所要用到的第一把刀具，再单击"应用"图标，加载所选的刀具。按此方法依次选择所要用到的刀具，最后单击"确认"图标，完成刀具选择。单击"新刀具"图标创建 B3 球刀、D6R0.5 牛鼻刀，如图 7-11 所示，最后单击"确认"图标，完成刀具的选择和创建。

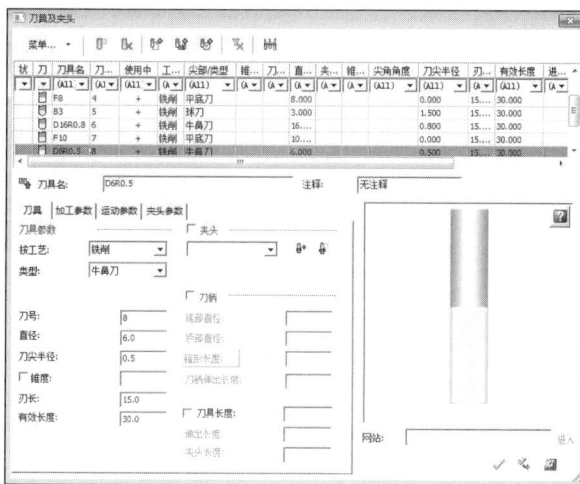

图 7-11　刀具选择

3. 创建刀路轨迹

单击"NC 向导"中的"刀轨"图标，进入创建刀具轨迹功能，系统弹出"创建刀轨"对话框，修改名称为 01，类型为 3 轴，安全平面为 50，如图 7-12 所示，创建刀路轨迹。

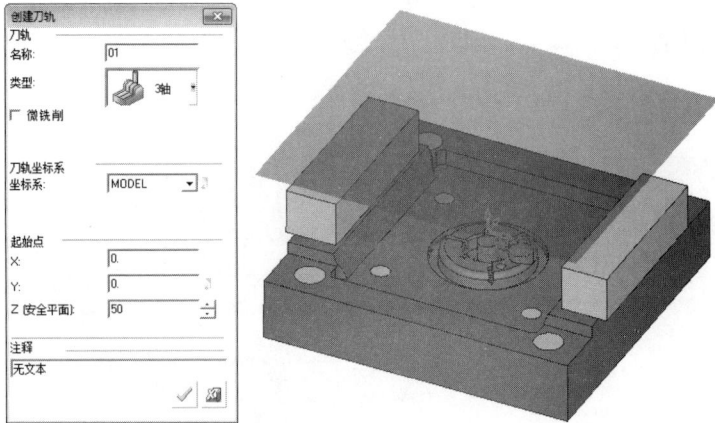

图 7-12　创建刀路轨迹

4. 创建毛坯

单击"NC 向导"中的"毛坯"图标，系统弹出"初始毛坯"对话框，将"毛坯类型"修改为"轮廓"。单击"选择轮廓"按钮，系统弹出"轮廓管理器"对话框，选择底部轮廓，单击中键确认。再将 Z 最高值设置为 0，Z 最低值设置为-65，单击"确认"图标，完成毛坯创建，如图 7-13 所示。

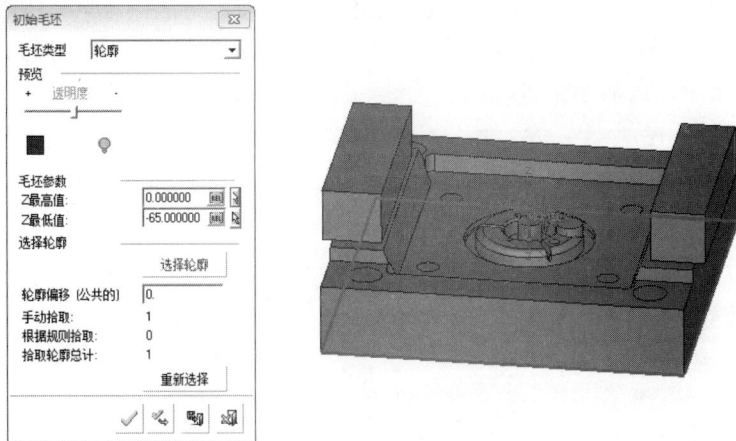

图 7-13　创建毛坯

5. 创建加工程序

单击"NC 向导"中的"程序"图标，系统弹出"程序向导"对话框，开始创建加工程序，修改"子选择"为"环绕切削-3D"，如图 7-14 所示。

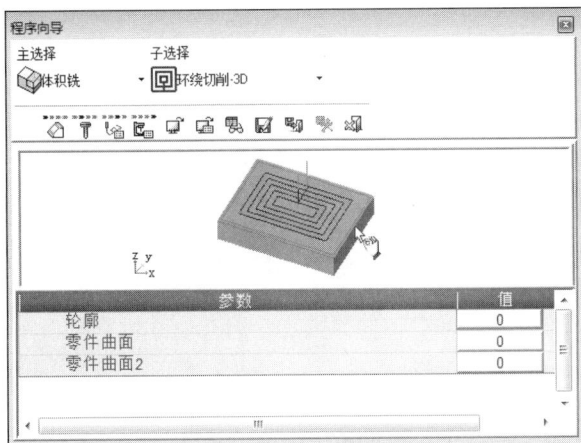

图 7-14　选择开粗工艺

（1）选择轮廓、零件曲面

单击轮廓后的"0"按钮，系统弹出"轮廓管理器"对话框，进行轮廓设置，在绘图区选择底部轮廓，再单击中键确认退出，如图 7-15 所示，完成轮廓选择。

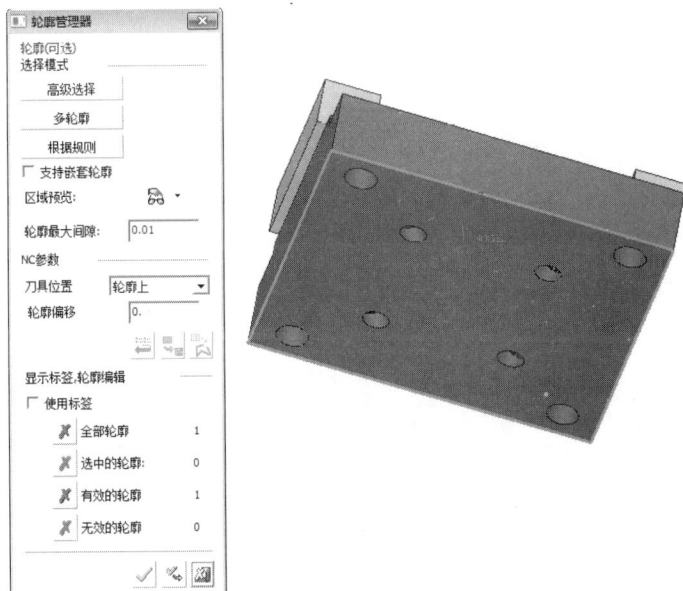

图 7-15　轮廓选择

单击零件曲面后的"0"按钮，再单击"选择所有"图标，选择全部零件曲面，再单击中键退出，完成零件曲面选择，如图 7-16 所示。

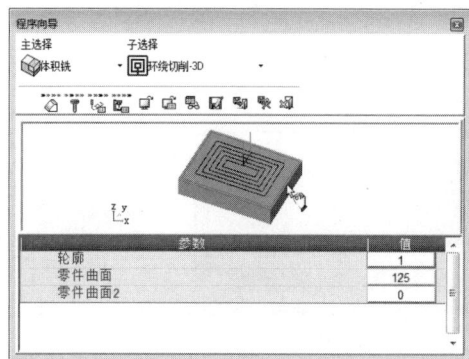

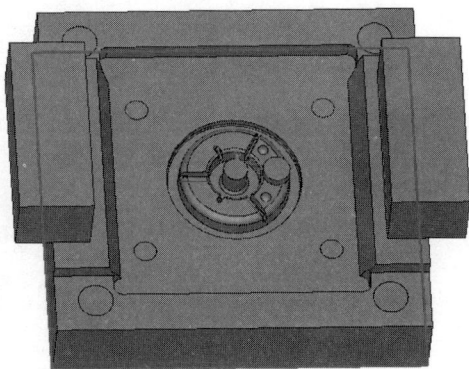

图 7-16 零件曲面选择

（2）设置刀路参数

单击"刀路参数"图标，系统切换到刀路参数界面，按图 7-17 所示进行各参数设置。注意：刀具选择为 D30R5 牛鼻刀。

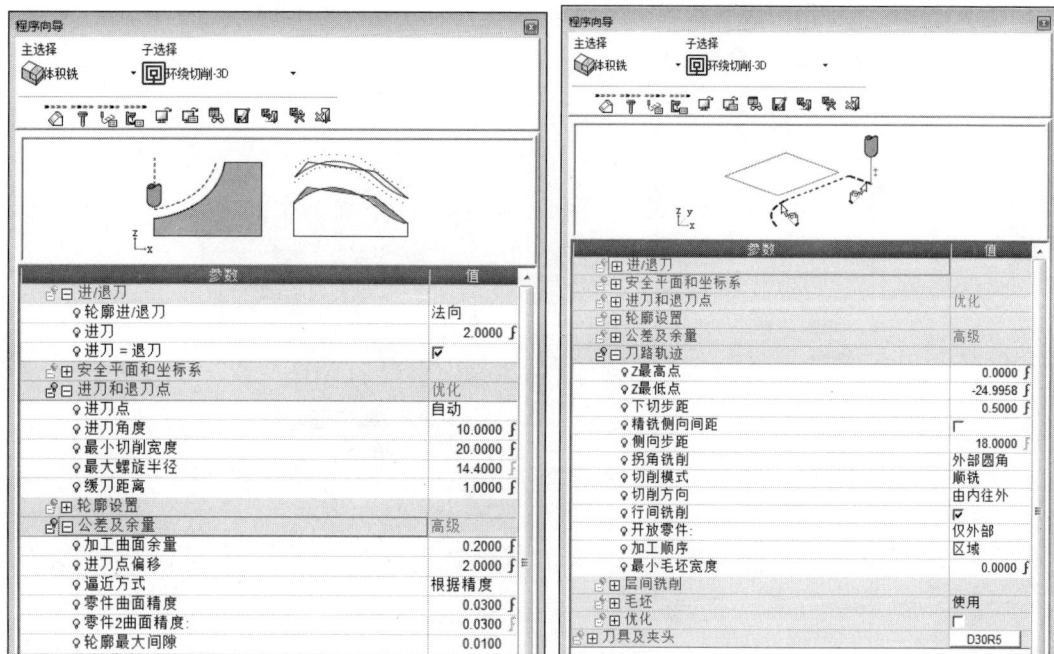

图 7-17 刀路参数设置

（3）设置机床参数

单击"机床参数"图标，系统切换到机床参数界面，设置机床的主轴转速为 1800、进给为 2000，其他选择默认值，如图 7-18 所示。

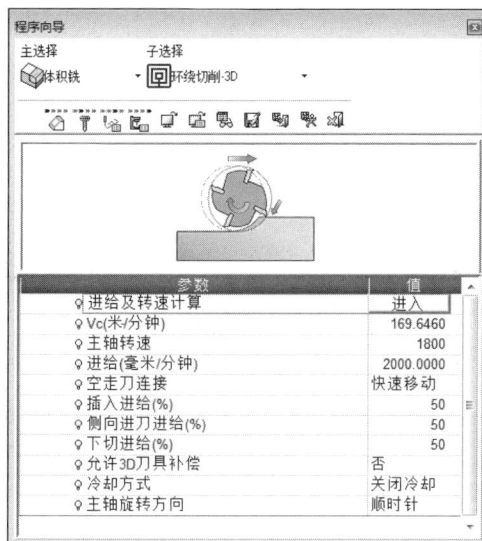

图 7-18　机床参数设置

（4）程序生成

单击"保存并计算"图标，系统将根据前面设置的参数自动计算刀路轨迹，并在绘图区显示生成刀路轨迹，如图 7-19 所示。利用"NC 程序管理器"中的"显示"或"隐藏"图标可显示或隐藏所建立的刀路轨迹。

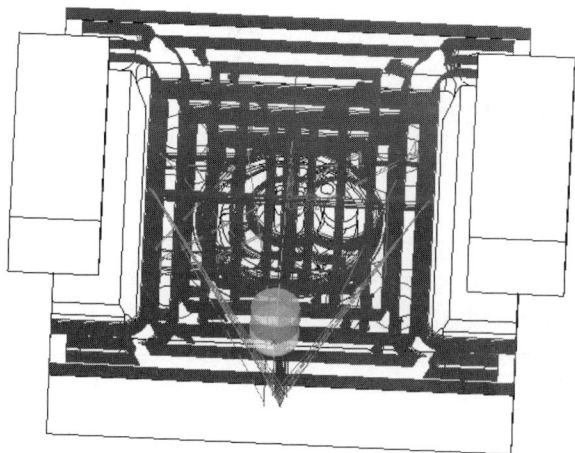

微课：过滤器
瓶盖模板开粗
编程

动画：过滤器
瓶盖模板开粗

图 7-19　开粗程序生成的刀路轨迹

7.3.2　二次开粗

1. 创建刀路轨迹

单击"NC 向导"中的"刀轨"图标，进入创建刀具轨迹功能，系统弹出"创建刀轨"对话框，修改名称为 02，类型为 3 轴，安全平面为 50，单击"确认"图标，创建 3 轴刀路轨迹。完成后，"NC 程序管理器"中会新增一个名为 02 的刀路轨迹。

2. 创建程序

单击"NC 向导"中的"程序"图标，系统弹出"程序向导"对话框，开始创建加工程序，修改"子选择"为"环绕粗铣"，如图 7-20 所示。

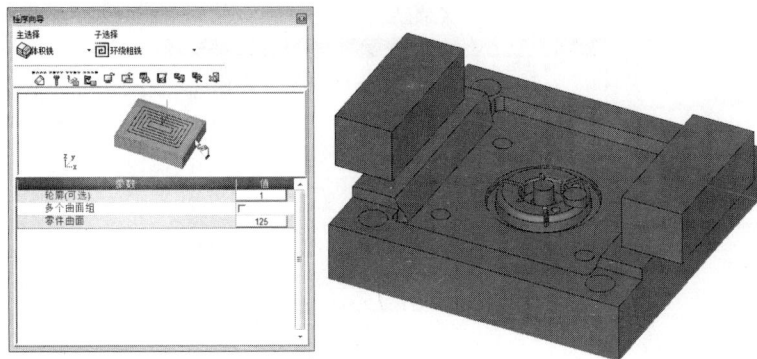

图 7-20　选择二次开粗工艺

（1）选择刀具

单击"刀具"图标，系统弹出"刀具及夹头"对话框，选择 D12R0.8 牛鼻刀，单击"确认"图标，完成刀具的选择。

（2）设置刀路参数

单击"刀路参数"图标，系统切换到刀路参数界面，按图 7-21 所示进行设置，其他参数可保持默认设置。

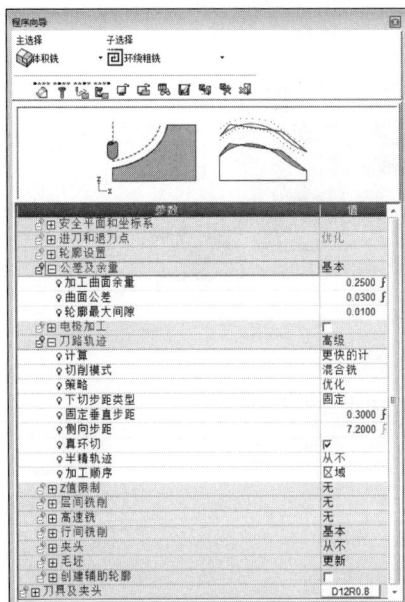

图 7-21　二次开粗刀路参数设置

（3）设置机床参数

单击"机床参数"图标，系统切换到机床参数界面，设置机床的主轴转速为 3000、进给为 2000，其他选择默认值，如图 7-22 所示。

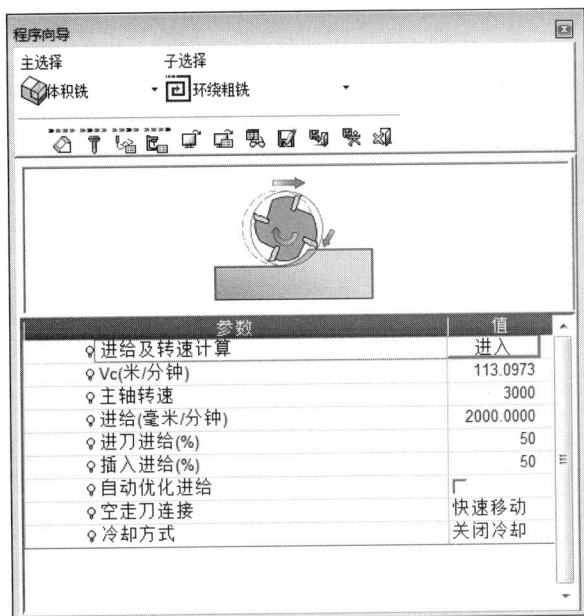

图 7-22　二次开粗机床参数设置

（4）程序生成

单击"保存并计算"图标，系统将根据前面设置的参数自动计算刀路轨迹，并在绘图区显示生成的刀路轨迹，如图 7-23 所示。

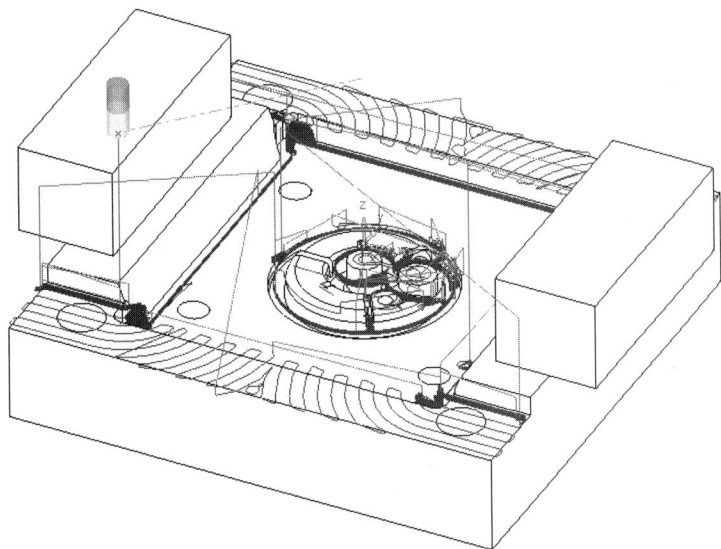

动画：过滤器瓶盖
模板二次开粗（一）

图 7-23　二次开粗生成刀路轨迹

3. 复制刀路轨迹

将光标移动到 02 刀路轨迹上，单击右键，在弹出的快捷菜单中选择"复制"命令，进行刀路轨迹的复制，再将光标移动到 02 刀路轨迹下的加工程序上，单击右键，在弹出的快捷菜单中选择"粘贴"命令，进行刀路轨迹的粘贴。完成后，在"NC 程序管理器"中生成刀路轨迹，修改刀轨名称为 03。

（1）选择刀具

单击"刀具"图标，系统弹出"刀具及夹头"对话框，选择 F8 平底刀，单击"确认"按钮，完成刀具的选择。

（2）设置刀路参数

单击"刀路参数"图标，系统切换到刀路参数界面，刀路参数可默认设置，如图 7-24 所示。

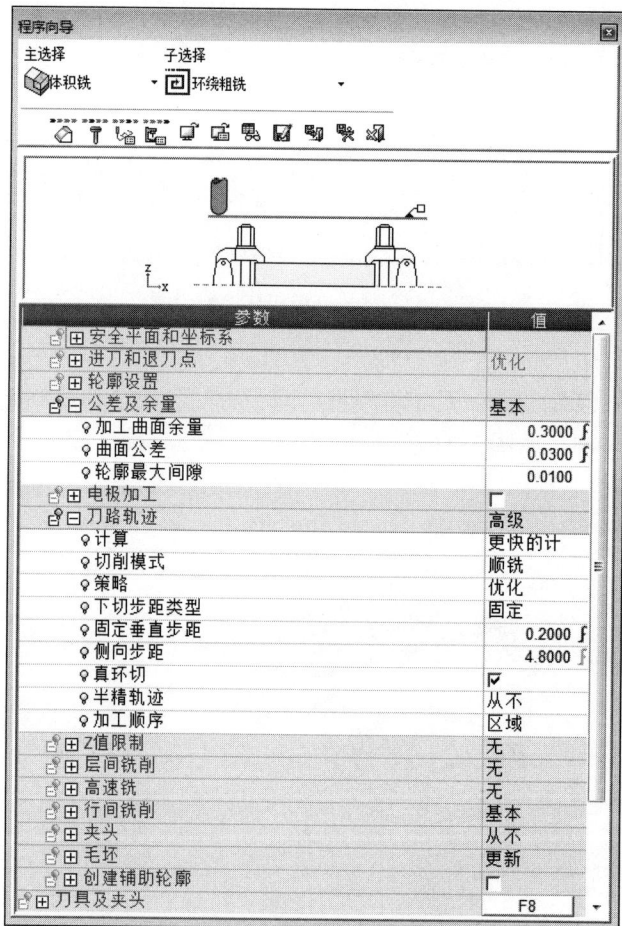

图 7-24　底部二次开粗刀路参数设置

（3）设置机床参数

单击"机床参数"图标，系统切换到机床参数界面，可选择默认值，此时机床的主轴转速为 3000、进给为 2000，如图 7-25 所示。

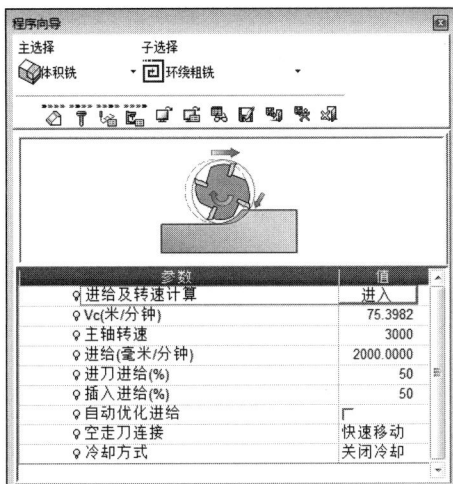

图 7-25　底部二次开粗机床参数设置

（4）程序生成

单击"保存并计算"图标，系统将根据前面设置的参数自动计算刀路轨迹，并在绘图区显示生成的刀路轨迹，如图 7-26 所示。

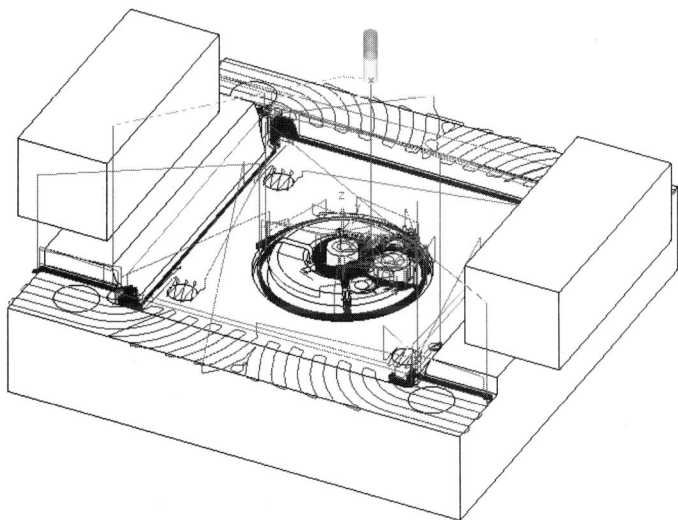

微课：过滤器 动画：过滤器
瓶盖模板二　　瓶盖模板二
次开粗编程　　次开粗（二）

图 7-26　底部二次开粗生成的刀路轨迹

7.3.3　槽粗铣

1. 创建刀路轨迹

单击"NC 向导"中的"刀轨"图标，进入创建刀路轨迹功能，系统弹出"创建刀轨"对话框，修改名称为 04，类型为 3 轴，安全平面为 50，单击"确认"图标，创建 3 轴刀路轨迹。完成后，"NC 程序管理器"中会新增一个名为 04 的刀路轨迹。

2. 创建小槽 1 程序

单击"NC 向导"中的"程序"图标，系统弹出"程序向导"对话框，开始创建加工程序，修改"主选择"为"曲面铣削"、"子选择"为"开放轮廓"，如图 7-27 所示。

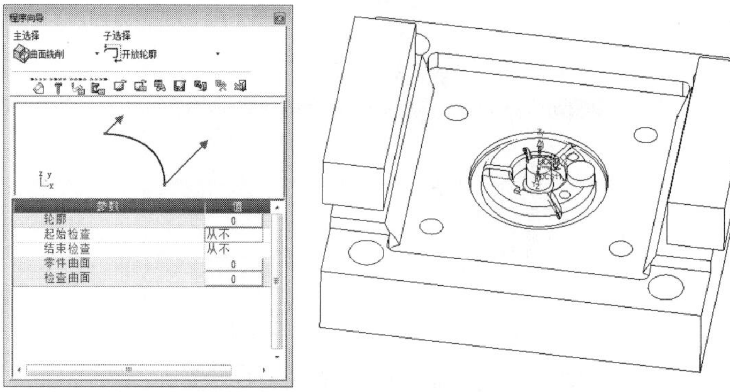

图 7-27　选择小槽 1 工艺

开放轮廓加工策略是将开放的轮廓投影到曲面，在曲面生成刀路轨迹的加工方法，由加工曲面和开放的轮廓线来限制。封闭轮廓加工策略是将封闭的轮廓线投影到曲面，在曲面上生成刀路轨迹的加工方法。这两种加工方法与 2.5 轴中的轮廓铣相似，不过在 2.5 轴中，加工刀路轨迹在同一水平面上，而这两种加工方法是将轮廓投影到曲面上生成刀路轨迹的。开放轮廓和封闭轮廓两种加工策略特别适用于在曲面上进行雕刻加工。

（1）选择刀具

单击"刀具"图标，系统弹出"刀具及夹头"对话框，选择 B3 球刀，单击"确认"图标，完成刀具的选择。

（2）选择轮廓

单击轮廓后的"0"按钮，系统弹出"轮廓管理器"对话框，默认各参数设置，在绘图区选择 3 段开放轮廓，再单击中键确认退出，如图 7-28 所示，完成轮廓选择。单击零件曲面后的"0"按钮，单击工具栏中的"选择所有"图标，选择全部零件曲面，再单击中键退出，完成零件曲面选择。

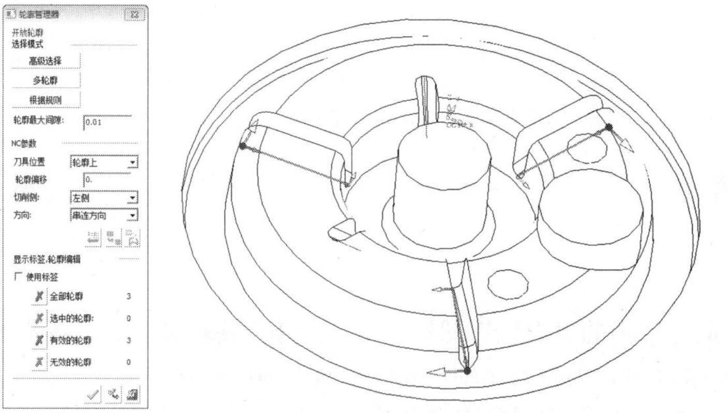

图 7-28　小槽 1 程序轮廓选择

（3）设置刀路参数

单击"刀路参数"图标，系统切换到"刀路参数"对话框，按如下步骤设置刀路参数。

步骤 1：进刀和退刀等参数设置。

进/退刀、安全平面和坐标系、进刀和退刀点、轮廓设置等参数可保持默认设置，公差及余量参数按图 7-29 所示修改。

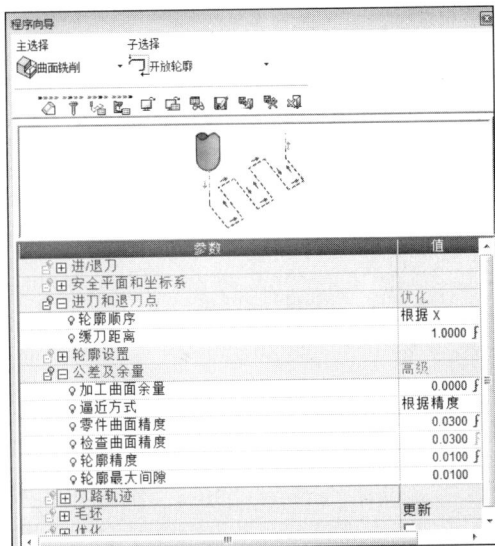

图 7-29　进/退刀等参数设置

步骤 2：刀路轨迹参数设置。

1）下切步距：设置为 0.15mm，该参数与后面的"向下方式"选择有关。

2）毛坯宽度：保持默认设置。

3）剪切环：设置为全局。

4）向下方式：考虑到一刀切削的刀具负荷较大，或形状要求，需要进行多刀加工，这时可以指定多层加工。注意：生成的刀路轨迹以最后的成型刀具路径位置向上或向下等距离偏移而成。该参数用于设置刀具路径在 Z 方向上加工时的方式，有"单个"、"Z 向增量"和"曲面偏距" 3 个选项，如图 7-30 所示。向下方式示例如图 7-31 所示。

图 7-30　向下方式选项

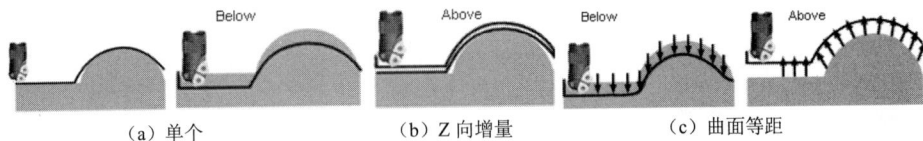

（a）单个　　　　　　（b）Z 向增量　　　　　　（c）曲面等距

图 7-31　向下方式示例

① 单个用于生成单层刀具路径，此时不需设置下切步距。

② Z 向增量用于指定刀具路径沿 Z 轴方向平移复制产生多层铣削，其每一层的刀路轨迹是一样的，应设置下切步距、曲面上偏移、曲面下偏移等参数。

③ 曲面偏距用于指定对曲面进行等距偏移，生成刀具路径，可进行多层加工，应设置下切步距、曲面上偏移、曲面下偏移等参数。

这里选择"曲面偏距"选项。

在设置曲面上偏移、曲面下偏移等参数前，应先测量槽的加工深度，如图 7-32 所示。再根据深度尺寸，分别设置曲面上偏移、曲面下偏移为 11 和 0。

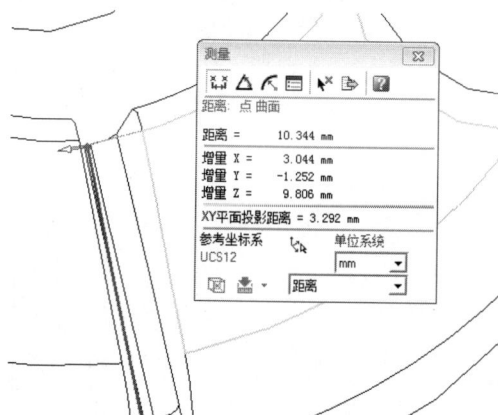

图 7-32　加工深度测量

5）拐角铣削：设置为圆角。

6）切削风格：考虑到粗加工，将该参数设置为双向，如图 7-33 所示。

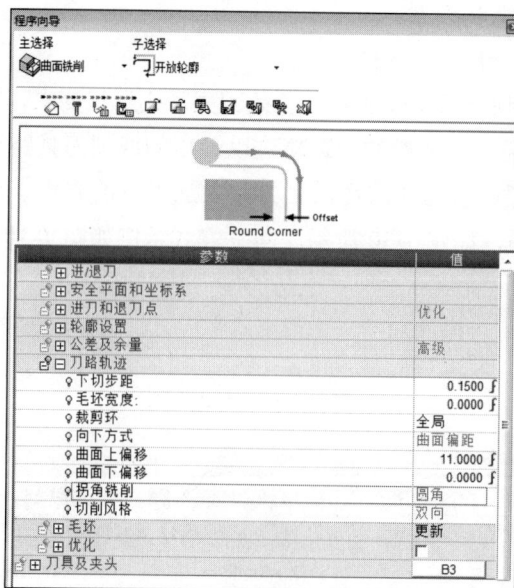

图 7-33　槽粗铣刀路参数设置

（4）设置机床参数

单击"机床参数"图标，系统切换到机床参数界面，设置机床的主轴转速为5500、进给为800，其他选择默认值，如图7-34所示。

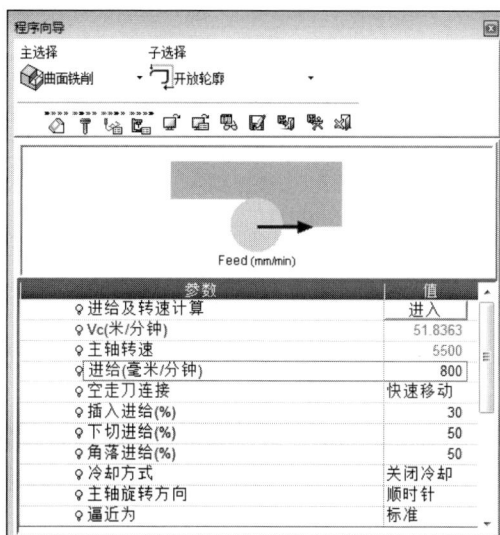

图 7-34 槽粗铣机床参数设置

（5）程序生成

单击"保存并计算"图标，系统将根据前面设置的参数自动计算刀路轨迹，并在绘图区显示生成的刀路轨迹，如图7-35所示。

动画：过滤器
瓶盖模板槽
粗铣（一）

图 7-35 槽粗铣生成的刀路轨迹

3. 创建小槽 2 程序

通过复制、粘贴方式创建小槽 2 加工程序，如图 7-36 所示。

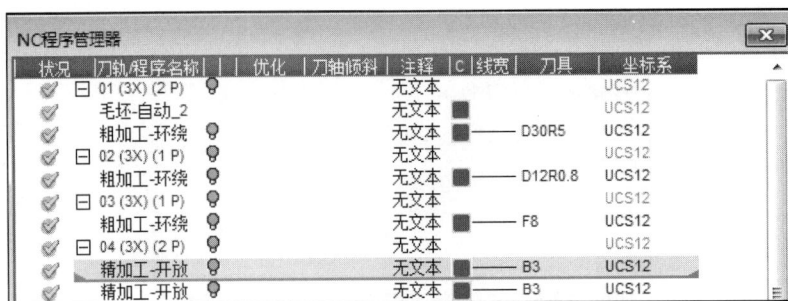

图 7-36　复制、粘贴加工程序

（1）修改轮廓

单击轮廓后的"3"按钮，系统弹出"轮廓管理器"对话框，各参数保持默认设置。在绘图区单击右键，在弹出的快捷菜单中选择"重置选择"命令，取消前面所选轮廓，再依次选择其他两段开放轮廓，单击中键确认退出，如图 7-37 所示，完成轮廓选择。注意：轮廓线要一条一条选择，同时注意切削方向的合理性。

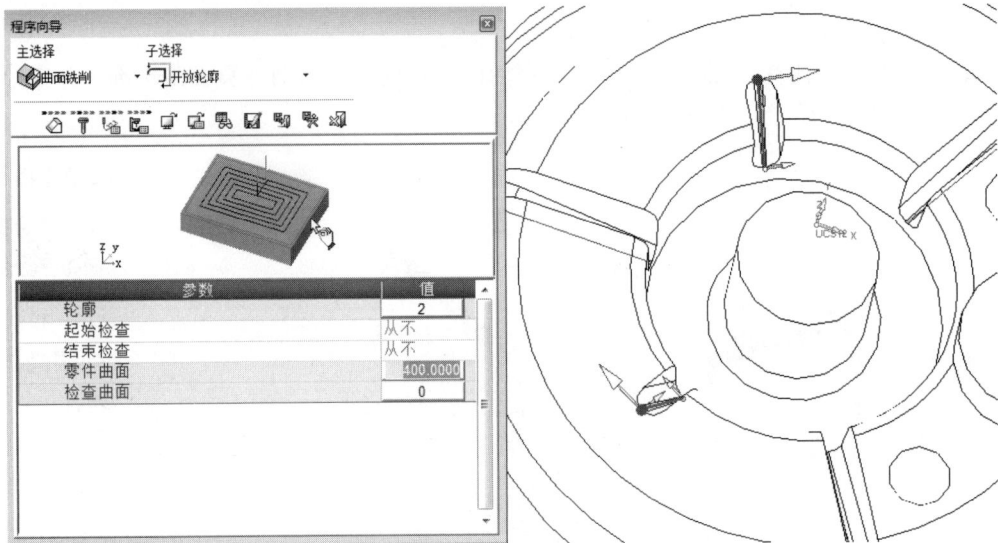

图 7-37　轮廓修改

（2）修改刀路参数

单击"刀路参数"图标，系统切换到刀路参数界面，设置刀路参数。这里大部分参数可按前一程序设置，只要修改"曲面上偏移"即可，通过测量（图 7-38），将该参数设置为5，如图 7-39 所示。

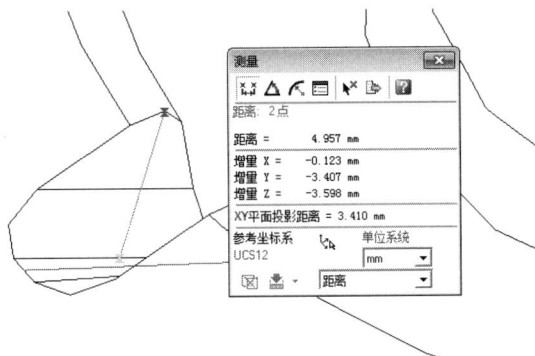

图 7-38　加工深度测量

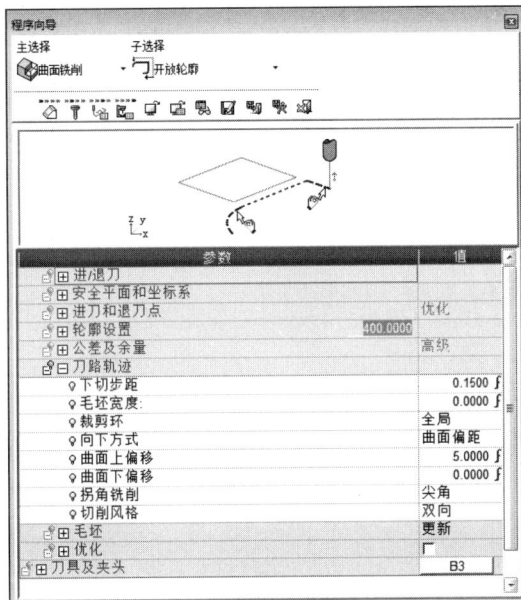

图 7-39　小槽 2 刀路参数设置

（3）程序生成

单击"保存并计算"图标，系统将根据前面设置的参数自动计算刀路轨迹，并在绘图区显示生成的刀路轨迹，如图 7-40 所示。

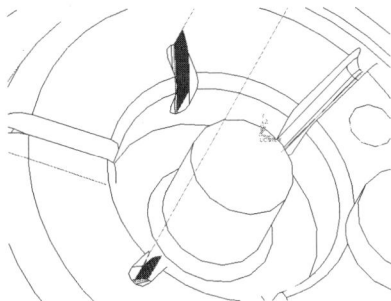

图 7-40　小槽 2 生成的刀路轨迹

微课：过滤器瓶
盖模板开粗槽
粗铣编程

动画：过滤器
瓶盖模板槽
粗铣（二）

7.3.4 槽精铣

1. 创建刀路轨迹

单击"NC 向导"中的"刀轨"图标，进入创建刀路轨迹功能，系统弹出"创建刀轨"对话框，修改名称为 05，类型为 3 轴，安全平面为 50，单击"确认"图标，创建 3 轴刀路轨迹。完成后，"NC 程序管理器"中会新增一个名为 05 的刀路轨迹。

2. 创建程序

单击"NC 向导"中的"程序"图标，系统弹出"程序向导"对话框，开始创建加工程序，修改"主选择"为"曲面铣削"、"子选择"为"精铣所有"。

（1）选择轮廓与零件曲面

单击轮廓后的"0"按钮，系统弹出"轮廓管理器"对话框，设置刀具位置为在轮廓上，在绘图区选择所要加工区域的 5 个轮廓边界，再单击中键确认退出，如图 7-41 所示，完成轮廓选择。零件曲面可继承上一选择。

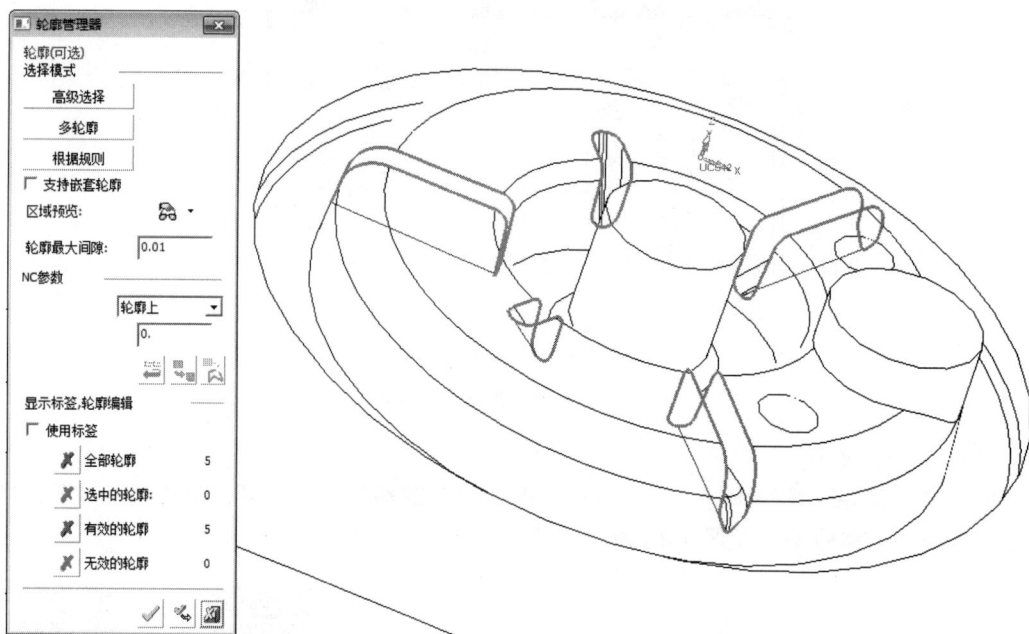

图 7-41　槽精铣轮廓选择

（2）设置刀路参数

单击"刀路参数"图标，系统切换到刀路参数界面，进行刀路参数设置，如图 7-42 所示。

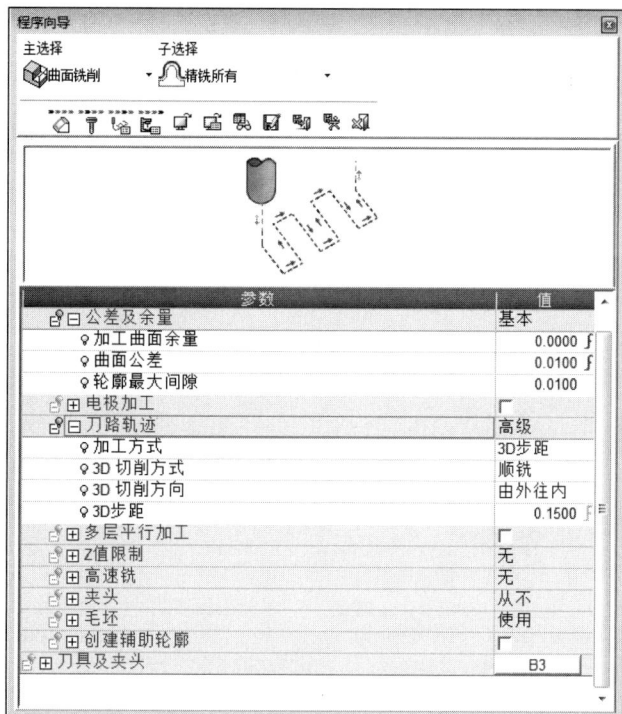

图 7-42 槽精铣刀路参数设置

（3）设置机床参数

单击"机床参数"图标，系统切换到机床参数界面，设置机床的主轴转速为 4000、进给为 1000，其他选择默认值，如图 7-43 所示。

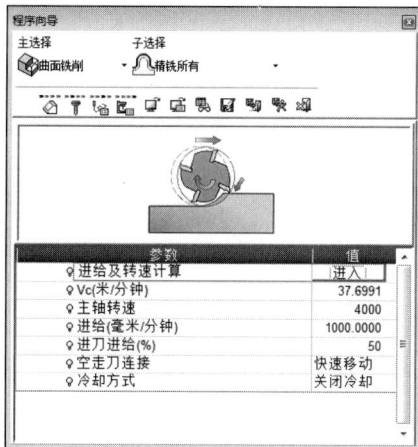

图 7-43 槽精铣机床参数设置

（4）程序生成

单击"保存并计算"图标，系统将根据前面设置的参数自动计算刀路轨迹，并在绘图区显示生成的刀路轨迹，如图 7-44 所示。

微课：过滤器　　动画：过滤器
瓶盖模板槽　　瓶盖模板槽
精铣编程　　　　精铣

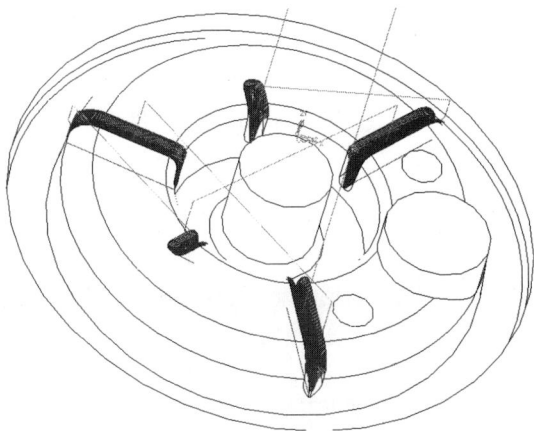

图 7-44　槽精铣生成的刀路轨迹

7.3.5　平面精铣

1. 创建刀路轨迹

单击"NC 向导"中的"刀轨"图标，进入创建刀路轨迹功能，系统弹出"创建刀轨"对话框，修改名称为 06，类型为 3 轴，安全平面为 50，单击"确认"图标，创建 3 轴刀路轨迹。完成后，"NC 程序管理器"中会新增一个名为 06 的刀路轨迹。

2. 创建程序

单击"NC 向导"中的"程序"图标，系统弹出"程序向导"对话框，开始创建加工程序，修改"主选择"为"曲面铣削"、"子选择"为"层切"。

（1）修改轮廓

单击轮廓后的"0"按钮，系统弹出"轮廓管理器"对话框，各参数保持默认设置，在绘图区选择模型底部轮廓，单击中键确认，如图 7-45 所示，完成轮廓选择。

 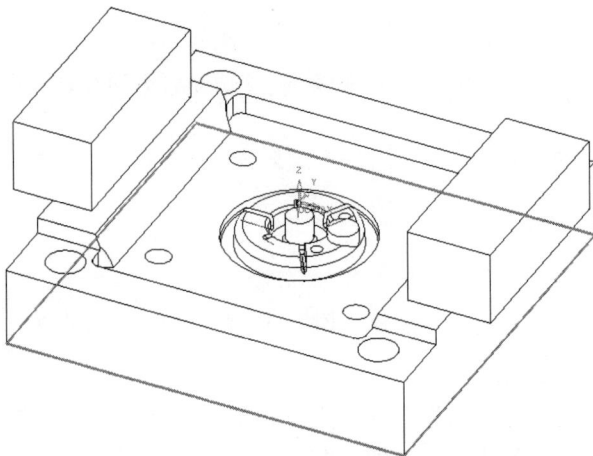

图 7-45　平面精铣轮廓选择

（2）选择刀具

单击"刀具"图标，系统弹出"刀具及夹头"对话框，选择 D16R0.8 牛鼻刀，单击"确认"图标，完成刀具的选择。

（3）设置刀路参数

单击"刀路参数"图标，系统切换到刀路参数界面，进行刀路参数设置。

步骤 1：刀路轨迹参数设置。

该参数组主要对 Z 最高点和 Z 最低点进行设置，可通过点选的方式选择这两个数值。其他参数如图 7-46 所示。

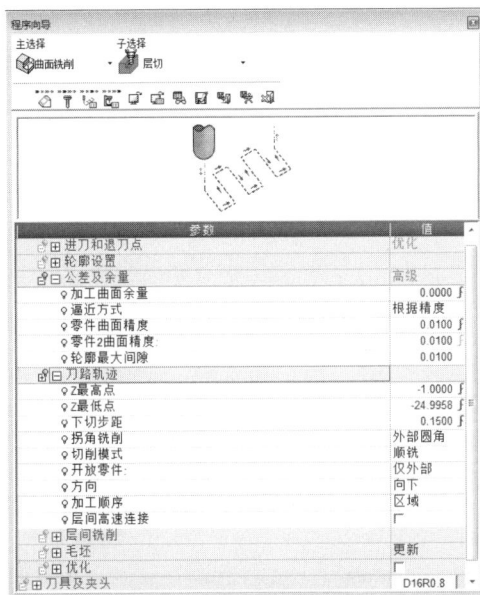

图 7-46   平面精铣刀路轨迹设置

步骤 2：层间铣削参数设置。

1）层间方式：选择水平加工方式。

2）子选择：该参数有"环绕切削"和"行切"两个选项，如图 7-47 所示，这里设置为环绕切削。

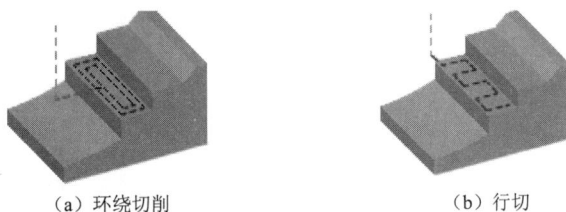

（a）环绕切削   （b）行切

图 7-47   子选择选项示例

3）侧向步距：设置为刀具半径值。

4）斜率限制角度：设置为 0，只对水平面进行加工。

5）切削模式：设置为顺铣。

6）切削方向：设置为由外往内。

7）交迭由：有"长度"和"角度"两个选项，如图 7-48 所示，这里选择"长度"选项，交迭长度可保持默认设置。

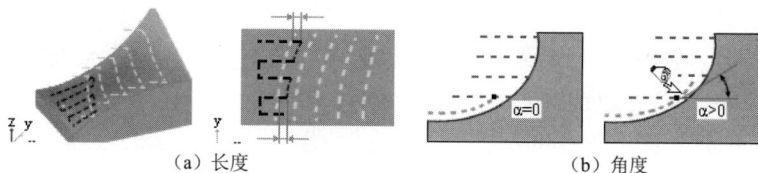

（a）长度 （b）角度

图 7-48 交迭由

8）侧壁加工余量：考虑到还要进行侧壁加工，因此在侧壁留有 0.5mm 余量，将该参数设置为 0.5。

9）行间铣削：选中该复选框。

10）通用加工顺序：选择"仅平坦区"选项。

平面精铣最终刀路参数设置如图 7-49 所示。

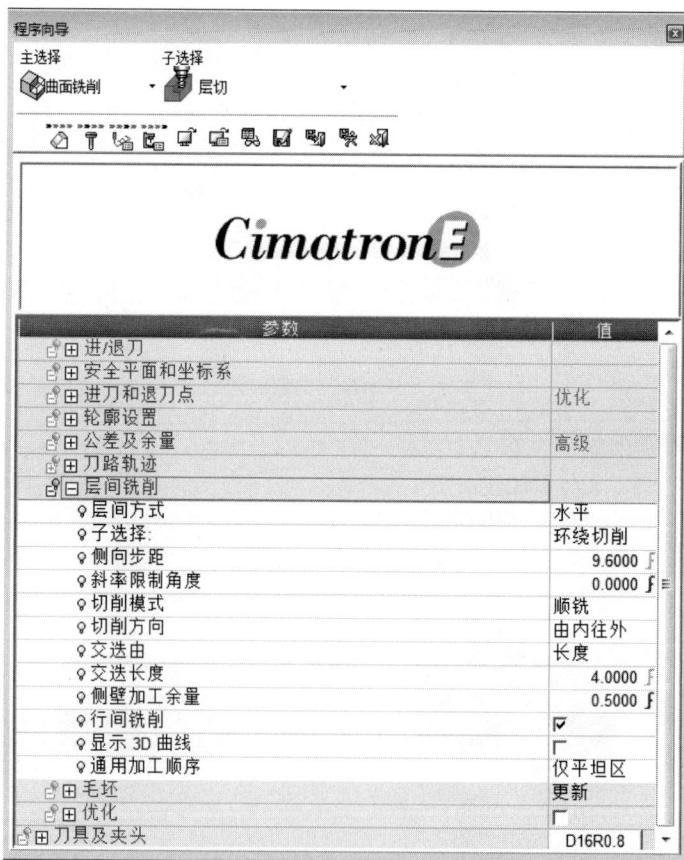

图 7-49 平面精铣最终刀路参数设置

（4）设置机床参数

单击"机床参数"图标，系统切换到机床参数界面，设置机床的主轴转速为 4000、进

给为 1000，其他选择默认值，如图 7-50 所示。

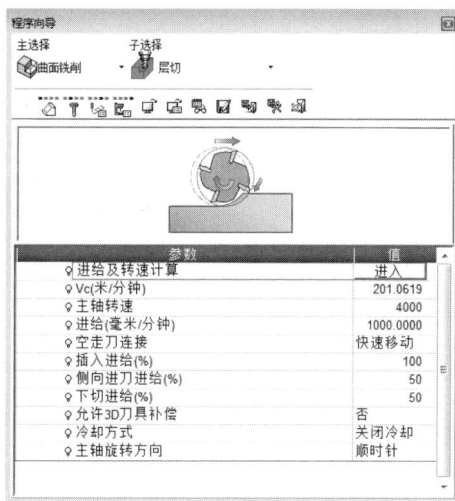

图 7-50   平面精铣机床参数设置

（5）程序生成

单击"保存并计算"图标，系统将根据前面设置的参数自动计算刀路轨迹，并在绘图区显示生成的刀路轨迹，如图 7-51 所示。

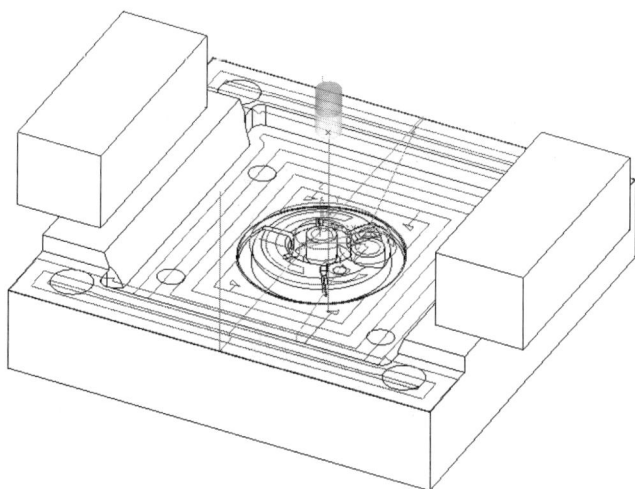

微课：过滤器
瓶盖模板平
面精铣编程

动画：过滤器
瓶盖模板平
面精铣

图 7-51   平面精铣生成的刀路轨迹

7.3.6   斜面精铣

1. 创建刀路轨迹

单击"NC 向导"中的"刀轨"图标，进入创建刀路轨迹功能，系统弹出"创建刀轨"对话框，修改名称为 07，类型为 2.5 轴，安全平面为 50，单击"确认"图标，创建 2.5 轴刀路轨迹。完成后，"NC 程序管理器"中会新增一个名为 07 的刀路轨迹。

2. 创建程序

单击"NC 向导"中的"程序"图标，系统弹出"程序向导"对话框，开始创建加工程序，修改"主选择"为"2.5 轴"、"子选择"为"开放轮廓"。

（1）选择轮廓

单击轮廓后的"0"按钮，系统弹出"轮廓管理器"对话框。修改刀具位置为切向。

考虑到是加工斜面，应先测量其角度，才能设置拔模角度。选择"查看"→"动态截面"命令，对模型进行动态剖切。选择"分析"→"测量"命令，切换为主视图，对斜面进行角度测量，如图 7-52 所示。根据测量结果，将拔模角度设置为 22°。修改切削侧为左侧。

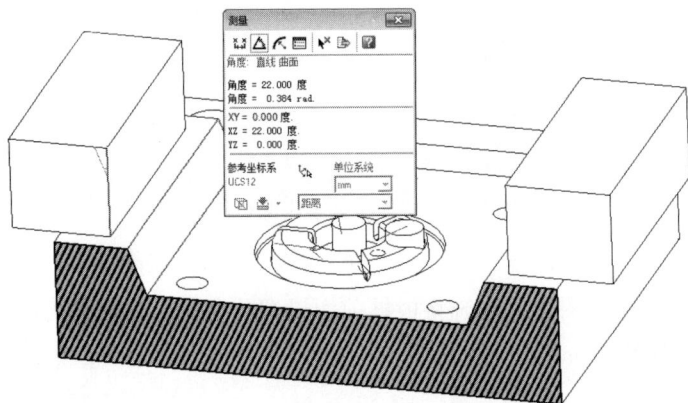

图 7-52　斜面角度测量

在绘图区选择轮廓线，注意箭头方向，如相反，则单击箭头使之反向，再单击中键确认，完成一条轮廓线选择。用相同的方法选择第二条轮廓线，如图 7-53 所示。完成后，单击中键确认退出。

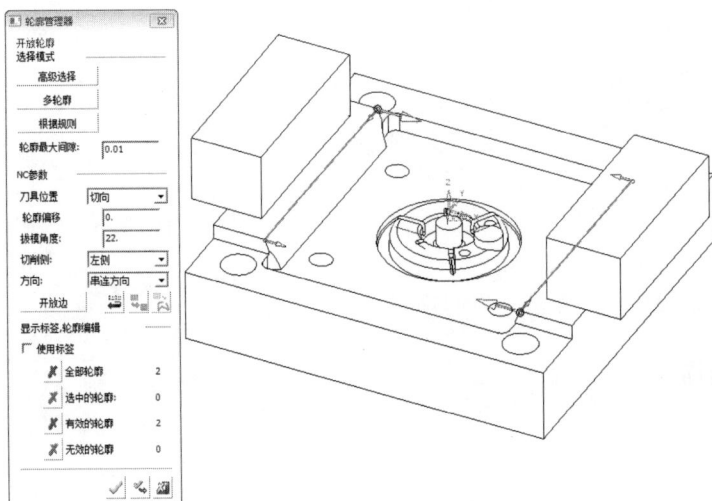

图 7-53　斜面精铣轮廓选择

（2）设置刀路参数

单击"刀路参数"图标，系统切换到刀路参数界面，进行刀路参数设置。这里主要对Z最高点和Z最低点进行设置，可通过点选的方法进行设置，其他参数可参考图7-54所示进行设置。

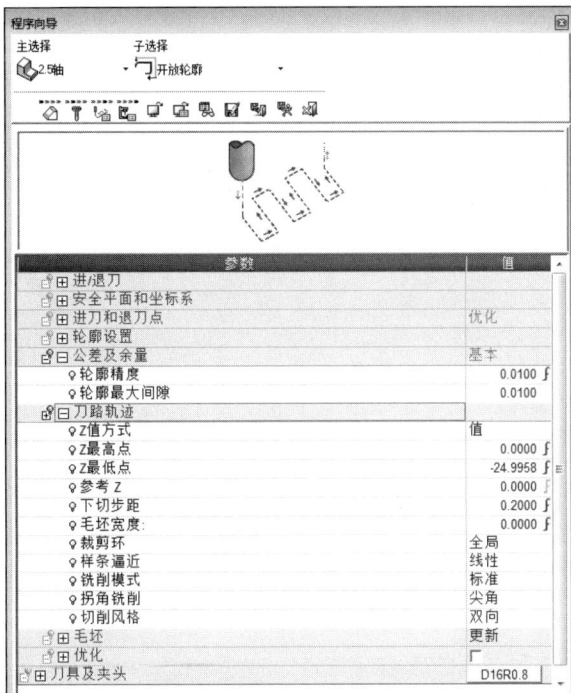

图 7-54　斜面精铣刀路参数设置

（3）设置机床参数

单击"机床参数"图标，系统切换到机床参数界面，设置机床的主轴转速为4000、进给为1500，其他选择默认值，如图7-55所示。

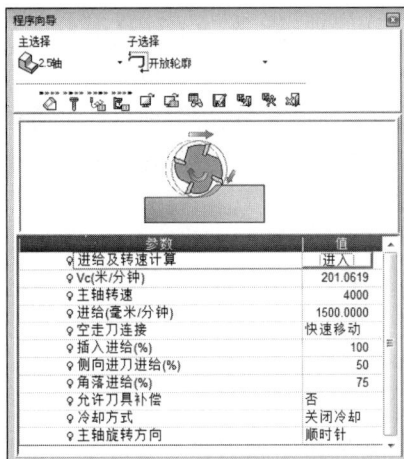

图 7-55　斜面精铣机床参数设置

（4）程序生成

单击"保存并计算"图标，系统将根据前面设置的参数自动计算刀路轨迹，并在绘图区显示生成的刀路轨迹，如图 7-56 所示。

微课：过滤器
瓶盖模板斜
面精铣编程

动画：过滤器
瓶盖模板斜
面精铣

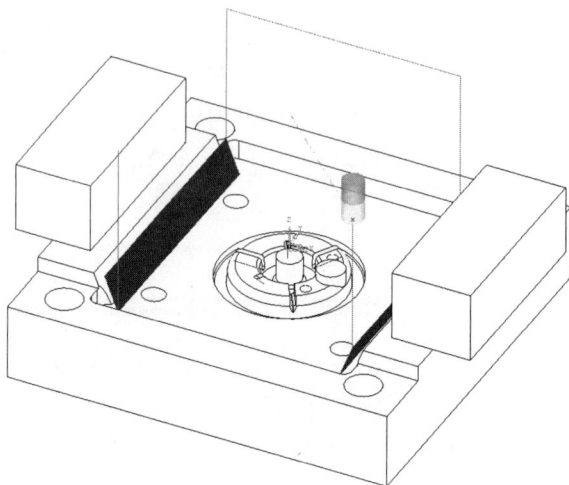

图 7-56　生成刀路轨迹

7.3.7　侧壁精修

1. 创建刀路轨迹

单击"NC 向导"中的"刀轨"图标，进入创建刀路轨迹功能，系统弹出"创建刀轨"对话框，修改名称为 08，类型为 2.5 轴，安全平面为 50，单击"确认"图标，创建 2.5 轴刀路轨迹。完成后，"NC 程序管理器"中会新增一个名为 08 的刀路轨迹。

2. 创建程序 1

单击"NC 向导"中的"程序"图标，系统弹出"程序向导"对话框，开始创建加工程序，修改"主选择"为 2.5 轴、"子选择"为"开放轮廓"。

（1）选择轮廓

单击轮廓后的"0"按钮，系统弹出"轮廓管理器"对话框，修改刀具位置为切向，选择切削侧为左侧。在绘图区选择轮廓线，注意箭头方向，如相反，则单击箭头使之反向，再单击中键确认，完成一条轮廓线选择。用相同方法，选择第 2～4 条轮廓线，如图 7-57 所示。完成后，单击中键确认退出。

（2）选择刀具

单击"刀具"图标，系统弹出"刀具及夹头"对话框，选择 F10 平底刀，单击"确认"图标，完成刀具的选择。

（3）设置刀路参数

单击"刀路参数"图标，系统切换到刀路参数界面，进行刀路参数设置，如图 7-58 所示。

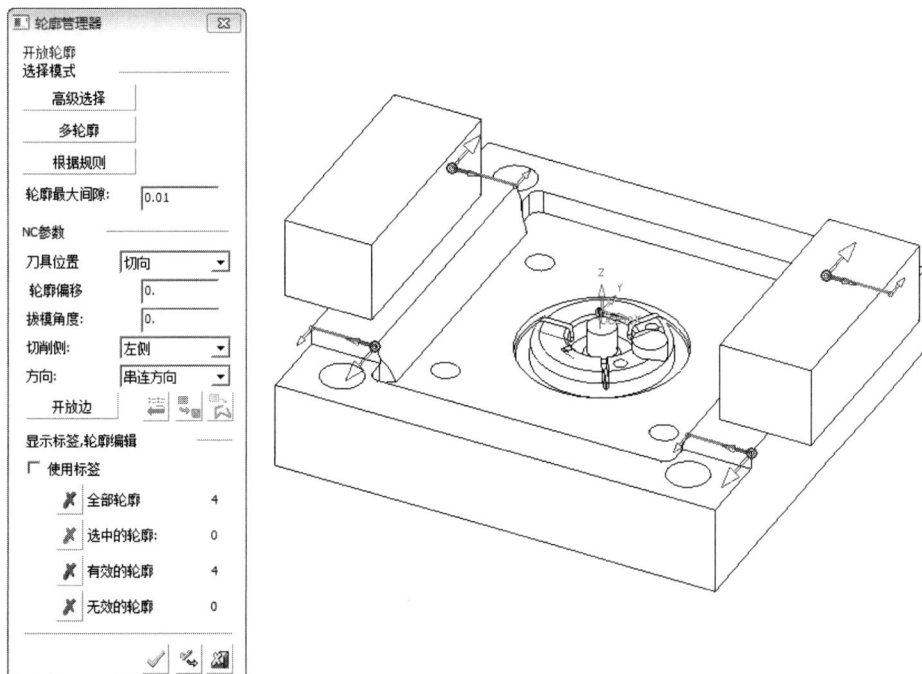

图 7-57　侧壁精修轮廓选择

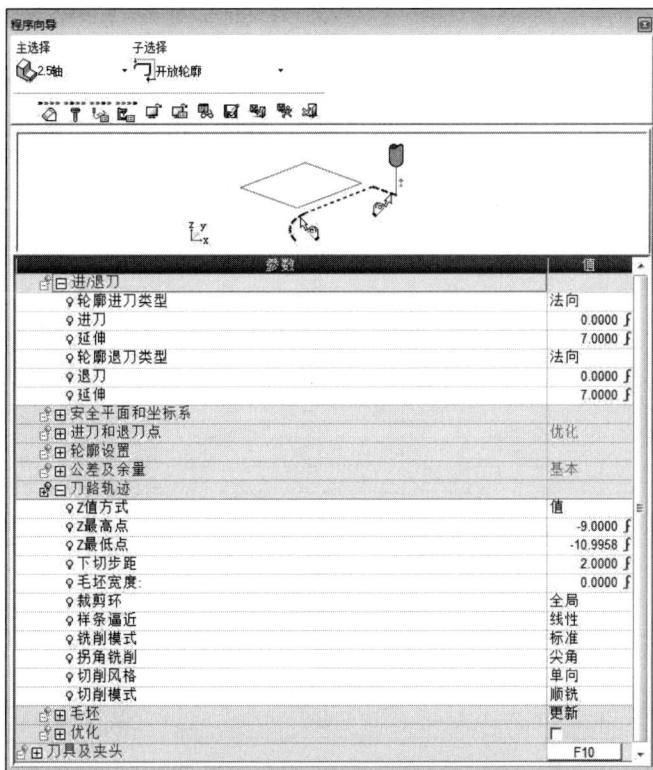

图 7-58　侧壁精修刀路参数设置

（4）设置机床参数

单击"机床参数"图标，系统切换到机床参数界面，设置机床的主轴转速为 2300、进给为 400，其他选择默认值，如图 7-59 所示。

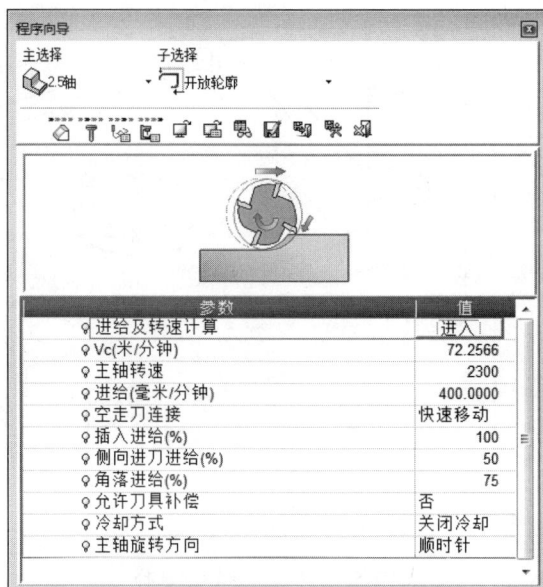

图 7-59　侧壁精修机床参数设置

（5）程序生成

单击"保存并计算"图标，系统将根据前面设置的参数自动计算刀路轨迹，并在绘图区显示生成的刀路轨迹，如图 7-60 所示。

动画：过滤器
瓶盖模板精
修侧壁（一）

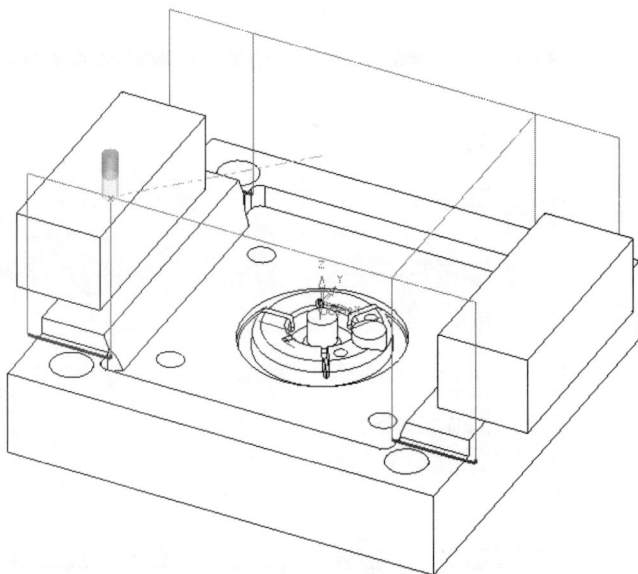

图 7-60　侧壁精修生成的刀路参数

3. 创建程序 2

通过复制、粘贴方式，创建"主选择"为"2.5 轴"、"子选择"为"开放轮廓的加工程序"。

（1）修改轮廓

单击轮廓后的"4"按钮，系统弹出"轮廓管理器"对话框，刀具位置、切削侧两个参数可默认，在绘图区单击右键，在弹出的快捷菜单中选择"重置选择"命令，取消前一程序的轮廓选择。再依次选择第一条轮廓的各曲线，完成后单击中键确认，完成第一条轮廓的选择。再按相同的方法，选择第二条轮廓，如图 7-61 所示，完成后单击中键退出。

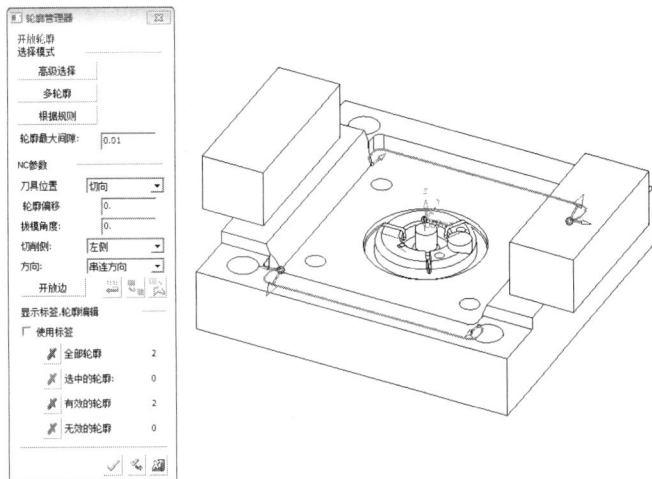

图 7-61　轮廓选择

（2）设置刀路参数

单击"刀路参数"图标，系统切换到刀路参数界面，进行刀路参数设置，如图 7-62 所示。

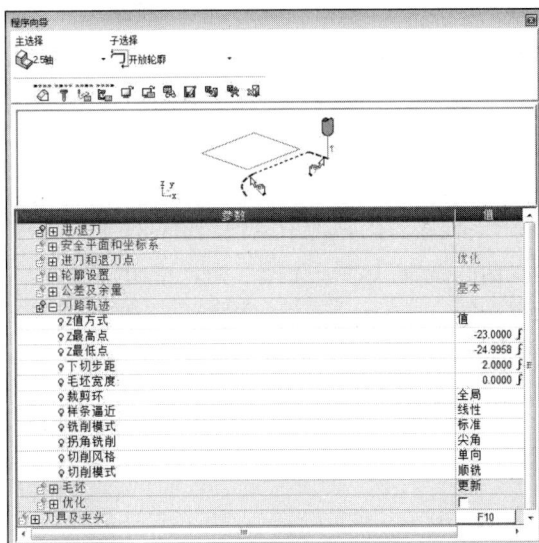

图 7-62　刀路参数设置

（3）程序生成

单击"保存并计算"图标，系统将根据前面设置的参数自动计算刀路轨迹，并在绘图区显示生成的刀路轨迹，如图 7-63 所示。

微课：过滤器
瓶盖模板精
修侧壁编程

动画：过滤器
瓶盖模板精
修侧壁（二）

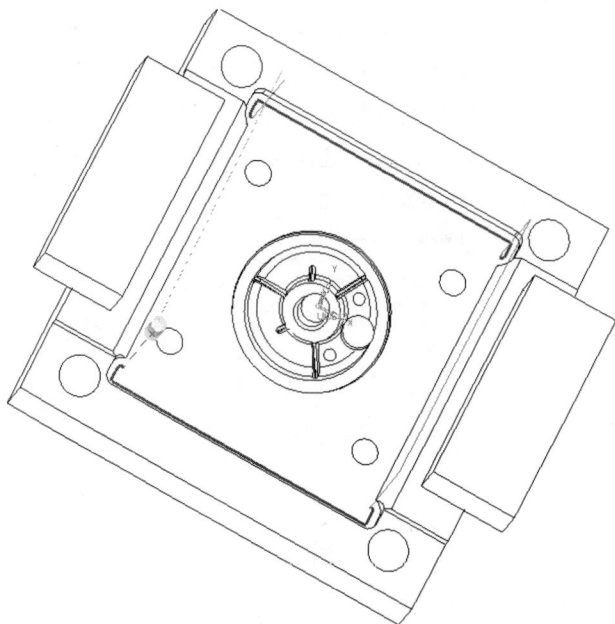

图 7-63　生成的刀路轨迹

7.3.8　曲面精铣

1. 创建刀路轨迹

单击"NC 向导"中的"刀轨"图标，进入创建刀路轨迹功能，系统弹出"创建刀轨"对话框，修改名称为 09，类型为 3 轴，安全平面为 50，单击"确认"图标，创建 3 轴刀路轨迹。完成后，"NC 程序管理器"中会新增一个名为 09 的刀路轨迹。

2. 创建底面加工程序

单击"NC 向导"中的"程序"图标，系统弹出"程序向导"对话框，开始创建加工程序，修改"主选择"为"曲面铣削"、"子选择"为"层切"。

（1）选择轮廓、零件曲面

单击轮廓后的"0"按钮，系统弹出"轮廓管理器"对话框，修改刀具位置为在轮廓上，轮廓偏移为 0，保证曲面加工到位，在绘图区选择轮廓线，如图 7-64 所示，再单击中键确认，完成边界选择。

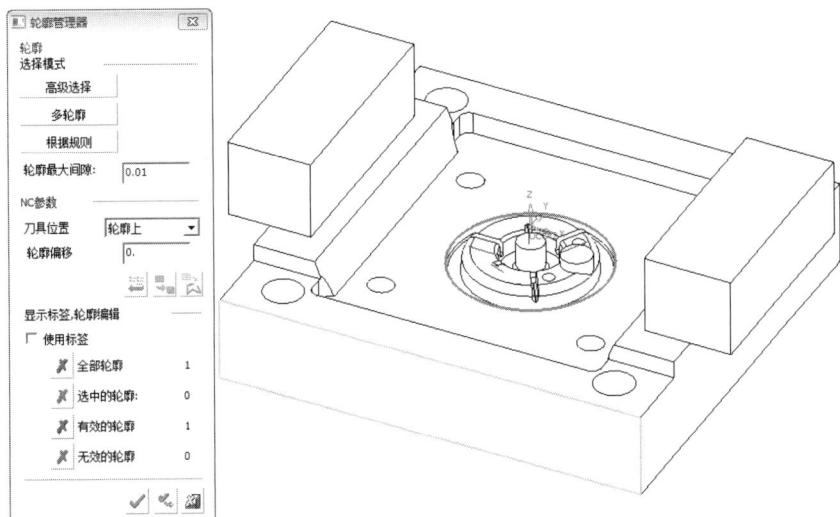

图 7-64　曲面精铣轮廓选择

单击零件曲面后的"0"按钮,选择边界内所有曲面,单击中键确认退出,完成零件曲面选择,如图 7-65 所示。

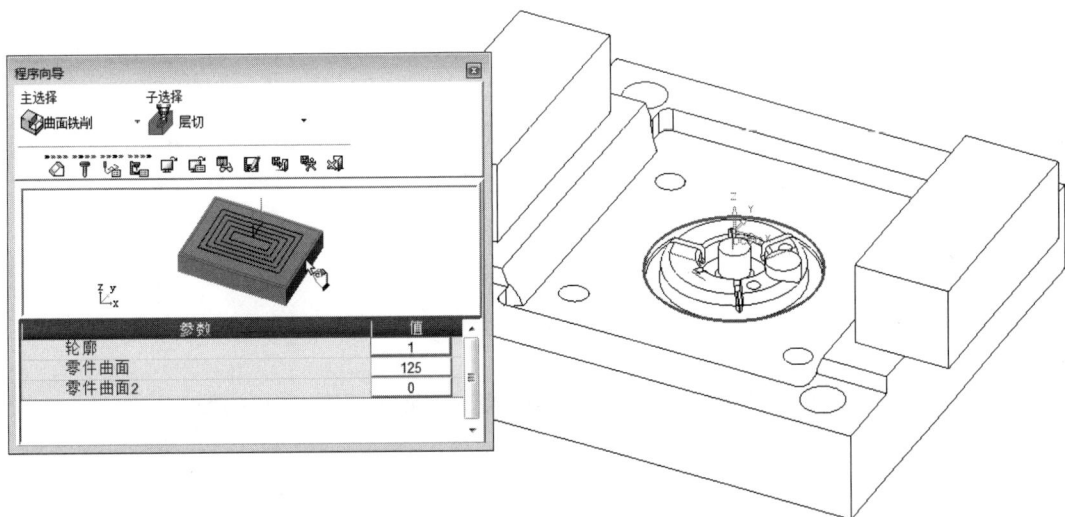

图 7-65　零件曲面选择

(2)选择刀具

单击"刀具"图标,系统弹出"刀具及夹头"对话框,选择 D6R0.5 牛鼻刀,单击"确认"图标,完成刀具的选择。

(3)设置刀路参数

单击"刀路参数"图标,系统切换到刀路参数界面,进行刀路参数设置,如图 7-66 和图 7-67 所示。

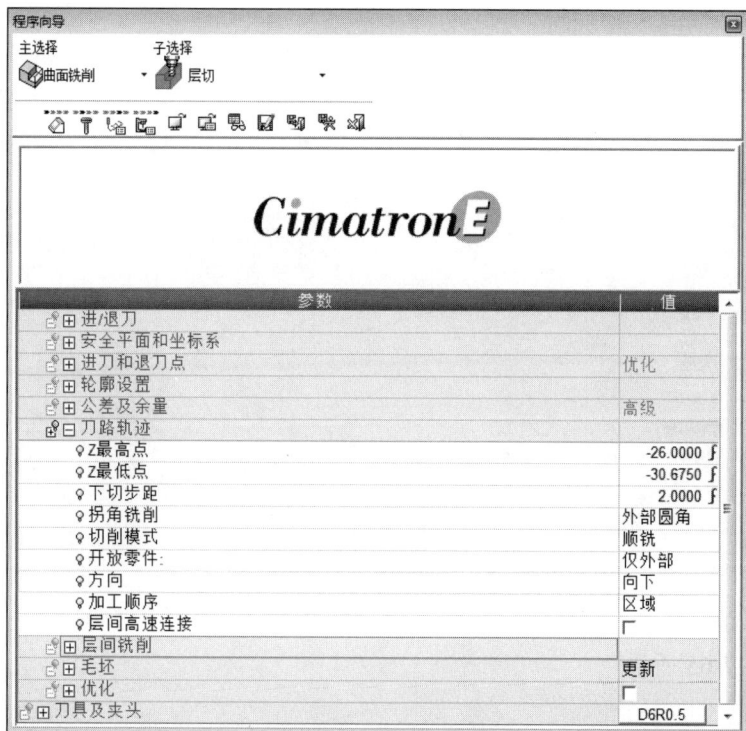

图 7-66　刀路轨迹参数设置

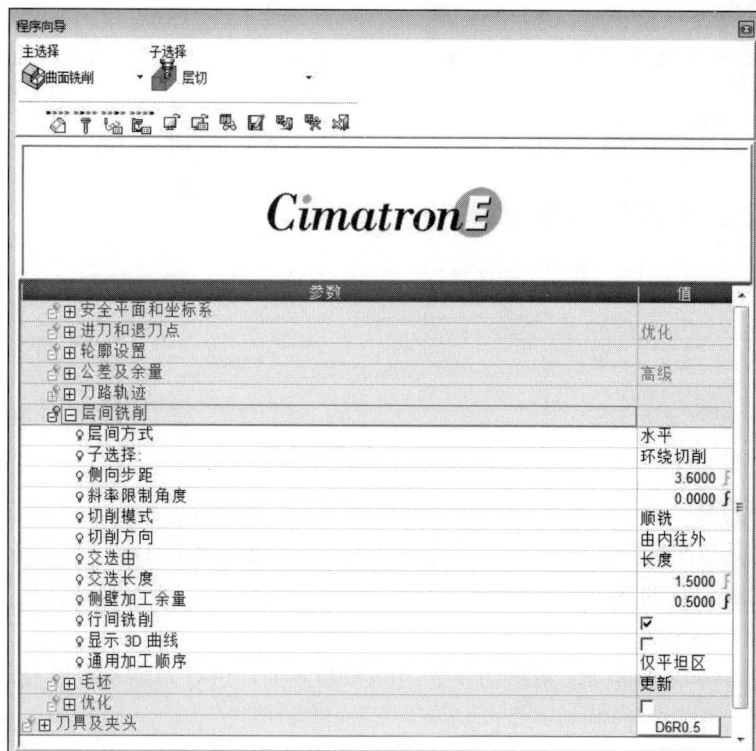

图 7-67　层间铣削参数设置

（4）设置机床参数

单击"机床参数"图标，系统切换到机床参数界面，设置机床的主轴转速为 4000、进给为 600，其他选择默认值，如图 7-68 所示。

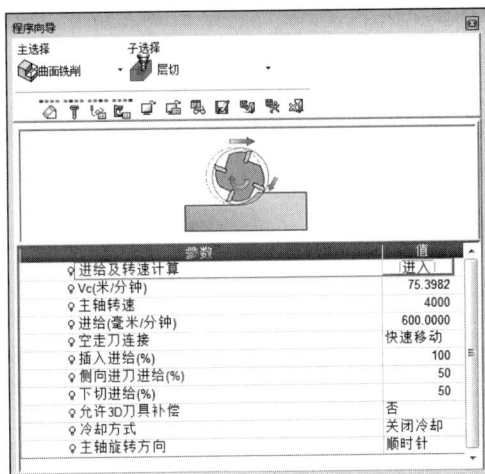

图 7-68　曲面精铣机床参数设置

（5）程序生成

单击"保存并计算"图标，系统将根据前面设置的参数自动计算刀路轨迹，并在绘图区显示生成的刀路轨迹，如图 7-69 所示。

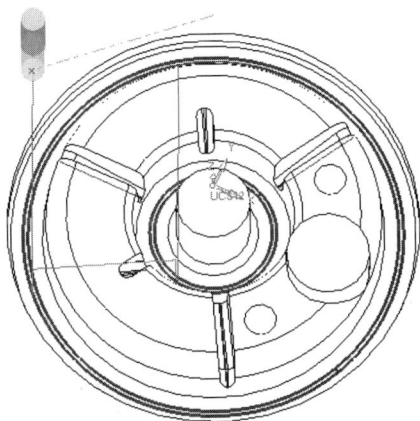

动画：过滤器
瓶盖模板底
面加工

图 7-69　曲面精铣生成刀路参数

3. 创建曲面加工程序

单击"NC 向导"中的"程序"图标，系统弹出"程序向导"对话框，开始创建加工程序，修改"主选择"为"曲面铣削"、"子选择"为"精铣所有"。

（1）设置刀路参数

单击"刀路参数"图标，系统切换到刀路参数界面，进行设置刀路参数，如图 7-70 所示。

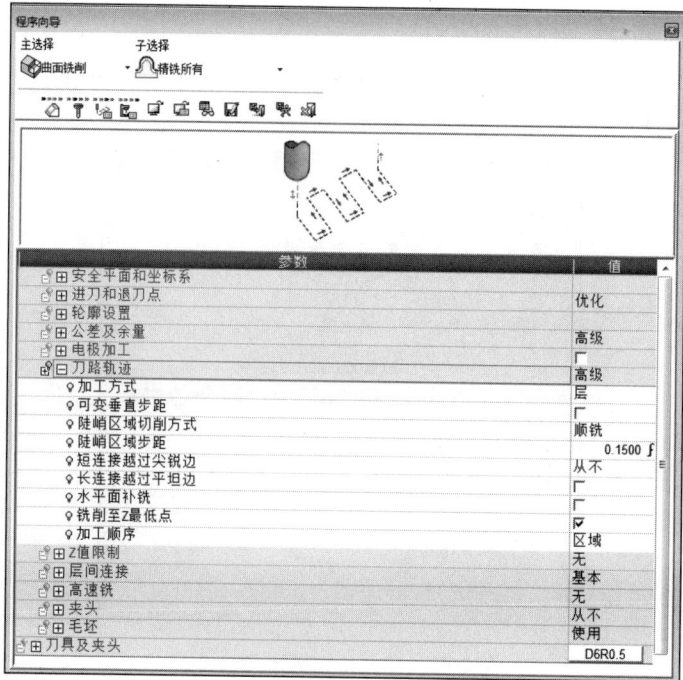

图 7-70　曲面加工刀路参数设置

（2）设置机床参数

单击"机床参数"图标，系统切换到机床参数界面，设置机床的主轴转速为4000、进给为1500，其他选择默认值。

（3）程序生成

单击"保存并计算"图标，系统将根据前面设置的参数自动计算刀路轨迹，并在绘图区显示生成的刀路轨迹，如图 7-71 所示。

微课：过滤器
瓶盖模板曲
面精铣编程

动画：过滤器
瓶盖模板曲
面精铣

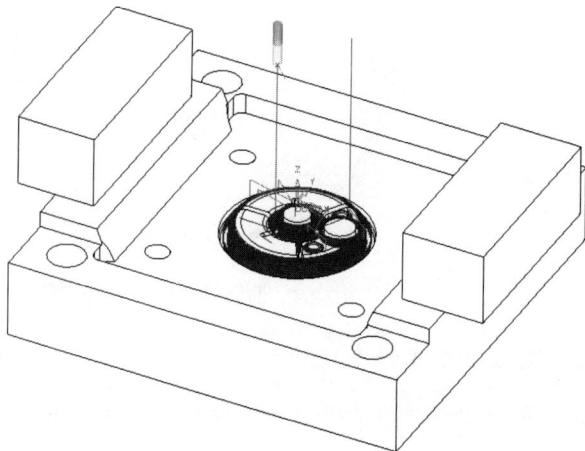

图 7-71　曲面加工生成的刀路轨迹

7.3.9　曲面侧壁精修

1. 创建刀路轨迹

单击"NC 向导"中的"刀轨"图标，进入创建刀路轨迹功能，系统弹出"创建刀轨"对话框，修改名称为 10，类型为 3 轴，安全平面为 50，单击"确认"按钮，创建 3 轴刀路轨迹。完成后，"NC 程序管理器"中会新增一个名为 10 的刀路轨迹。

2. 创建程序 1

单击"NC 向导"中的"程序"图标，系统弹出"程序向导"对话框，开始创建加工程序，修改"主选择"为"2.5 轴"、"子选择"为"封闭轮廓"。

（1）选择轮廓

单击轮廓后的"0"按钮，系统弹出"轮廓管理器"对话框，修改刀具位置为切向，轮廓偏移为 0，铣削侧为外侧，在绘图区选择轮廓线，再单击中键确认，完成轮廓选择，如图 7-72 所示。

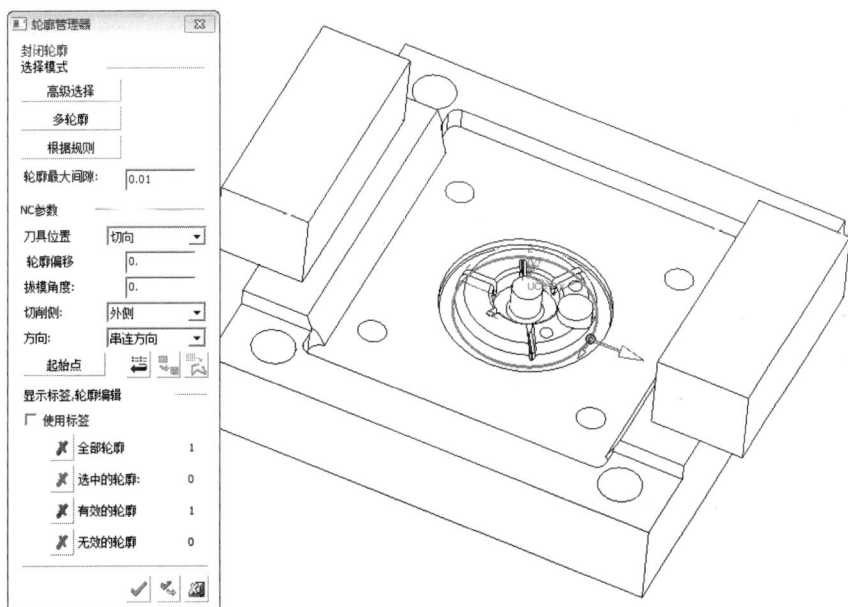

图 7-72　曲面侧壁精修轮廓选择

（2）选择刀具

单击"刀具"图标，系统弹出"刀具及夹头"对话框，选择 F6 平底刀，单击"确认"图标，完成刀具的选择。

（3）设置刀路参数

单击"刀路参数"图标，系统切换到刀路参数界面，进行刀路参数设置，如图 7-73 所示。

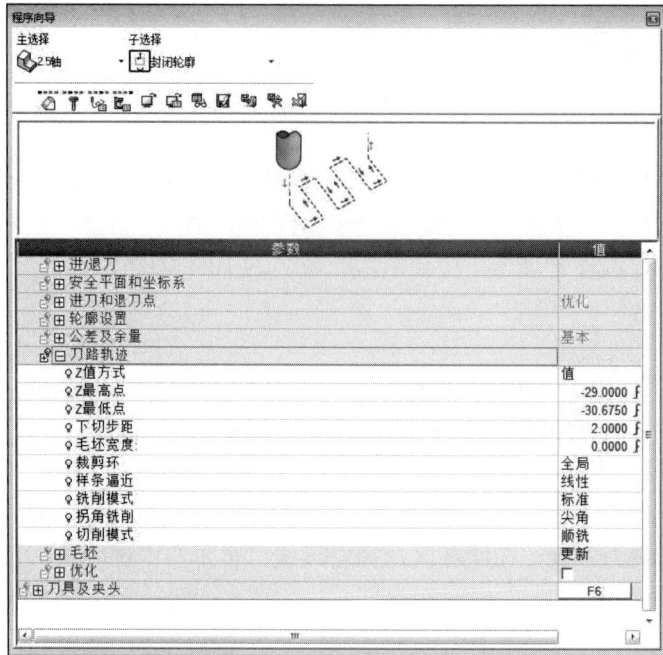

图 7-73　曲面侧壁精修刀路参数设置

（4）设置机床参数

单击"机床参数"图标，系统切换到机床参数界面，设置机床的主轴转速为 4000、进给为 300，其他选择默认值，如图 7-74 所示。

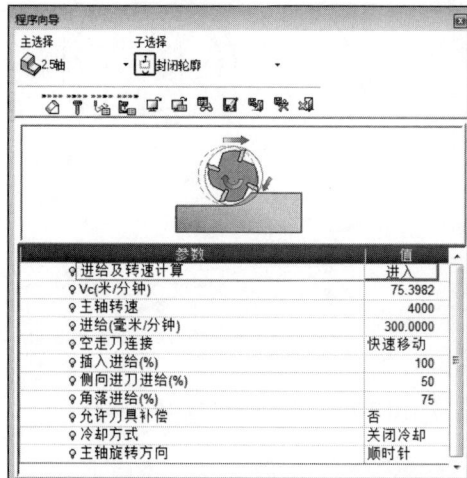

图 7-74　曲面侧壁精修机床参数设置

（5）程序生成

单击"保存并计算"图标，系统将根据前面设置的参数自动计算刀路轨迹，并在绘图区显示生成的刀路轨迹，如图 7-75 所示。

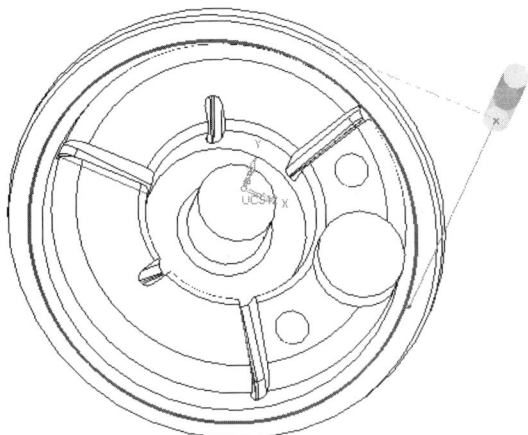

图 7-75   曲面侧壁精修生成的刀路参数

3. 创建程序 2

通过复制、粘贴方法，创建"主选择"为"2.5 轴"、"子选择"为"封闭轮廓的加工程序"。

（1）修改轮廓

单击轮廓后的"1"按钮，系统弹出"轮廓管理器"对话框，修改铣削位置为"内侧"，其他参数保持默认设置，在绘图区选择轮廓线，如图 7-76 所示，再单击中键确认，完成轮廓选择。

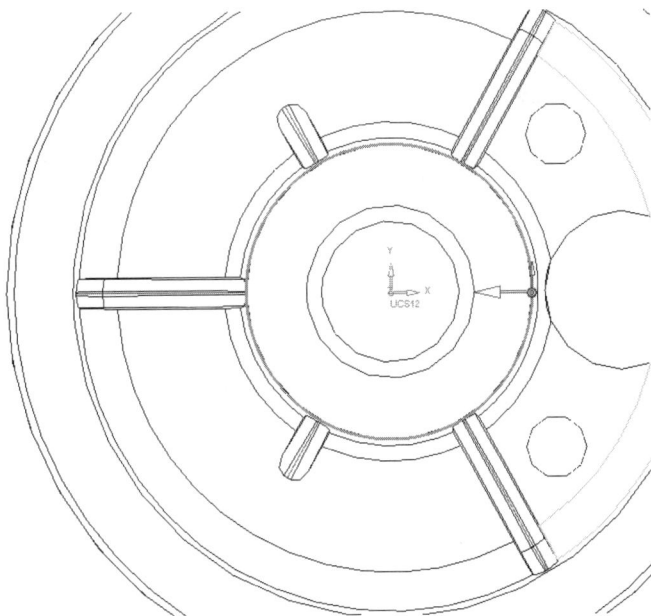

图 7-76   修改轮廓

（2）修改刀路参数

单击"刀路参数"图标，系统切换到刀路参数界面，进行刀路参数修改，如图 7-77 所示。

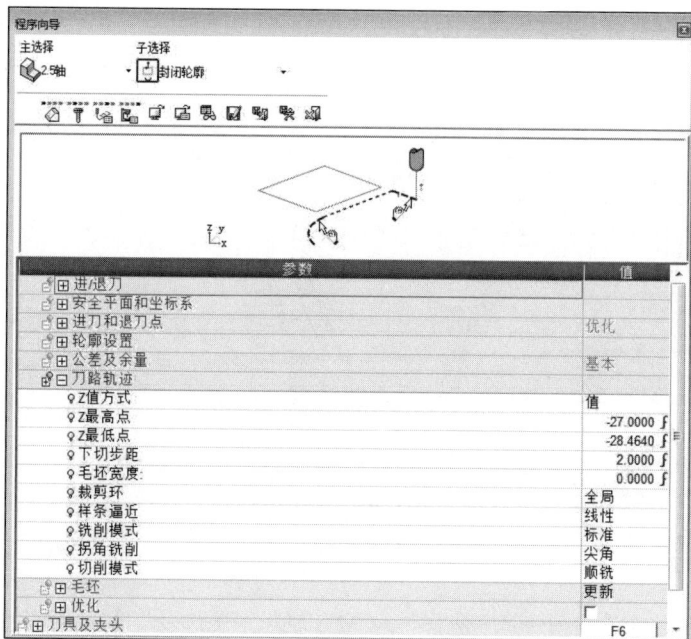

图 7-77　修改刀路参数设置

（3）程序生成

单击"保存并计算"图标，系统将根据前面设置的参数自动计算刀路轨迹，并在绘图区显示生成的刀路轨迹，如图 7-78 所示。

微课：过滤器
瓶盖模板曲
面侧壁精修
编程

动画：过滤器瓶
盖模板曲面侧
壁精修（二）

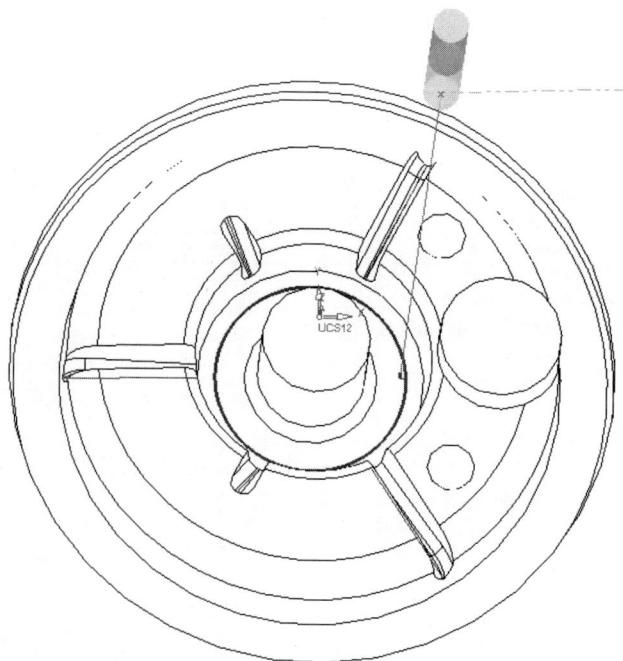

图 7-78　生成刀路参数

4. 仿真模拟

单击 "NC 向导" 中的 "机床仿真" 图标，进入模拟检验功能，系统弹出 "机床仿真" 对话框。单击双绿色箭头，单击 "确认" 图标，系统将打开 "CimatronE-机床模拟" 窗口，单击菜单栏中的 "运行" 图标，进行实体切削模拟，加工模拟仿真结果如图 7-79 所示。

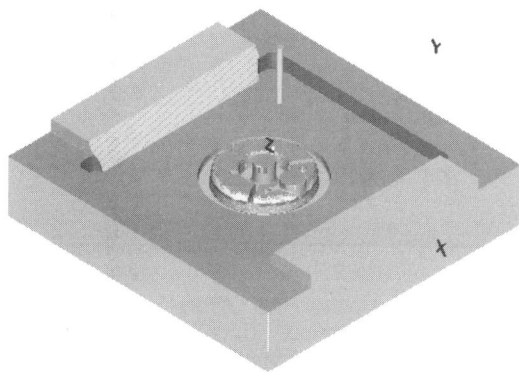

动画：过滤器瓶
盖模板机床仿
真加工

图 7-79　加工模拟仿真结果

5. 后处理

单击 "NC 向导" 中的 "后处理" 图标，进入后处理功能，系统弹出 "后处理" 对话框，再选择处理后输出程序的存放文件夹，选择重命名文件类型为仅 G 代码文件，文件名命名为 glqpgnc，选中 "完成后打开输出的文件" 复选框，其他选择默认值。再单击 "确认" 图标，进行后处理。后处理完成后，系统将产生一个程序文件，如图 7-80 所示。

图 7-80　生成数控程序

7.4

填写加工程序单

填写表 7-2 所示加工程序单。

表 7-2　加工程序单

零件名称：过滤器瓶盖模板　　　　　　　　操作员：　　　　　编程员：

计划时间	
实际时间	
上机时间	
下机时间	

描述：

四面分中

工作尺寸/mm	
X_c	
Y_c	
Z_c	

工作数量：1 件

程序名称	加工类型	刀具	背吃刀量/mm	加工余量/mm	上机时间	完成时间	备注
01	开粗	D30R5	0.5	0.2			
02	二次开粗	D12R0.8	0.3	0.2			
03	底部二次开粗	F8	0.3	0.2			
04	槽粗铣	B3R1.5	0.15	0.15			
05	槽精铣	B3R1.5	0.1	0			
06	平面精铣	D16R0.8	0.3	0			
07	斜面精铣	D16R0.8	0.2	0			
08	侧壁精修	F10	0.2	0			
09	曲面精铣	D6R0.5	0.2	0			
10	曲面侧壁精修	F6	0.2	0			

项 目 练 习

完成图 7-81 所示过滤器瓶盖动模板数控程序的创建。

过滤器瓶盖模板练习源文件见配套资源包（下载地址：www.abook.cn）。

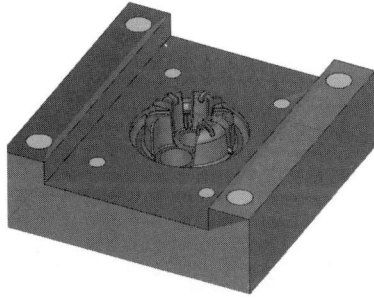

图 7-81　过滤器瓶盖模板

8

项 目

叶轮骨架数控编程

>>>>

◎ **项目导读**

叶轮骨架的毛坯是一个铸铝，其形状已基本成型，要求加工精度不高。该零件加工内容包括平面、曲面及孔等。

叶轮骨架源文件见配套资源包（下载地址：www.abook.cn）。

◎ **能力目标**

- 能根据实际铸件尺寸，创建毛坯、夹具。
- 能熟练合理地运用加工策略进行编程操作。

◎ **思政目标**

- 树立正确的学习观、价值观，自觉践行行业道德规范。
- 牢固树立质量第一、信誉第一的强烈意识。
- 遵规守纪，安全生产，爱护设备，钻研技术。

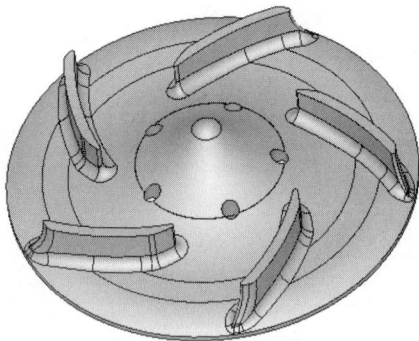

8.1

叶轮骨架模型分析

启动 CimatronE 11，在工具栏中单击"打开文件"图标，打开"CimatronE 浏览器"窗口，选择"叶轮骨架"文件，双击打开该文件，进入 CimatronE 11 软件零件设计界面。再选择"分析"→"测量"命令，系统弹出"测量"对话框。通过该对话框对模型进行分析，如图 8-1 所示。

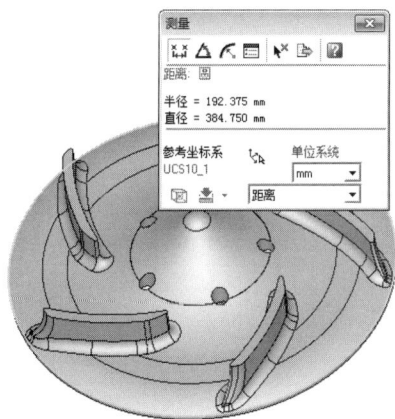

图 8-1　模型分析

选择"分析"→"曲率分析"命令，系统弹出"特征向导"的曲率分析界面，再单击"选择所有"图标，选择所有曲面，单击中键确认退出。也可以通过点选方式得到各点的曲率半径，可知叶片底部倒角值是 10，如图 8-2 所示。

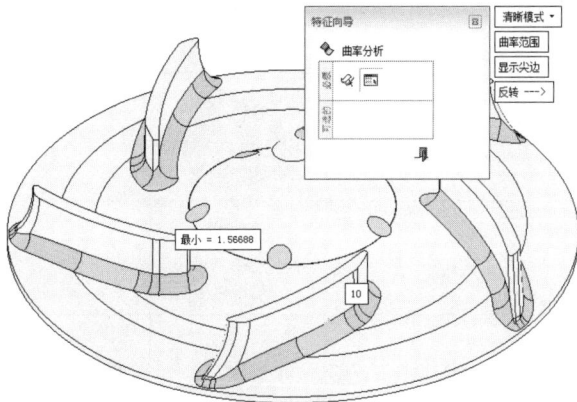

微课：叶轮骨架
模型分析

图 8-2　模型曲率分析

模型直径：384.75mm。

叶片高度：50mm。

8.2 叶轮骨架加工工艺制定

叶轮骨架加工工艺，可按表 8-1 所示进行编制。

微课：叶轮骨架加工工艺制定

表 8-1　叶轮骨架加工工艺流程

序号	加工内容	加工策略	图解	备注
01	开粗	体积铣-环绕粗铣		根据型腔尺寸及深度确定使用 F32R0.8 牛鼻刀进行开粗
02	叶片顶面加工	2.5 轴-型腔-环绕切削		从使用刀具情况出发确定使用 F32R0.8 牛鼻刀进行叶片顶面的加工
03	叶轮外轮廓加工	曲面铣削-根据角度精铣		根据零件的加工深度确定使用 F32R0.8 牛鼻刀进行叶轮骨架外轮廓的加工
04	曲面精铣	曲面铣削-根据角度精铣		从加工效率出发确定使用 B16R8 球刀进行曲面的精加工
05	压板部位粗加工	体积铣-环绕粗铣		
06	压板部位外轮廓加工	曲面铣削-精铣所有		
07	压板部位曲面精加工	曲面铣削-根据角度精铣		
08	孔加工	2.5 轴-封闭轮廓		考虑到在曲面上加工孔，确定使用螺旋下刀方式进行加工，采用 F10 平底刀

8.3

叶轮骨架毛坯及夹具创建

8.3.1　坐标系创建

选择直线指令，在浮动菜单上选择"根据方向"选项，在实体上选择底平面，系统默认选择圆心为直线起始点，并指定方向与长度，单击"确认"图标，完成第一条直线的创建，如图 8-3 所示。

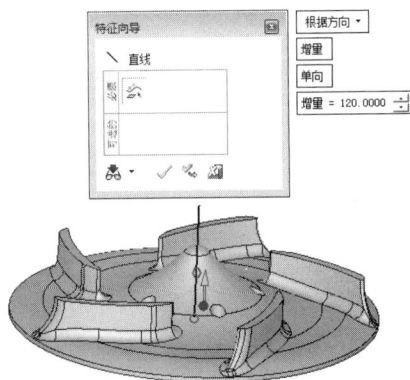

图 8-3　第一条直线创建

用相同的方法创建第二条直线，选择第一条直线的起始点作为第二条直线的起始点，再选择中间小箭头，单击左键，系统弹出直线方向选项，如图 8-4 所示。再选择"沿 Y 轴"选项，单击"确认"图标，完成第二条直线的创建。

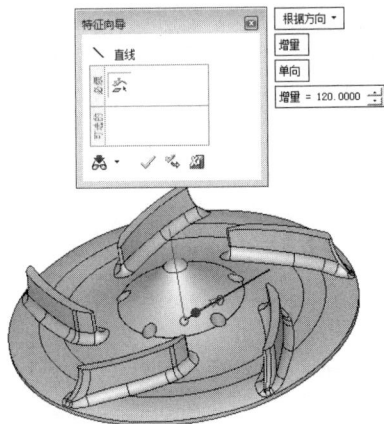

图 8-4　第二条直线创建

用与第二条直线创建相同的方法完成第三条直线的创建，如图 8-5 所示。

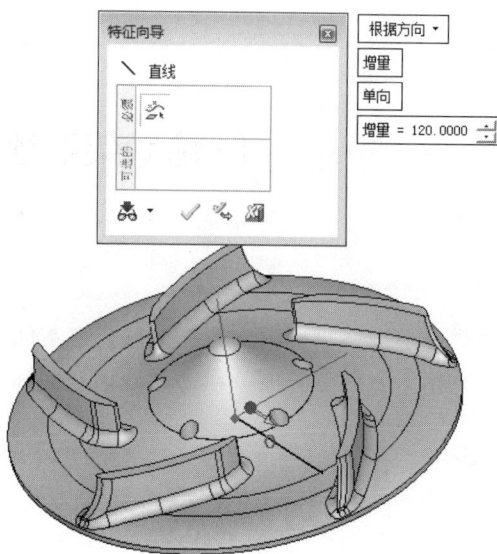

图 8-5　直线创建

在主菜单上选择"基准"→"坐标系"→"根据几何"命令，拾取坐标系原点，创建用户坐标系，如图 8-6 所示。再选择"基准"→"坐标系"→"激活坐标系"命令，选择刚创建的坐标系，进行激活。激活后，坐标系显示为红色。

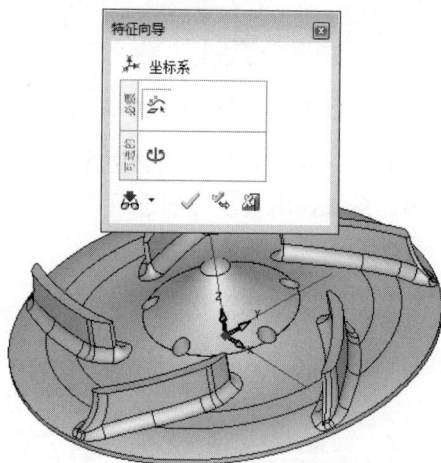

图 8-6　坐标系创建

8.3.2　圆台创建

选择绘制草图工具栏，再选择实体底平面，以该平面为草图平面绘制圆，圆直径与实际尺寸一致，如图 8-7 所示。

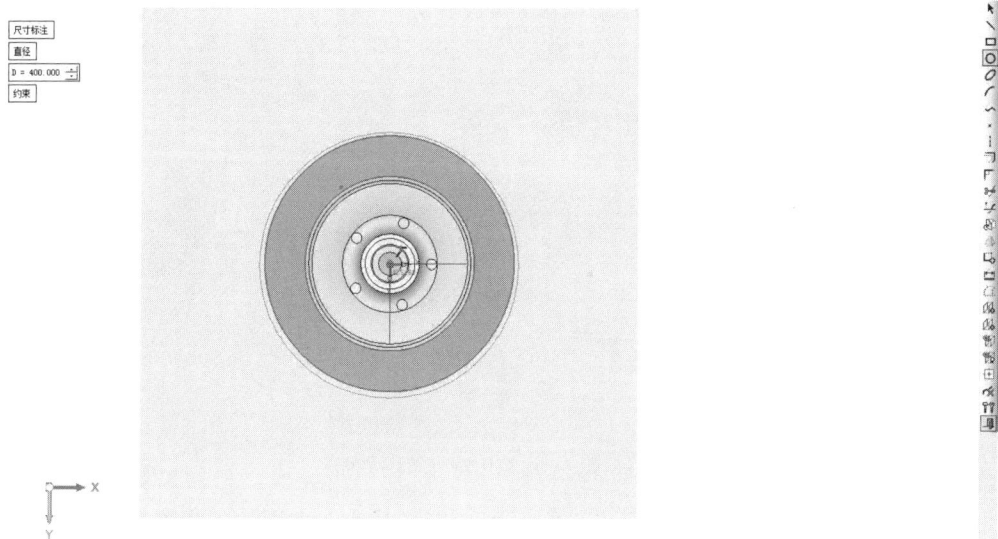

图 8-7　圆台草图创建

在主菜单中选择"实体"→"新建"→"拉伸"命令,新建一个拉伸实体,根据毛坯实际尺寸输入拉伸长度,如图 8-8 所示。

微课:叶轮坐标
系和圆台创建

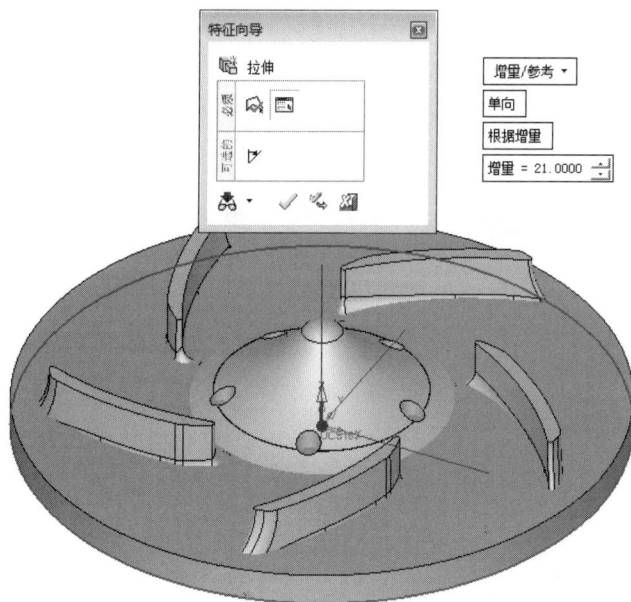

图 8-8　圆台创建

8.3.3　叶片毛坯轮廓创建

以叶片上表面为草图平面创建草图,如图 8-9 所示。

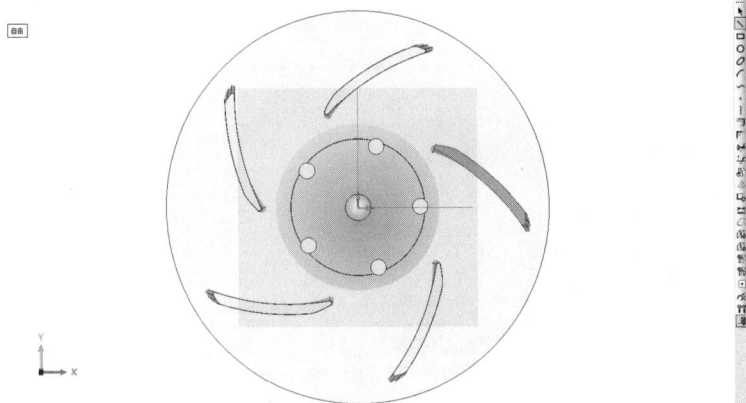

图 8-9   叶片毛坯轮廓草图界面

单击草图工具栏中的"增加参考"图标⬚，选择叶片上表面边界为参考线，如图 8-10 所示。

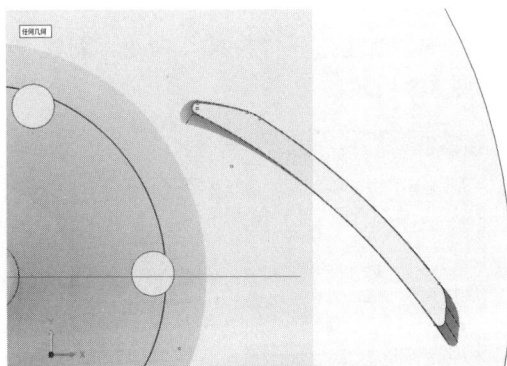

图 8-10   参考线选取

单击草图工具栏中的"圆"图标，绘制直径为 400 的圆，如图 8-11 所示。

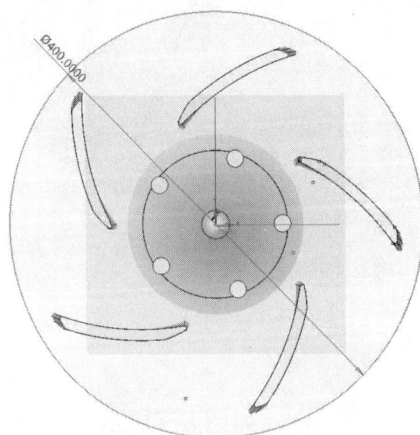

图 8-11   圆的绘制

单击草图工具栏中的"偏移"图标 ⌐，修改偏移量为 8，先选取需要偏移的曲线，再单击偏移的方向，绘制结果如图 8-12 所示。

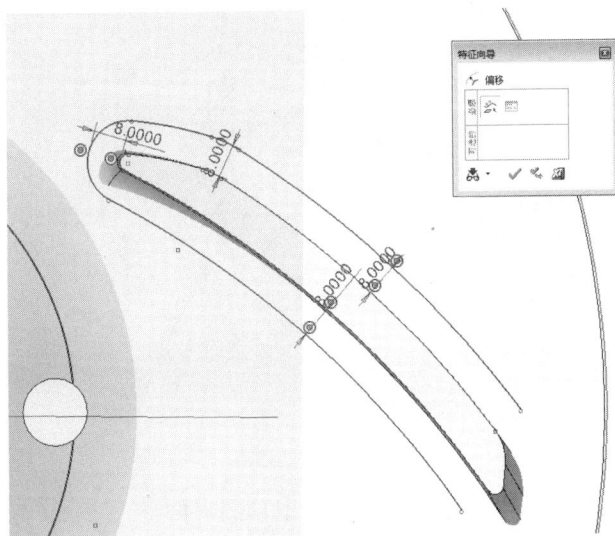

图 8-12　曲线偏移

单击草图工具栏中的"修剪/延伸"图标 ⊬，选择需要延伸的两条曲线，单击中键退出，再选择需要延伸到的曲线，单击"确认"按钮，如图 8-13 所示。

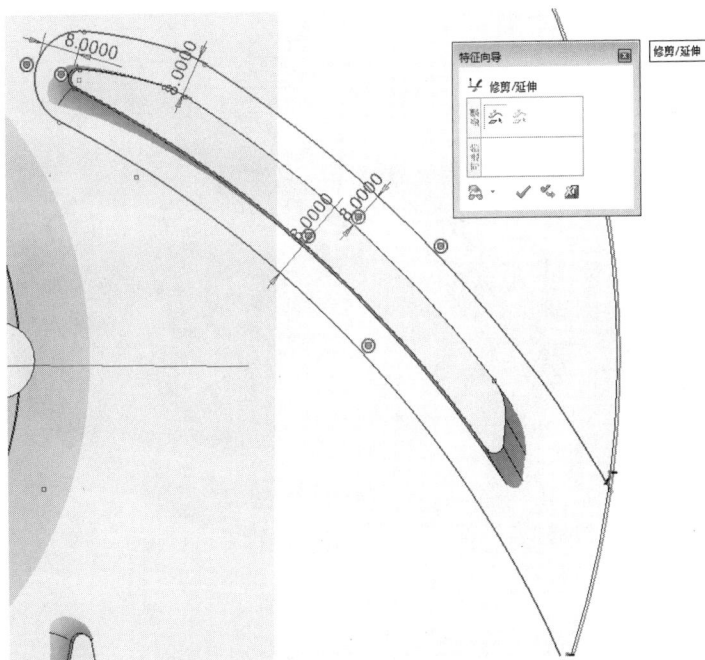

图 8-13　曲线延伸

单击草图工具栏中的"裁剪"图标 ✄，选择需要裁剪的曲线部分，完成曲线的裁剪，如图 8-14 所示。

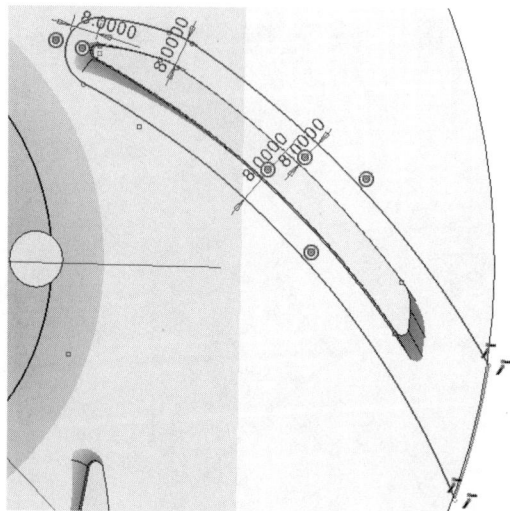

图 8-14　曲线裁剪

单击草图工具栏中的"退出草图"图标，退出草图界面。

选择主菜单中的"实体"→"新建"→"拉伸"命令，根据叶片实际尺寸，修改相关参数，如图 8-15 所示。再单击"确认"图标，完成拉伸实体的创建。

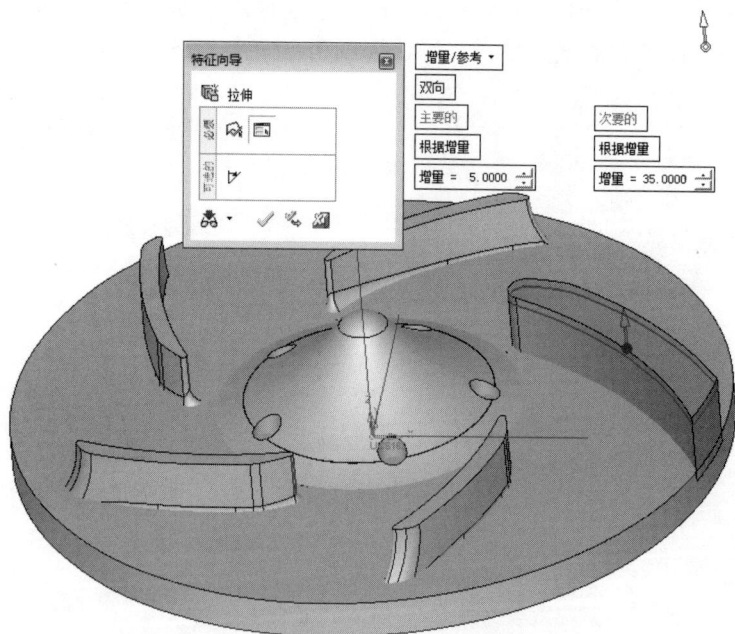

图 8-15　叶片实体拉伸

再选择主菜单中的"编辑"→"复制图素"→"旋转阵列"命令，拾取需要旋转阵列的实体，再选择旋转轴，修改相关参数，如图 8-16 所示。单击"确认"图标，完成叶片毛坯的创建。

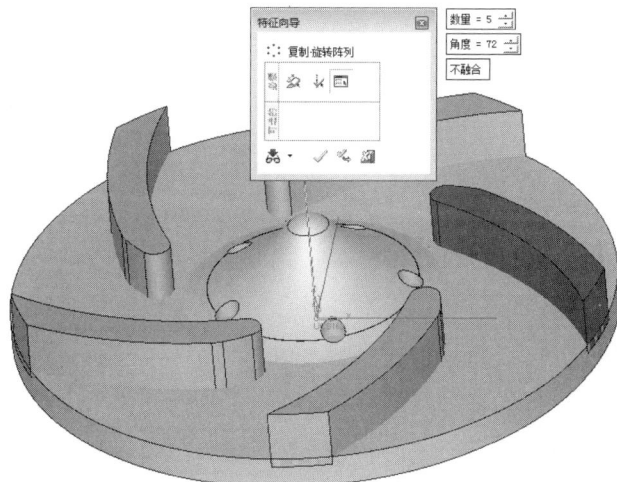

图 8-16　叶片旋转阵列

8.3.4　曲面毛坯创建

为了方便曲面毛坯的创建，可考虑将所创建的毛坯先进行隐藏，其工具栏如图 8-17 所示。

图 8-17　隐藏/显示工具栏

——隐藏：单击该图标，把所有显示的物体隐藏。

——显示：单击该图标，显示所有隐藏的物体。

——隐藏其他：单击该图标，隐藏非选取的物体。

——前一次：单击该图标，显示此次隐藏之前的窗口。

——下一次：单击该图标，显示此次隐藏之后的窗口。

——隐藏/显示：单击该图标，物体在显示与隐藏之间切换。

在绘图区选择实体叶轮骨架、坐标系和 3 条直线，如图 8-18 所示。

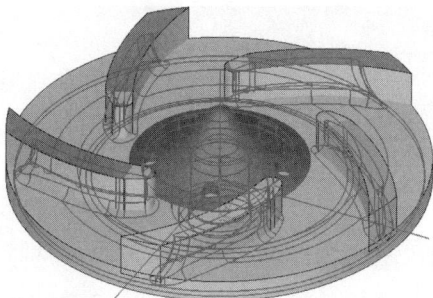

图 8-18　实体、轮廓、直线选取

再单击隐藏工具栏中的"隐藏其他"图标，隐藏其他图素，如图 8-19 所示。

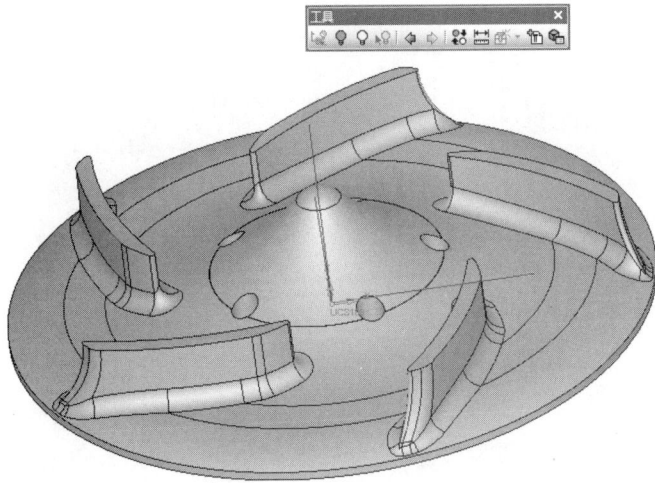

图 8-19　图素的隐藏

选择主菜单中的"曲线"→"投影"命令，系统弹出浮动对话框，选择 Y 方向直线为曲线，单击中键确定，再确定投影方向，拾取曲面为参考面，单击"确认"图标，完成曲线投影操作，如图 8-20 所示。

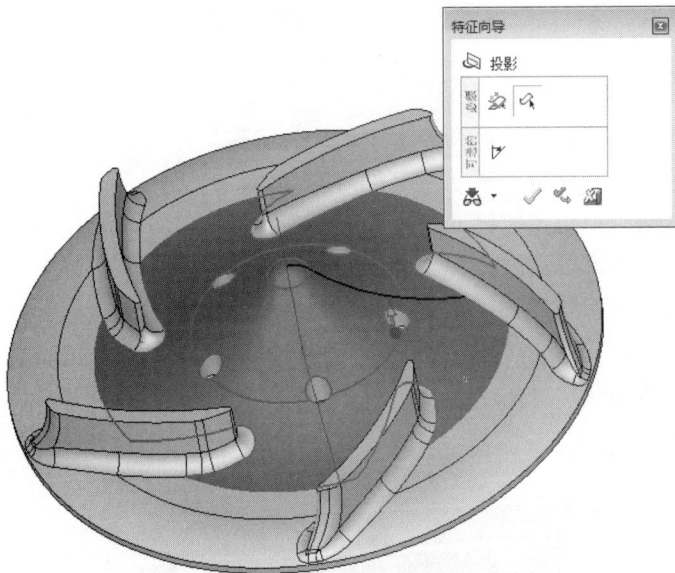

图 8-20　曲线的投影

在主菜单中选择"基准"→"基准面"→"主平面"选项，系统弹出浮动对话框，选择坐标系，系统自动生成主平面，如图 8-21 所示，单击"确认"图标，完成主平面的创建。

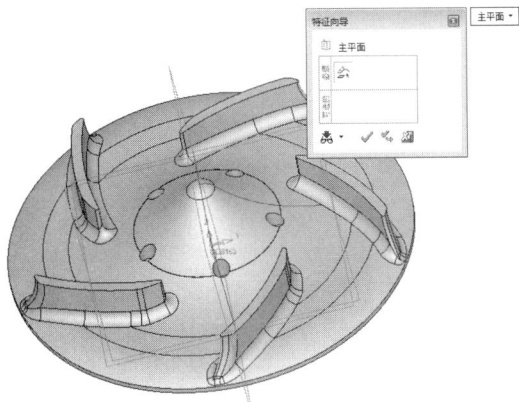

图 8-21 主平面的创建

单击工具栏中的"草图"按钮，选择曲线所在的平面作为草图平面，创建草图，方法同叶轮毛坯草图创建相似。最后单击"退出草图"按钮，完成草图的创建，如图 8-22 所示。

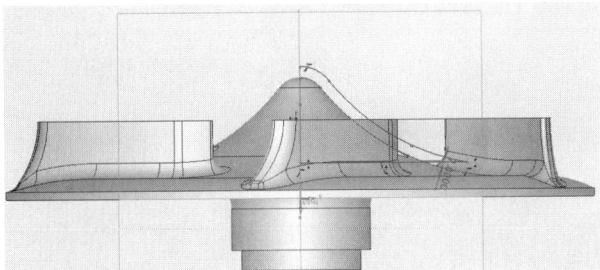

图 8-22 曲线草图创建

选择主菜单中的"实体"→"新建"→"旋转"命令，系统弹出浮动对话框，并默认刚创建的草图为旋转轮廓，再选择旋转轴，单击"确认"图标，完成毛坯曲面的创建，如图 8-23 所示。

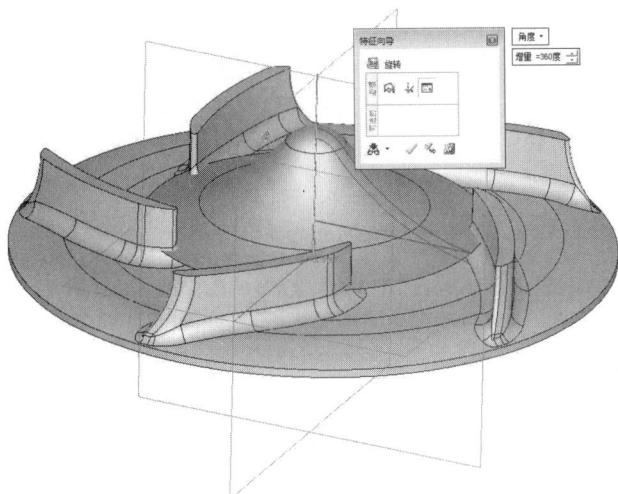

图 8-23 实体旋转

单击"隐藏"图标，隐藏刚创建的曲面毛坯。再单击"隐藏/显示"图标，显示整个叶轮骨架毛坯，如图 8-24 所示，同时可通过该图标在图素的显示和隐藏之间进行切换。

微课：叶轮叶片
毛坯轮廓和曲
面创建

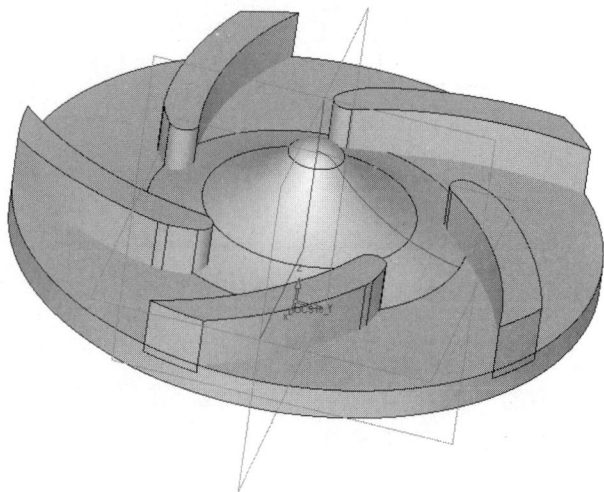

图 8-24　叶轮骨架毛坯

8.3.5　夹具创建

单击"隐藏/显示"图标，显示整个叶轮骨架。单击"绘制草图"图标，选择草图平面开始创建草图，如图 8-25 所示。

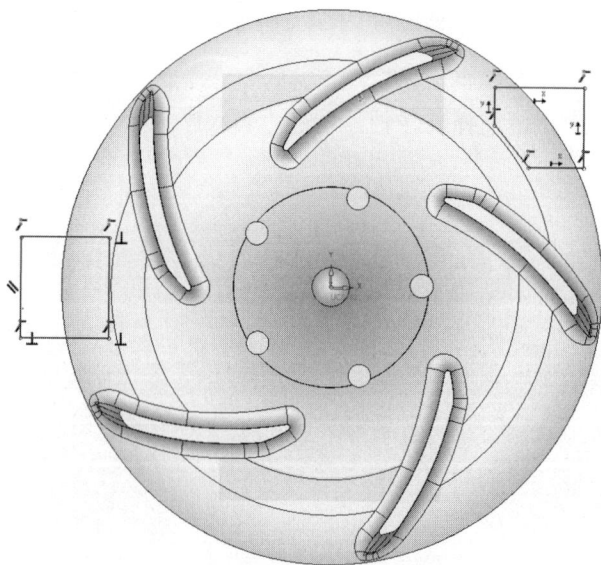

图 8-25　夹具草图创建

选择菜单栏中的"实体"→"新建"→"拉伸"命令，新建拉伸实体，完成夹具实体创建，如图 8-26 所示。

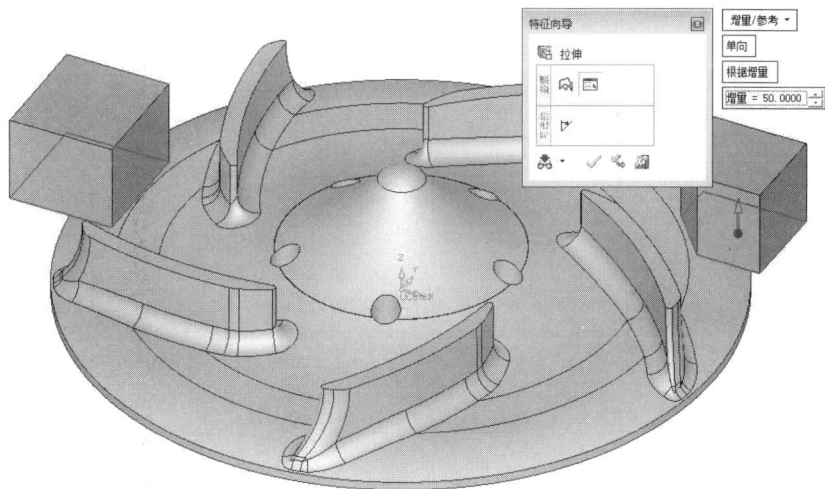

图 8-26　夹具创建

同时，为防止在加工时，刀具进入孔进行加工，有必要先对这些区域进行补面。选择菜单栏中的"曲面"→"混合"命令，依次选择孔轮廓进行补面操作，如图 8-27 所示。

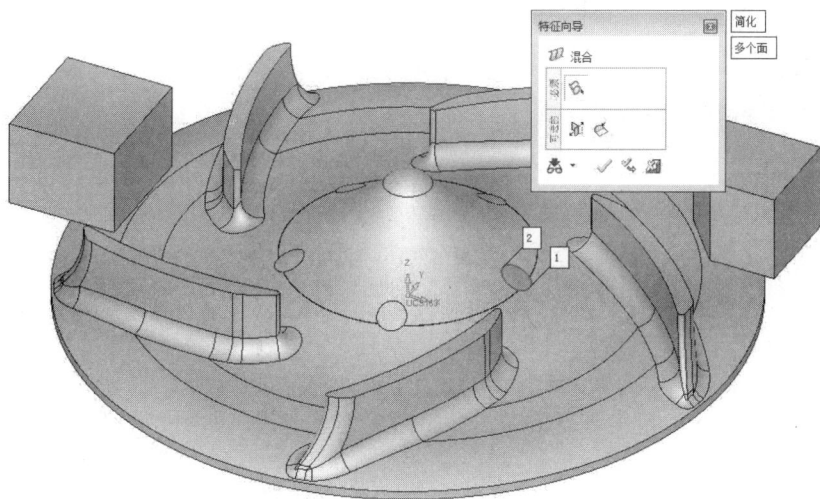

微课：叶轮骨架
夹具创建

图 8-27　补面操作

8.4

叶轮骨架编程操作

8.4.1　开粗

1. 模型调入

选择主菜单中的"文件"→"输出"→"至加工"命令，进入编程工作模式。选择坐标系，如图 8-28 所示，在"特征向导"栏中单击"确认"图标将模型放置到当前坐标系的原点，同时不做旋转，完成模型的调入。

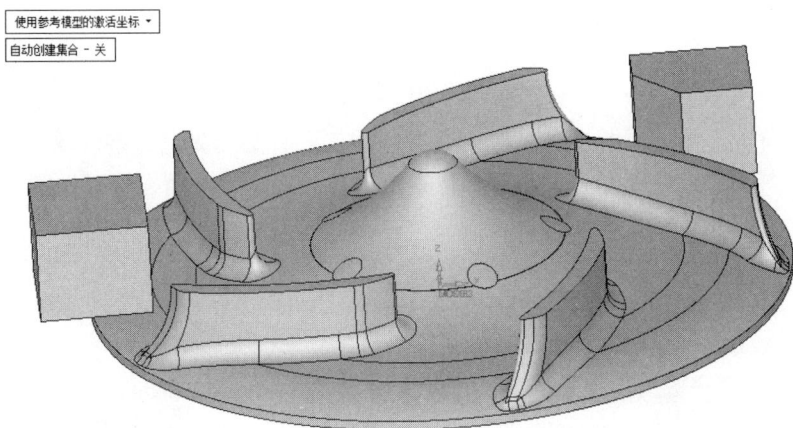

图 8-28　选择坐标系

2. 选择、创建刀具

单击"NC 向导"中的"刀具"图标，系统弹出"刀具及夹头"对话框，选择"从 CSV 或 XML 文件中输入刀具或夹头"选项，选择刀具库文件，再依次选择所要用到的 F32R0.8 和 F10 刀具，加载所选的刀具，单击"确认"图标，完成刀具选择，如图 8-29 所示。同时创建 B16R8 球刀。

3. 创建刀路轨迹

单击"NC 向导"中的"刀轨"图标，进入创建刀路轨迹功能，系统弹出"创建刀轨"对话框，修改名称为 01，类型为 3 轴，安全平面为 120，如图 8-30 所示，创建刀路轨迹。

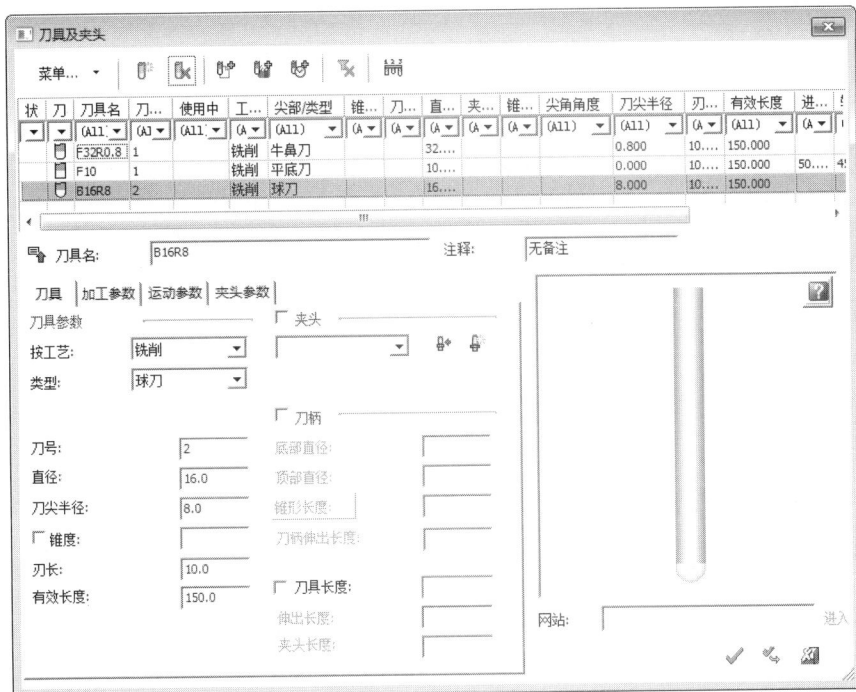

图 8-29　刀具选择和创建

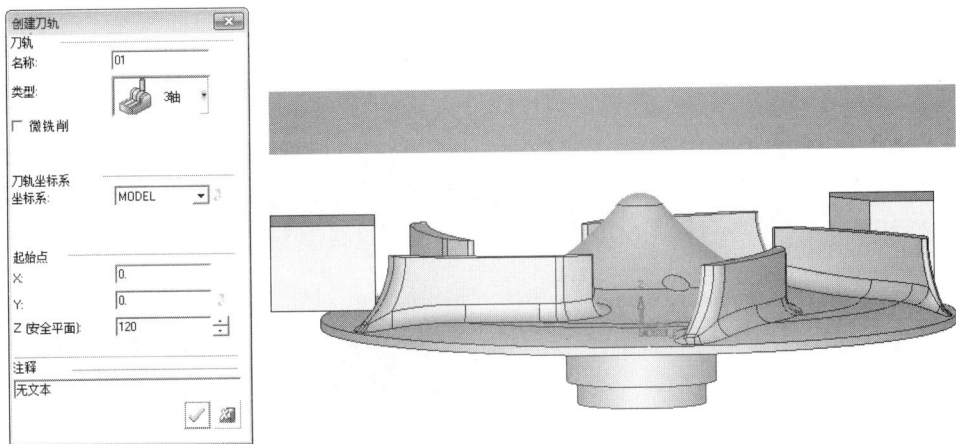

图 8-30　创建刀路轨迹 01

4. 创建毛坯

单击"NC 向导"中的"毛坯"图标，系统弹出"初始毛坯"对话框，单击"隐藏/显示"图标，显示叶轮骨架毛坯，将毛坯类型修改为曲面，再单击中键确认退出，完成毛坯的创建，如图 8-31 所示。

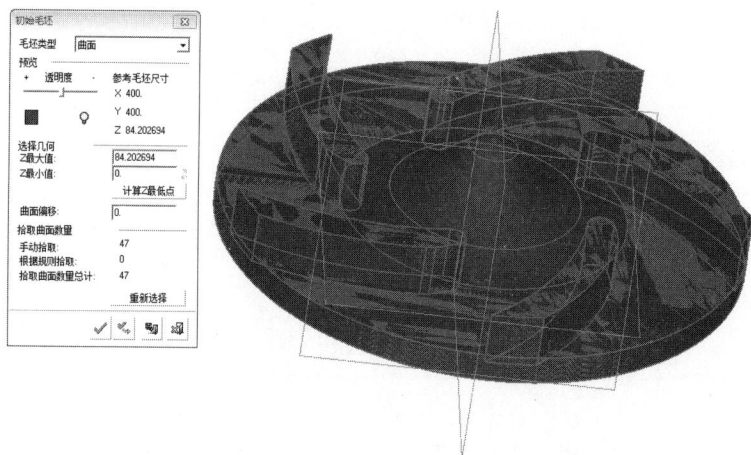

图 8-31　创建曲面毛坯

5. 创建加工程序

单击"显示/隐藏"图标，隐藏叶轮骨架毛坯，显示叶轮骨架和夹具体。单击"NC 向导"中的"程序"图标，系统弹出"程序向导"对话框，开始创建加工程序，修改"主选择"为"体积铣"、"子选择"为"环绕粗铣"。

（1）选择零件曲面

单击零件曲面后的"0"按钮，再单击工具栏中的"选择所有"图标，选择全部零件曲面，单击中键退出，完成零件曲面选择，如图 8-32 所示。

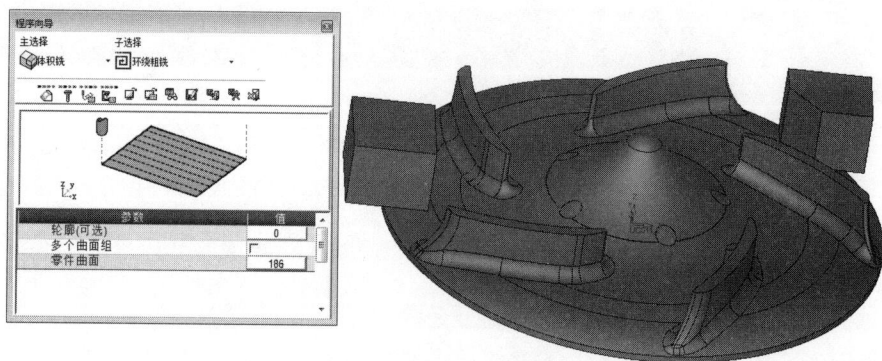

图 8-32　零件曲面选择

（2）设置刀路参数

单击"刀路参数"图标，系统切换到刀路参数界面，按图 8-33 所示进行各参数设置。注意：刀具选择为 F32R0.8 牛鼻刀。

图 8-33　刀路参数设置

（3）设置机床参数

单击"机床参数"图标，系统切换到机床参数界面，设置机床的主轴转速为 4000、进给为 3000，其他选择默认值，如图 8-34 所示。

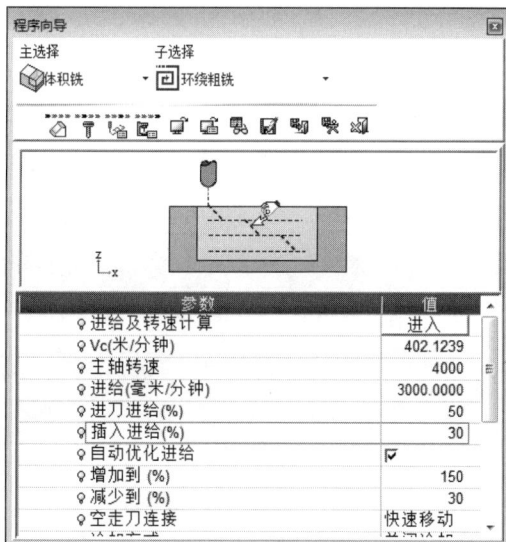

图 8-34　机床参数设置

（4）程序生成

单击"保存并计算"图标，系统将根据前面设置的参数自动计算刀路轨迹，并在绘图区显示生成的刀路轨迹，如图 8-35 所示。利用"NC 程序管理器"中的"显示"或"隐藏"图标可显示或隐藏所建立的刀路轨迹。

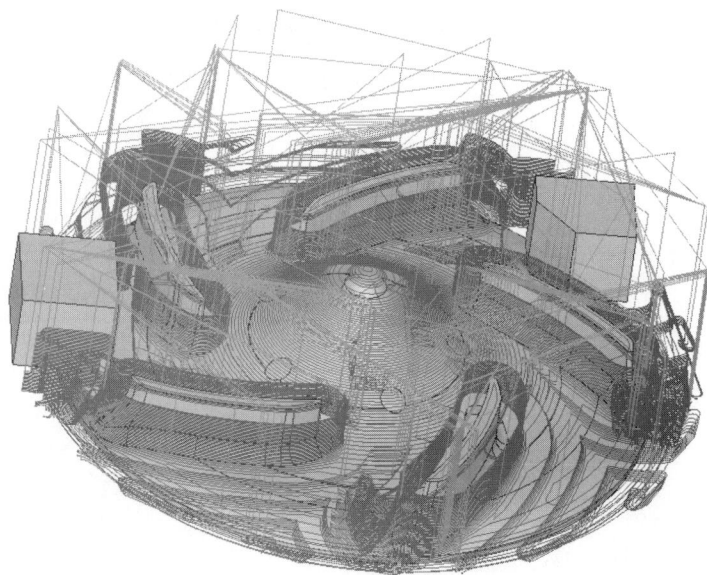

图 8-35　开粗后生成的刀路轨迹

6. 仿真模拟

　　单击"NC 向导"中的"机床仿真"图标，进入模拟检验功能，系统弹出"机床仿真"对话框，单击"确认"图标，系统打开"CimatronE-机床模拟"窗口，选择"控制"→"运行"命令，进行实体切削模拟，加工模拟仿真结果如图 8-36 所示。

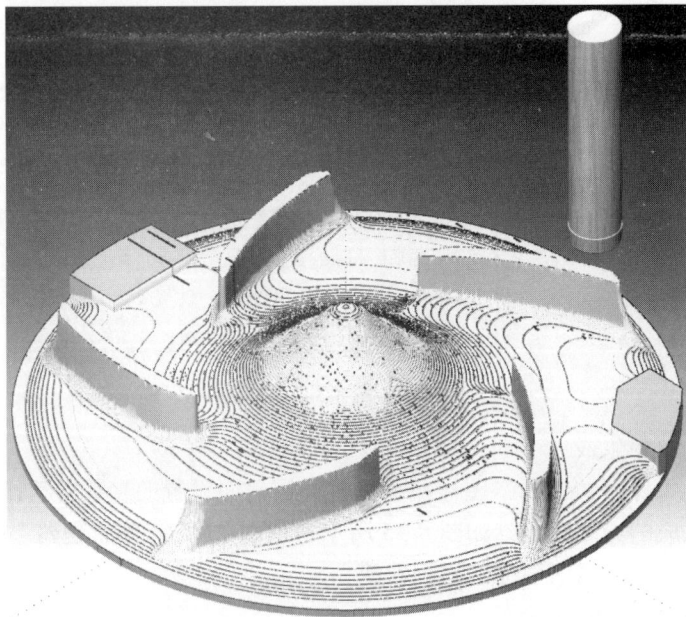

图 8-36　加工模拟仿真结果

8.4.2 叶片顶面加工

1. 创建刀路轨迹

单击"NC 向导"中的"刀轨"图标，进入创建刀路轨迹功能，系统弹出"创建刀轨"对话框，修改名称为 02，类型为 2.5 轴，安全平面为 120，如图 8-37 所示，创建刀路轨迹。

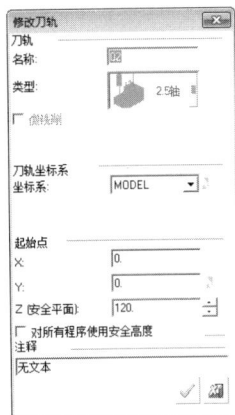

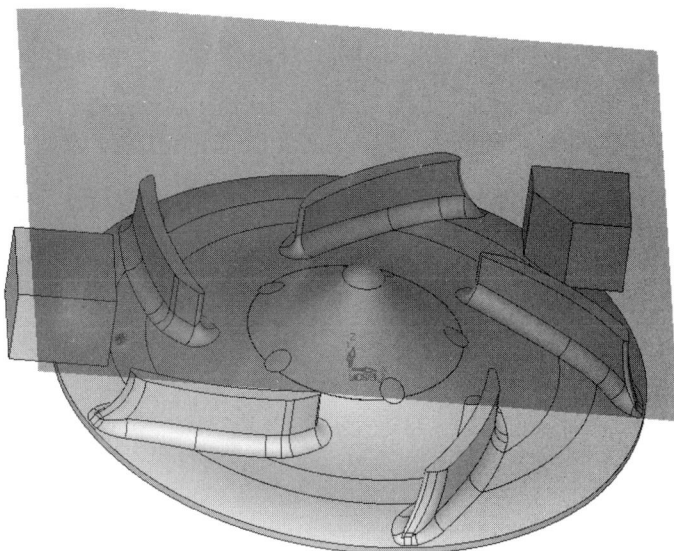

图 8-37 创建刀路轨迹 02

2. 创建加工程序

单击"NC 向导"中"程序"图标，系统弹出"程序向导"对话框，开始创建加工程序，修改"子选择"为"型腔-环绕切削"，如图 8-38 所示。

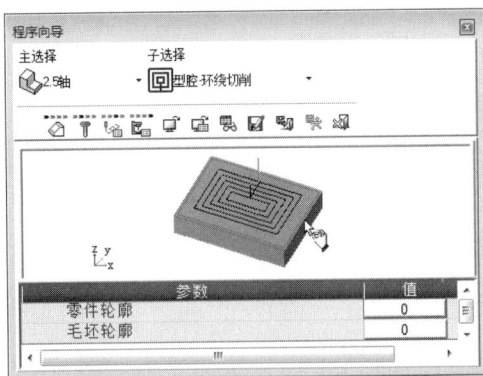

图 8-38 选择叶片顶面加工所需的工艺

（1）选择零件轮廓

单击零件轮廓后的"0"按钮，系统弹出"轮廓管理器"对话框，修改刀具位置为轮廓上，保证叶片顶面能加工到位。在绘图区选择第一条叶片边界，单击中键退出，完成第一条零件轮廓的选择。再按相同方法，完成其他 4 条叶片边界的选择，如图 8-39 所示，最后单击中键确认退出，完成零件轮廓的选择。

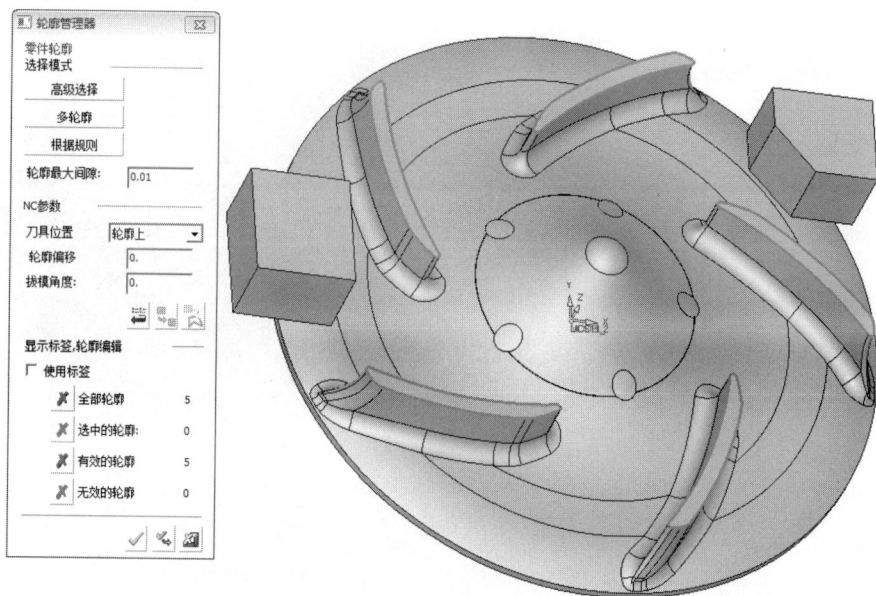

图 8-39　零件轮廓的选择

（2）设置刀路参数

单击"刀路参数"图标，系统切换到刀路参数界面，按图 8-40 所示进行各参数的设置。注意：刀具选择为 F32R0.8 牛鼻刀。

图 8-40　叶片顶面加工的刀路参数设置

（3）设置机床参数

单击"机床参数"图标，系统切换到机床参数界面，设置机床的主轴转速为3500、进给为1000，其他选择默认值。

（4）程序生成

单击"保存并计算"图标，系统将根据前面设置的参数自动计算刀路轨迹，并在绘图区显示生成的刀路轨迹，如图8-41所示。

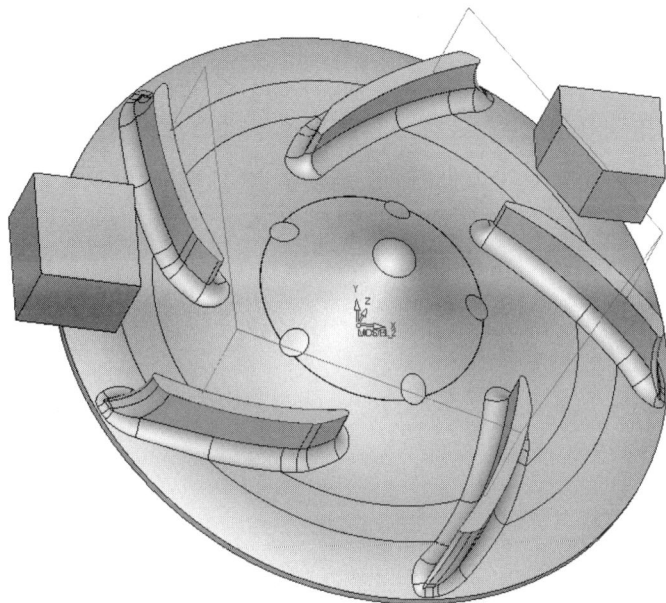

微课：叶轮骨架
叶片顶面加工
编程

动画：叶轮骨架
叶片顶面加工

图 8-41　叶片顶面加工生成的刀路轨迹

8.4.3　叶轮外轮廓加工

1. 创建刀路轨迹

单击"NC向导"中的"刀轨"图标，进入创建刀路轨迹功能，系统弹出"创建刀轨"对话框，修改名称为03，类型为2.5轴，安全平面为120，创建刀路轨迹。

2. 创建加工程序

单击"NC向导"中的"程序"图标，系统弹出"程序向导"对话框，开始创建加工程序，修改"主选择"为"曲面铣削"、"子选择"为"根据角度精铣"，如图8-42所示。注意：应取消轮廓选择。

（1）选择检查曲面、零件曲面

单击检查曲面后的"0"按钮，在绘图区依次选择夹具的各面，将之作为检查曲面，如图8-43所示，再单击中键退出，完成检查曲面的选择。

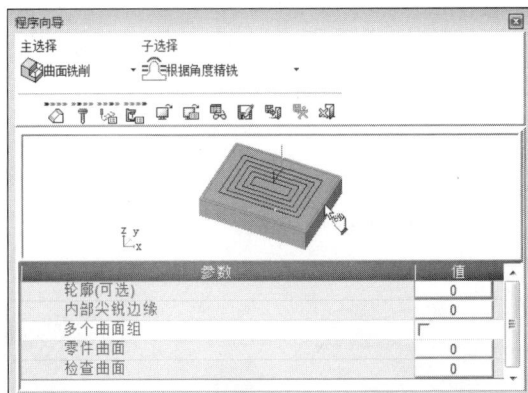

图 8-42　选择叶轮外轮廓加工所需的工艺

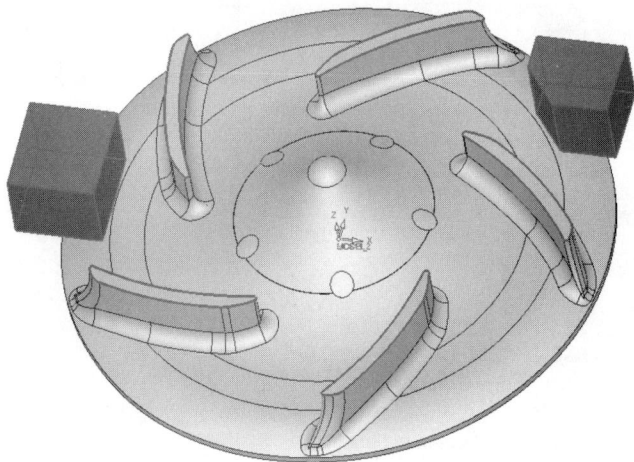

图 8-43　检查曲面选择

　　单击零件曲面后的"0"按钮，再单击工具栏中的"选择所有"图标，选择其余所有曲面，将之作为零件曲面，如图 8-44 所示，再单击中键退出，完成零件曲面的选择。

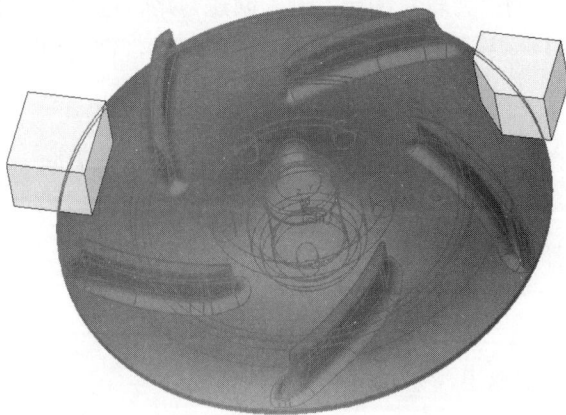

图 8-44　零件曲面选择

（2）设置刀路参数

单击"刀路参数"图标，系统切换到刀路参数界面，按图 8-45 所示进行各参数设置。注意：刀具选择为 F32R0.8 牛鼻刀。

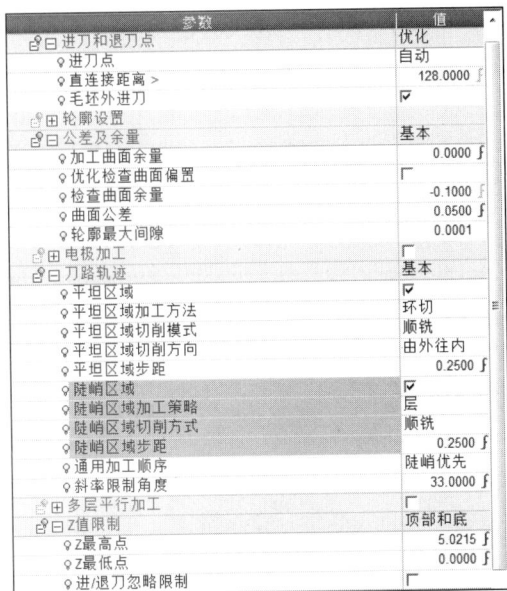

图 8-45　叶轮外轮廓加工的刀路参数设置

（3）设置机床参数

单击"机床参数"图标，系统切换到机床参数界面，设置机床的主轴转速为 4000、进给为 2000，其他选择默认值。

（4）程序生成

单击"保存并计算"图标，系统将根据前面设置的参数自动计算刀路轨迹，并在绘图区显示生成的刀路轨迹，如图 8-46 所示。

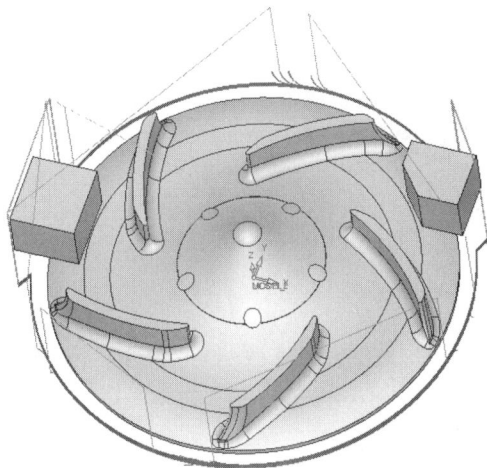

微课：叶轮骨架外　　动画：叶轮骨架
轮廓加工编程　　　　外轮廓加工

图 8-46　叶轮外轮廓加工生成的刀路轨迹

8.4.4　曲面加工

1. 创建刀路轨迹

单击"NC 向导"中的"刀轨"图标，进入创建刀路轨迹功能，系统弹出"创建刀轨"对话框，修改名称为 04，类型为 2.5 轴，安全平面为 120，创建刀路轨迹。

2. 创建加工程序

单击"NC 向导"中的"程序"图标，系统弹出"程序向导"对话框，开始创建加工程序，修改"主选择"为"曲面铣削"、"子选择"为"根据角度精铣"，如图 8-47 所示。

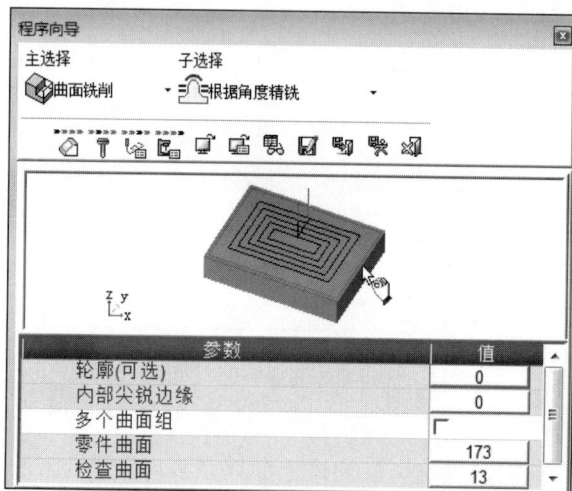

图 8-47　选择曲面加工的工艺

（1）选择检查曲面、零件曲面

单击零件曲面值，取消零件曲面选择。单击检查曲面后的"13"按钮，在绘图区依次选择 5 个叶片顶面，将之作为检查曲面，再单击中键退出，完成检查曲面选择，如图 8-48 所示。

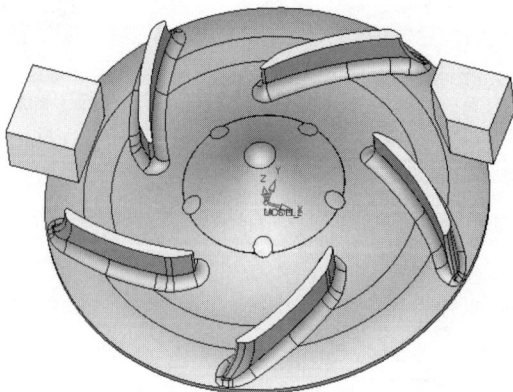

图 8-48　曲面加工时检查曲面的选择

单击零件曲面后的"0"按钮，再单击工具栏中的"选择所有"图标，选择其余所有曲面，将之作为零件曲面，如图 8-49 所示，单击中键退出，完成零件曲面选择。

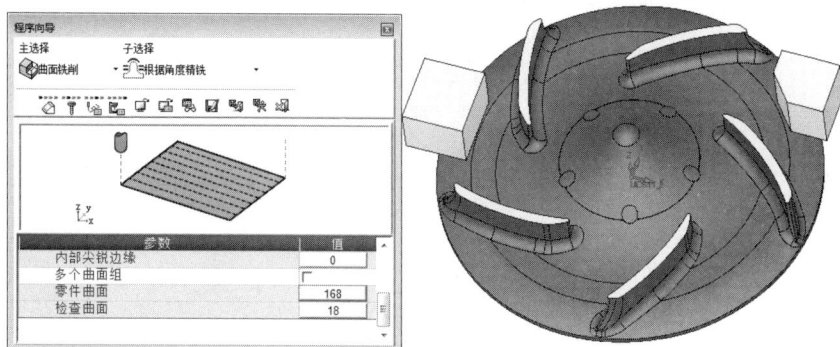

图 8-49 曲面加工时零件曲面的选择

（2）设置刀路参数

单击"刀路参数"图标，系统切换到刀路参数界面，按图 8-50 所示进行各参数设置。注意：刀具选择为 B16R8 球刀。

图 8-50 曲面加工的刀路参数设置

（3）设置机床参数

单击"机床参数"图标，系统切换到机床参数界面，设置机床的主轴转速为 4500、进给为 2500，其他选择默认值。

（4）程序生成

单击"保存并计算"图标，系统将根据前面设置的参数自动计算刀路轨迹，并在绘图区显示生成的刀路轨迹，如图 8-51 所示。

图 8-51　曲面加工生成的刀路轨迹

8.4.5　压板部分粗加工

1. 创建刀路轨迹

单击"NC 向导"中的"刀轨"图标，进入创建刀路轨迹功能，系统弹出"创建刀轨"对话框，修改名称为 05，类型为 3 轴，安全平面为 120，创建刀路轨迹。

2. 创建加工程序

单击"NC 向导"中的"程序"图标，系统弹出"程序向导"对话框，开始创建加工程序，修改"主选择"为"体积铣"、"子选择"为"环绕粗铣"，如图 8-52 所示。单击"保存并关闭"图标 🔩，退出程序向导。

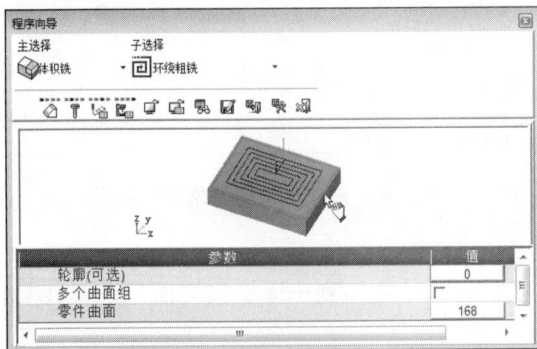

图 8-52　选择压板部分粗加工所需的工艺

（1）创建加工区域

单击"切换到 CAD 模式"图标 ，切换到 CAD 界面。以夹具上表面作为草图平面，并以夹具边界向外延伸一段距离作为加工区域绘制草图，如图 8-53 所示，保证加工到位。

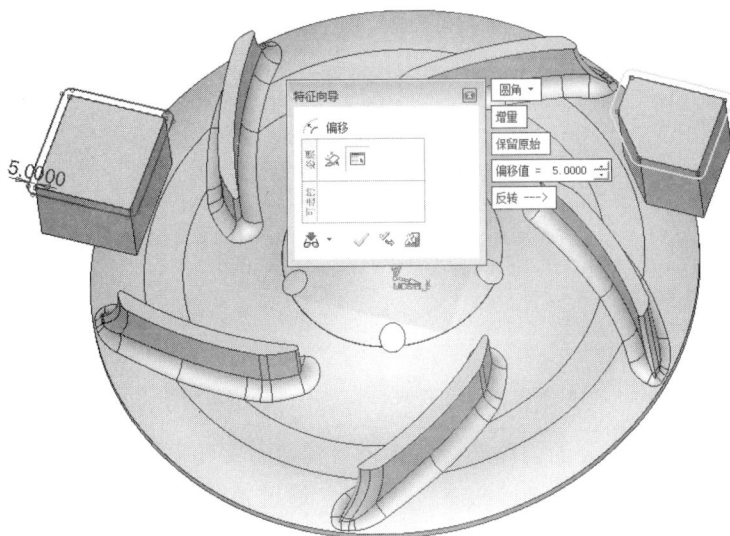

图 8-53　绘制草图效果（CAD 模式）

单击"切换到 CAM 模式"图标 ，切换到 CAM 模式，如图 8-54 所示。

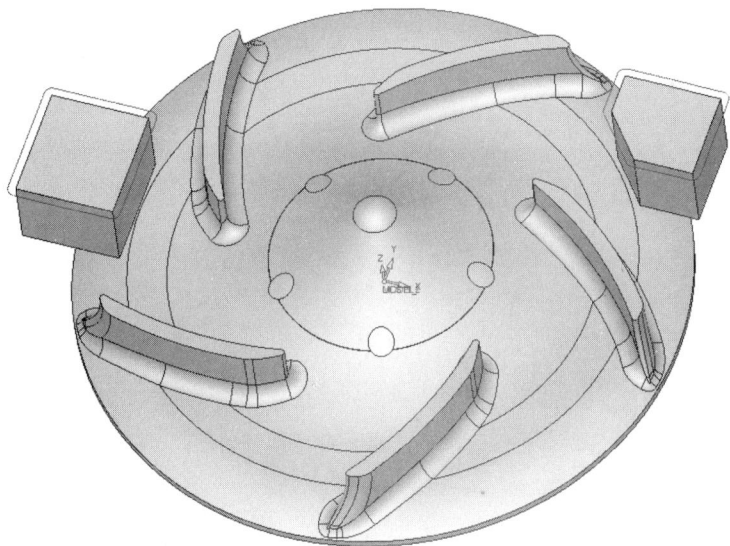

图 8-54　CAM 模式下的加工区域

（2）选择轮廓、零件曲面

单击轮廓后的"0"按钮，系统弹出"轮廓管理器"对话框，将刀具位置修改为轮廓上。在绘图区依次选择两个边界，如图 8-55 所示，单击中键退出，完成边界的选择。

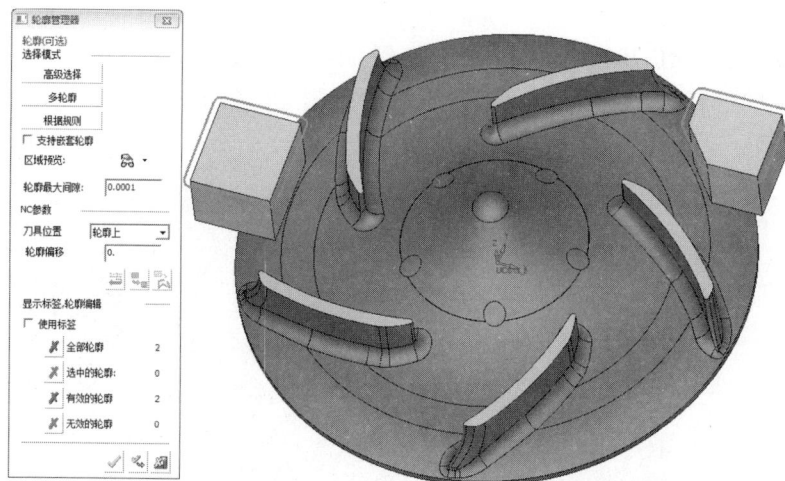

图 8-55　压板部分粗加工的轮廓选择

为了方便观察压板部分的刀路轨迹，单击"保存并关闭"图标，退出程序向导。单击过滤器工具栏（图 8-56）中的"过滤体"图标 ➤ 。通过各过滤器可方便地进行图素的选择。

图 8-56　过滤器工具栏

再选择两夹具实体，单击隐藏/显示工具栏中的"隐藏"图标，将夹具实体隐藏，如图 8-57 所示。

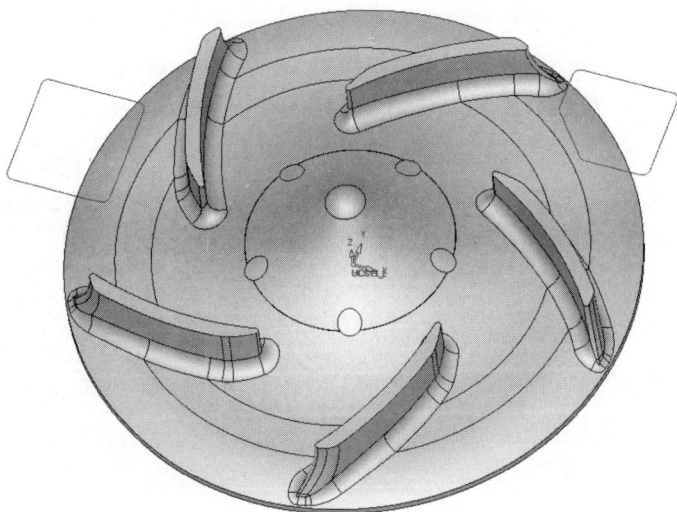

图 8-57　隐藏夹具实体

单击零件曲面后的"0"按钮，再单击工具栏中的"选择所有"图标，选择其余所有曲面，将之作为零件曲面，如图 8-58 所示，单击中键退出，完成零件曲面的选择。

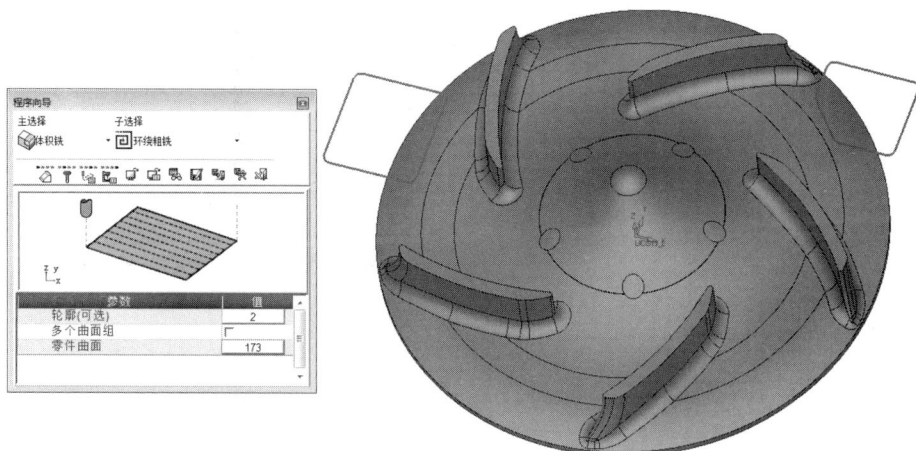

图 8-58　压板部分粗加工零件曲面的选择

（3）设置刀路参数

单击"刀路参数"图标，系统切换到刀路参数界面，按图 8-59 所示进行各参数设置。注意：刀具选择为 F32R0.8 牛鼻刀。

参数	值
进刀和退刀点	优化
进入方式	优化
进刀角度	5.0000 ∫
盲区	0.1000 ∫
最大螺旋半径	15.3600 ∫
直连接距离 >	128.0000 ∫
进刀/退刀　超出轮廓限制	☑
轮廓设置	
公差及余量	基本
加工曲面余量	0.2000 ∫
曲面公差	0.0200 ∫
轮廓最大间隙	0.0001
电极加工	☐
刀路轨迹	基本
切削模式	混合铣+顺
下切步距类型	固定 + 水
固定垂直步距	1.0000 ∫
侧向步距	19.2000 ∫
Z值限制	顶部和底
Z最高点	20.0000 ∫
检查 Z 顶部之上的毛坯	☐
Z最低点	5.0215 ∫
层间铣削	无
高速铣	无
行间铣削	基本
夹头	从不
毛坯	更新
创建辅助轮廓	☐
刀具及夹头	F32R0.8

图 8-59　压板部分粗加工的刀路参数设置

（4）设置机床参数

单击"机床参数"图标，系统切换到机床参数界面，设置机床的主轴转速为 3500、进给为 2500，其他选择默认值。

（5）程序生成

单击"保存并计算"图标，系统将根据前面设置的参数自动计算刀路轨迹，并在绘图区显示生成的刀路轨迹，如图 8-60 所示。

微课：压板部分
开粗编程

动画：压板部分
开粗

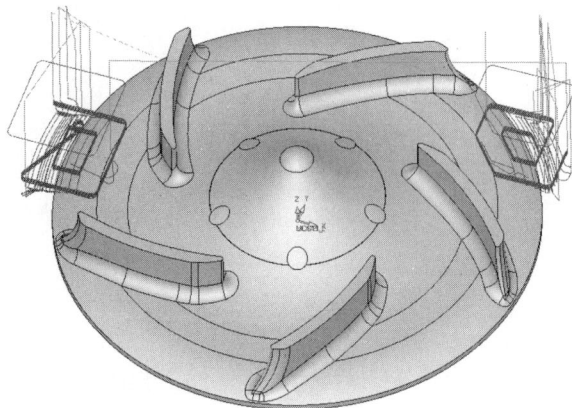

图 8-60　压板部分粗加工生成的刀路轨迹

8.4.6　压板部分外轮廓加工

1. 创建刀路轨迹

单击"NC 向导"中的"刀轨"图标，进入创建刀路轨迹功能，系统弹出"创建刀轨"对话框，修改名称为 06，类型为 3 轴，安全平面为 120，创建刀路轨迹。

2. 创建加工程序

单击"NC 向导"中的"程序"图标，系统弹出"程序向导"对话框，开始创建加工程序，修改"主选择"为"曲面铣削"、"子选择"为"精铣所有"。

（1）选择轮廓、零件曲面

轮廓、零件曲面可按默认值设置，如图 8-61 所示。

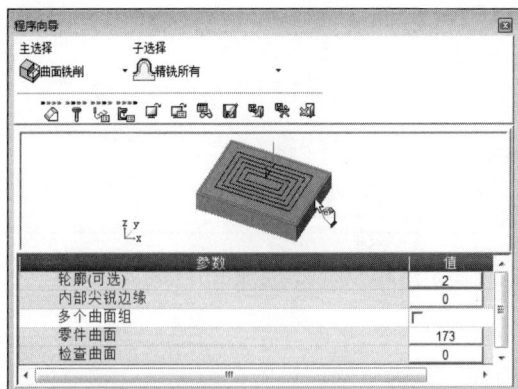

图 8-61　轮廓、零件曲面默认设置

（2）设置刀路参数

单击"刀路参数"图标，系统切换到刀路参数界面，按图 8-62 所示进行各参数设置。注意：对 Z 值进行限制，刀具选择为 F32R0.8 牛鼻刀。

参数	值
⊞ 安全平面和坐标系	
⊟ 进刀和退刀点	优化
起始点	自动
直连接距离 >	128.0000 ƒ
进刀/退刀 - 超出轮廓限制	☑
⊞ 轮廓设置	
⊟ 公差及余量	基本
加工曲面余量	0.0000 ƒ
曲面公差	0.0200 ƒ
轮廓最大间隙	0.0001
⊞ 电极加工	▢
⊟ 刀路轨迹	基本
加工方式	层
陡峭区域切削方式	顺铣
陡峭区域步距	0.5000 ƒ
⊟ Z值限制	顶部和底
Z最高点	5.0215 ƒ
Z最低点	0.0000 ƒ
进/退刀忽略限制	▢
⊞ 层间连接	基本
⊞ 高速铣	无
⊞ 夹头	从不
⊞ 毛坯	使用
⊞ 刀具及夹头	F32R0.8

图 8-62　压板部分外轮廓加工的刀路参数设置

（3）设置机床参数

单击"机床参数"图标，系统切换到机床参数界面，设置机床的主轴转速为 3500、进给为 2000，其他选择默认值。

（4）程序生成

单击"保存并计算"图标，系统将根据前面设置的参数自动计算刀路轨迹，并在绘图区显示生成的刀路轨迹，如图 8-63 所示。

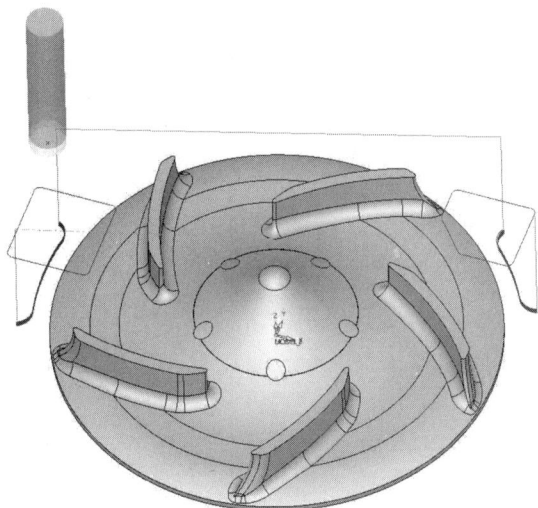

微课：压板部分
外轮廓加工编程

动画：压板部分
外轮廓加工

图 8-63　压板部分外轮廓加工生成的刀路轨迹

8.4.7　压板部分曲面精加工

1. 创建刀路轨迹

单击"NC 向导"中的"刀轨"图标，进入创建刀路轨迹功能，系统弹出"创建刀轨"对话框，修改名称为 07，类型为 3 轴，安全平面为 120，创建刀路轨迹。

2. 创建加工程序

单击"NC 向导"中"程序"图标，系统弹出"程序向导"对话框，开始创建加工程序，修改"主选择"为"曲面铣削"、"子选择"为"根据角度精铣"。

（1）选择轮廓、零件曲面

轮廓、零件曲面可按默认值设置，如图 8-64 所示。

图 8-64　轮廓、零件曲面设置

（2）设置刀路参数

单击"刀路参数"图标，系统切换到刀路参数界面，按图 8-65 所示进行各参数设置。注意：对 Z 值进行限制，刀具选择为 B16R8 球刀。

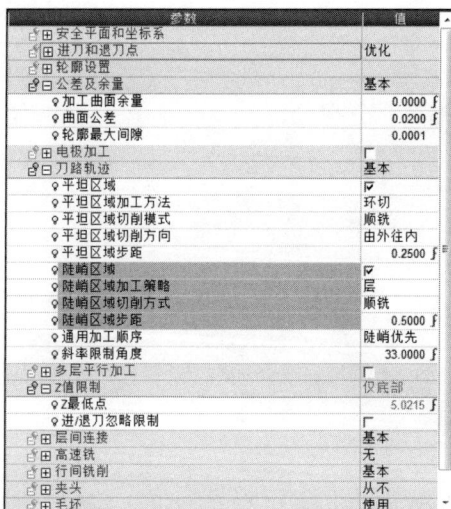

图 8-65　压板部分曲面精加工的刀路参数设置

（3）设置机床参数

单击"机床参数"图标，系统切换到机床参数界面，设置机床的主轴转速为 3000、进给为 2000，其他选择默认值。

（4）程序生成

单击"保存并计算"图标，系统将根据前面设置的参数自动计算刀路轨迹，并在绘图区显示生成的刀路轨迹，如图 8-66 所示。

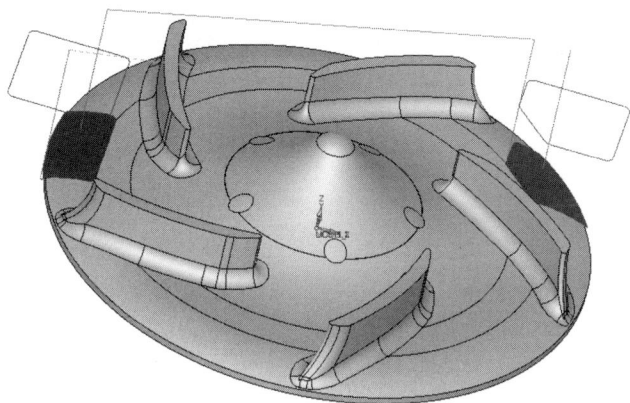

微课：压板部分　　动画：压板部分
曲面精加工编程　　曲面精加工

图 8-66　压板部分曲面精加工生成的刀路轨迹

8.4.8　孔加工

1. 创建刀路轨迹

单击"NC 向导"中的"刀轨"图标，进入创建刀路轨迹功能，系统弹出"创建刀轨"对话框，修改名称为 08，类型为 2.5 轴，安全平面为 120，创建刀路轨迹。

2. 创建加工程序

单击"NC 向导"中的"程序"图标，系统弹出"程序向导"对话框，开始创建加工程序，修改"主选择"为"2.5 轴"、"子选择"为"封闭轮廓"。

（1）选择零件轮廓

单击轮廓后的"0"按钮，系统弹出"轮廓管理器"对话框，修改刀具位置为切向，在绘图区依次选择孔边界，如图 8-67 所示。完成选择后，单击中键退出。

（2）设置刀路参数

单击"刀路参数"图标，系统切换到刀路参数界面，按图 8-68 所示进行各参数设置。注意：切削深度和侧向步长的设置，为了达到螺旋下刀，这里设置为最大值，同时刀具选择为 F10 平底刀。

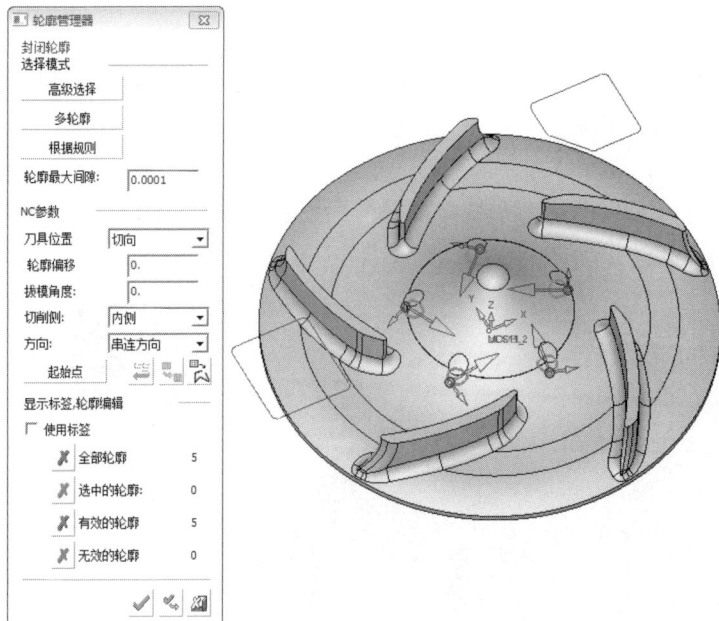

图 8-67　孔加工零件轮廓选择

图 8-68　孔加工的刀路参数设置

（3）设置机床参数

单击"机床参数"图标，系统切换到机床参数界面，设置机床的主轴转速为 3000、进给为 2000，其他选择默认值。

（4）程序生成

单击"保存并计算"图标，系统将根据前面设置的参数自动计算刀路轨迹，并在绘图区显示生成的刀路轨迹，如图 8-69 所示。

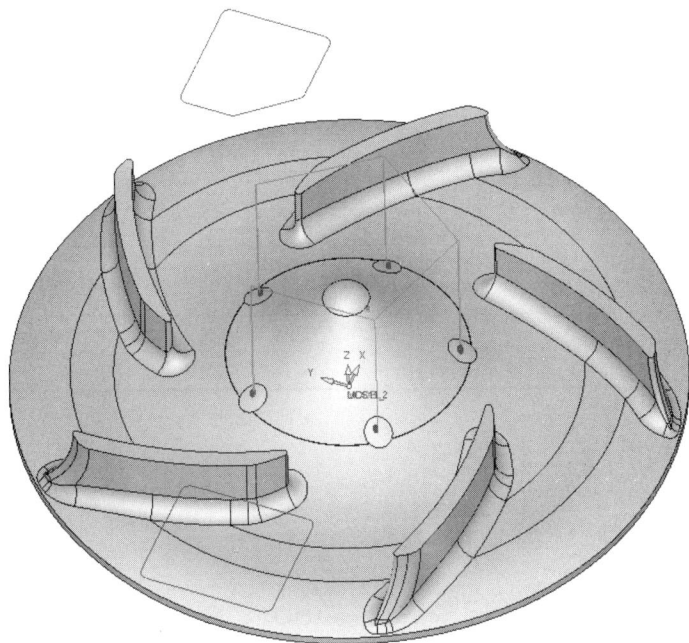

图 8-69　孔加工生成的刀路轨迹

8.5

填写加工程序单

填写表 8-2 所示加工程序单。

表 8-2　加工程序单

零件名称：叶轮骨架　　　　　　　　　操作员：　　　　　编程员：

计划时间		描述：
实际时间		
上机时间		
下机时间		
工作尺寸/mm		
X_c		
Y_c		
Z_c		
工作数量：1 件		四面分中

续表

程序名称	加工类型	刀具	背吃刀量/mm	加工余量/mm	上机时间	完成时间	备注
01	开粗	F32R0.8	1	0.2			
02	叶片顶面加工	F32R0.8	0.5	0			
03	叶轮外轮廓加工	F32R0.8	1	0			
04	曲面精铣	B16R8	0.25	0			
05	压板部位粗加工	F32R0.8	1	0.2			
06	压板部位外轮廓加工	F32R0.8	1	0			
07	压板部位精加工	B16R8	0.25	0			
08	孔加工	F10		0			

项 目 练 习

完成图 8-70 所示叶轮骨架数控程序的创建。

叶轮骨架练习源文件见配套资源包（下载地址：www.abook.cn）。

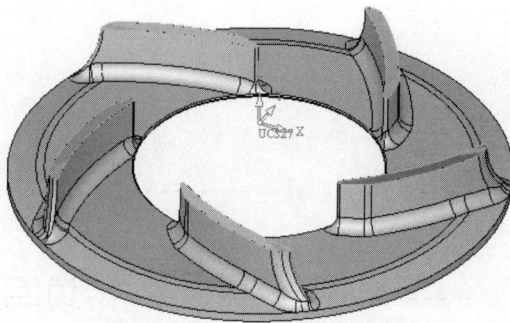

图 8-70　叶轮骨架

9

项目

手柄塑胶膜模板数控编程

>>>>

◎ **项目导读**

手柄塑胶膜模板加工内容包括曲面、壁面、底平面等加工内容，同时存在局部细节要通过电极进行辅助加工。本项目的工作是完成电极加工前的数控加工操作。

手柄塑胶膜模板源文件见配套资源包（下载地址：www.abook.cn）。

◎ **能力目标**

● 熟悉 CimatronE 11 流线铣加工的类型及特点。

● 掌握 3 轴瞄准曲面、3 轴零件曲面、3 轴直纹曲面参数的设置。

◎ **思政目标**

● 树立正确的学习观、价值观，自觉践行行业道德规范。

● 牢固树立质量第一、信誉第一的强烈意识。

● 遵规守纪，安全生产，爱护设备，钻研技术。

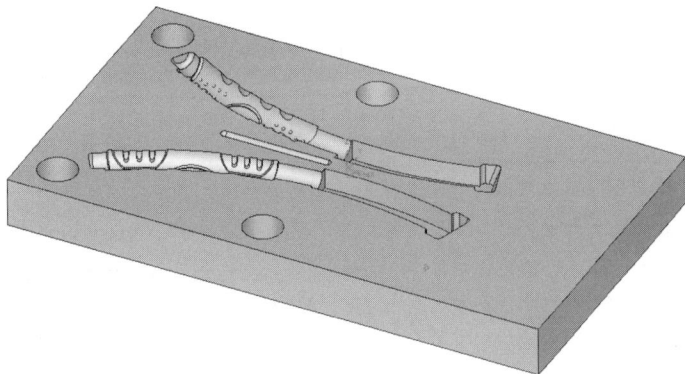

9.1

手柄塑胶膜模板模型分析

启动 CimatronE 11，单击"打开文件"图标，打开"CimatronE 浏览器"窗口，选择模板文件，再单击"打开"按钮，进入 CAD 工作窗口。选择"分析"→"测量"命令，系统弹出"测量"对话框。通过该对话框对模型大小进行分析，如图 9-1 所示。

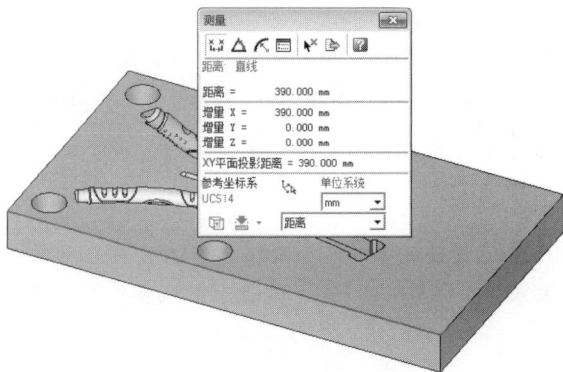

图 9-1　模型大小分析

单击工具栏中的"动态截面"图标，选择合适的断面。选择"分析"→"测量"命令，动态分析模型型腔的深度，如图 9-2 所示。

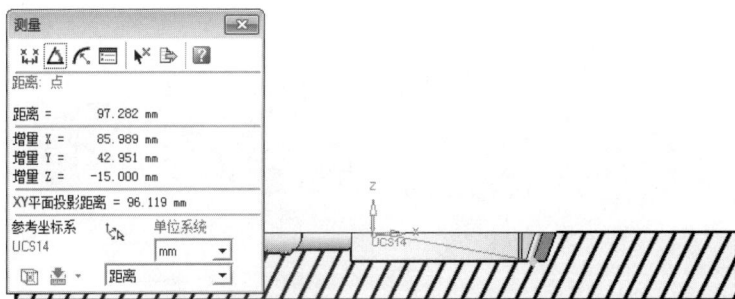

图 9-2　模型型腔深度分析

选择"分析"→"曲率分析"命令，系统切换到"特征向导"的曲率分析界面，选择所有曲面，系统自动计算得到最小曲率为 1.1176，如图 9-3 所示，也可通过点选方式得到各点的曲率半径。

图 9-3　模型曲率分析

微课：手柄塑胶
膜模板分析

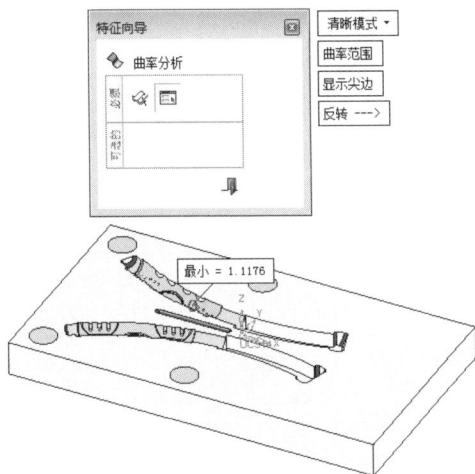

模型长×宽×高：390mm×220mm×35mm。

型腔深度：15mm。

最小圆弧半径：1.1176mm。

由模型分析可知，该模型存在一些刀具无法进入或无法加工的区域，需要使用电极进行加工，因此本例数控编程操作旨在为电极加工做好准备。同时，考虑到孔数目较少，完全可通过手工编程方式编制加工程序，本例中不再介绍相关内容。

9.2

手柄塑胶膜模板加工工艺制定

手柄塑胶膜模板加工工艺，可按表 9-1 所示进行编制。

微课：手柄塑胶膜模板加工工艺制定

表 9-1　手柄塑胶膜模板加工工艺流程

序号	加工内容	加工策略	图解	备注
01	开粗	体积铣-环绕粗铣		根据型腔尺寸及深度确定使用 F12R0.8 牛鼻刀进行开粗
02	二次开粗	体积铣-环绕粗铣		根据曲面形状及深度确定使用 B6R3 球刀进行二次开粗加工
03	清角	清角-清根		根据型芯尺寸确定使用 F6 平底刀再进行角落加工

序号	加工内容	加工策略	图解	备注
04	曲面半精加工	曲面铣削-精铣所有	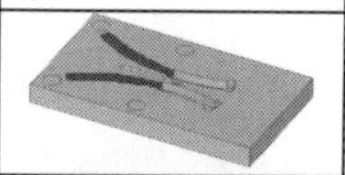	根据曲面形状及深度确定使用 B6R3 球刀进行曲面半精加工
05	流道加工	曲面铣削-开放轮廓	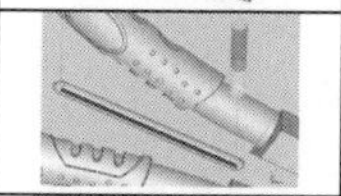	根据流道尺寸确定使用 B6R3 球刀进行流道加工
06	曲面流线铣	局部铣-零件曲面三轴	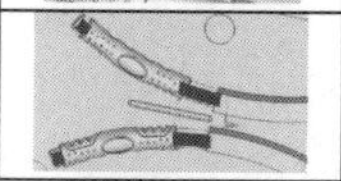	为了达到较好的流线型效果，确定采用 B6R3 球刀进行流线铣
07	曲面精铣	曲面铣削-精铣所有	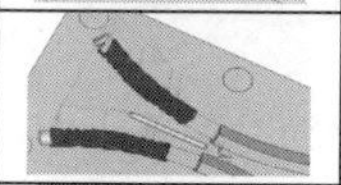	使用 B6R3 球刀采用精铣所有方式进行曲面精加工
08	底平面加工	2.5 轴-型腔-环绕切削	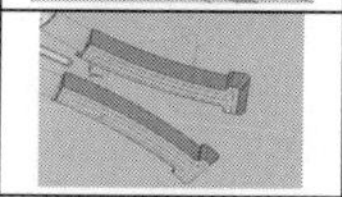	根据底平面深度确定采用 F6 平底刀进行加工，并且在侧壁留有 0.3mm 余量
09	侧壁加工	2.5 轴-开放轮廓	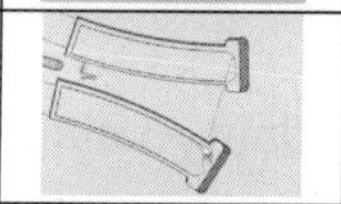	采用 F6 平底刀进行侧壁加工，可减少刀具使用量
10	侧壁精修	曲面铣削-精铣所有	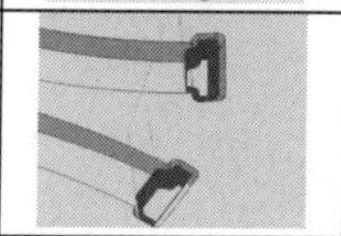	考虑到还存在局部的斜面，根据深度确定使用 D6R0.5 牛鼻刀进行曲面铣

9.3 手柄塑胶膜模板模型分析

9.3.1 开粗

1. 调入模型

启动 CimatronE 11，调入模型文件。因为坐标系不符合编程需要，所以在调入模型前，应先创建工作坐标系。

选择"基准"→"坐标系"→"几何中心"命令，系统弹出"特征向导"对话框，开始创建坐标系。在绘图区选择模板上表面，再单击中键确认，此时在上表面出现一个坐标系，检查坐标系 Z 轴方向是否正确，如与所需要的坐标系不符，可单击方向箭头进行反向，如图 9-4 所示。

选择"基准"→"坐标系"→"激活坐标系"命令，选择刚创建的坐标系进行激活，再单击"ISO 视图"图标，结果如图 9-5 所示。

为了防止在加工时，刀具进入孔中，要对孔进行补面。选择"曲面"→"边界曲面"命令，系统弹出"特征向导"对话框，选择第一个孔边界，再单击"应用"图标，完成第一个孔的补面。用同样的方法依次完成其他 3 个孔的补面，结果如图 9-6 所示。

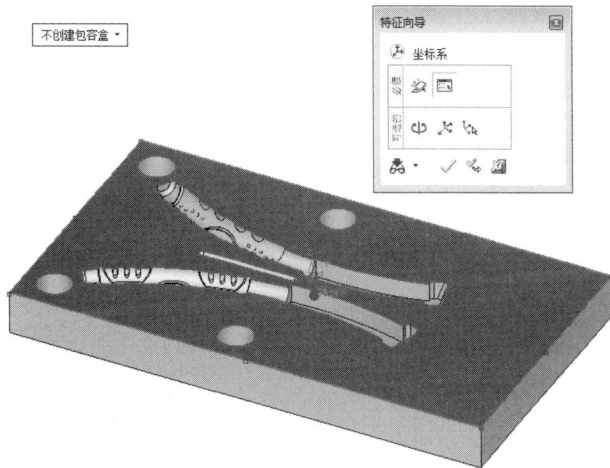

图 9-4　创建坐标系

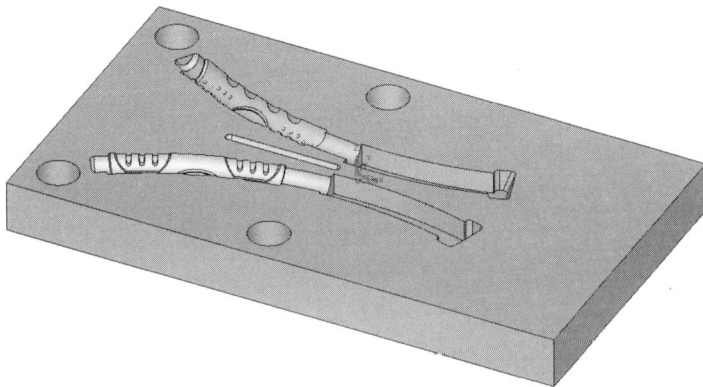

图 9-5　激活坐标系

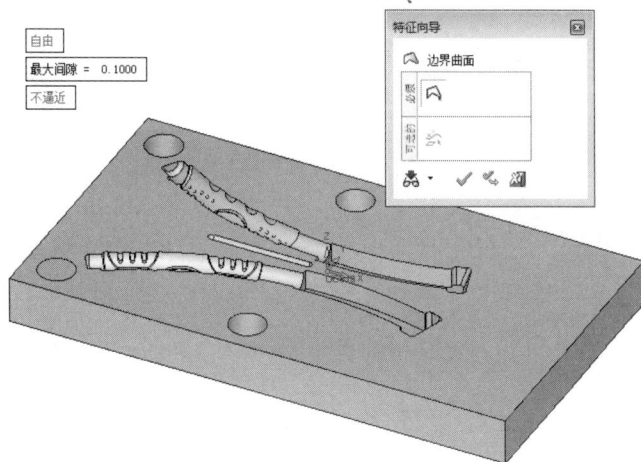

图 9-6　补面结果

选择"文件"→"输出"→"至加工"命令，将模型调入编程工作模式。修改"使用参考模型的 Model 坐标"选项为"使用参考模型的激活坐标"选项，如图 9-7 所示，再单击"确认"图标，完成坐标系的选择。

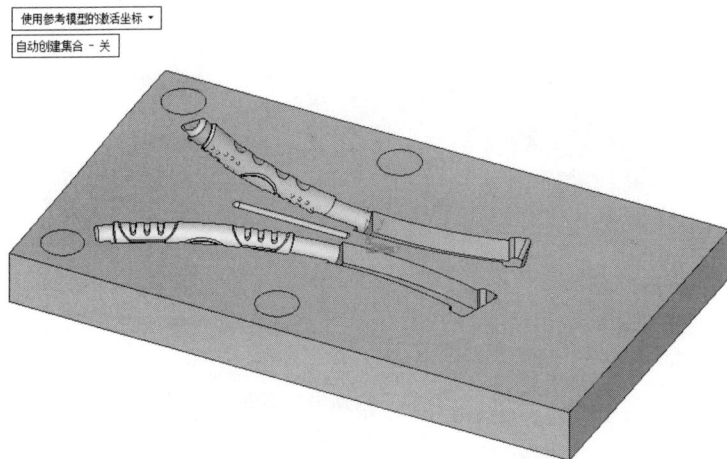

图 9-7　完成坐标系选择后的效果

2. 选择刀具

单击"NC 向导"中的"刀具"图标，系统弹出"刀具及夹头"对话框，选择"菜单"→"从 CSV 或 XML 文件中输入刀具或夹头"命令，选择刀具库文件，再依次选择所要用到的 F12R0.8 和 F6 刀具，加载所选的刀具。再新建球刀 B6R3、牛鼻刀 D6R0.5，单击"确认"图标，完成刀具选择，如图 9-8 所示。

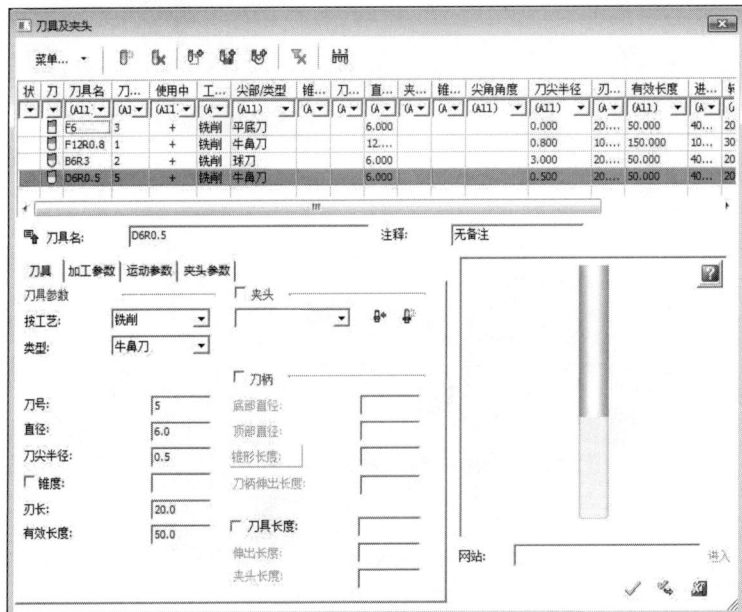

图 9-8　刀具创建与选择

3. 创建刀路轨迹

单击"NC 向导"中的"刀轨"图标，进入创建刀路轨迹功能，系统弹出"创建刀轨"对话框，修改名称为 01，类型为 3 轴，安全平面为 50，创建刀路轨迹，如图 9-9 所示。

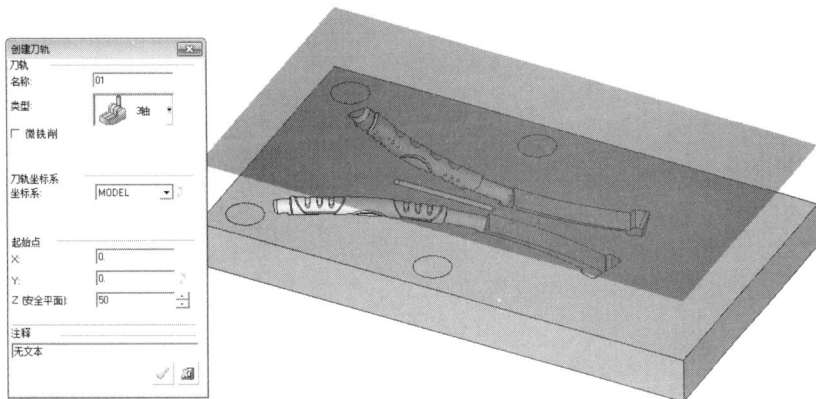

图 9-9   创建开粗所需的刀路轨迹

4. 创建毛坯

单击"NC 向导"中的"毛坯"图标，系统弹出"初始毛坯"对话框，默认毛坯类型为限制盒，如图 9-10 所示，单击"确认"图标退出，完成毛坯创建。

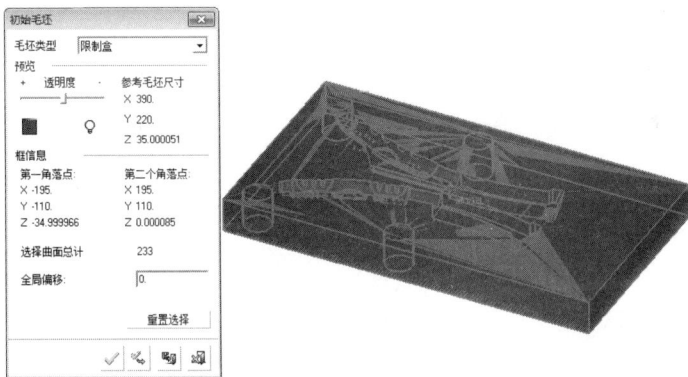

图 9-10   创建开粗所需的毛坯

5. 创建加工程序

单击"NC 向导"中"程序"图标，系统弹出"程序向导"对话框，开始创建加工程序，修改"主选择"为"体积铣"、"子选择"为"环绕粗铣"。

（1）选择零件曲面

单击零件曲面后的"0"按钮，再单击工具栏中的"选择所有"图标，选择全部零件曲面。单击中键退出，完成零件曲面选择，如图 9-11 所示。

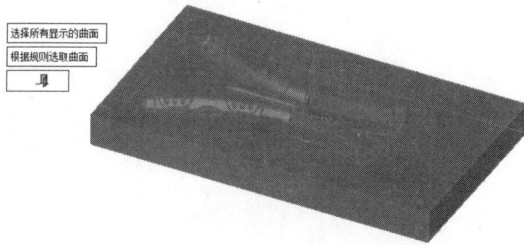

图 9-11　开粗的零件曲面选择

（2）设置刀路参数

单击"刀路参数"图标，系统切换到刀路参数界面。因刀具要进入槽中进行加工，为安全考虑，应对盲区进行设置，考虑到选用的刀具大小，这里设置为 10；考虑到是粗加工，加工曲面余量必须进行设置，这里设置为 0.2，其他参数可按图 9-12 所示进行设置。同时，注意刀具选择为 F12R0.8 牛鼻刀。

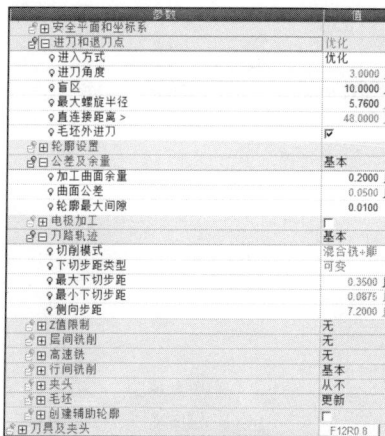

图 9-12　开粗的刀路参数设置

（3）设置机床参数

单击"机床参数"图标，系统切换到机床参数界面，设置机床的主轴转速为 3500、进给为 2500，其他选择默认值，如图 9-13 所示。

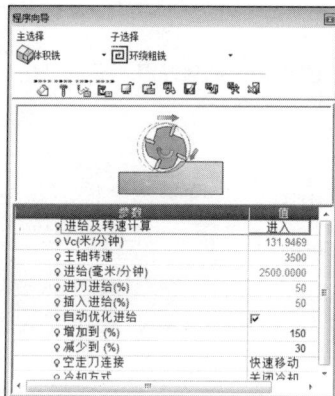

图 9-13　机床参数设置

（4）程序生成

单击"保存并计算"图标，系统将根据前面设置的参数自动计算刀路轨迹，并在绘图区显示生成的刀路轨迹，如图 9-14 所示。

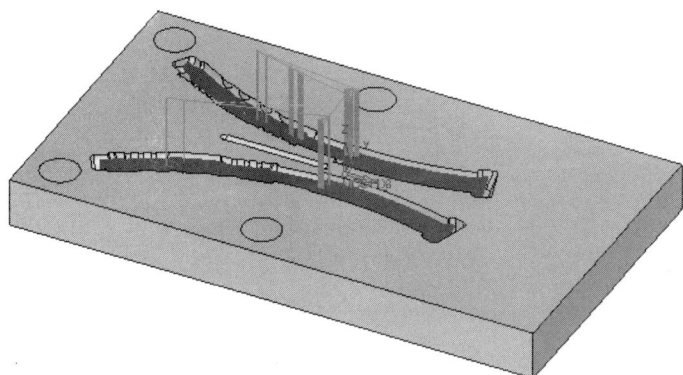

微课：手柄塑胶
膜模板开粗编程

动画：手柄塑胶
膜模板开粗

图 9-14　开粗加工后生成的刀路轨迹

9.3.2　二次开粗

1. 创建刀路轨迹

单击"NC 向导"中的"刀轨"图标，进入创建刀路轨迹功能，系统弹出"创建刀轨"对话框，修改名称为 02，类型为 3 轴，安全平面为 50，创建刀路轨迹，如图 9-15 所示，单击"确认"图标，创建 3 轴刀路轨迹。完成后，程序管理器中新增一个名为 02 的刀路轨迹。

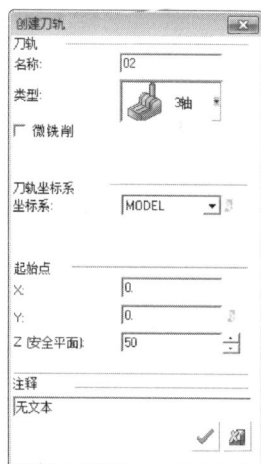

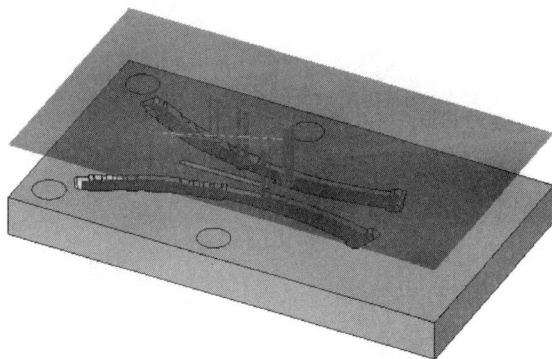

图 9-15　创建二次开粗所需的刀路轨迹

2. 创建程序

为了方便选择曲面加工区域，先来创建加工区域边界。单击"切换到 CAD 模式"

图标，切换到 CAD 界面。单击工具栏中的"绘制直线"图标，绘制两条直线，如图 9-16 和图 9-17 所示。

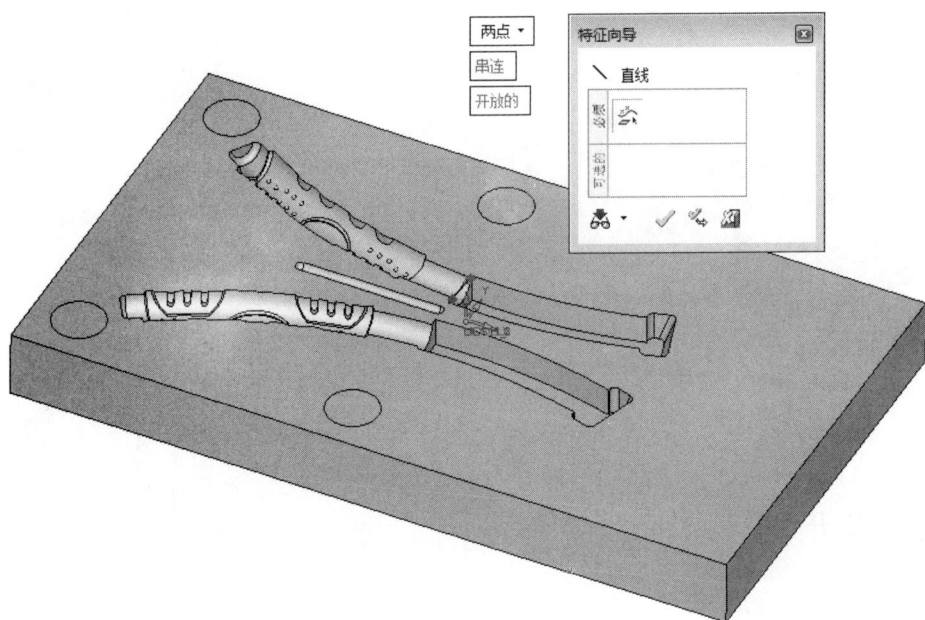

图 9-16　绘制直线 1

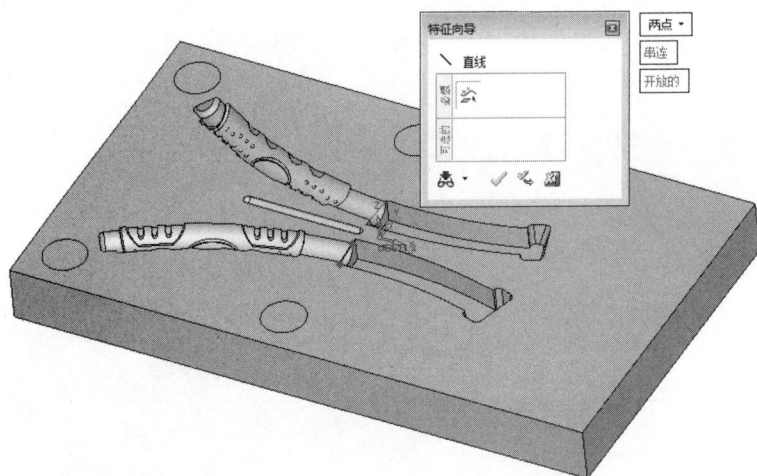

图 9-17　绘制直线 2

再单击工具栏中的"组合曲线"图标，绘制两段组合曲线，如图 9-18 和图 9-19 所示。完成两边界的创建后，单击切换到 CAM 模式图标，返回 CAM 模式，继续进行编程操作。

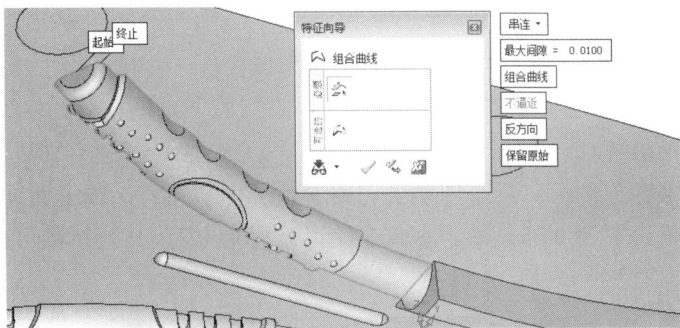

图 9-18　组合曲线 1

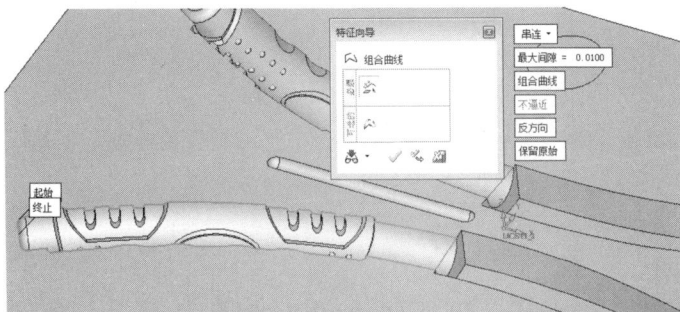

图 9-19　组合曲线 2

单击"NC 向导"中的"程序"图标，系统弹出"程序向导"对话框，开始创建加工程序，修改"主选择"为"体积铣"、"子选择"为"环绕粗铣"。

（1）选择轮廓

单击轮廓后的"0"按钮，再单击刚创建的第一条轮廓，单击中键确认；选择第二条轮廓，单击中键确认，再次单击中键退出，完成轮廓选择，如图 9-20 所示。零件曲面选择与开粗时选择相同，这里不再赘述。

图 9-20　二次开粗轮廓选择

（2）选择刀具

单击"刀具"图标，系统弹出"刀具及夹头"对话框，选择 B6R3 球刀，单击"确认"图标，完成刀具的选择。

（3）设置刀路参数

单击"刀路参数"图标，系统切换到刀路参数界面。注意：加工曲面余量应设置为比开粗时稍大，这里设置为 0.25，固定垂直步距可设置为 0.2，其他参数可按图 9-21 所示进行设置。

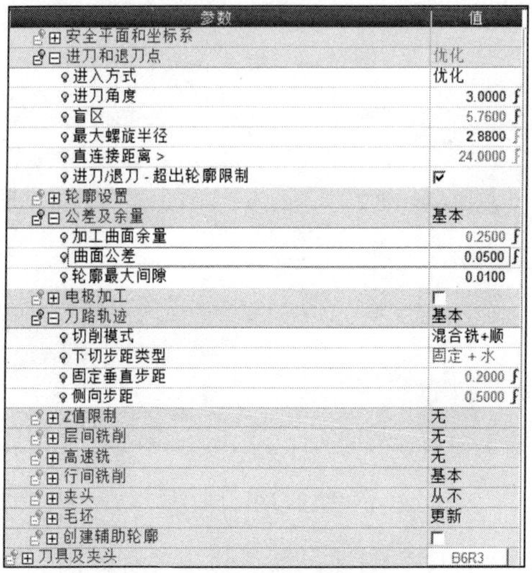

图 9-21　二次开粗的刀路参数设置

（4）设置机床参数

单击"机床参数"图标，系统切换到机床参数界面，设置机床的主轴转速为 3500、进给为 1500，其他选择默认值，如图 9-22 所示。

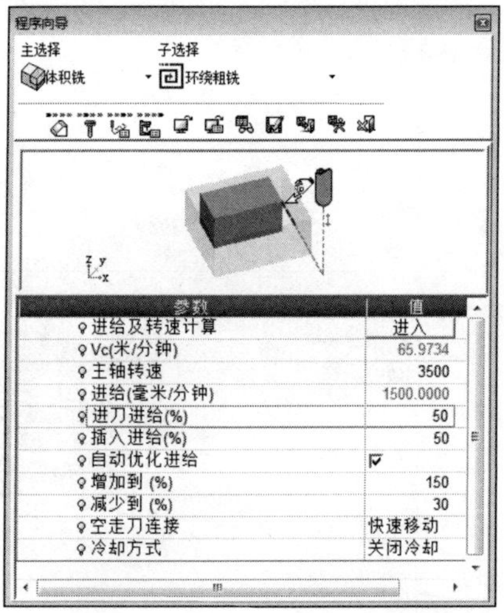

图 9-22　二次开粗机床参数设置

（5）程序生成

单击"保存并计算"图标，系统将根据前面设置的参数自动计算刀路轨迹，并在绘图区显示生成的刀路轨迹，如图 9-23 所示。

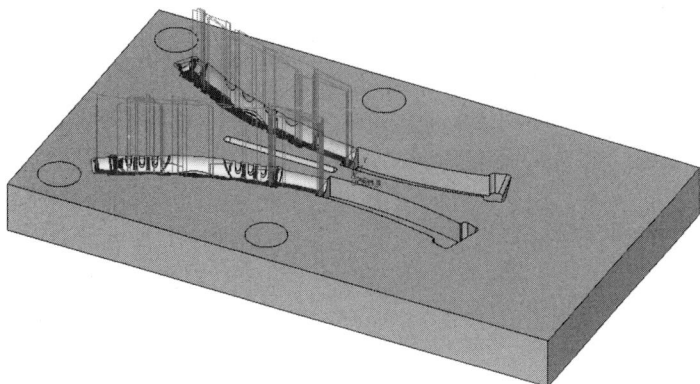

微课：手柄塑　动画：手柄塑
胶膜模板二　胶膜模板二
次开粗编程　　次开粗

图 9-23　二次开粗生成的刀路轨迹

9.3.3　清角

1. 创建刀路轨迹

采用 F12R0.8 牛鼻刀进行开粗后，会在局部区域留下较大的残料，因此应采用较小的刀具进行清角。经分析，型腔存在几个半径约为 3 的角落，如图 9-24 所示，因此可采用 F6 平底刀进行清角。

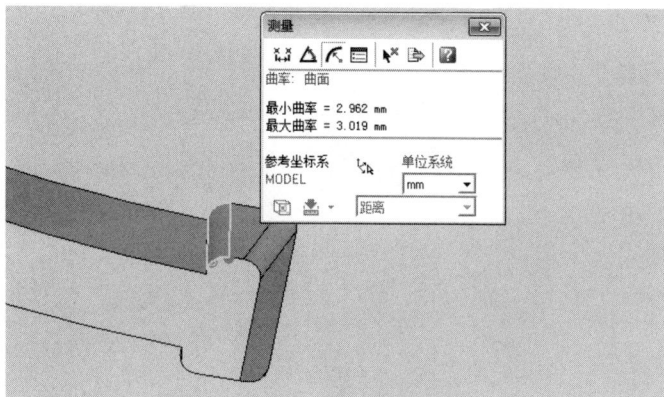

图 9-24　角落半径分析

单击"NC 向导"中的"刀轨"图标，进入创建刀路轨迹功能，系统弹出"创建刀轨"对话框，修改名称为 03，类型为 3 轴，安全平面为 50，单击"确认"图标，创建 3 轴刀路轨迹。完成后，"NC 程序管理器"中会新增一个名为 03 的刀路轨迹。

2. 创建程序

单击"NC 向导"中的"程序"图标，系统弹出"程序向导"对话框，开始创建加工程序，修改"主选择"为"清角"、"子选择"为"清根"，如图 9-25 所示。

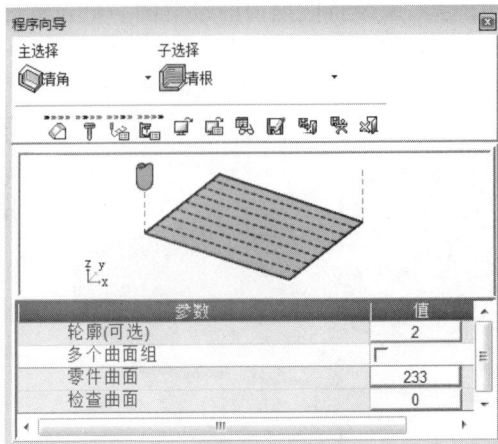

图 9-25　选择清角工艺

（1）选择轮廓

单击轮廓后的"2"按钮，系统弹出"轮廓管理器"对话框，先对默认的轮廓进行重置所有，再设置刀具位置为轮廓上，并修改轮廓偏移为-3，确保能加工到位。选择第一条轮廓，单击中键确认；再选择第二条轮廓，单击中键确认，如图 9-26 所示，单击"确认"图标，完成轮廓选择。由于零件曲面已继承上一程序选择，可选择默认值。

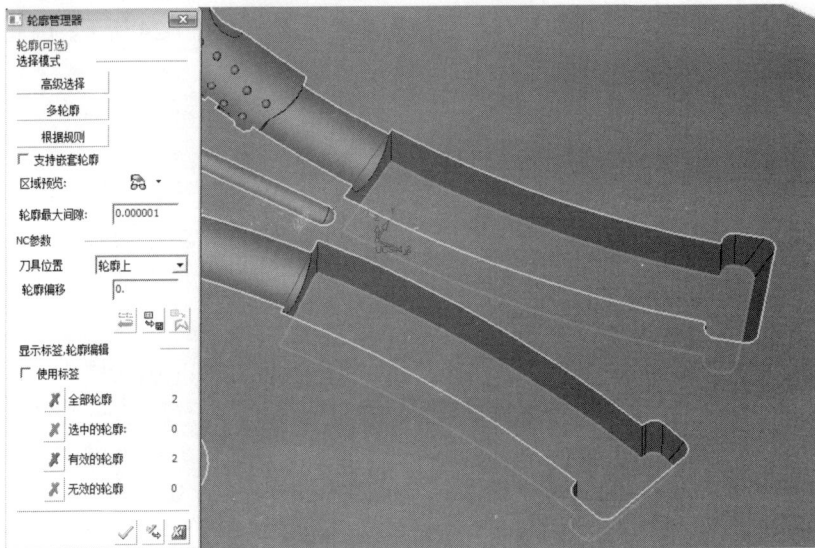

图 9-26　清角轮廓选择

（2）选择刀具

单击"刀具"图标，系统弹出"刀具及夹头"对话框，选择 F6 平底刀，单击"确认"图标，完成刀具的选择。

（3）设置刀路参数

单击"刀路参数"图标，系统切换到刀路参数界面。考虑到这里主要对角落进行加工，因此可设置只对垂直区域进行加工，其他参数可按图 9-27 所示进行设置。

参数	值
安全平面和坐标系	
进刀和退刀点	优化
轮廓设置	
公差及余量	基本
加工曲面余量	0.2500 ƒ
曲面公差	0.0500 ƒ
轮廓最大间隙	0.0000
电极加工	☐
刀路轨迹	基本
切削模式	混合铣
二粗	☐
加工区域	仅陡峭
斜率限制角度	45.0000
陡峭区域步距	0.2500 ƒ
参考刀具	F12R0.8
Z值限制	无
高速铣	无
夹头	从不
毛坯	使用
创建辅助轮廓	☐
刀具及夹头	F6

图 9-27　清角的刀路参数设置

（4）设置机床参数

单击"机床参数"图标，系统切换到机床参数界面，设置机床的主轴转速为3500、进给为1500，其他选择默认值，如图 9-28 所示。

参数	值
进给及转速计算	进入
Vc(米/分钟)	65.9734
主轴转速	3500
进给(毫米/分钟)	1500.0000
最小拐角进给速率 (%)	100
进刀进给(%)	50
空走刀连接	快速移动
冷却方式	关闭冷却

图 9-28　清角的机床参数设置

（5）程序生成

单击"保存并计算"图标，系统将根据前面设置的参数自动计算刀路轨迹，并在绘图区显示生成的刀路轨迹，如图 9-29 所示。

微课：手柄
塑胶膜模
板清角加
工编程

动画：手柄
塑胶膜模
板清角

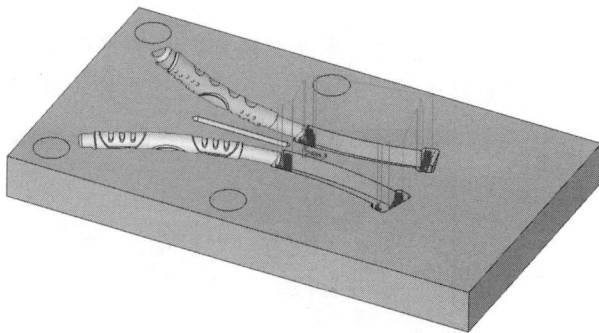

图 9-29 清角生成的刀路轨迹

9.3.4 曲面半精加工

1. 创建刀路轨迹

单击"NC 向导"中的"刀轨"图标，进入创建刀路轨迹功能，系统弹出"创建刀轨"对话框，修改名称为 04，类型为 3 轴，安全平面为 50，创建刀路轨迹，单击"确认"图标，创建 3 轴刀路轨迹。完成后，"NC 程序管理器"中会新增一个名为 04 的刀路轨迹。

2. 创建程序

单击"NC 向导"中的"程序"图标，系统弹出"程序向导"对话框，开始创建加工程序，修改"主选择"为"曲面精铣"、"子选择"为"精铣所有"。

（1）选择轮廓

单击轮廓后的"2"按钮，系统弹出"轮廓管理器"对话框，对前面已选择的两个轮廓进行重置所有操作。选择包含曲面的第一条轮廓，单击中键确认；选择第二条轮廓，单击中键确认，再单击"确认"图标，如图 9-30 所示，完成轮廓选择。零件曲面可保持默认选择，即与前一程序选择相同。

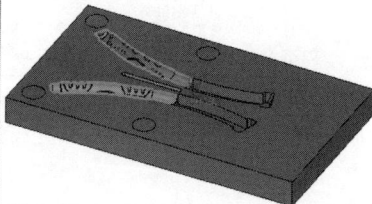

图 9-30 曲面半精加工轮廓选择

（2）选择刀具

单击“刀具”图标，系统弹出“刀具及夹头”对话框，选择 B6R3 球刀，单击“确认”图标，完成刀具的选择。

（3）设置刀路参数

单击“刀路参数”图标，系统切换到刀路参数界面。加工曲面余量设置为 0.1、加工方式设置为 3D 步距、3D 步距设置为 0.3，其他参数可按图 9-31 所示进行设置。

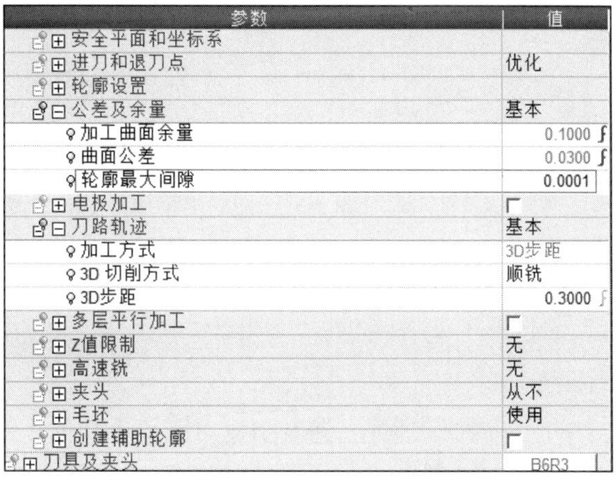

参数
值
安全平面和坐标系
进刀和退刀点
优化
轮廓设置
公差及余量
基本
加工曲面余量
0.1000
曲面公差
0.0300
轮廓最大间隙
0.0001
电极加工
刀路轨迹
基本
加工方式
3D步距
3D 切削方式
顺铣
3D步距
0.3000
多层平行加工
Z值限制
无
高速铣
无
夹头
从不
毛坯
使用
创建辅助轮廓
刀具及夹头
B6R3

图 9-31 曲面半精加工刀路参数设置

（4）设置机床参数

单击“机床参数”图标，系统切换到机床参数界面，设置机床的主轴转速为 3500、进给为 1500，其他选择默认值，如图 9-32 所示。

程序向导
主选择
子选择
曲面铣削
精铣所有
参数
值
进给及转速计算
进入
Vc(米/分钟)
65.9734
主轴转速
3500
进给(毫米/分钟)
1500.0000
进刀进给(%)
50
空走刀连接
快速移动
冷却方式
关闭冷却

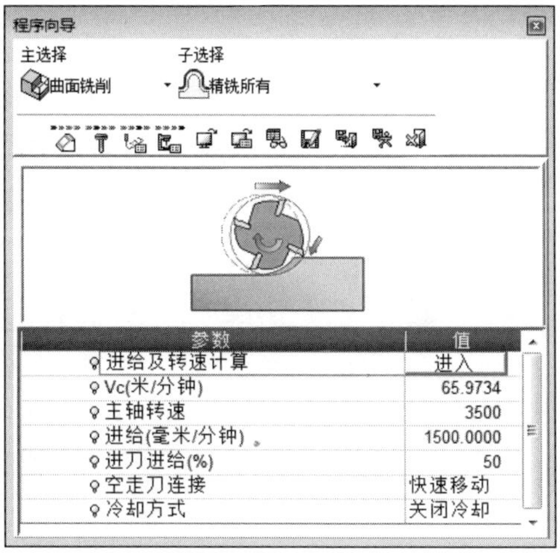

图 9-32 曲面半精加工机床参数设置

（5）程序生成

单击“保存并计算”图标，系统将根据前面设置的参数自动计算刀路轨迹，并在绘图区显示生成的刀路轨迹，如图 9-33 所示。

微课：手柄塑
胶膜模板曲
面半精加工
编程

动画：手柄
塑胶膜模
板曲面半
精加工

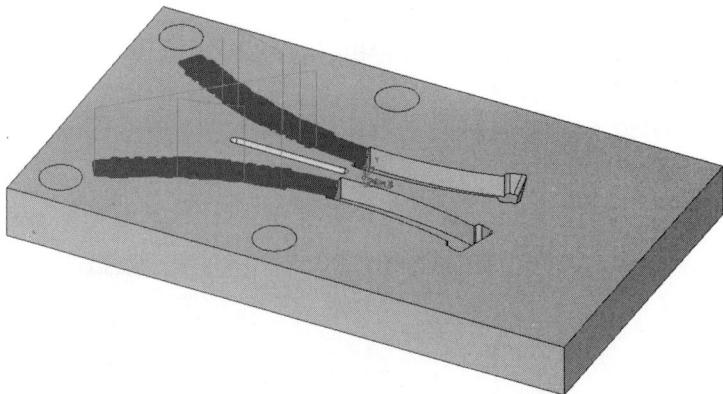

图 9-33　曲面半精加工生成的刀路轨迹

9.3.5　流道加工

1. 创建刀路轨迹

单击"NC 向导"中的"刀轨"图标，进入创建刀路轨迹功能，系统弹出"创建刀轨"对话框，修改名称为 05，类型为 3 轴，安全平面为 50，创建刀路轨迹，单击"确认"图标，创建 3 轴刀路轨迹。完成后，"NC 程序管理器"中会新增一个名为 05 的刀路轨迹。

2. 创建程序

单击"NC 向导"中的"程序"图标，系统弹出"程序向导"对话框，开始创建加工程序，修改"主选择"为"曲面精铣"、"子选择"为"开放轮廓"。

（1）选择轮廓

在选择轮廓前，要先创建一条直线作为加工轮廓。单击"切换到 CAD 模式"图标，切换到 CAD 界面。单击工具栏中的"绘制直线"图标，绘制一条直线，如图 9-34 所示。再单击"切换到 CAM 模式"图标🔲，回到 CAM 界面。

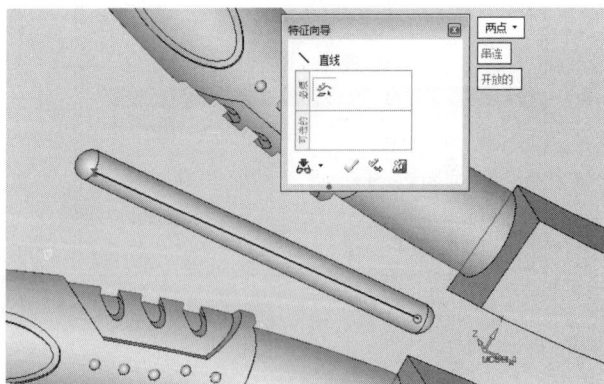

图 9-34　绘制一条直线

单击轮廓后的"2"按钮，系统弹出"轮廓管理器"对话框。采用重置所有的方法，取消默认的两条轮廓。选择刚创建的直线，单击中键确认，如图 9-35 所示，单击"确认"图标，完成轮廓选择。零件曲面选择按前面设置内容即可。

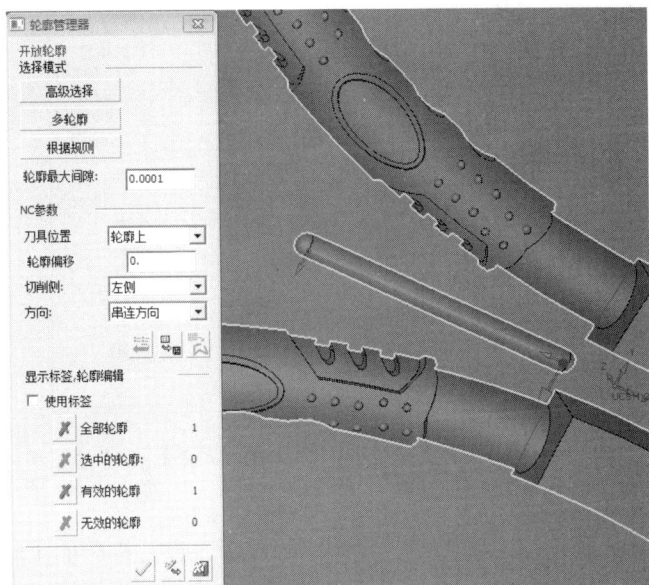

图 9-35　流道加工的轮廓选择

（2）选择刀具

单击"刀具"图标，系统弹出"刀具及夹头"对话框，选择 B6R3 球刀，单击"确认"图标，完成刀具的选择。

（3）设置刀路参数

单击"刀路参数"图标，系统切换到刀路参数界面。修改向下方式为 Z 向增量，曲面上偏移应通过分析曲面深度进行设置，如图 9-36 所示，其他参数可按图 9-37 所示进行设置。

图 9-36　曲面深度测量

图 9-37　流道加工的刀路参数设置

（4）设置机床参数

单击"机床参数"图标，系统切换到机床参数界面，设置机床的主轴转速为 3500、进给为 1500，其他默认，如图 9-38 所示。

（5）程序生成

单击"保存并计算"图标，系统将根据前面设置的参数自动计算刀路轨迹，并在绘图区显示生成的刀路轨迹，如图 9-39 所示。

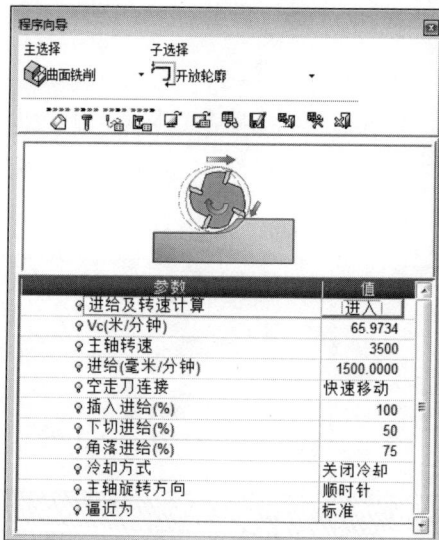

图 9-38　流道加工的机床参数设置

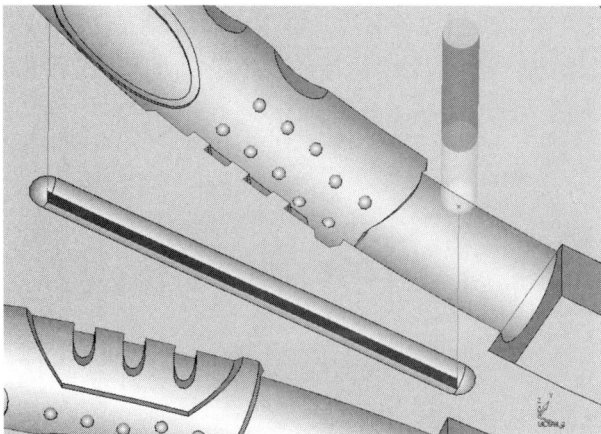

图 9-39　流道加工生成的刀路轨迹

9.3.6　曲面流线铣

1. 创建刀路轨迹

单击"NC 向导"中的"刀轨"图标，进入创建刀路轨迹功能，系统弹出"创建刀轨"对话框，修改名称为 06，类型为 3 轴，安全平面为 50，创建刀路轨迹，单击"确认"图标，创建 3 轴刀路轨迹。完成后，"NC 程序管理器"中会新增一个名为 06 的刀路轨迹。

2. 创建第一个曲面加工程序

单击"NC 向导"中的"程序"图标，系统弹出"程序向导"对话框，开始创建加工程序，修改"主选择"为"局部铣"。该加工方式包含"瞄准曲面 三轴"、"零件曲面 三轴"、"直纹曲面 三轴"及"局部 三轴"4 个子选项，如图 9-40 所示。

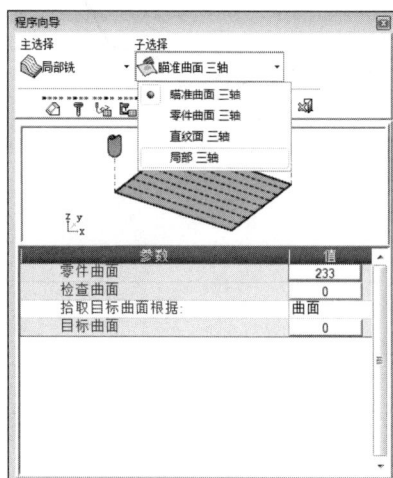

图 9-40　流线铣的子选项

瞄准曲面 三轴：使用该加工方式可在零件曲面上生成由瞄准曲面投影下来的刀具路

径。瞄准曲面可以是曲面，也可以是两轮廓线或轮廓线与点生成的虚拟直纹曲面，加工产生的刀路轨迹是按轮廓线对应的法线方向，保证各个区域的步距是相近的，残余量较一致，如图 9-41 所示。在实际应用中，常用于曲面环状区域的加工。

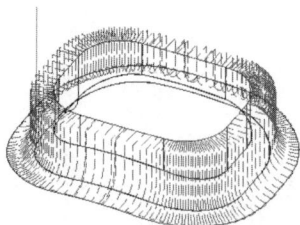

图 9-41　瞄准曲面 三轴示例

零件曲面 三轴：在零件曲面上生成按曲面流线方向的刀具路径，其特点是按曲面的流线方向切削一个或一组连续曲面，如图 9-42 所示。该加工方式主要用于单个面或相毗邻的几个曲面的加工，如波纹面等。

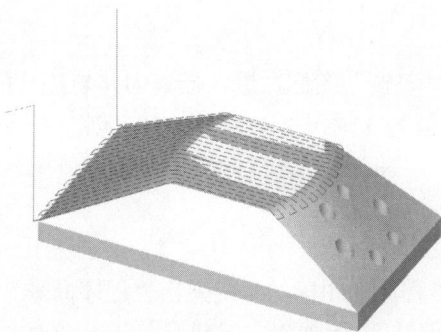

图 9-42　零件曲面 三轴示例

直纹曲面 三轴：在空间上生成由两轮廓线构成一个虚拟的直纹曲面上的刀具路径，如图 9-43 所示。

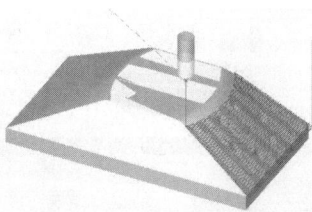

图 9-43　直纹曲面 三轴示例

局部三轴：可采用平行铣、沿曲面切削、两曲线之间仿形、曲线投影、平行于曲线、两曲面仿形和平行与曲面等方式控制走刀路线，如图 9-44 所示。

考虑到本例情况，采用"零件曲面 三轴"加工策略，即修改"子选择"为"零件曲面 三轴"。单击"保存并关闭"图标，退出"程序向导"对话框。

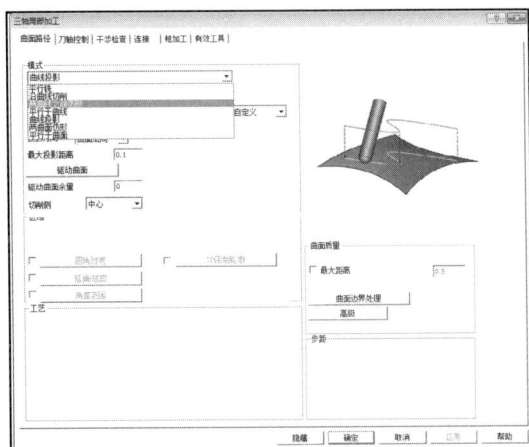

图 9-44　"三轴局部加工"对话框

（1）创建流线铣加工区域

为了确保曲面加工到位，应先进行流线铣加工区域的创建。单击"切换到 CAD 模式"图标，切换到 CAD 界面。再选择主菜单中的"曲面"→"修改"→"通过边界"命令，开始创建曲面边界。首先拾取所要创建边界的曲面，如图 9-45 所示，单击中键确认，再单击"确认"图标，完成边界创建，如图 9-46 所示。

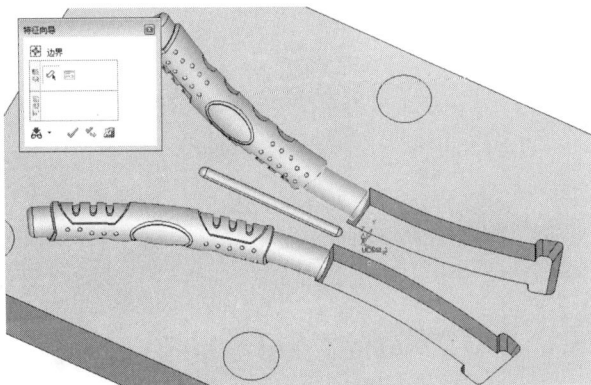

图 9-45　拾取面

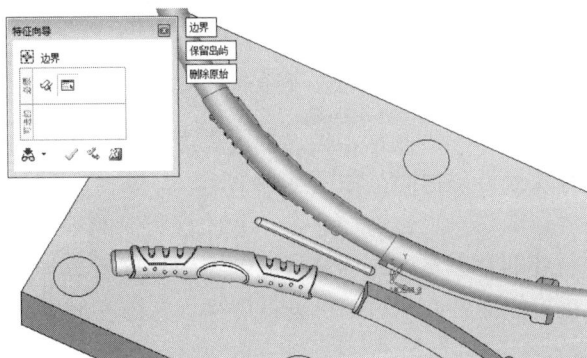

图 9-46　创建边界

以相同的方法创建另一曲面边界，如图 9-47 所示。

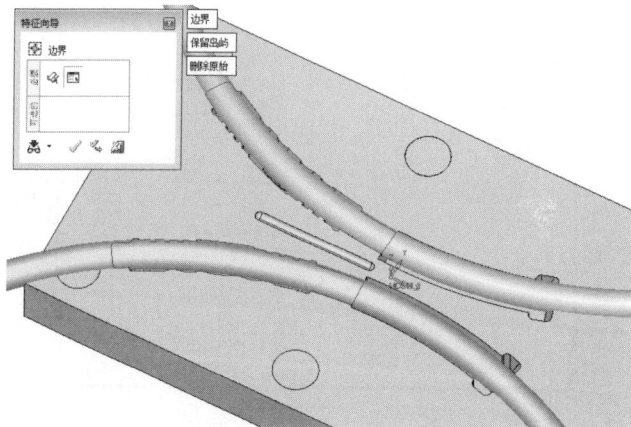

图 9-47　创建第二个边界

选择主菜单中的"曲面"→"修剪"命令，开始修剪曲面。先拾取要修剪的面，单击中键确认，再拾取修剪面，检查修剪方向是否正确，如发现指定修剪方向有误，可进行切换，如图 9-48 所示，最后单击"确认"图标，完成曲面修剪。

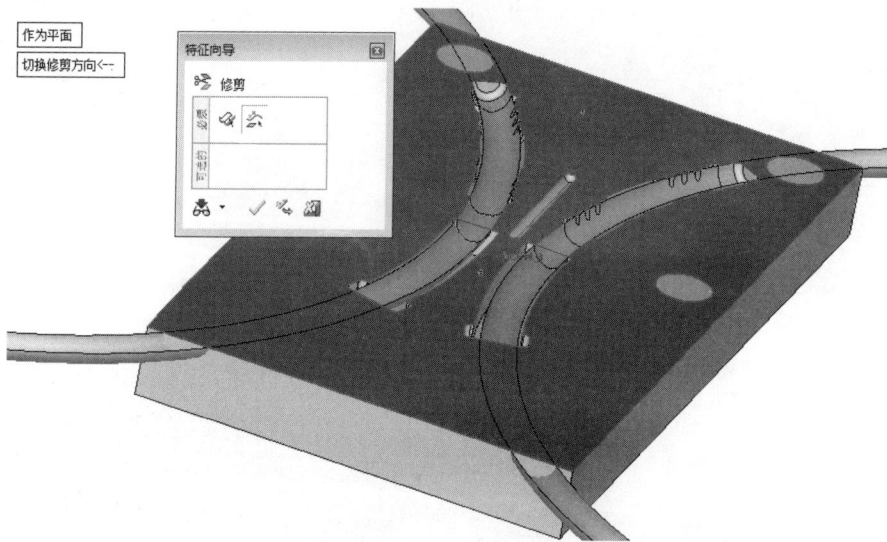

图 9-48　修剪曲面 1

单击工具栏中的"绘制草图"图标，再选择上表面作为草图平面，开始绘制草图。草图区域应包含将要进行流线铣的曲面，如图 9-49 所示。

选择主菜单中的"曲面"→"修剪"命令，开始修剪曲面。先拾取要修剪的面，单击中键确认，再拾取刚创建的草图轮廓作为修剪面，修改法向投影为方向投影，检查修剪方向是否正确，如发现指定修剪方向不对，可进行切换，如图 9-50 所示，最后单击"确认"图标，完成曲面修剪。

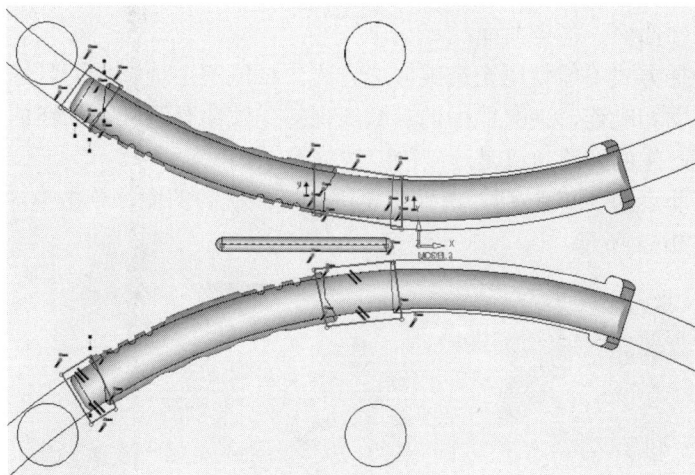

图 9-49　绘制草图

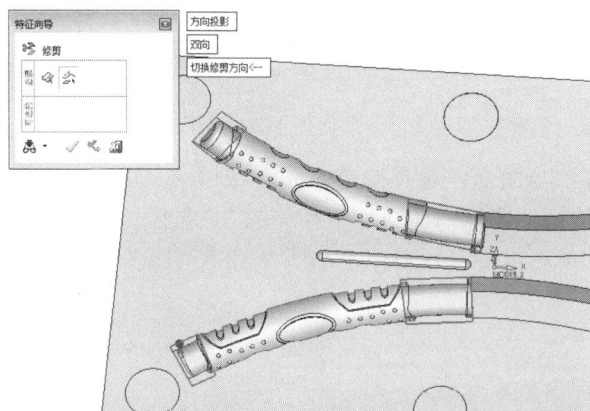

图 9-50　修剪曲面 2

　　为了方便查看，可隐藏草图轮廓。选择草图轮廓，单击右键，在弹出的快捷菜单中选择"隐藏"命令，隐藏草图轮廓，如图 9-51 所示。再单击"切换到 CAM 模式"图标⚙，返回 CAM 界面。

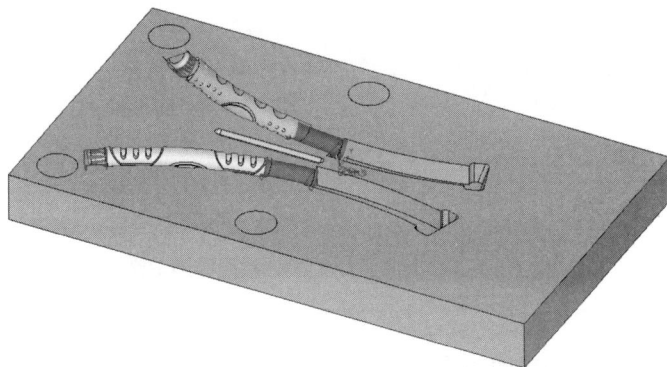

图 9-51　隐藏草图轮廓

（2）选择零件曲面、检查曲面

零件曲面选择方式不能使用全选或窗选方式，只能逐个选择，而且选择的后一个曲面应该与前一个曲面相毗连，使其曲面的参数线保持一致而且连续，即在曲面结合处是完全吻合的，以保证产生的刀路轨迹是连续的。选择方法如下。

单击零件曲面后的"0"按钮，选择所要进行流线铣的曲面，单击中键退出，完成零件曲面选择，如图 9-52 所示。

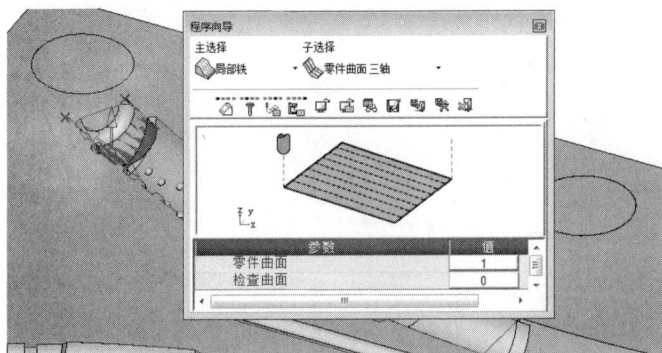

图 9-52　第一个曲面加工程序零件曲面的选择

检查曲面选择方法与曲面铣选择检查曲面方法相同，可以使用窗选或右键菜单。单击检查曲面后的"0"按钮，选择与曲面加工相关的 3 个曲面作为检查曲面，确保不会在这 3 个曲面上进行加工，单击中键确认退出，如图 9-53 所示。

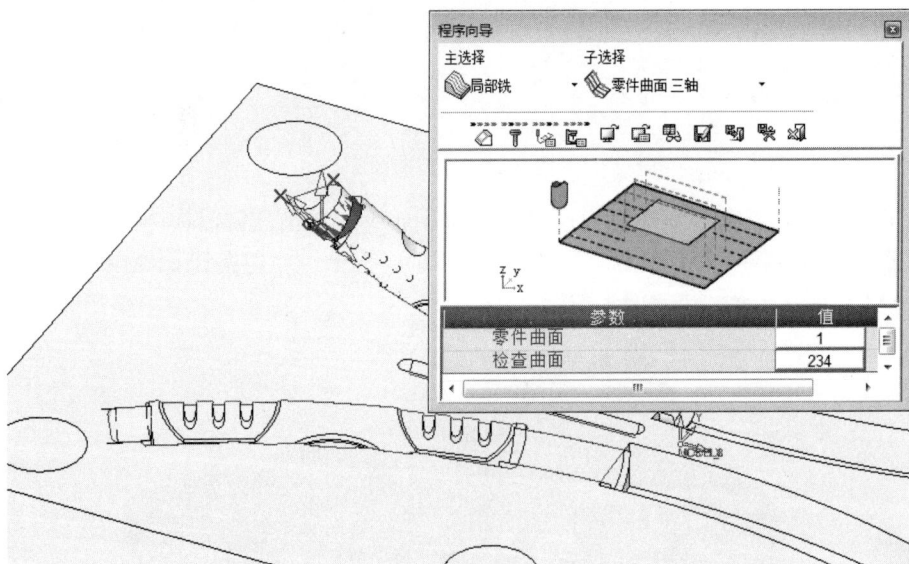

图 9-53　第一个曲面加工程序检查曲面的选择

（3）选择刀具

单击"刀具"图标，系统弹出"刀具及夹头"对话框，选择 B6R3 球刀，单击"确认"图标，完成刀具的选择。

（4）设置刀路参数

单击"刀路参数"图标，系统切换到"刀路参数"对话框。刀路参数可按如下步骤进行设置。

步骤 1：进/退刀参数设置。

该参数只有一个"曲面进刀"选项，包含 7 种进刀方式，即 Z 向、法向、相切、反向切向、水平、水平法向和水平相切，如图 9-54 和图 9-55 所示。这里选择 Z 向进刀。

图 9-54　"曲面进刀"选项

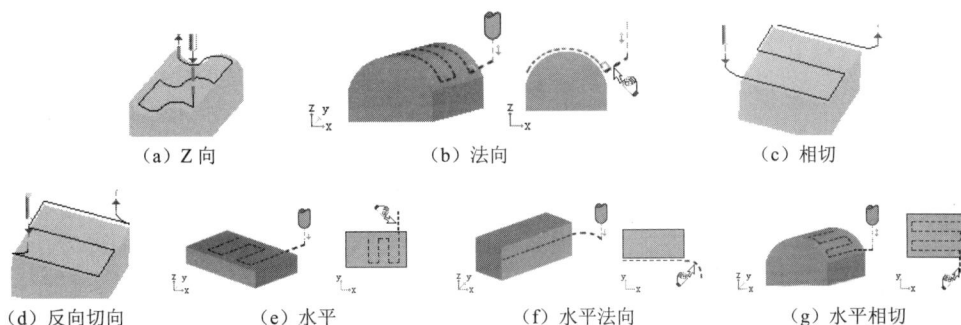

（a）Z 向　　　　　（b）法向　　　　　（c）相切

（d）反向切向　　　（e）水平　　　　　（f）水平法向　　　（g）水平相切

图 9-55　曲面进刀方式示例

步骤 2：公差及余量参数设置。

考虑到是曲面精加工，设置加工曲面余量为 0，检查曲面余量为-0.02，其他参数可保持默认设置，如图 9-56 所示。

图 9-56　精度和曲面偏移参数设置

步骤 3：刀路轨迹参数设置。

该参数组包含参数较多，如图 9-57 所示，下面将一一进行介绍。

图 9-57　曲面流线铣刀路轨迹参数设置

1）最大 3D 侧向步距：用于定义相邻刀路的 3D 距离，如图 9-58 所示。

图 9-58　最大 3D 侧向步距

2）切削风格：该参数有两个选项，即"单向"和"双向"，如图 9-59 所示，为提高效率一般选用双向方式。

图 9-59　切削方向选项

3）方向：该参数用于定义刀具切削运动的方向，包括"两者：向上和向下"、"向上"和"向下" 3 个选项，如图 9-60 和图 9-61 所示，一般选择"两者：向上和向下"选项。该参数与切削方向参数是相关的，使用时要注意两者之间的关系。

图 9-60　方向选项

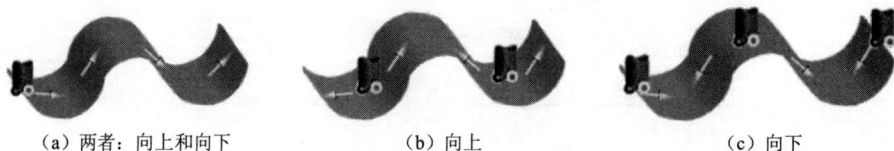

（a）两者：向上和向下　　　（b）向上　　　（c）向下

图 9-61　方向选项示意图

4）步进方式：该参数用于设置刀具步进方式，有 3 个选项，包括"根据残留高度"、"根据行数"和"根据最大 3D 侧向步距"，如图 9-62 所示。

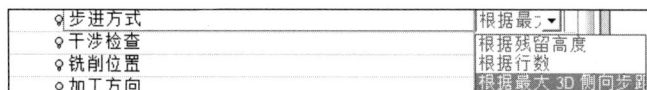

步进方式	根据最大 ▼
干涉检查	根据残留高度
铣削位置	根据行数
加工方向	根据最大 3D 侧向步距

图 9-62　步进方式选项

① 根据残留高度：残留高度指加工后的残余部分材料离加工曲面的最大距离，如图 9-63 所示。步进方式将根据残留高度进行计算，使用该参数确定步进时，需要输入残留高度值和最小 3D 侧向步长。

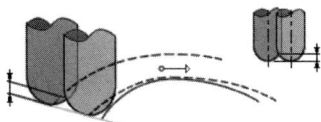

图 9-63　根据残留高度

② 根据行数：根据行数计算刀路。通过直接指定行数，在切削区域范围内进行平分，如图 9-64 所示。

③ 根据最大 3D 侧向步长：根据最大侧向步长计算刀路，如图 9-65 所示。

这里选择根据最大 3D 侧向步长，并设置为 0.15。

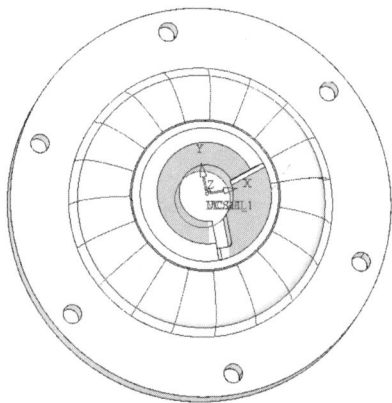

图 9-64　根据行数，行数 20 行

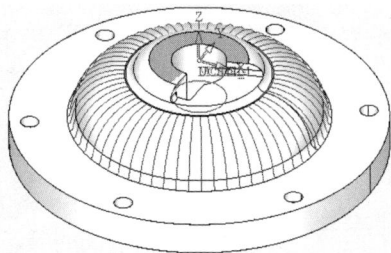

图 9-65　根据最大 3D 侧向步长，步长 5mm

5）干涉检查：检查加工时刀具是否与其他曲面相干涉，如图 9-66 所示。

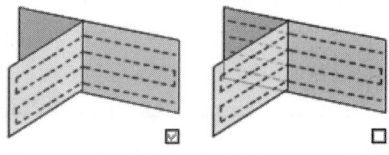

图 9-66 干涉检查

6）铣削位置：该参数用于设置铣削位置是在内侧还是外侧，可单击"反向"按钮进行切换，如图 9-67 所示。

图 9-67　铣削位置

7）加工方向：该参数用于设置加工方向是沿 X 方向还是 Y 方向，可单击"反向"按钮进行切换，如图 9-68 所示。

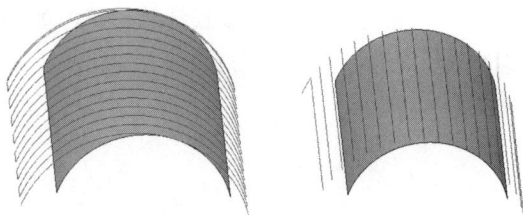

图 9-68　加工方向

8）重新定义起始角：该参数用于设置刀具起始位置，如图 9-69 所示。

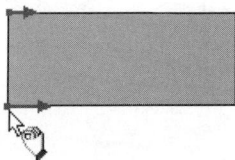

图 9-69　重新定义起始角

9）临界铣削宽度：该参数用于设置铣削宽度，如图 9-70 所示。可通过单击"选择"按钮，先拾取一张曲面，再拾取第一个宽度点和第二个宽度点，进行设置。

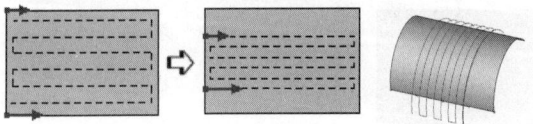

图 9-70　临界铣削宽度

10）临界铣削长度：该参数用于设置铣削长度，如图 9-71 所示。

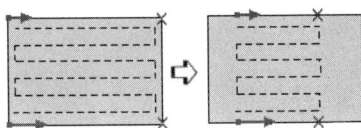

图 9-71　临界铣削长度

11）重置铣削宽度和重置铣削长度：对铣削宽度和铣削长度进行重置，取消前面选择。其他参数可选择默认。

（5）设置机床参数

单击"机床参数"图标，系统切换到机床参数界面，按图 9-72 所示设置机床参数。

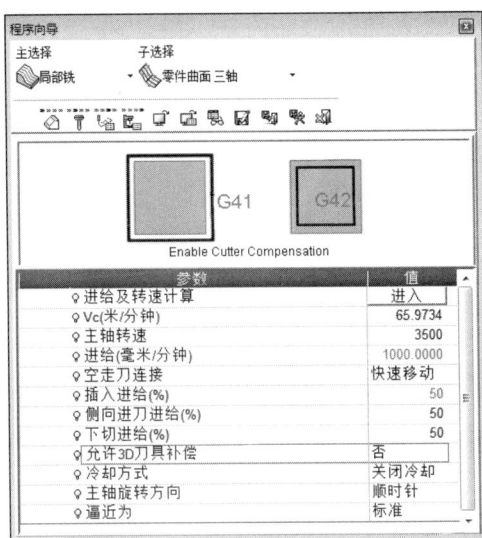

图 9-72　曲面流线铣机床参数设置

（6）程序生成

单击"保存并计算"图标，系统将根据前面设置的参数自动计算刀路轨迹，并在绘图区显示生成的刀路轨迹，如图 9-73 所示。

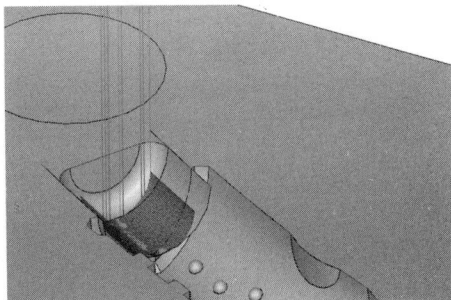

图 9-73　曲面流线铣生成的刀路轨迹

3. 创建第二个曲面加工程序

单击"NC 向导"中的"程序"图标，系统弹出"程序向导"对话框，开始创建加工程序，修改"主选择"为"局部铣"、"子选择"为"零件曲面三轴"，或采用复制、粘贴方式创建第二个曲面加工程序。

（1）选择零件曲面、检查曲面

单击零件曲面值和检查曲面值，进行重置所有，然后选择所要进行流线铣的曲面，单击中键退出，完成零件曲面选择，如图 9-74 所示。

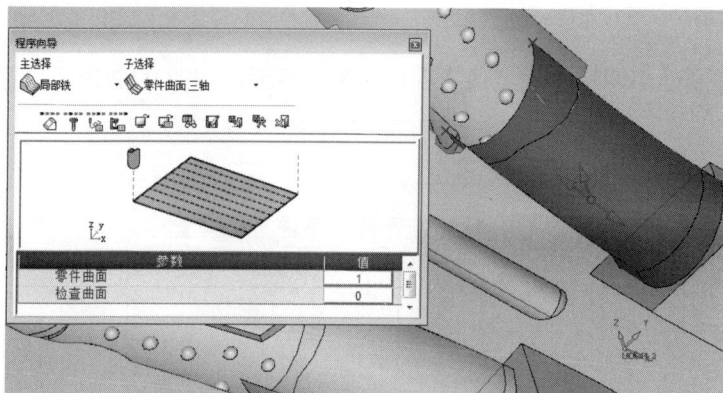

图 9-74　第二个曲面加工程序零件曲面的选择

再选择上表面作为检查曲面，确保不会在这个平面上进行加工，单击中键确认退出，如图 9-75 所示。

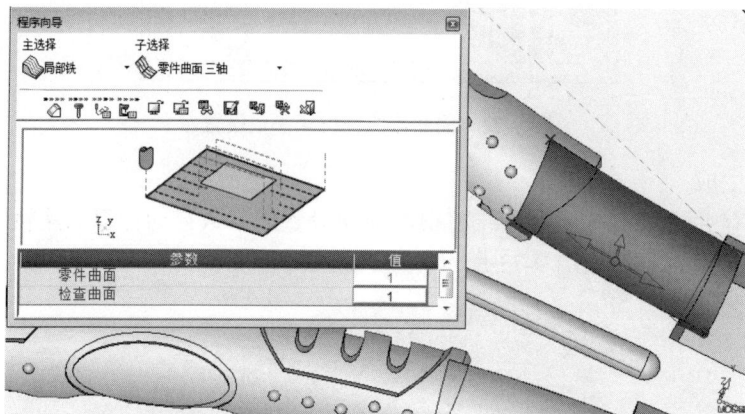

图 9-75　第二个曲面加工程序检查曲面的选择

（2）设置刀路参数

单击"刀路参数"图标，系统切换到刀路参数界面。刀路参数可按图 9-76 所示进行设置。

参数	值
进/退刀	
曲面进刀	Z向
安全平面和坐标系	
进刀和退刀点	优化
公差及余量	高级
加工曲面余量	0.0000 ∫
检查曲面余量	-0.0200 ∫
逼近方式	根据精度
零件曲面精度	0.0300 ∫
检查曲面精度	0.0300 ∫
刀路轨迹	
最大 3D 侧向步距	0.1500 ∫
切削风格	双向
方向	两者:向上
步进方式	根据最大 3
干涉检查	☑
铣削位置	反向
加工方向	反向
重新定义起始角	选择
临界铣削宽度	选择
临界铣削长度	选择
重置铣削宽度	重置
重置铣削长度	重置
毛坯	更新
优化	☐
刀具及夹头	B6R3

图 9-76　第二个曲面加工程序刀路参数的设置

（3）程序生成

单击"保存并计算"图标，系统将根据前面设置的参数自动计算刀路轨迹，并在绘图区显示生成的刀路轨迹，如图 9-77 所示。

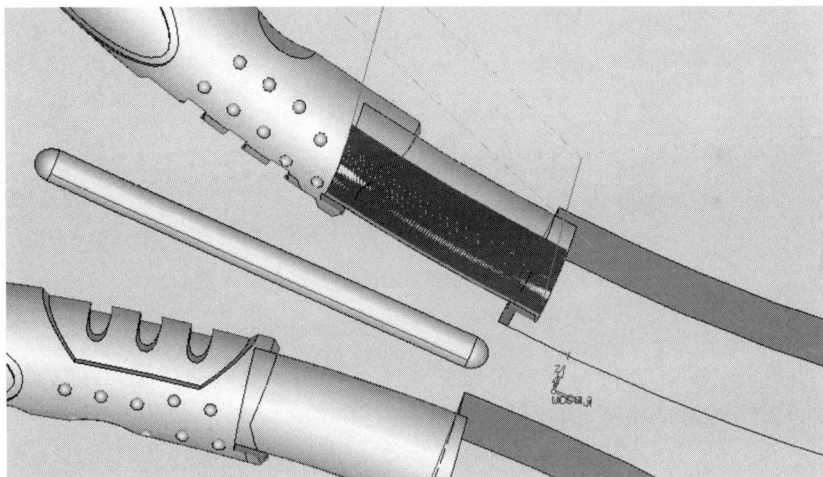

图 9-77　第二个曲面加工程序生成的刀路轨迹

4. 创建第三个曲面加工程序

通过复制、粘贴方式创建第三个曲面加工程序。

（1）修改零件曲面、检查曲面

单击零件曲面后的"1"按钮，重置零件曲面，再选择所要进行流线铣的曲面，单击中键退出，完成零件曲面的选择，如图 9-78 所示。

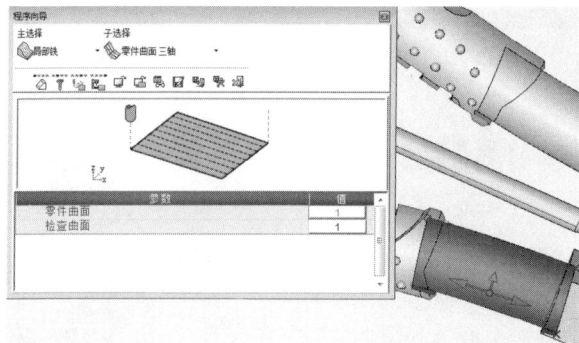

图 9-78　第三个曲面加工程序零件曲面的选择

（2）设置刀路参数

单击"刀路参数"图标，系统切换到刀路参数界面。刀路参数可按图 9-79 所示进行设置。

图 9-79　第三个曲面加工程序刀路参数设置

（3）程序生成

单击"保存并计算"图标，系统将根据前面设置的参数自动计算刀路轨迹，并在绘图区显示生成的刀路轨迹，如图 9-80 所示。

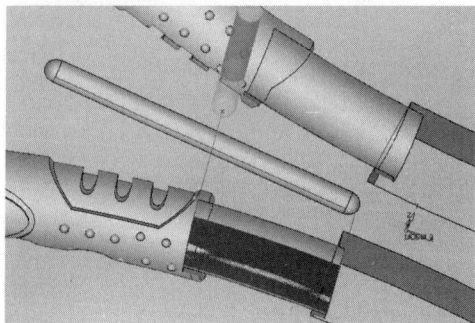

图 9-80　第三个曲面加工程序生成的刀路轨迹

5. 创建第四个曲面加工程序

按照前一曲面程序创建过程，创建第四个曲面加工程序。

（1）修改零件曲面、检查曲面

单击零件曲面后的"1"按钮，重置零件曲面，再选择所要进行流线铣的曲面，单击中键退出，完成零件曲面的选择，检查曲面可选择默认值，如图 9-81 所示。

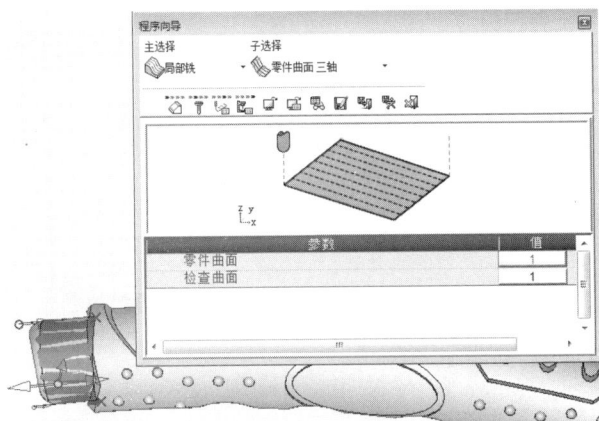

图 9-81　第四个曲面加工程序零件曲面的选择

（2）设置刀路参数

单击"刀路参数"图标，系统切换到刀路参数界面。刀路参数可按图 9-76 所示进行设置。

（3）程序生成

单击"保存并计算"图标，系统将根据前面设置的参数自动计算刀路轨迹，并在绘图区显示生成的刀路轨迹，如图 9-82 所示。

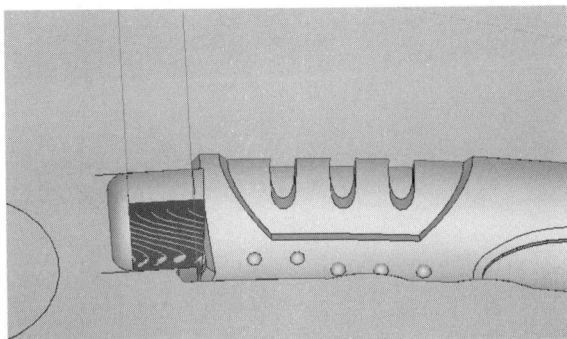

图 9-82　第四个曲面加工程序生成的刀路轨迹

微课：手柄塑胶模曲面流线铣编程

动画：手柄塑胶膜模板流线铣

9.3.7　曲面精铣

1. 创建刀路轨迹

单击"NC 向导"中的"刀轨"图标，进入创建刀路轨迹功能，系统弹出"创建刀轨"

对话框，修改名称为 07，类型为 3 轴，安全平面为 50，创建刀路轨迹，单击"确认"图标，创建 3 轴刀路轨迹。完成后，"NC 程序管理器"中会新增一个名为 07 的刀路轨迹。

2. 创建加工程序

单击"NC 向导"中的"程序"图标，系统弹出"程序向导"对话框，开始创建加工程序，修改"主选择"为"曲面铣削"、"子选择"为"精铣所有"，如图 9-83 所示。

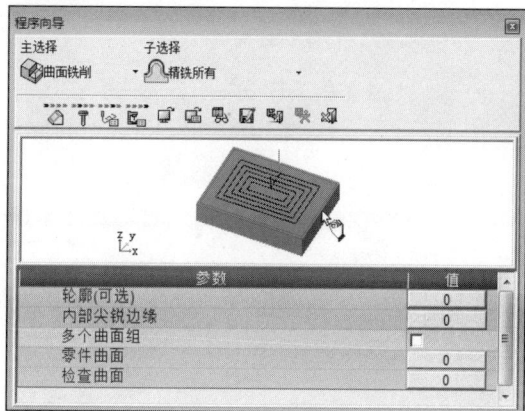

图 9-83　曲面精铣工艺的选择

（1）创建曲面精铣加工区域

单击工具栏中的"切换到 CAD 模式"图标，切换到 CAD 界面。选择"曲线"→"组合曲线"命令，系统弹出"特征向导"对话框，依次选择区域轮廓，完成后单击中键确认，如图 9-84 所示，再次单击确认退出，完成第一个曲面区域创建。为了方便曲线选取，可隐藏前已加工的流线曲面。

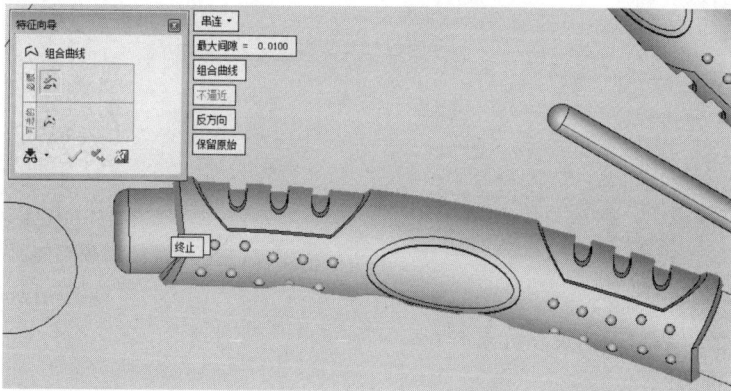

图 9-84　第一组合曲线创建

应用相同的方法，创建第二个曲面区域，如图 9-85 所示。完成后，单击工具栏中的"切换到 CAM 模式"图标，回到 CAM 界面，继续进行编程操作。

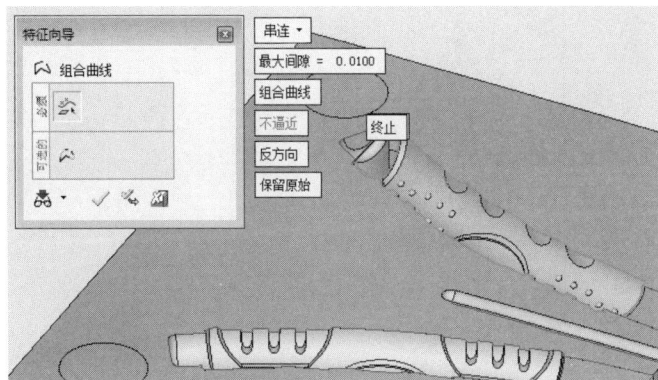

图 9-85　第二组合曲线创建

（2）选择轮廓、零件曲面

单击轮廓后的"0"按钮，系统弹出"轮廓管理器"对话框。单击刚创建的第一条轮廓，单击中键确认，再选择第二条轮廓，单击中键确认，再次单击中键退出，完成轮廓选择，如图 9-86 所示。利用相同的方法选择所有曲面作为零件曲面。

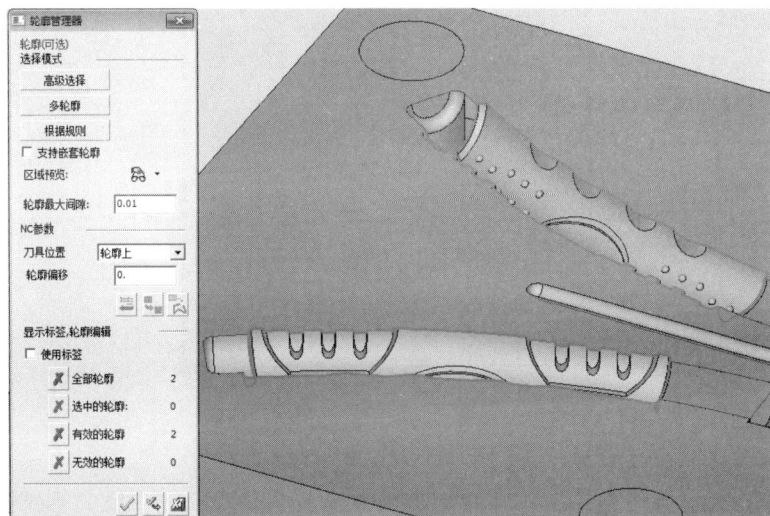

图 9-86　曲面精铣的轮廓选择

（3）选择刀具

单击"刀具"图标，系统弹出"刀具及夹头"对话框，选择 B6R3 球刀，单击"确认"图标，完成刀具的选择。

（4）设置刀路参数

单击"刀路参数"图标，系统切换到刀路参数界面。这里主要设置曲面公差、加工方式及 3D 步距等参数，其他参数可按图 9-87 所示进行设置。

图 9-87　曲面精铣的刀路参数设置

（5）设置机床参数

单击"机床参数"图标，系统切换到机床参数界面，设置机床的主轴转速为 3500、进给为 1500，其他选择默认值，如图 9-88 所示。

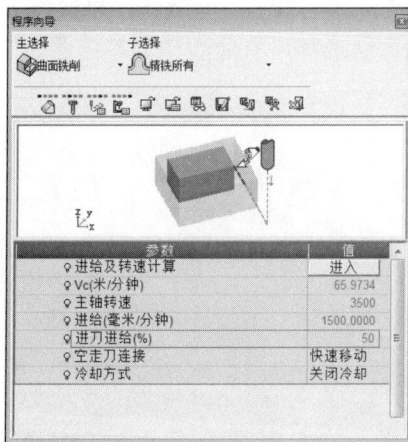

图 9-88　机床参数设置

（6）程序生成

单击"保存并计算"图标，系统将根据前面设置的参数自动计算刀路轨迹，并在绘图区显示生成的刀路轨迹，如图 9-89 所示。

微课：手柄塑
胶膜模板曲
面精铣编程

动画：手柄塑
胶膜模板曲
面精铣

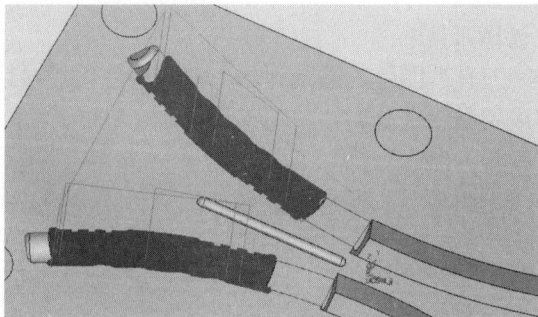

图 9-89　曲面精铣生成的刀路轨迹

9.3.8　底平面加工

1. 创建刀路轨迹

单击"NC 向导"中的"刀轨"图标，进入创建刀路轨迹功能，系统弹出"创建刀轨"对话框，修改名称为 08，类型为 2.5 轴，安全平面为 50，创建刀路轨迹，单击"确认"图标，创建 2.5 轴刀路轨迹。完成后，"NC 程序管理器"中会新增一个名为 08 的刀路轨迹。

2. 创建加工程序

单击"NC 向导"中的"程序"图标，系统弹出"程序向导"对话框，开始创建加工程序，修改"子选择"为"型腔-环绕切削"。

（1）选择零件轮廓

单击零件轮廓后的"2"按钮，系统弹出"轮廓管理器"对话框。先重置零件轮廓，再修改刀具位置为轮廓内，轮廓偏移为 0.3，确保侧壁留有一定余量。选择底平面轮廓，单击中键确认，再选择第二底平面轮廓，单击中键确认，如图 9-90 所示。完成两条零件轮廓选择后，再单击中键退出，完成零件轮廓选择。

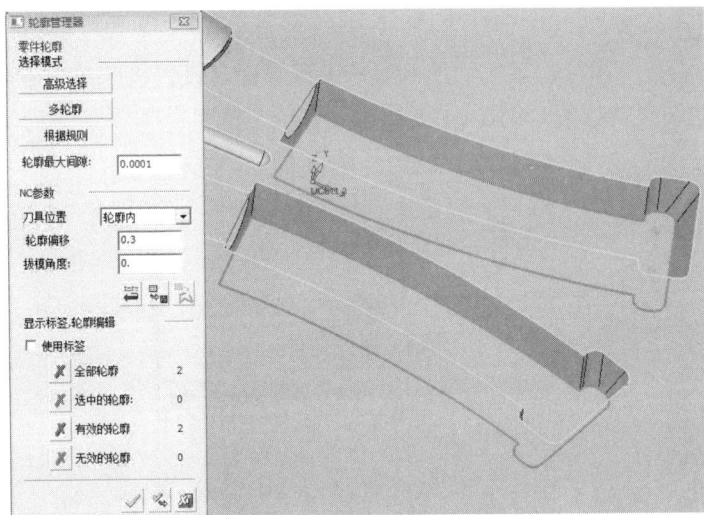

图 9-90　曲面精铣的零件轮廓选择

（2）选择刀具

单击"刀具"图标，系统弹出"刀具及夹头"对话框，选择 F6 平底刀，单击"确认"图标，完成刀具的选择。

（3）设置刀路参数

单击"刀路参数"图标，系统切换到刀路参数界面，可按图 9-91 所示进行相关参数设置。

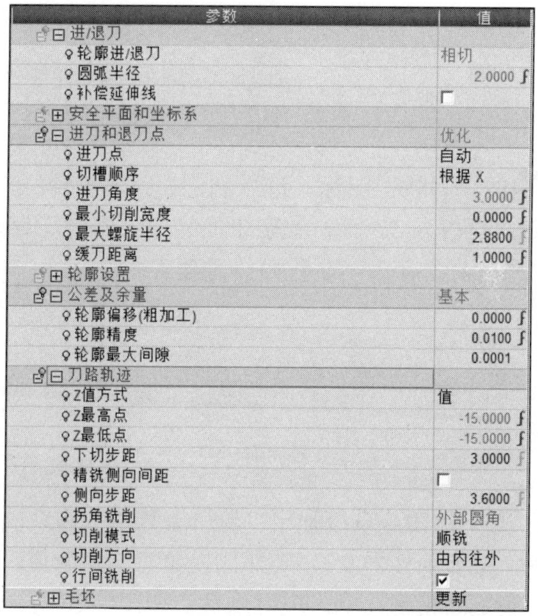

图 9-91　曲面精铣的刀路参数设置

（4）设置机床参数

单击"机床参数"图标，系统切换到机床参数界面，设置机床的主轴转速为 3500、进给为 1500，其他选择默认值，如图 9-92 所示。

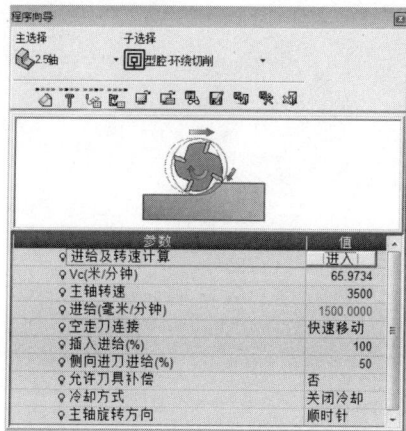

图 9-92　曲面精铣的机床参数设置

（5）程序生成

单击"保存并计算"图标，系统将根据前面设置的参数自动计算刀路轨迹，并在绘图区显示生成的刀路轨迹，如图 9-93 所示。

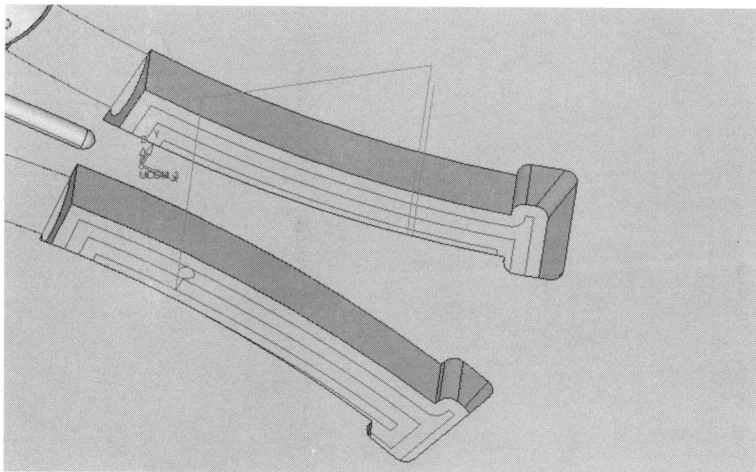

图 9-93　曲面精铣生成的刀路轨迹

9.3.9　侧壁加工

1. 创建刀路轨迹

单击"NC 向导"中的"刀轨"图标，进入创建刀路轨迹功能，系统弹出"创建刀轨"对话框，修改名称为 09，类型为 2.5 轴，安全平面为 50，创建刀路轨迹，单击"确认"图标，创建 2.5 轴刀路轨迹。完成后，"NC 程序管理器"中会新增一个名为 09 的刀路轨迹。

2. 创建加工程序

单击"NC 向导"中的"程序"图标，系统弹出"程序向导"对话框，开始创建加工程序，修改"子选择"为"开放轮廓"。

（1）选择轮廓

单击轮廓后的"2"按钮，系统弹出"轮廓管理器"对话框，先重置轮廓，再修改刀具位置为切向。依次选择底平面相应轮廓，单击中键确认；按前一轮廓选择方法，选择第二底平面轮廓，单击中键确认，如图 9-94 所示。完成两条轮廓选择后，单击中键退出，完成轮廓选择。

（2）设置刀路参数

单击"刀路参数"图标，系统切换到刀路参数界面，可按图 9-95 所示进行相关参数设置。

微课：手柄塑胶膜模板底平面加工编程

动画：手柄塑胶膜模板底平面加工

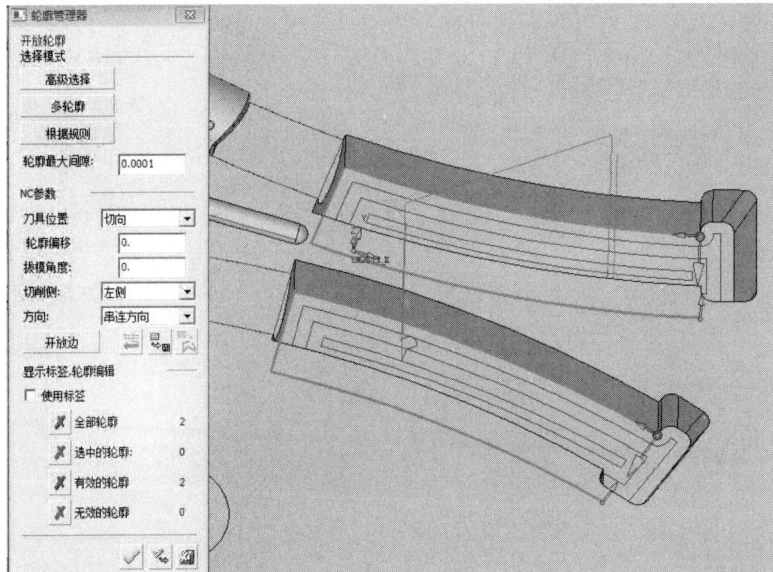

图 9-94　侧壁加工的轮廓选择

图 9-95　侧壁加工的刀路参数设置

（3）设置机床参数

单击"机床参数"图标，系统切换到机床参数界面，设置机床的主轴转速为 3500、进给为 500，其他选择默认值，如图 9-96 所示。

（4）程序生成

单击"保存并计算"图标，系统将根据前面设置的参数自动计算刀路轨迹，并在绘图区显示生成的刀路轨迹，如图 9-97 所示。

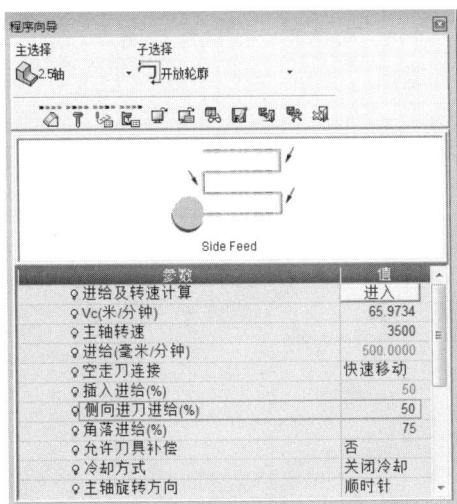

图 9-96　侧壁加工的机床参数设置

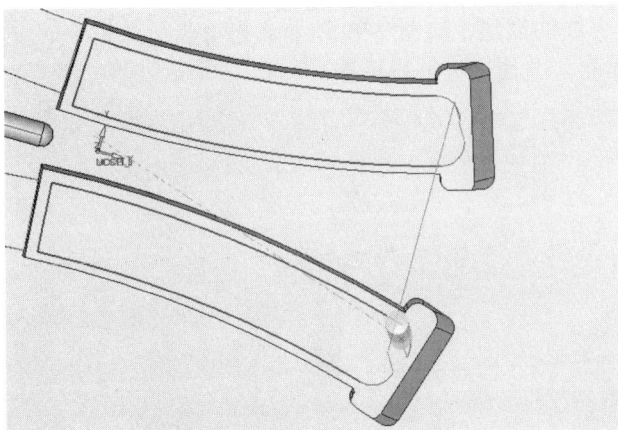

微课：手柄塑　　动画：手柄塑
胶膜模板侧　　胶膜模板侧
壁加工编程　　壁加工

图 9-97　侧壁加工生成的刀路轨迹

9.3.10　侧壁精修

1. 创建刀路轨迹

单击 "NC 向导" 中的 "刀轨" 图标，进入创建刀路轨迹功能，系统弹出 "创建刀轨" 对话框，修改名称为 10，类型为 3 轴，安全平面为 50，创建刀路轨迹，单击 "确认" 图标，创建 3 轴刀路轨迹。完成后，"NC 程序管理器" 中会新增一个名为 10 的刀路轨迹。

2. 创建加工程序

单击 "NC 向导" 中的 "程序" 图标，系统弹出 "程序向导" 对话框，开始创建加工程序，修改 "主选择" 为 "曲面铣削"、"子选择" 为 "精铣所有"。

（1）选择边界、零件曲面

单击工具栏中的 "切换到 CAD 模式" 图标，切换到 CAD 界面。选择 "曲线" → "直线"命令，系统弹出"特征向导"对话框，依次选择两点，完成后单击中键确认，如图 9-98 所示，再单击"确认"图标退出。

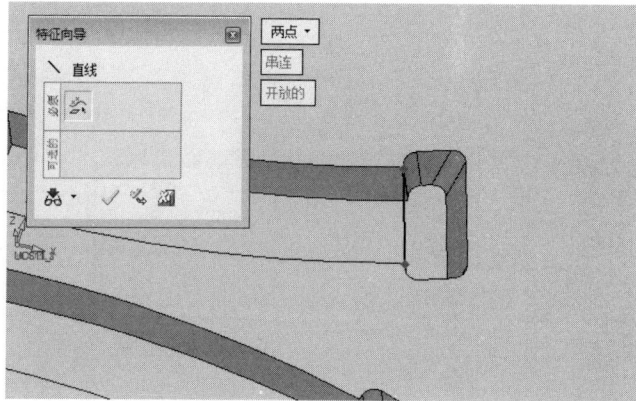

图 9-98　第一条直线创建

应用相同的方法，完成另一直线的创建，如图 9-99 所示。再单击工具栏中的"切换到 CAM 模式"图标，回到 CAM 界面，继续进行编程操作。

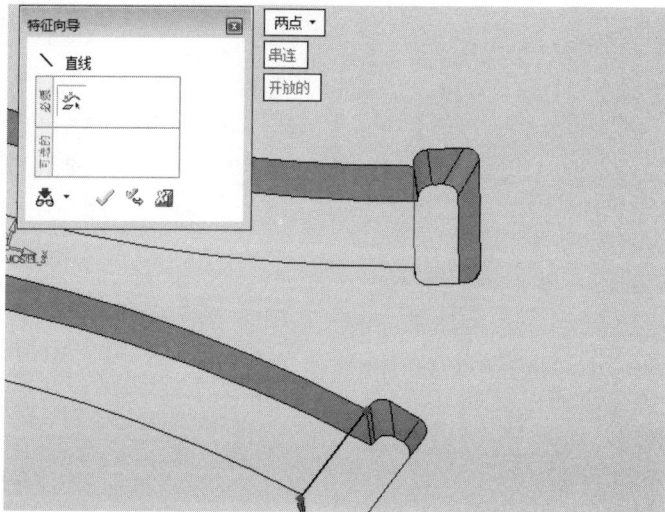

图 9-99　第二条直线创建

单击轮廓后的"0"按钮，系统弹出"轮廓管理器"对话框，修改刀具位置为轮廓上。选择轮廓，单击中键确认；按前一轮廓选择方法，选择第二条轮廓，单击中键确认，如图 9-100 所示。最后单击中键退出，完成轮廓选择。选择所有曲面作为零件曲面。

（2）选择刀具

单击"刀具"图标，系统弹出"刀具及夹头"对话框，选择 D6R0.5 牛鼻刀，单击"确认"图标，完成刀具的选择。

（3）设置刀路参数

单击"刀路参数"图标，系统切换到刀路参数界面，可按图 9-101 所示进行相关参数设置。

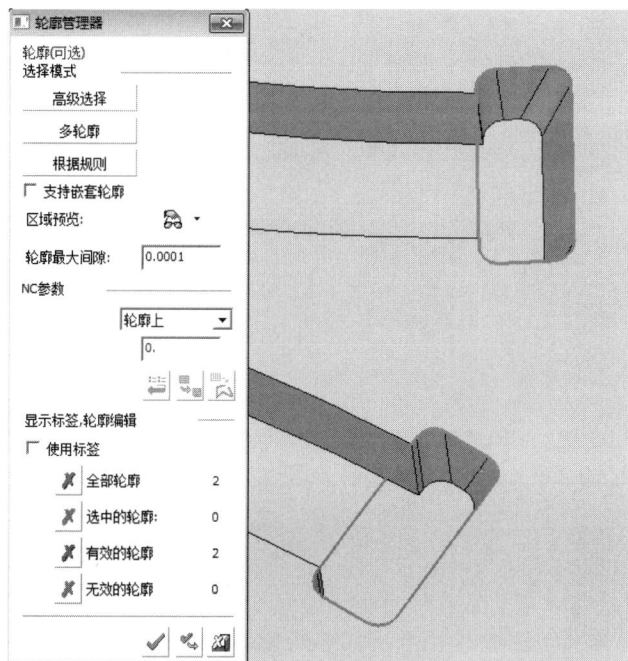

图 9-100　侧壁精修的轮廓选择

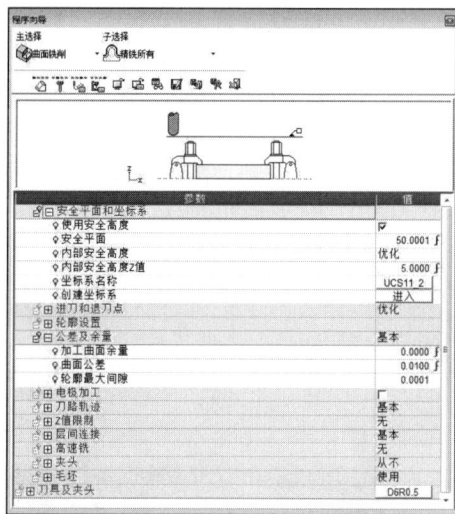

图 9-101　侧壁精修的刀路参数设置

（4）设置机床参数

单击"机床参数"图标，系统切换到机床参数界面，设置机床的主轴转速为 3500、进给为 1500，其他选择默认值，如图 9-102 所示。

（5）程序生成

单击"保存并计算"图标，系统将根据前面设置的参数自动计算刀路轨迹，并在绘图

区显示生成的刀路轨迹，如图 9-103 所示。

图 9-102　侧壁精修的机床参数设置

微课：手柄塑
胶膜模板侧
壁精修编程

动画：手柄塑
胶膜模板侧
壁精修

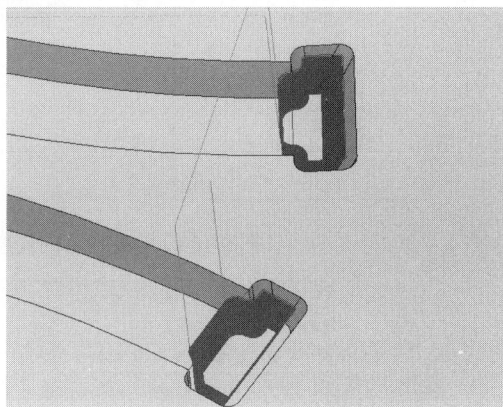

图 9-103　侧壁精修生成的刀路轨迹

3. 仿真模拟

单击"NC 向导"中的"机床仿真"图标，进入模板检验功能，系统弹出"机床仿真"对话框，单击绿色双箭头，选择全部程序，单击"确定"图标，系统打开"CimatronE-机床模拟"窗口，选择"控制"→"运行"命令，进行实体切削模拟，加工仿真模拟结果如图 9-104 所示。

动画：手柄塑
胶膜模板机
床仿真加工

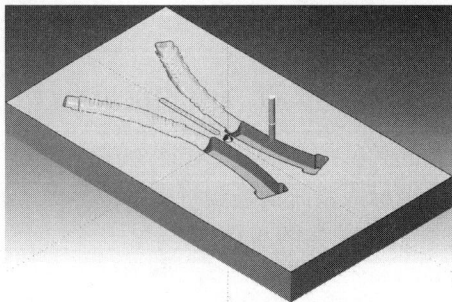

图 9-104　加工仿真模拟结果

4. 后处理

单击"NC 向导"中的"后处理"图标，进入后处理功能，系统将弹出"后处理"对话框。选择需要处理后输出程序的存放文件夹，选择文件类型为仅 G 代码文件，文件名命名为 xm01，选中"完成之后显示输出文件"复选框，其他选择默认值。单击"确认"图标进行后处理，完成后系统将产生一个程序文件，如图 9-105 所示。

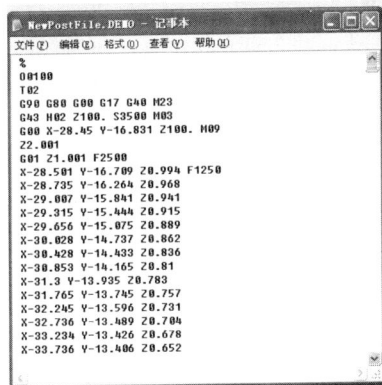

```
NewPostFile.DEMO - 记事本
文件(F) 编辑(E) 格式(O) 查看(V) 帮助(H)
%
O0100
T02
G90 G80 G00 G17 G40 M23
G43 H02 Z100. S3500 M03
G00 X-28.45 Y-16.831 Z100. M09
Z2.001
G01 Z1.001 F2500
X-28.501 Y-16.709 Z0.994 F1250
X-28.735 Y-16.264 Z0.968
X-29.007 Y-15.841 Z0.941
X-29.315 Y-15.444 Z0.915
X-29.656 Y-15.075 Z0.889
X-30.028 Y-14.737 Z0.862
X-30.428 Y-14.433 Z0.836
X-30.853 Y-14.165 Z0.81
X-31.3 Y-13.935 Z0.783
X-31.765 Y-13.745 Z0.757
X-32.245 Y-13.596 Z0.731
X-32.736 Y-13.489 Z0.704
X-33.234 Y-13.426 Z0.678
X-33.736 Y-13.406 Z0.652
```

图 9-105　生成数控程序

9.4　填写加工程序单

填写表 9-2 所示加工程序单。

表 9-2　加工程序单

零件名称：手柄塑胶膜模板　　　　　　操作员：　　　　　编程员：

计划时间	
实际时间	
上机时间	
下机时间	
工作尺寸/mm	
X_c	
Y_c	
Z_c	
工作数量：1 件	

描述：

四面分中

续表

程序名称	加工类型	刀具	背吃刀量/mm	加工余量/mm	上机时间	完成时间	备注
01	开粗	F12R0.8	0.35	0.2			
02	二次开粗	B6R3	0.2	0.25			
03	清角	F6	0.25	0.25			
04	曲面半精加工	B6R3	0.3	0.1			
05	流道加工	B6R3	0.2	0			
06	曲面流线铣	B6R3	0.15	0			
07	曲面精铣	B6R3	0.15	0			
08	底平面加工	F6	0.2	0			
09	侧壁加工	F6	0.2	0			
10	侧壁精修	D6R0.5	0.15	0			

项 目 练 习

完成图 9-106 所示手柄塑胶膜模板数控程序的创建。

手柄塑胶膜模板练习源文件见配套资源包（下载地址：www.abook.cn）。

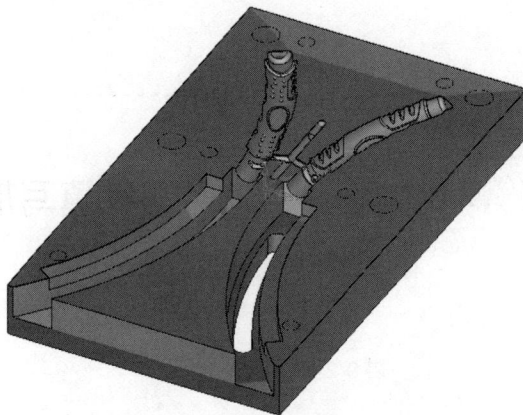

图 9-106　手柄塑胶膜模板

10 项目

牵狗器电极数控编程

>>>>

◎ **项目导读**

牵狗器电极主要由曲面组成。为了提高加工效率，将两块电极装夹在一起进行加工。

牵狗器电极模型源文件见配套资源包（下载地址：www.abook.cn）。

◎ **能力目标**

- 掌握刀路轨迹的复制方法。
- 能进行刀路的后处理。
- 会将程序传输给数控机床。

◎ **思政目标**

- 树立正确的学习观、价值观，自觉践行行业道德规范。
- 牢固树立质量第一、信誉第一的强烈意识。
- 遵规守纪，安全生产，爱护设备，钻研技术。

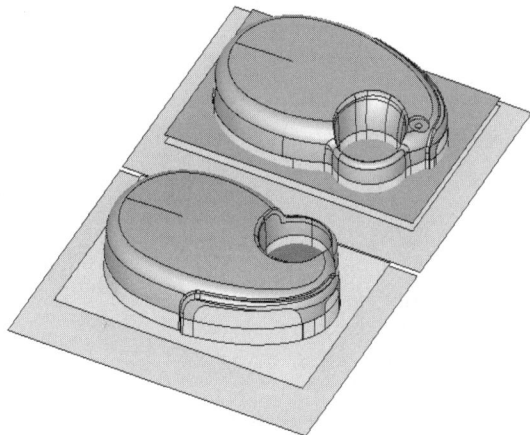

10.1

牵狗器电极模型分析

启动 CimatronE 11，选择"文件"→"打开文件"命令，打开"CimatronE 浏览器"窗口，选择牵狗器电极文件，再单击"打开"按钮，进入 CAD 工作窗口。因为坐标系不符合编程需要，所以应先创建工作坐标系。选择"基准"→"坐标系"→"几何中心"命令，系统弹出"特征向导"对话框，开始创建坐标系。在实体上选择曲面，如图 10-1 所示。

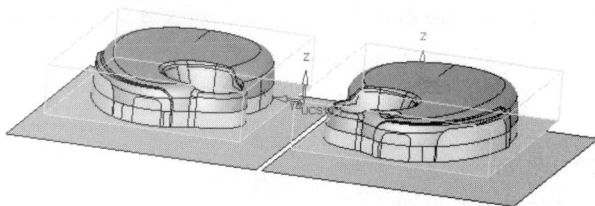

图 10-1 曲面选取

以窗选的方式选择全部曲面，单击中键完成选择，系统生成一个边界盒将所选曲面包容在内，并以该边界盒的中心作为坐标系原点建立坐标系，同时在边界盒的角落点、面的中心点和边界中心位置显示点，单击这些点就可以将其作为坐标原点。这里选择上表面中心点作为坐标系原点，建立图 10-2 所示坐标系。

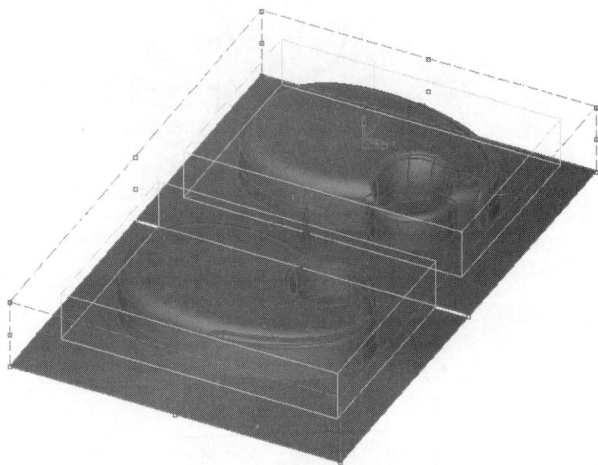

图 10-2 坐标系建立

以相同的方法创建电极坐标系，如图 10-3 所示。

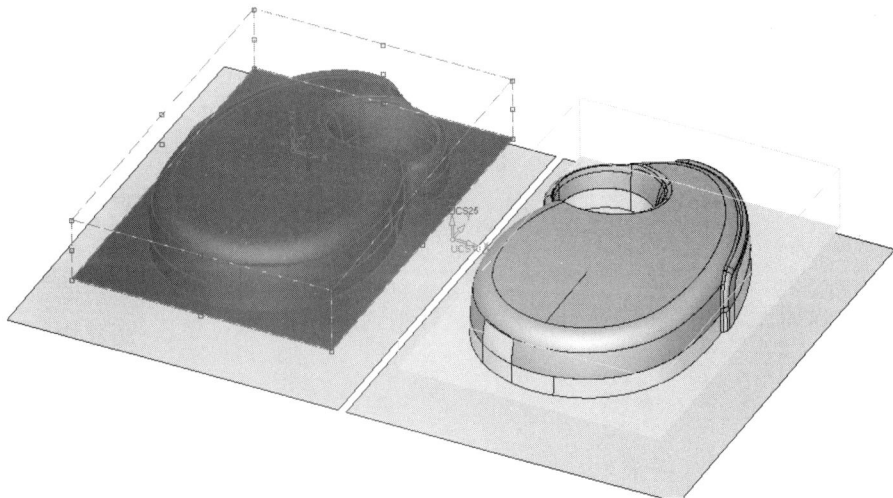

图 10-3　电极坐标系建立

选择"基准"→"坐标系"→"激活坐标系"命令，再选择刚创建的坐标系，激活坐标系，这时坐标系将以红色显示。

选择"分析"→"测量"命令，系统弹出"测量"对话框。通过该对话框，对模型进行分析，如图 10-4 所示。

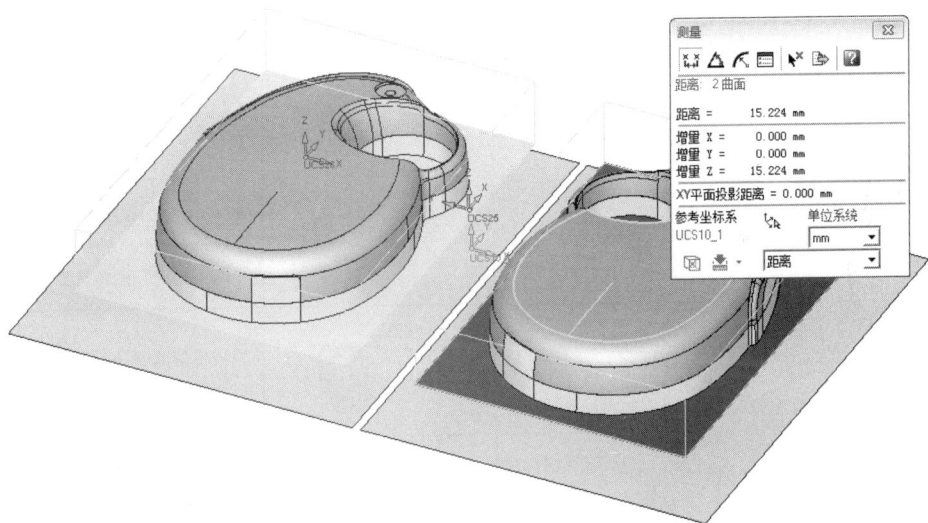

图 10-4　模型分析

单块电极长×宽×高：111.863mm×79.094mm×19.022mm。

最小曲率半径：0.993mm。

微课：牵狗器电极模型分析

10.2

牵狗器电极加工工艺制定

牵狗器电极加工工艺，可按表 10-1 所示进行编制。

微课：牵狗器电极加工工艺制定

表 10-1　牵狗器电极加工工艺流程

序号	加工内容	加工策略	图解	备注
01	开粗	体积铣-环绕粗铣		根据毛坯尺寸及零件中型腔尺寸确定使用 D12R0.8 牛鼻刀进行开粗
02	底面精加工	曲面铣削-层切		为了得到较低的表面粗糙度，所以选用 F10 平底刀来进行底平面的精加工
03	曲面半精加工、精加工	曲面铣削-根据角度精铣		半精加工与精加工均采用 B6 球刀，且程序一同后处理，以提高效率
04	侧壁清根	曲面铣削-精铣所有		B6 球刀精加工后在底部会留下一个 3mm 的 R 角，所以采用 D6R0.5 牛鼻刀来进行清角加工
05	曲面清根	清角-清根		根据模型 R 角来选用 F2R1 球刀来进行最后的清根
06	轨迹复制	转换-镜像复制		考虑到另一电极与已经编程的电极是对称的，因此可采用刀路轨迹的镜像复制功能生成另一电极的刀路轨迹
07	小平台加工	2.5 轴-型腔-环绕切削		此处要求精度不高，采用 F6 平底刀，使用螺纹下刀方式进行加工
08	小孔加工	2.5 轴-型腔-环绕切削		采用 F2 平底刀，使用螺纹下刀方式进行加工

10.3

牵狗器电极编程操作

10.3.1　开粗

1. 导入刀具

单击 "NC 向导" 中的 "刀具" 图标，系统弹出 "刀具及夹头" 对话框，选择 "菜单" →
"从 CSV 或 XML 文件中输入刀具或夹头" 命令，选择刀具库文件，再依次选择所要用到
的刀具，加载所选的刀具，单击 "确认" 图标，完成刀具导入，或加载整个刀具库，如
图 10-5 所示。

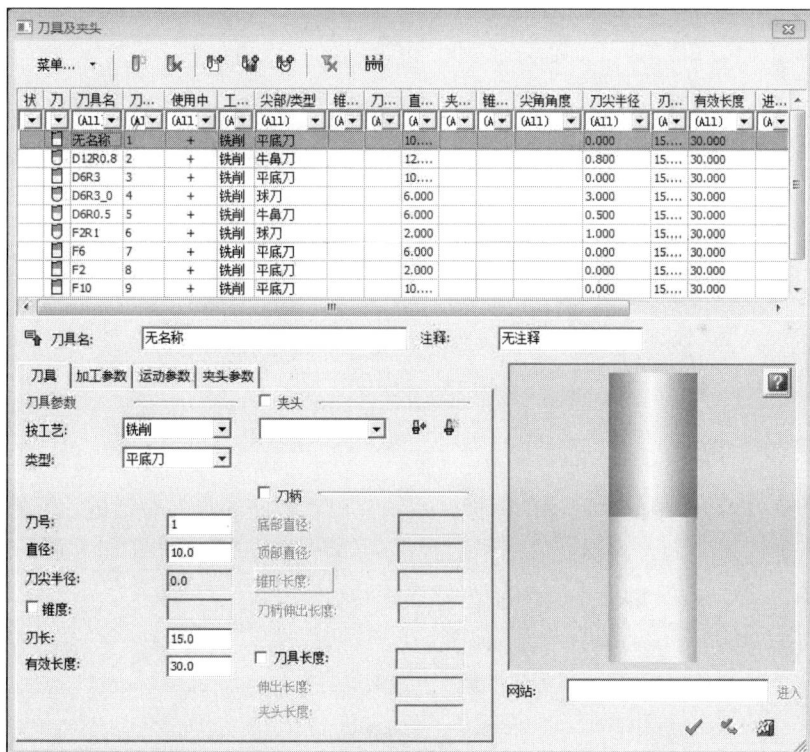

图 10-5　刀具导入

2. 创建刀路轨迹

单击 "NC 向导" 中的 "刀轨" 图标，进入创建刀路轨迹功能，系统弹出 "创建刀轨"
对话框，修改名称为 01，类型为 3 轴，安全平面为 50，如图 10-6 所示，创建刀路轨迹。

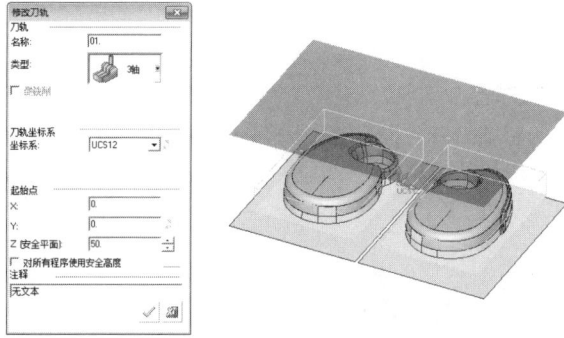

图 10-6　创建刀路轨迹

3. 创建毛坯

单击"NC 向导"中的"毛坯"图标，系统弹出"初始毛坯"对话框，将毛坯类型修改为限制盒，如图 10-7 所示，单击"确认"图标退出，完成毛坯创建。

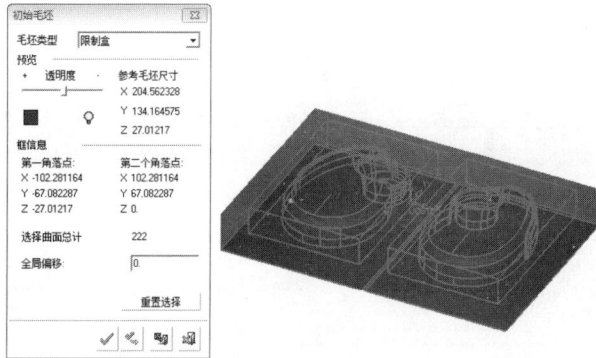

图 10-7　创建毛坯

4. 创建加工程序

单击"NC 向导"中的"程序"图标，系统弹出"程序向导"对话框，开始创建加工程序，修改"主选择"为"体积铣"、"子选择"为"环绕粗铣"，如图 10-8 所示。

图 10-8　选择开粗所需的工艺

（1）选择轮廓、零件曲面

单击轮廓值，系统弹出"轮廓管理器"对话框，选择刀具位置为轮廓上，轮廓偏移为0，确保轮廓加工到位。在绘图区选择底部轮廓，再单击中键确认退出，如图 10-9 所示，完成轮廓选择。

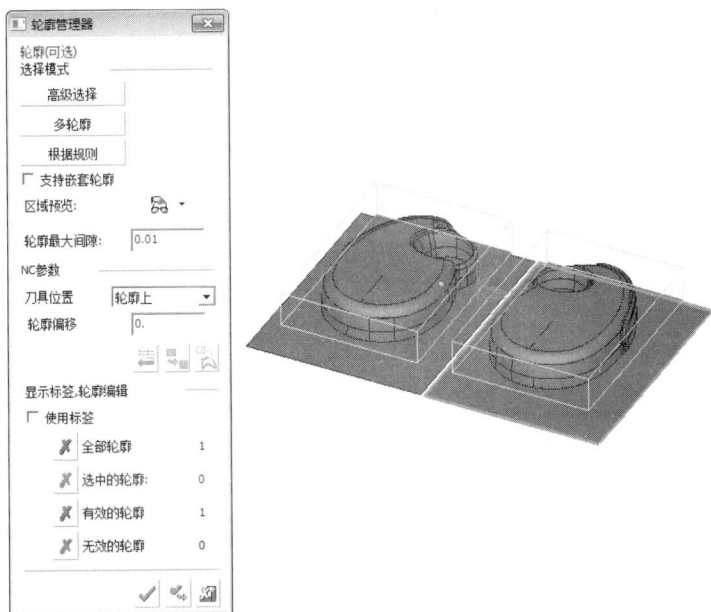

图 10-9　开粗程序的轮廓选择

单击零件曲面值，通过框选方式选择全部零件曲面，再单击中键退出，完成零件曲面选择，如图 10-10 所示。

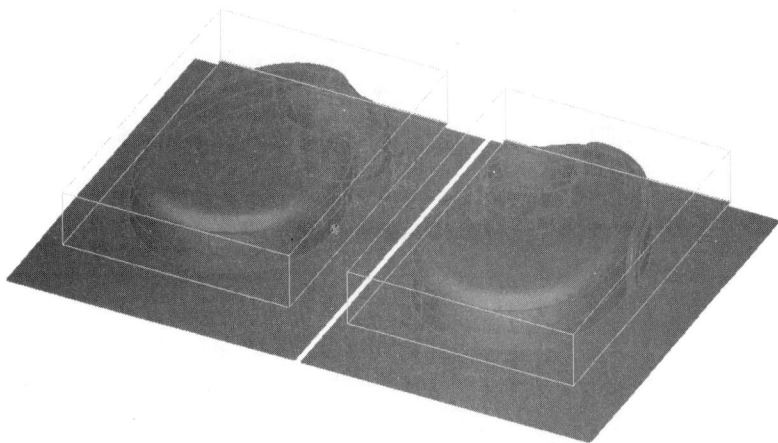

图 10-10　开粗程序的零件曲面选择

（2）设置刀路参数

单击"刀路参数"图标，系统切换到刀路参数界面，按图 10-11 所示进行各参数设置。

注意：刀具选择为 D12R0.8 牛鼻刀。

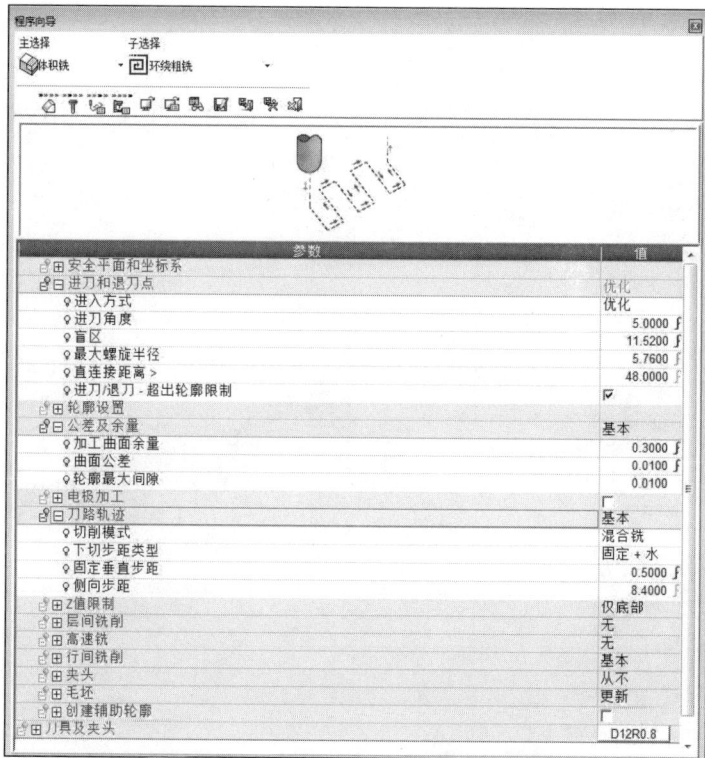

图 10-11　开粗程序的刀路参数设置

（3）设置机床参数

单击"机床参数"图标，系统切换到机床参数界面，设置机床的主轴转速为 4000、进给为 2500，其他参数按图 10-12 所示进行设置。

图 10-12　开粗程序的机床参数设置

（4）程序生成

单击"保存并计算"图标，系统将根据前面设置的参数自动计算刀路轨迹，并在绘图区显示生成的刀路轨迹，如图 10-13 所示。

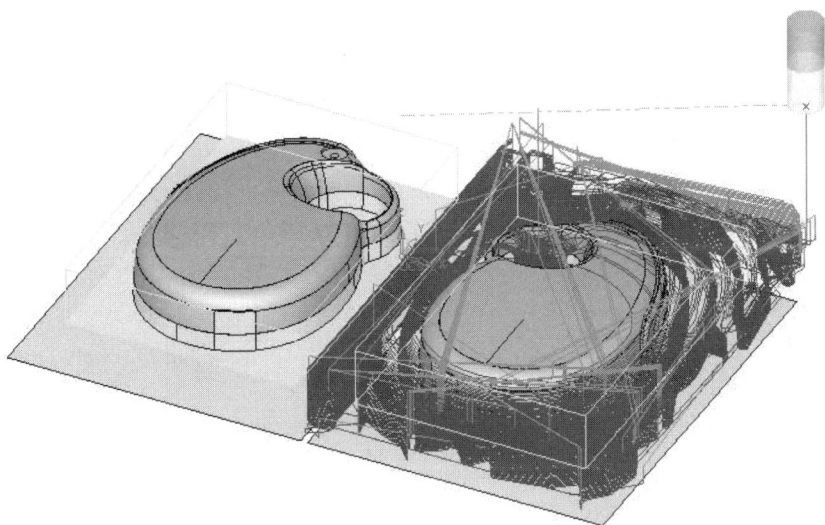

微课：牵狗器电
极开粗编程

动画：牵狗器电
极开粗

图 10-13　开粗后生成的刀路轨迹

10.3.2　底面精加工

1. 创建刀路轨迹

单击"NC 向导"中的"刀轨"图标，进入创建刀路轨迹功能，系统弹出"创建刀轨"对话框，修改名称为 02，类型为 3 轴，安全平面为 50，创建刀路轨迹。

2. 创建外部底面精加工程序

单击"NC 向导"中的"程序"图标，系统弹出"程序向导"对话框，开始创建加工程序，修改"主选择"为"曲面铣削"、"子选择"为"层切"。

（1）选择刀具

单击"刀具"图标，系统弹出"刀具及夹头"对话框，选择 F10 平底刀，单击"确认"图标，完成刀具选择。

（2）设置刀路参数

单击"刀路参数"图标，系统切换到刀路参数界面，按图 10-14 所示进行各参数设置。注意：因为只要对底面进行层加工，所以要限制 Z 向加工范围。同时，考虑到底面要加工到位，侧壁应留一定的余量，因此在层间铣削参数中将侧壁加工余量设置为 0.2。

（3）设置机床参数

单击"机床参数"图标，系统切换到机床参数界面，设置机床的主轴转速为 4000、进给为 800，其他参数按图 10-15 所示进行设置。

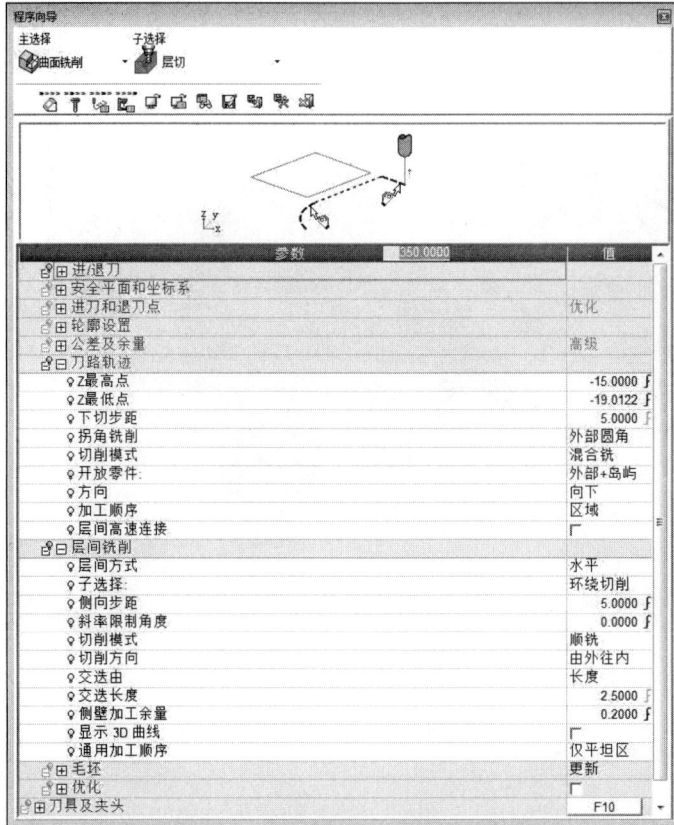

图 10-14　底面精加工的刀路参数设置

图 10-15　底面精加工的机床参数设置

（4）程序生成

单击"保存并计算"图标，系统将根据前面设置的参数自动计算刀路轨迹，并在绘图区显示生成的刀路轨迹，如图 10-16 所示。

微课：牵狗器电 动画：牵狗器电
极底面精加工 极底面精加工
编程

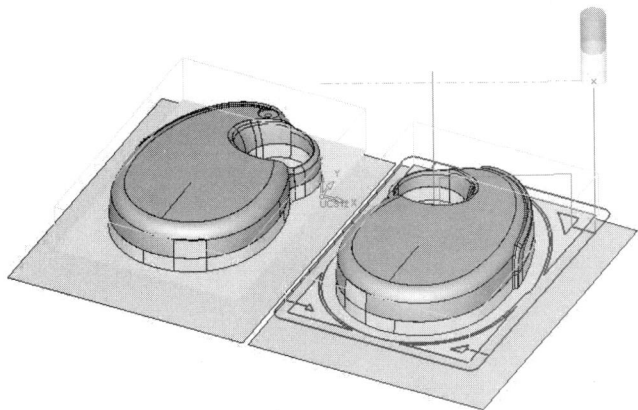

图 10-16 底面精加工生成的刀路轨迹

10.3.3 曲面半精、精加工

1. 创建刀路轨迹

单击"NC 向导"中的"刀轨"图标，进入创建刀路轨迹功能，系统弹出"创建刀轨"对话框，修改名称为 03，类型为 3 轴，安全平面为 50，创建刀路轨迹。

2. 创建曲面半精加工程序

单击"NC 向导"中的"程序"图标，系统弹出"程序向导"对话框，开始创建加工程序，修改"主选择"为"曲面铣削"、"子选择"为"根据角度精铣"。

（1）选择边界、零件曲面

单击轮廓值，系统弹出"轮廓管理器"对话框，选择刀具位置为轮廓上，轮廓偏移为 0。在绘图区选择底部轮廓，再单击中键确认退出，如图 10-17 所示，完成轮廓选择。

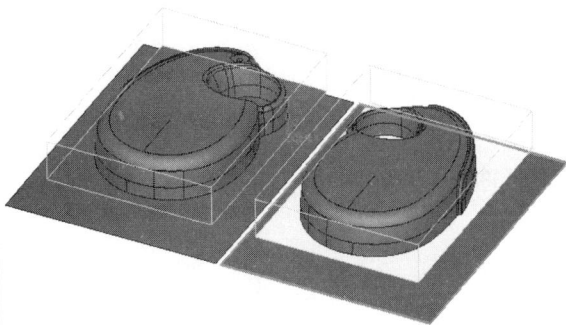

图 10-17 曲面半精加工的轮廓选择

单击零件曲面值，通过框选方式选择零件曲面，单击中键确认，再单击中键退出，完成零件曲面选择，如图 10-18 所示。

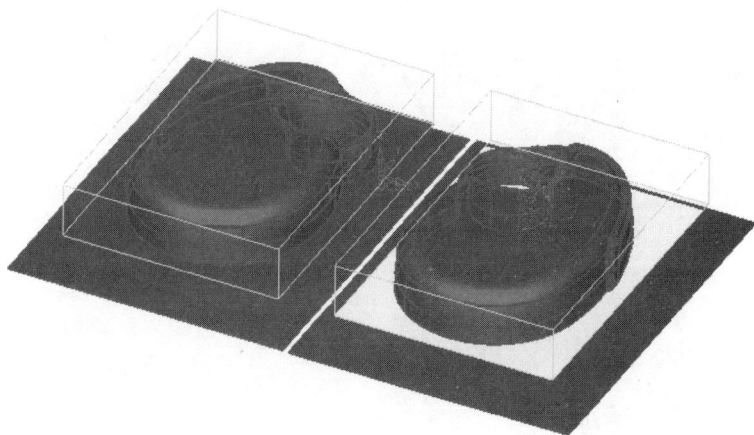

图 10-18　曲面半精加工的零件曲面选择

单击检查曲面后的"0"按钮，选择外部底面和孔底面作为检查曲面，单击中键确认，再单击中键退出，完成检查曲面选择，如图 10-19 所示。

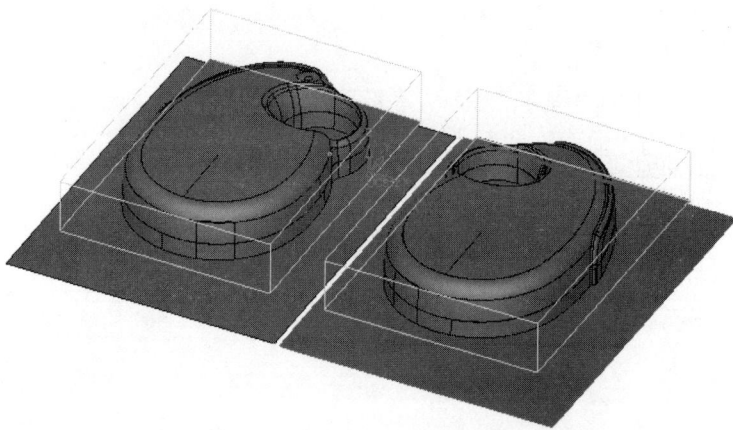

图 10-19　曲面半精加工的检查曲面选择

（2）选择刀具

单击"刀具"图标，系统弹出"刀具及夹头"对话框，选择 B6 球刀，单击"确认"图标，完成刀具选择。

（3）设置刀路参数

单击"刀路参数"图标，系统切换到刀路参数界面，按图 10-20 和图 10-21 所示进行各参数设置。注意：公差及余量中各参数的设置，考虑到电极的加工余量，将检查曲面余量和曲面公差设置分别设置为-0.1 和-0.14。

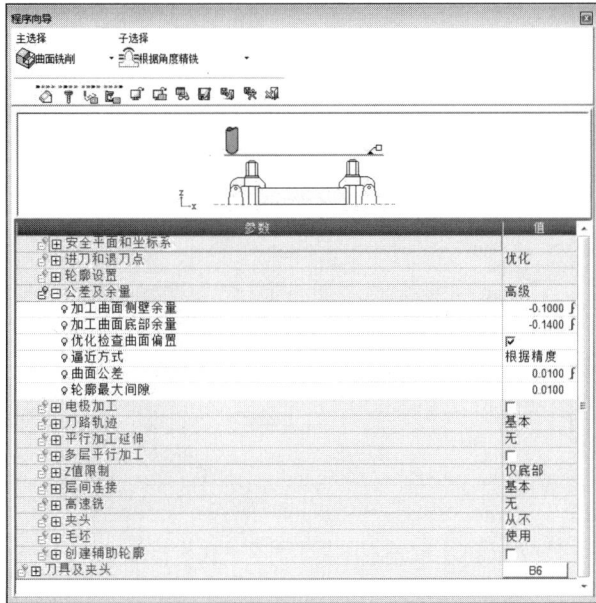

图 10-20　曲面半精加工的刀路参数设置 1

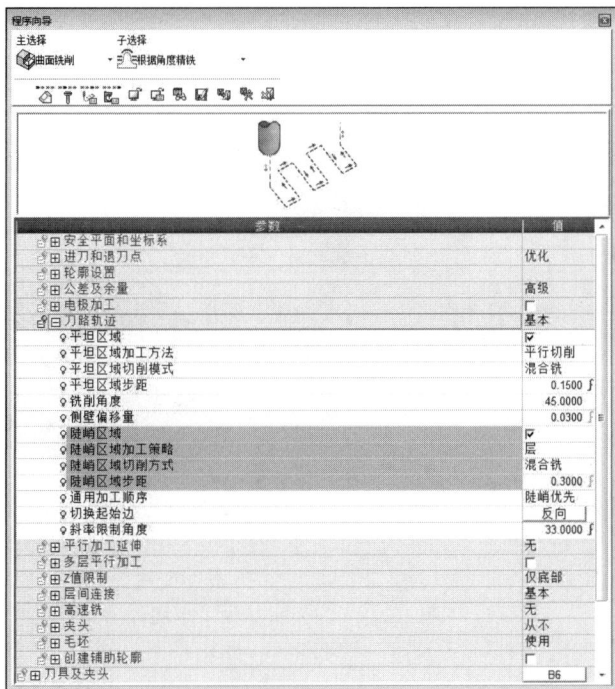

图 10-21　曲面半精加工的刀路参数设置 2

（4）设置机床参数

单击"机床参数"图标，系统切换到机床参数界面，设置机床的主轴转速为 4000、进给为 1500，其他参数按图 10-22 所示进行设置。

图 10-22　曲面半精加工的机床参数设置

（5）程序生成

单击"保存并计算"图标，系统将根据前面设置的参数自动计算刀路轨迹，并在绘图区显示生成的刀路轨迹，如图 10-23 所示。

动画：牵狗器
电极曲面半
精加工

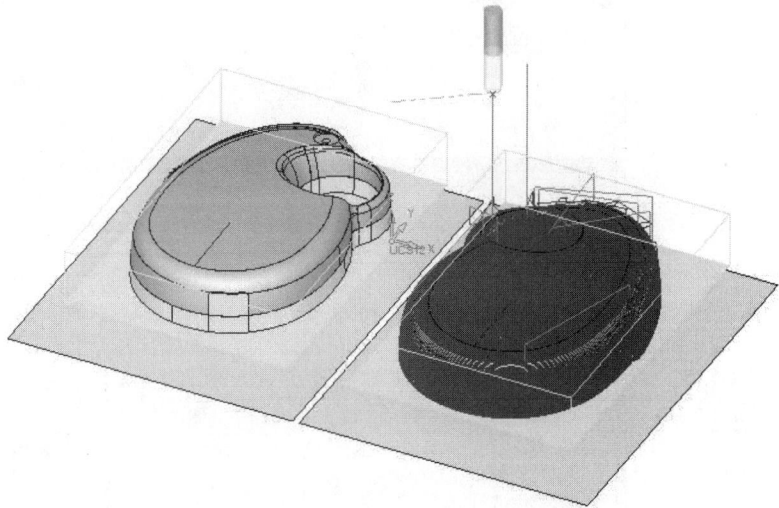

图 10-23　曲面半精加工生成的刀路轨迹

3．创建曲面精加工程序

单击"NC 向导"中的"程序"图标，系统弹出"程序向导"对话框，开始创建加工程序，修改"主选择"为"曲面铣削"、"子选择"为"根据角度精铣"。注意：刀具、边界和零件曲面可默认前面设置。

（1）设置刀路参数

零件曲面、刀具选择可默认与前一程序相同。单击"刀路参数"图标，系统切换到刀路参数界面，按图 10-24 所示进行各参数设置。注意：对于公差及余量中的各参数，将加工曲面余量和检查曲面余量设置为-0.2 和-0.22，曲面公差设置为 0.01。这里是精加工，因此将刀路轨迹中的平坦区域步距和陡峭区域步距设置为 0.2，并考虑到工件的美观性，将铣削角度设置成 360-45=315。

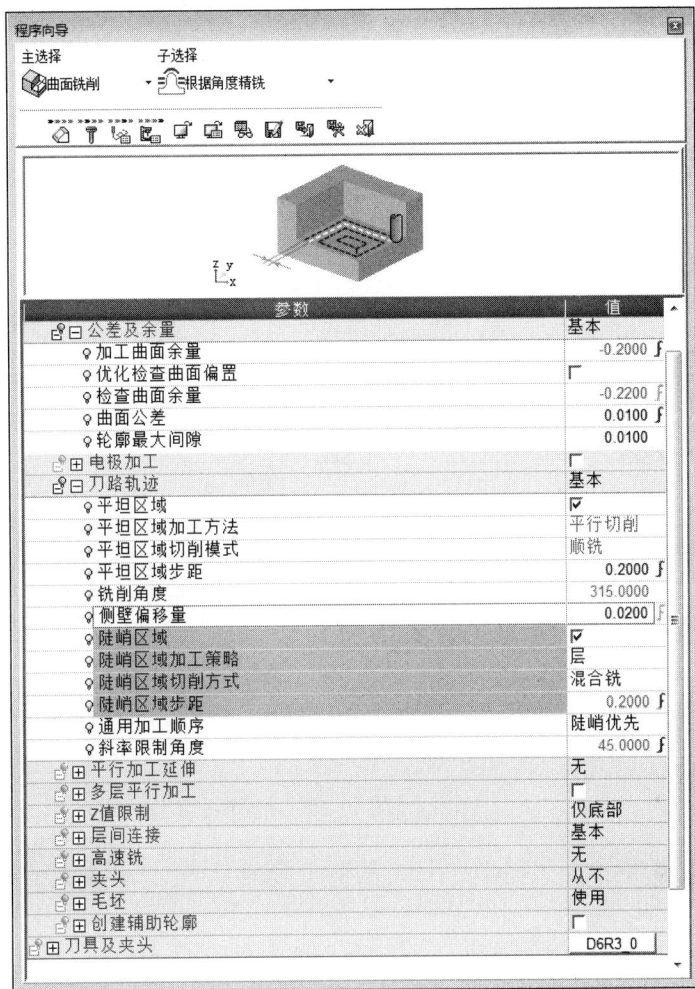

图 10-24　曲面精加工的刀路参数设置

（2）设置机床参数

单击"机床参数"图标，系统切换到机床参数界面，设置机床的主轴转速为 4000、进给为 1500，其他参数按图 10-25 所示进行设置。

（3）程序生成

单击"保存并计算"图标，系统将根据前面设置的参数自动计算刀路轨迹，并在绘图区显示生成的刀路轨迹，如图 10-26 所示。

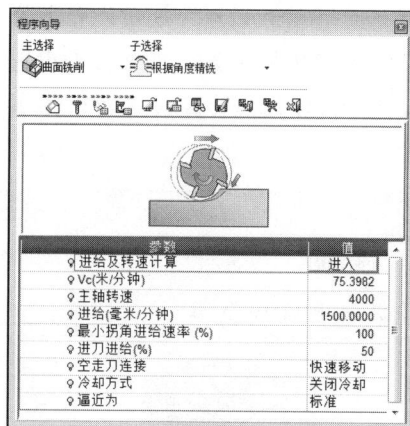

图 10-25　曲面精加工的机床参数设置

微课：牵狗器
电极半精、精
加工编程

动画：牵狗器
电极曲面精
加工

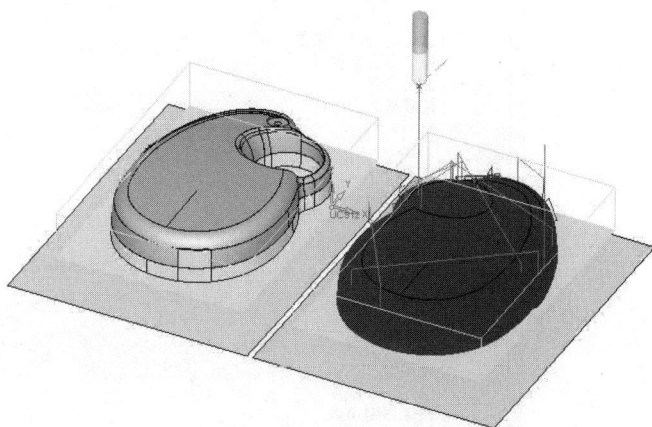

图 10-26　曲面精加工生成的刀路轨迹

10.3.4　侧壁清根

1. 创建刀路轨迹

单击"NC 向导"中的"刀轨"图标，进入创建刀路轨迹功能，系统弹出"创建刀轨"对话框，修改名称为 04，类型为 3 轴，安全平面为 50，创建刀路轨迹。

2. 创建侧壁清根加工程序

单击"NC 向导"中的"程序"图标，系统弹出"程序向导"对话框，开始创建加工程序，修改"主选择"为"曲面铣削"、"子选择"为"精铣所有"。

（1）选择轮廓、零件曲面

单击轮廓值，系统弹出"轮廓管理器"对话框，选择刀具位置为轮廓上，轮廓偏移为0。零件曲面可默认与前一程序相同，如图 10-27 所示。

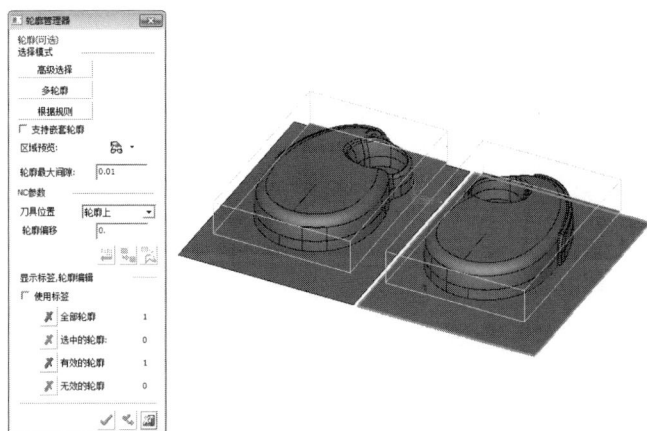

图 10-27　侧壁清根的轮廓选择

（2）选择刀具

单击"刀具"图标，系统弹出"刀具及夹头"对话框，选择 D6R0.5 牛鼻刀，单击"确认"图标，完成刀具选择。

（3）设置刀路参数

单击"刀路参数"图标，系统切换到刀路参数界面。注意：对于公差及余量中各参数的设置，应与曲面精加工基本一致，即将加工曲面余量设置为-0.18，将刀路轨迹中的加工方式设置为层。同时，考虑到只对侧壁进行清角加工，因此应对 Z 值进行限制，注意到前一刀具为 6mm 球刀，侧壁会留下 3mm 高的残料，因此使 Z 最高点和 Z 最低点之差大于或等于 3mm 即可，可参考图 10-28 所示进行设置。

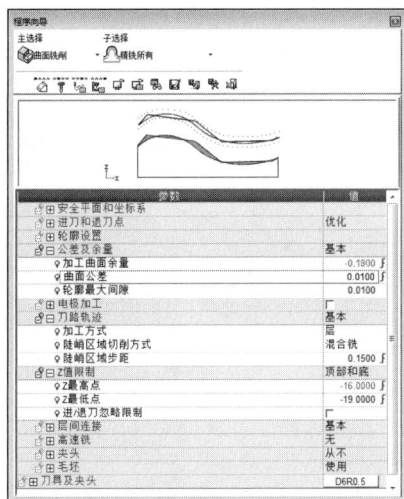

图 10-28　侧壁清根的刀路参数设置

（4）设置机床参数

单击"机床参数"图标，系统切换到机床参数界面，设置机床的主轴转速为 4000、进给为 2000，其他参数按图 10-29 所示进行设置。

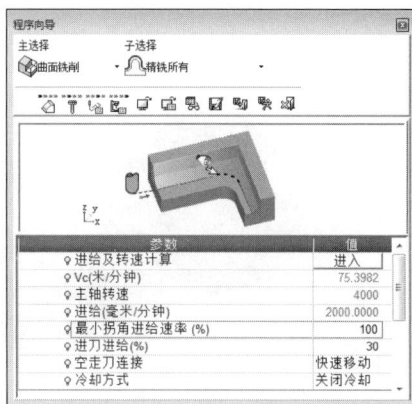

图 10-29　侧壁清根的机床参数设置

（5）程序生成

单击"保存并计算"图标，系统将根据前面设置的参数自动计算刀路轨迹，并在绘图区显示生成的刀路轨迹，如图 10-30 所示。

微课：牵狗器电
极侧面清根编程

动画：牵狗器电
极侧面清根

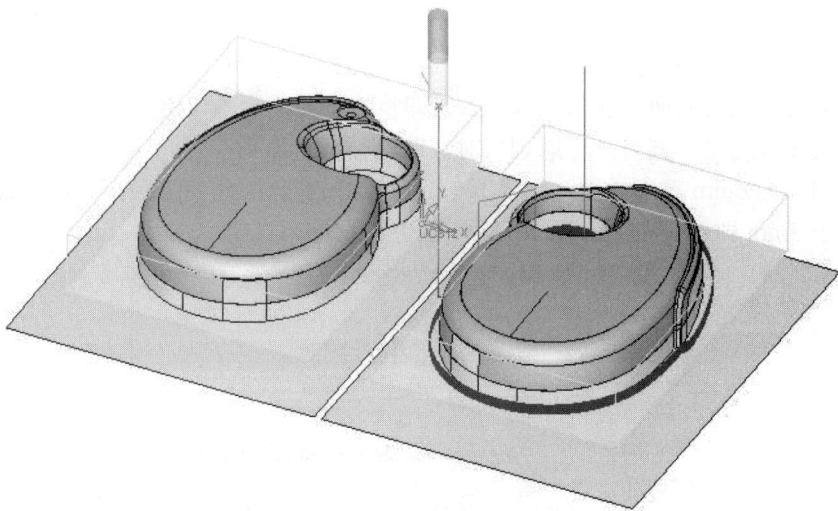

图 10-30　侧壁清根生成的刀路轨迹

10.3.5　曲面清根

1. 创建刀路轨迹

单击"NC 向导"中的"刀轨"图标，进入创建刀路轨迹功能，系统弹出"创建刀轨"对话框，修改名称为 05，类型为 3 轴，安全平面为 50，创建刀路轨迹。

2. 创建清根加工程序

单击"NC 向导"中的"程序"图标，系统弹出"程序向导"对话框，开始创建加工程序，修改"主选择"为"清角"、"子选择"为"清根"。

（1）选择轮廓、零件曲面

单击轮廓值，系统弹出"轮廓管理器"对话框，选择刀具位置为轮廓上，轮廓偏移为0。在绘图区选择边界轮廓，再单击中键确认退出，如图 10-31 所示，完成轮廓的选择。零件曲面可默认与前一程序相同。

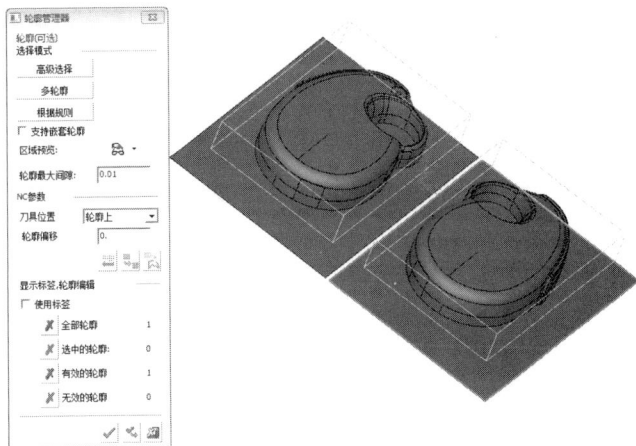

图 10-31　曲面清根的轮廓选择

（2）选择刀具

单击"刀具"图标，系统弹出"刀具及夹头"对话框，选择 F2R1 球刀，单击"确认"图标，完成刀具选择。

（3）设置刀路参数

单击"刀路参数"图标，系统切换到刀路参数界面，按图 10-32 所示进行各参数设置。注意：加工曲面余量中各参数的设置。

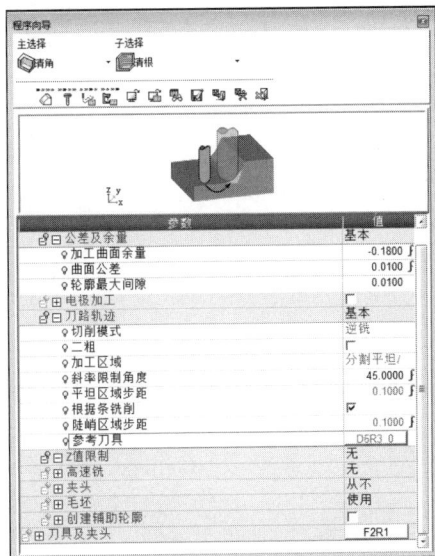

图 10-32　曲面清根的刀路参数设置

（4）设置机床参数

单击"机床参数"图标，系统切换到机床参数界面，设置机床的主轴转速为6000、进给为1000，其他参数按图10-33所示进行设置。

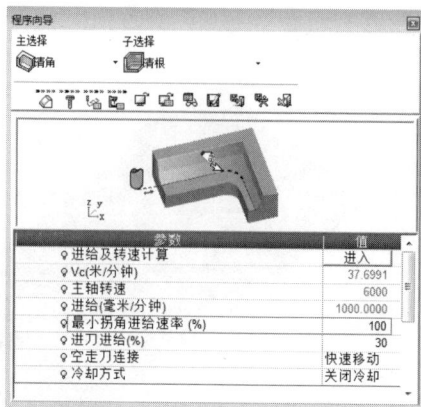

图 10-33　曲面清根的机床参数设置

（5）程序生成

单击"保存并计算"图标，系统将根据前面设置的参数自动计算刀路轨迹，并在绘图区显示生成的刀路轨迹，如图10-34所示。

微课：牵狗器电
极曲面清根编程

动画：牵狗器电
极曲面清根

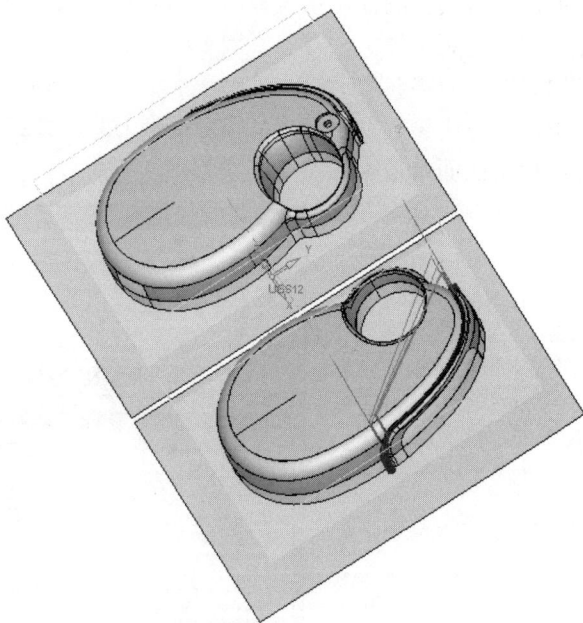

图 10-34　曲面清根生成的刀路轨迹

3. 仿真模拟

单击"NC向导"中的"机床仿真"图标，进入机床仿真功能，系统弹出"机床模拟"对话框。单击绿色双箭头，单击"确认"图标，系统将打开"CimatronE-机床模拟"窗口，单击菜单栏中的"运行"图标，进行实体切削模拟，加工模拟仿真结果如图 10-35 所示。

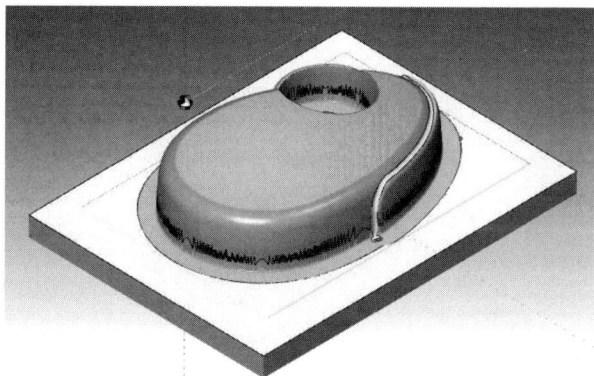

动画：牵狗器电
极右侧加工

图 10-35　加工模拟仿真结果

10.3.6　刀路轨迹复制

通过刀路轨迹的移动与复制功能可以将生成的刀路轨迹转移到另一位置进行加工应用，而无须重新进行各种参数的设置和计算执行。注意：移动与复制只能针对刀路轨迹，而不能只对某个加工程序进行移动和复制。注意到本例加工内容是左右对称的，因此可采用复制中的镜像功能。

1. 创建刀路轨迹

单击"NC 向导"中的"刀轨"图标，进入创建刀路轨迹功能，系统弹出"创建刀轨"对话框，修改名称为 06，类型为 3 轴，安全平面为 50，创建刀路轨迹。

2. 创建加工程序

单击"NC 向导"中的"程序"图标，系统弹出"程序向导"对话框，开始创建加工程序，修改"主选择"为"转换"，此时"子选择"有"复制"、"移动"、"复制阵列"、"镜像移动"和"镜像复制"5 个选项，如图 10-36 所示。

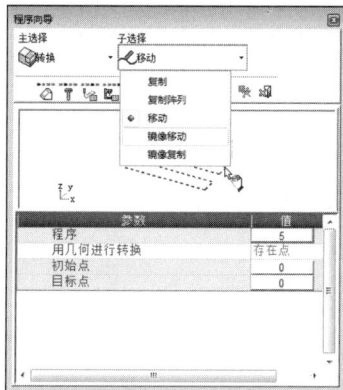

图 10-36　转换子选择

这里重点介绍"复制陈列"和"镜像复制"两个选项。

单击程序值，系统弹出"选择程序"对话框，选择所要陈列的刀路轨迹，如图 10-37 所示。

图 10-37　"选择程序"对话框

单击"刀路参数"图标，系统切换到刀路参数界面。陈列类型有"矩形"和"旋转阵列"两个选项，选择陈列类型为矩形，修改 X 方向数量为 2、X 增量为 100，其他选择默认值，如图 10-38 所示。

单击"保存并计算"图标，系统将根据前面设置的参数自动计算刀路轨迹，并在绘图区显示生成的刀路轨迹，如图 10-39 所示。

图 10-38　矩形阵列刀路参数设置

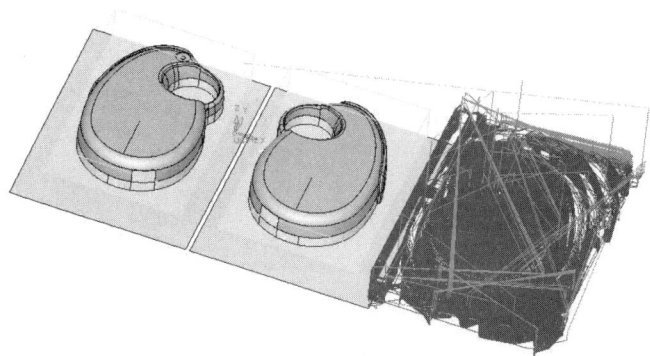

图 10-39　矩形陈列生成的刀路轨迹

　　若要进行旋转陈列，则选择陈列类型为旋转阵列，此时再单击"零件"图标 ◇，回到零件选择界面，如图 10-40 所示。单击当前点值，选择中心点，单击中键确认。修改次数为 2、角度为 90°，其他选择默认值，如图 10-41 所示。单击"保存并计算"图标，系统将根据前面设置的参数自动计算刀路轨迹，并在绘图区显示生成的刀路轨迹，如图 10-42 所示。

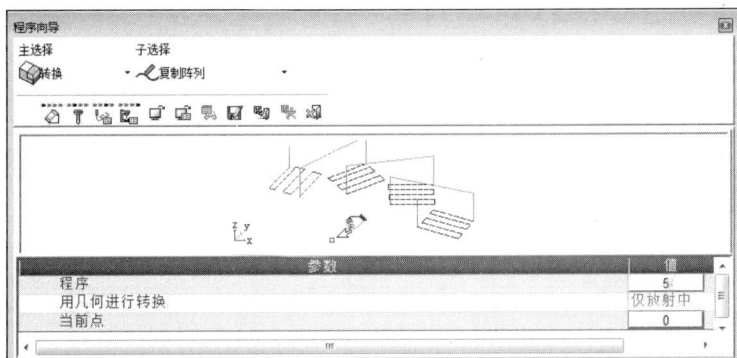

图 10-40　旋转陈列零件选择

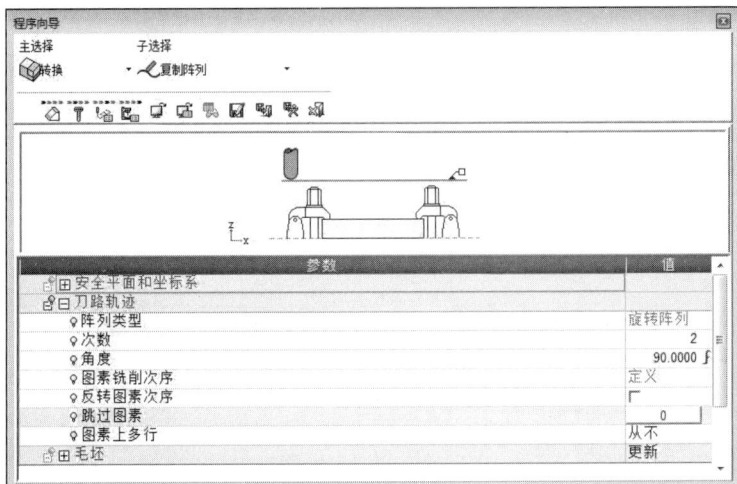

图 10-41　旋转陈列刀路参数设置

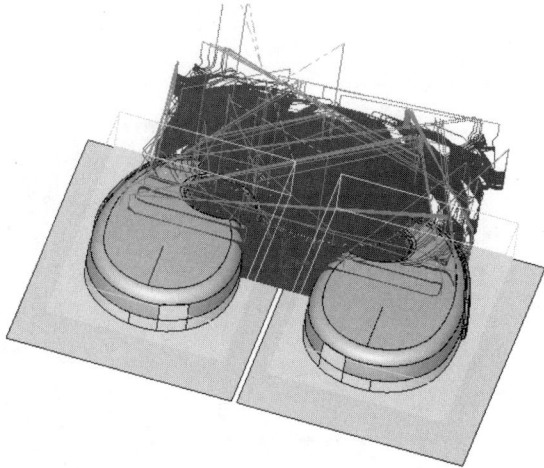

图 10-42　旋转陈列生成的刀路轨迹

本例复制刀路轨迹方法如下。

修改"子选择"为"镜像复制"，如图 10-43 所示。单击程序值，系统弹出"选择程序"对话框，选择所要陈列的刀路轨迹。再修改"用几何进行转换"为坐标系，选择主平面为 ZY 平面。刀路参数可选择默认值，如图 10-44 所示。

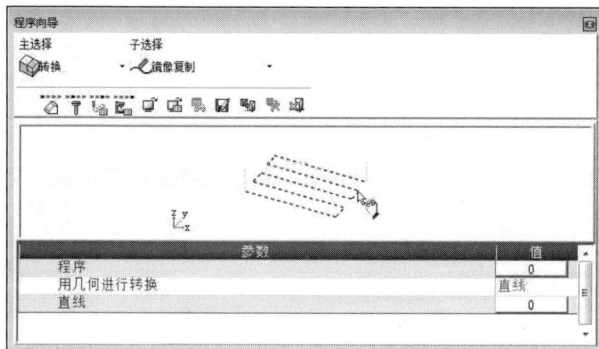

图 10-43　刀路轨迹选择

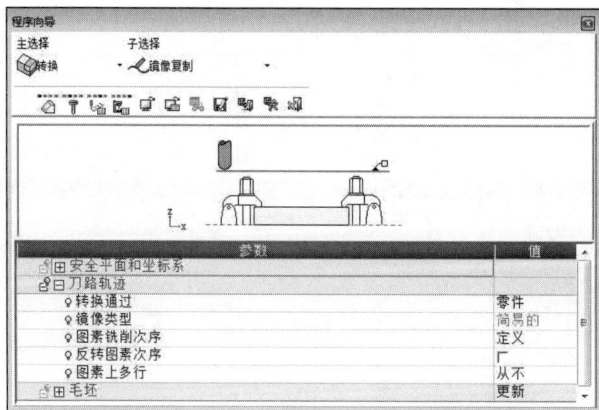

图 10-44　镜像复制刀路参数设置

单击"保存并计算"图标，系统将根据前面设置的参数自动计算刀路轨迹，并在绘图区显示生成的刀路轨迹，如图 10-45 所示。

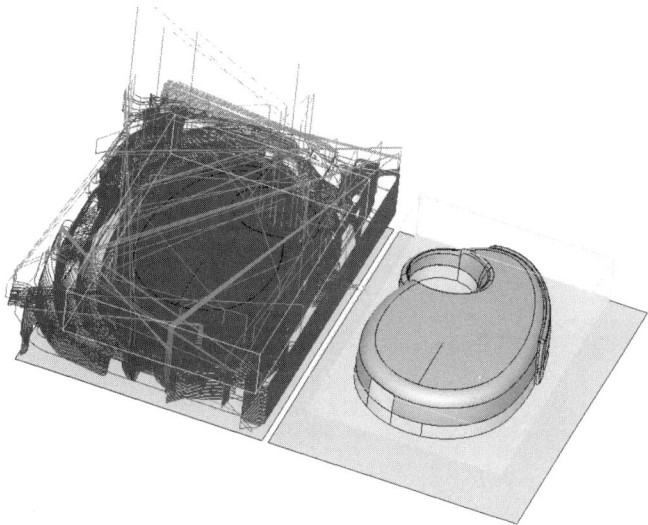

微课：牵狗器电极刀路轨迹复制

动画：牵狗器电极左侧加工

图 10-45 镜像复制生成的刀路轨迹

10.3.7 小平台加工

1. 创建刀路轨迹

单击"NC 向导"中的"刀轨"图标，进入创建刀路轨迹功能，系统弹出"创建刀轨"对话框，修改名称为 07，类型为 3 轴，安全平面为 50，创建刀路轨迹。

2. 创建小平台加工程序

单击"NC 向导"中的"程序"图标，系统弹出"程序向导"对话框，开始创建加工程序，修改"主选择"为"2.5 轴"、"子选择"为"型腔-环绕切削"。

（1）选择零件轮廓

单击零件轮廓值，系统弹出"轮廓管理器"对话框，选择刀具位置为轮廓内，轮廓偏移为 0。在绘图区选择边界轮廓，再单击中键确认退出，如图 10-46 所示，完成轮廓的选择。

（2）选择刀具

单击"刀具"图标，系统弹出"刀具及夹头"对话框，选择 F6 平底刀，单击"确认"图标，完成刀具选择。

（3）设置刀路参数

单击"刀路参数"图标，系统切换到刀路参数界面。进/退刀、安全平面和坐标系可保持默认设置；考虑到是平底刀，不能垂直下刀，因此应将进刀和退刀点中的进刀角度设置为较小值，这里设置为 5，其他可默认，同时将刀路轨迹中的 Z 最高点和 Z 最低点设置为孔最高位置和最低位置，下切步距和侧向步距分别设置为最大值 0.15 和 9999，以实现螺旋走刀进行加工。其他参数可按图 10-47 所示进行设置。

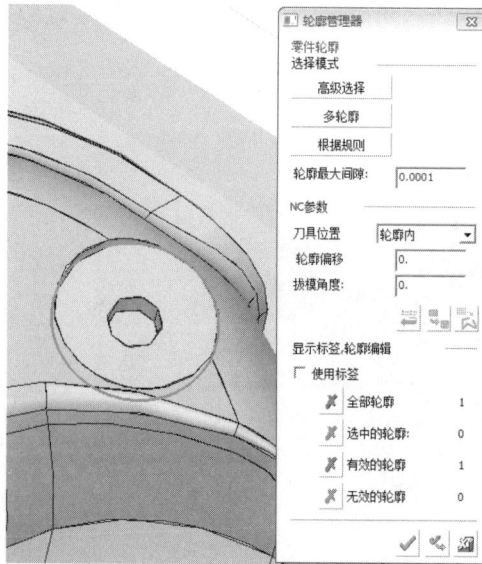

图 10-46　小平台加工的零件轮廓选择

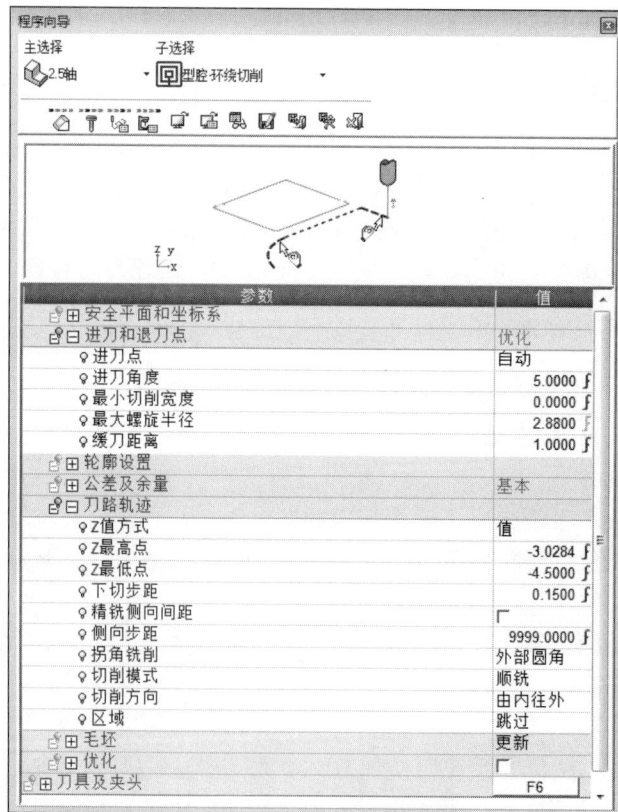

图 10-47　小平台加工的刀路参数设置

（4）设置机床参数

单击"机床参数"图标，系统切换到机床参数界面，设置机床的主轴转速为3000、进给为1000，其他参数按图 10-48 所示进行设置。

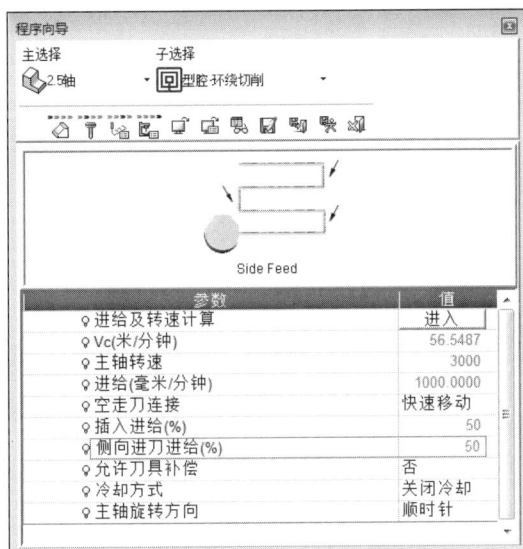

图 10-48　小平台加工的机床参数设置

（5）程序生成

单击"保存并计算"图标，系统将根据前面设置的参数自动计算刀路轨迹，并在绘图区显示生成的刀路轨迹，如图 10-49 所示。

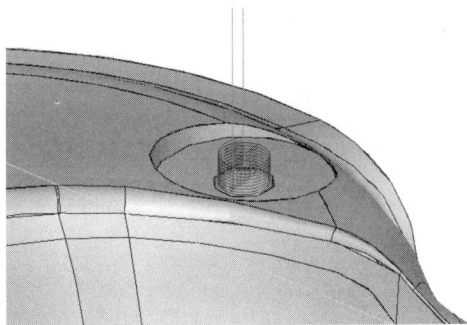

微课：牵狗器电
极小平台加工

图 10-49　小平台加工生成的刀路轨迹

10.3.8　小孔加工

1. 创建刀路轨迹

单击"NC 向导"中的"刀轨"图标，进入创建刀路轨迹功能，系统弹出"创建刀轨"对话框，修改名称为08，类型为3轴，安全平面为50，创建刀路轨迹。也可通过复制、粘贴方式，创建刀路轨迹。

2. 创建小孔加工程序

单击"NC 向导"中的"程序"图标，系统弹出"程序向导"对话框，开始创建加工程序，修改"主选择"为"2.5 轴"、"子选择"为"型腔-环绕切削"。

（1）选择零件轮廓

单击轮廓后的"1"按钮，系统弹出"轮廓管理器"对话框，选择刀具位置为轮廓内，轮廓偏移为 0。在绘图区单击右键，在弹出的快捷菜单中选择"重置所有"命令，取消前一条轮廓选择，再选择小孔边界轮廓，单击中键确认退出，如图 10-50 所示，完成轮廓的选择。

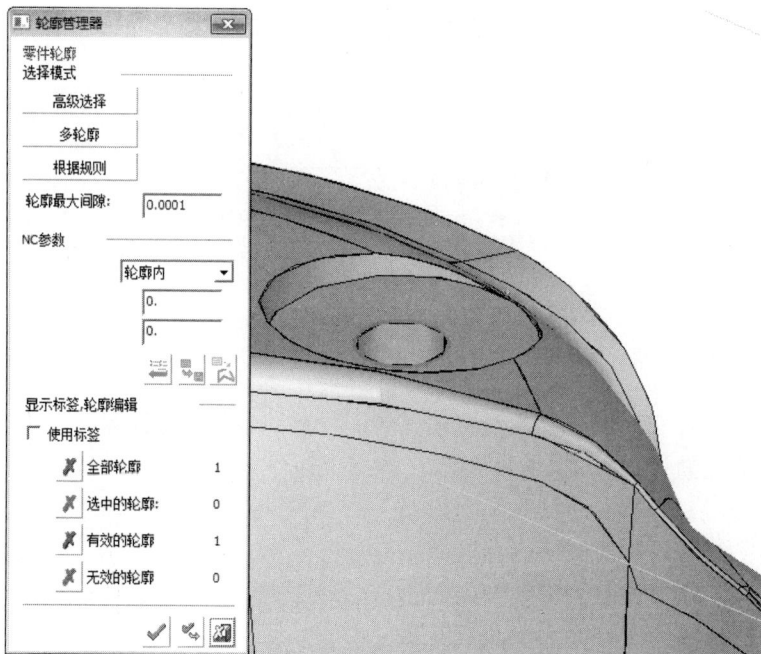

图 10-50　小孔加工的轮廓选择

（2）选择刀具

单击"刀具"图标，系统弹出"刀具及夹头"对话框，选择 F2 平底刀，单击"确认"图标，完成刀具选择。

（3）设置刀路参数

单击"刀路参数"图标，系统切换到刀路参数界面。参照小平台加工刀路参数设置，小孔同样采用螺旋走刀方式进行加工，相关参数可按图 10-51 所示进行设置。

（4）设置机床参数

单击"机床参数"图标，系统切换到机床参数界面，设置机床的主轴转速为6000、进给为800，其他参数按图 10-52 所示进行设置。

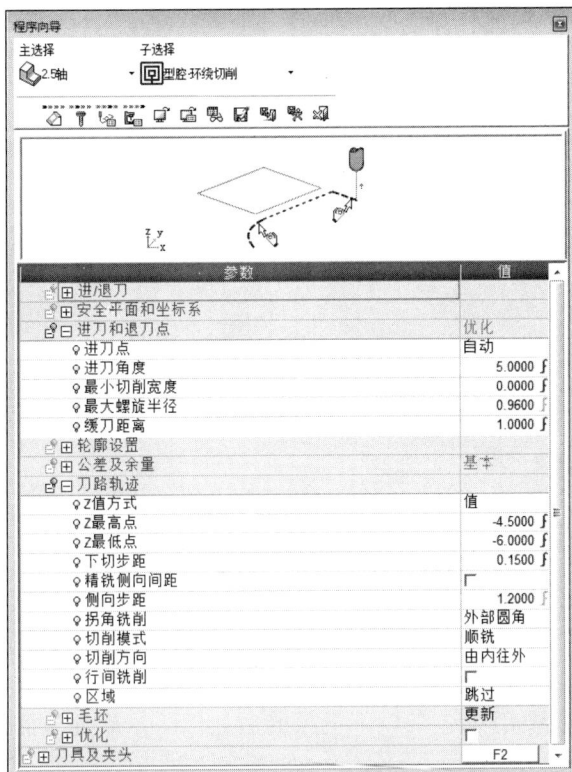

图 10-51　小孔加工的刀路参数设置

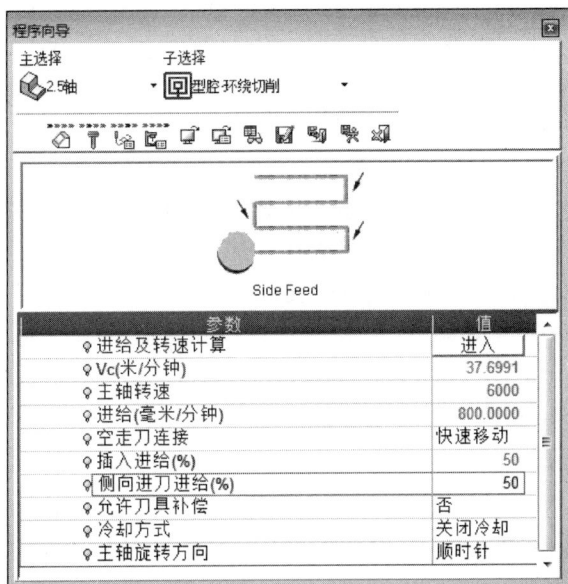

图 10-52　小孔加工的机床参数设置

（5）程序生成

单击"保存并计算"图标，系统将根据前面设置的参数自动计算刀路轨迹，并在绘图

区显示生成的刀路轨迹，如图 10-53 所示。

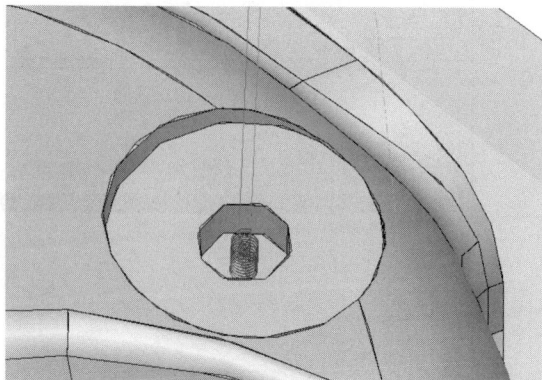

图 10-53　小孔加工生成的刀路轨迹

10.3.9　后处理

Cimatron 的后处理器可通过外部工具进行定制。通过对 demo.def、demo.exf 模板后处理文件做适当的修改，可以生成符合用户需要的后处理文件，主要优点是修改完成后使用方便。该方法目前主要用在 3 轴以下机床的后处理。该后处理器的编辑过程简要介绍如下。

（1）GPP 后处理器配置文件

GPP 在后处理中起主要作用的文件扩展名为*.def、*.dex 和*.exf，如 demo.def、demo.dex 和 demo.exf。这些文件存放在系统文件夹中，如"…\Program\IT\var\post"。*.exf 文件实际类似高级语言程序，可用记事本打开进行编辑、修改，然后在 CimatronE 控制面板下进行编译，生成文件名相同但扩展名为.dex 的文件。

（2）.exf 文件的修改、编辑

事实上，GPP 后处理器中起作用的是文件名称相同、扩展名分别为.def 和.dex 的两个文件，真正需要修改的是扩展名为.exf 的文件。当该文件按需要的数控指令编辑修改完成后，再通过 NC 控制板编译生成相应的.dex 文件。

复制定制后处理器中的 M64.def 和 M64.exf 文件，同样存放在系统的"…\Program\IT\var\post"文件夹目录下。

（3）编译生成 m64.dex 文件

m64.exf 文件不能直接用于后处理产生数控程序，而需要通过 CimatronE 11 控制面板进行编辑处理，生成 Fanuc.dex 文件后才能用于后处理。选择"开始"→"所有程序"→"CimatronE 11.0 Control Panel"→"NC"命令，打开"CimatronE 11.0 控制面板"窗口，如图 10-54 所示。

单击"GPP 编译*.exf 文件"图标 编译 *.exf 文件，打开编译窗口，如图 10-55 所示。输入扩展名为.exf 的文件名 M64。按 Enter 键确认，编译生成 M64.dex 文件，如图 10-56 所示，再按 Enter 键确认，退出当前操作。

图 10-54　"CimatronE 11.0 控制面板"窗口

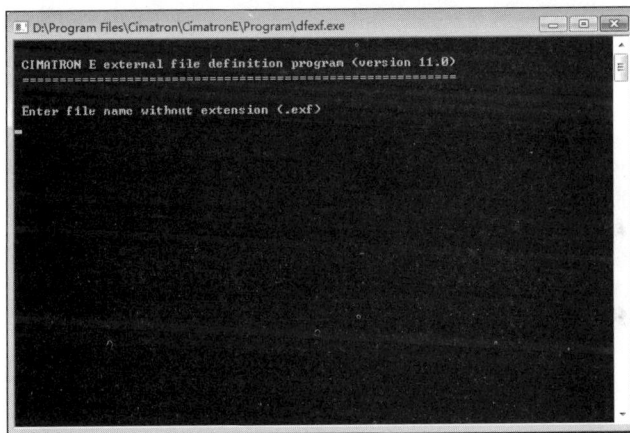

图 10-55　编译窗口

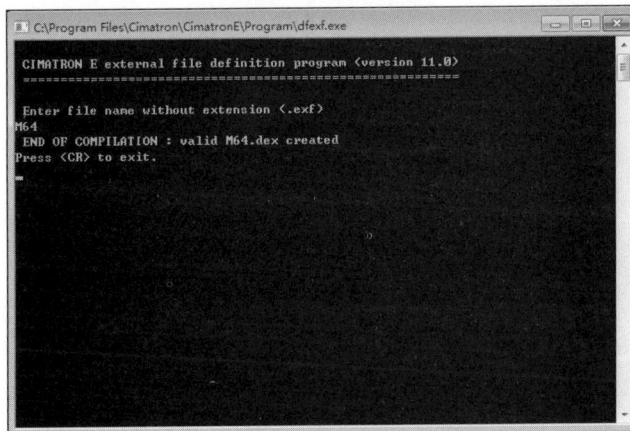

图 10-56　编译生成 M64.dex 文件

（4）修改 M64.def 文件

该文件主要用于数控系统的相关定义，如主轴开启、停止、冷却液开关等对应的控制指令等，可用"CimatronE 11.0 控制面板"窗口中的"后处理定义 后处理程序定义"图标 **后处理定义** 后处理程序定义 打开进行修改，如图 10-57 所示，内容比较易懂，修改也不多，修改成满足机床系统要求即可。

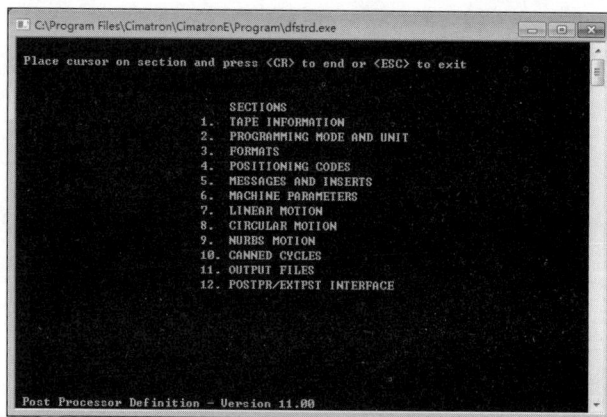

图 10-57　M64.def 文件修改

单击"NC 向导"中的"后处理"图标，进入后处理功能，系统将弹出"后处理"对话框。选择定制的 M64 处理器，再选择需要处理后输出程序的存放文件夹，选择文件类型为仅 G 代码文件，文件名命名为 qgqdjnc1，选中"完成后打开输出的文件"复选框，其他选择默认值，如图 10-58 所示。

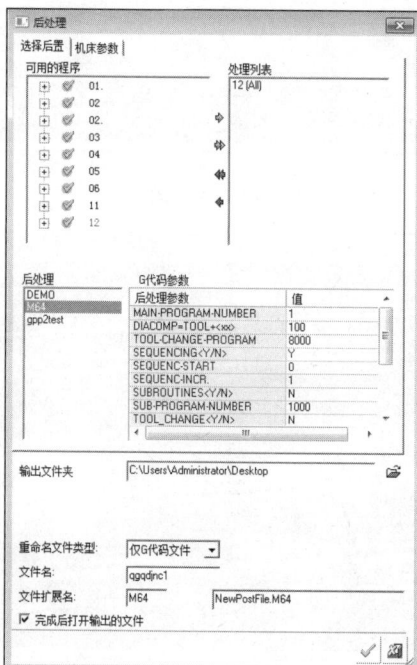

图 10-58　"后处理"对话框

单击“确认”图标进行后处理。后处理完成后，系统将产生一个程序文件，如图 10-59 所示。

```
%
O0001(MILL_3AXIS-12)
N0 (DATE=2019/10/23 TIME=20;45;10)
N1(备注：无文本)
N2(刀具直径= 2.R=0.0)
N3(轮廓余量=0.0)
N4(轮廓精度=0.01)
N5(曲面余量=)
N6(曲面精度.=)
N7(下切步距=0.15)
N8(步距=1.2)
N9 G0 G91 G28 Z0.
N10 G0 G17 G40 G80 G90
N11 G43 H08 Z50.
N12 S1000 M03
N13 G00 X-45.11 Y44.903 Z50. M09
N14 Z-3.4
N15 G01 Z-4.4 F350
N16 X-45.167 Y44.884 Z-4.405
N17 X-45.233 Y44.85 Z-4.412
N18 X-45.278 Y44.816 Z-4.417
N19 X-45.314 Y44.778 Z-4.421
N20 X-45.352 Y44.719 Z-4.427
N21 X-45.369 Y44.682 Z-4.431
N22 X-45.385 Y44.645 Z-4.435
N23 X-45.403 Y44.579 Z-4.44
N24 X-45.408 Y44.526 Z-4.445
N25 X-45.404 Y44.47 Z-4.45
```

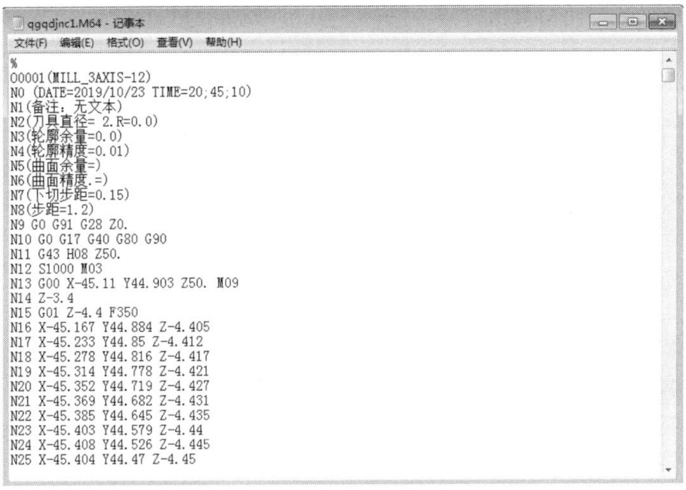

图 10-59 后处理完成后产生的程序文件

10.3.10 程序的输入

自动编程产生的程序冗长，手工输入机床工作量大而且容易出错，因此需要借助通信技术实现程序在计算机与机床间的传输。目前，传输程序可以通过存储卡传输、DNC 传输、USB 传输、无线网络传输等。下面以 FUNAC Series Oi-MC 数控系统为例，主要介绍存储卡传输和 DNC 传输。

1. *存储卡传输*

通过存储卡传输具有方便、可靠等特点，已越来越成为数控编程人员的首选。编程人员只要将后处理好的程序复制到存储卡即可。注意：文件名不要以中文出现，最好与程序名相同。

将存储卡插入转换器，再将转换卡插入数控机床插口，如图 10-60 所示。按操作面板上的“OFFSET”键，再按“设定”软键，出现设定界面，先将模式改为 MDI，再设定“I/O 频道”参数值为 4，如图 10-61 所示。

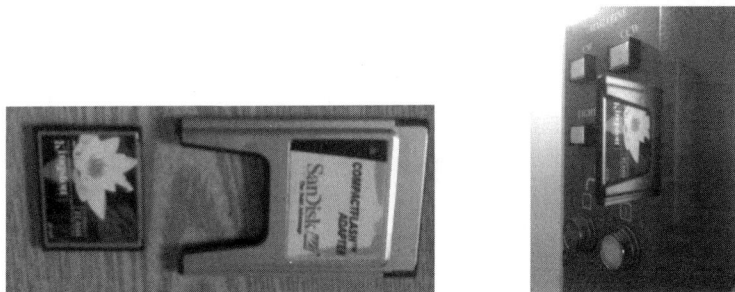

图 10-60 存储卡与转换器

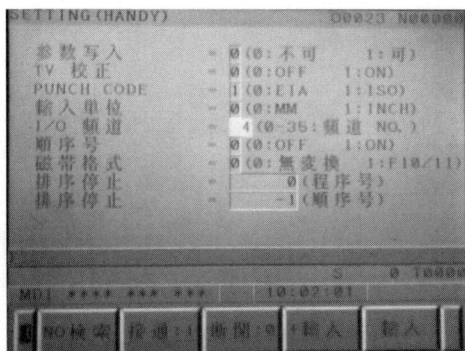

图 10-61　设定界面

选择操作面板上的"PROGM"键，再按向右的软键，直到出现"DNC-CD"软键，按该键，出现 DNC 操作界面，左边显示程序号，右边显示存储卡上的程序文件名，如图 10-62 所示。如要选择加工程序，只要在操作面板上输入程序号，再按"DNC-ST"软键即可。

微课：程序传输
　　之插卡法

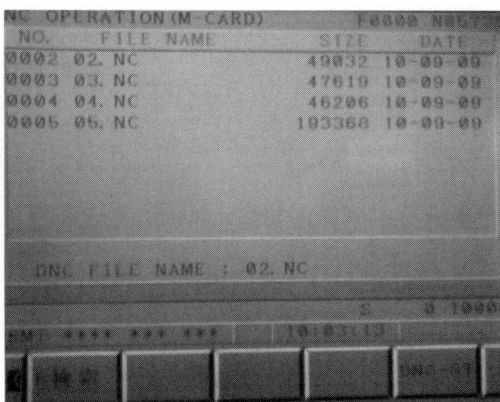

图 10-62　DNC 操作界面

2. DNC 传输

目前，用于程序传输的软件有 CIMCO、V24、WINDNC、WIN PCIN 等，各种软件的操作方法和传输原理基本相同。现以 CIMCO 为例说明程序的传输过程。

CIMCO 软件由丹麦的 CIMCO 公司开发，是一套包括机床联网通信、数控程序编辑、刀路检查、程序管理系统等诸多模块的数控传输软件，如图 10-63 所示。

DNC 传输步骤如下。

（1）数据线连接

用专用数据通信电缆将数控系统串口与计算机串口相连接，RS-232 接口如图 10-64 所示。

（2）程序导入

单击 CIMCO 软件界面中的"文件打开"图标 ，选择所要传输的数控程序，如图 10-65 所示，单击"打开"按钮，完成数控程序文件导入。

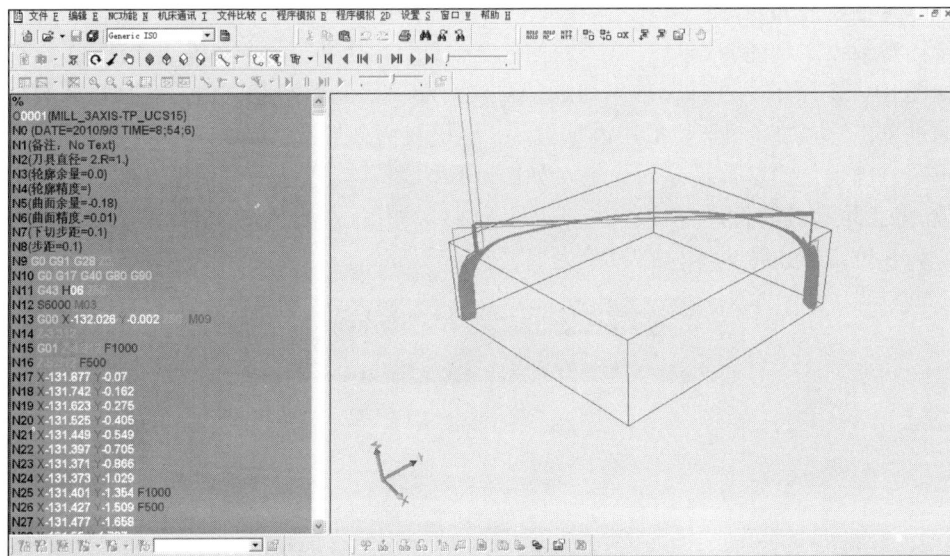

图 10-63　CIMCO 软件界面

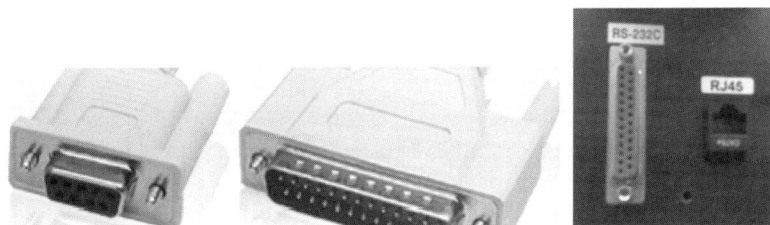

图 10-64　RS-232 接口

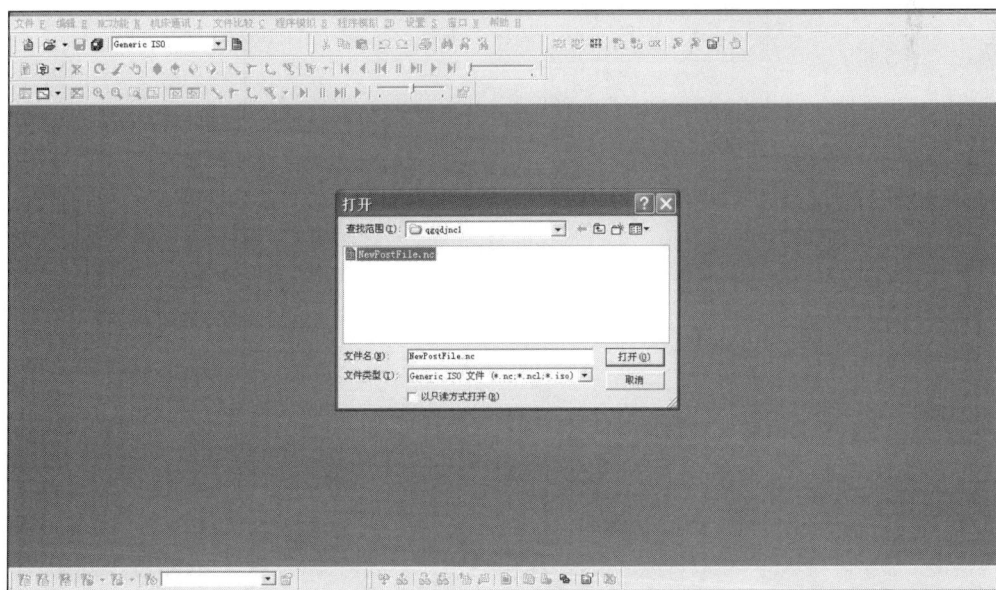

图 10-65　程序导入

（3）传输软件的设定

传输参数设定功能为选择"机床通信"→"DNC 设置"命令，弹出"DNC 设置"对话框如图 10-66 所示。选择标准串口通信协议，端口信息保持默认值，选择机床类型。同时可通过单击"增加新机床"按钮添加机床，这里我们添加了"FANUC"机床。再单击"设置"按钮，出现传输参数设定对话框，如图 10-67 所示。通过该对话框对端口、波特率、数据位、停止位和校验位进行设置。它们的可选参数如下，端口为 COM1；波特率为 9600b/s；数据位为 8 位；停止位为 1 位；校验为偶校验。

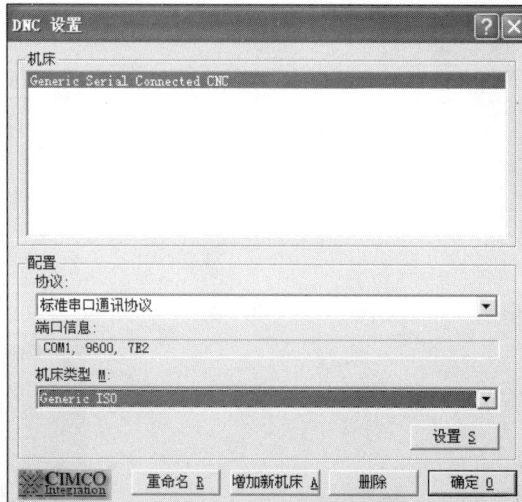

图 10-66　"DNC 设置"对话框

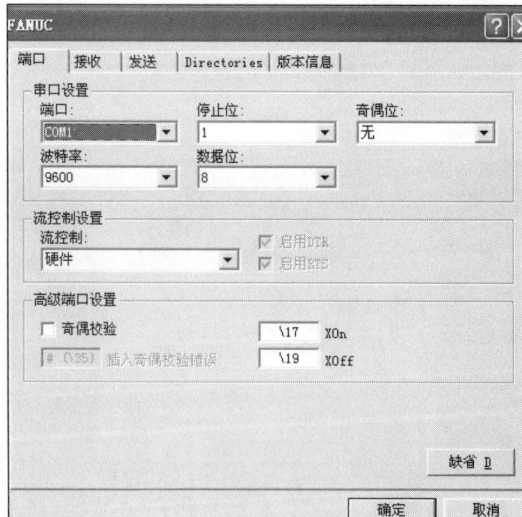

图 10-67　传输参数设定对话框

单击"发送"按钮，进行发送设置，这里选中"等待 XOn"复选框即可，如图 10-68 所示。

图 10-68　发送界面

（4）机床参数的设定

查阅 FANUC 系统各参数的使用说明，对系统的相关参数进行设置，设置内容应与上述软件参数设置相同。

先按操作面板上的"OFFSET"键，再按"设定"软键，出现设定界面，先将模式改为 MDI，再设定"I/O 频道"参数值为 0。

再按操作面板上的"SYSTEM"键，输入 113，再按"NO 检索"软键，出现 RS-232 界面，如图 10-69 所示，修改 113 号参数为 11。

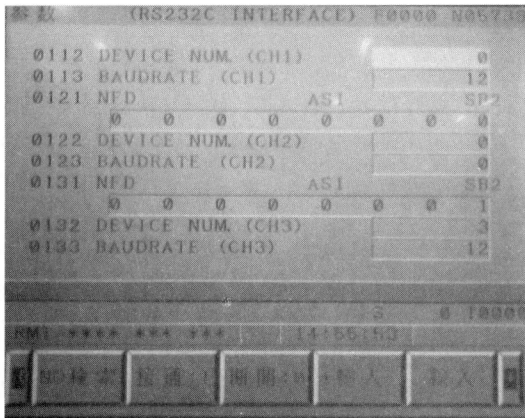

图 10-69　RS-232 界面

（5）程序传输

选择"机床通信"→"发送"命令，如图 10-70 所示。系统弹出"选取机床"对话框，如图 10-71 所示，选取"FANUC"机床，此时出现"发送状态"对话框，如图 10-72 所示。

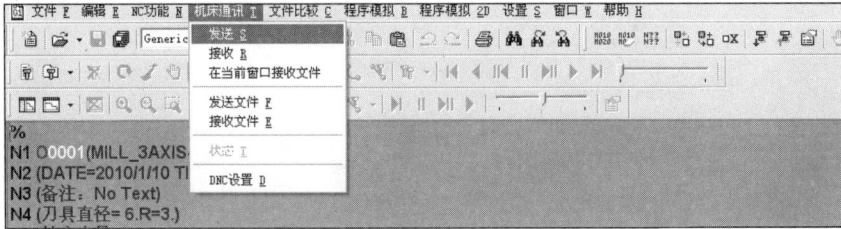

图 10-70　发送选择

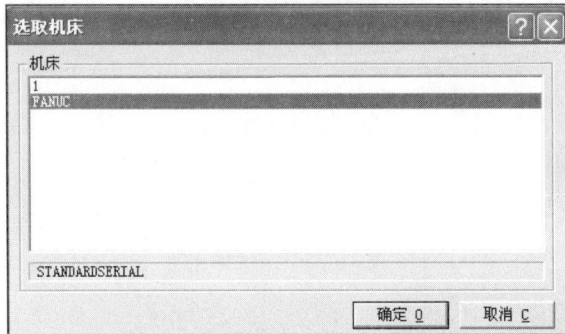

图 10-71　"选取机床"对话框

微课：软件传输
及试切加工

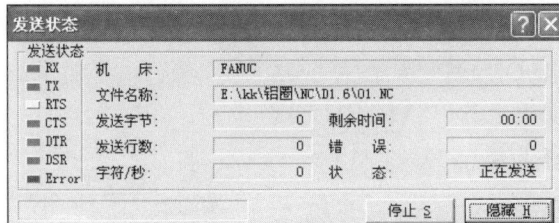

图 10-72　"发送状态"对话框

此时，将机床操作模式切换到 DNC 模式，按"循环启动"按键即可执行加工程序。

10.4 填写加工程序单

填写表 10-2 所示加工程序单。

表 10-2　加工程序单

零件名称：牵狗器电极　　　　　　　　　　操作员：　　　　　编程员：

计划时间		描述：
实际时间		
上机时间		
下机时间		

工作尺寸/mm	
X_c	
Y_c	
Z_c	

工作数量：1 件　　　　　　　　　　　四面分中

程序名称	加工类型	刀具	背吃刀量/mm	加工余量/mm	上机时间	完成时间	备注
01	开粗	D12R0.8	0.5	0.1			
02	底面精加工	F10		0			
03	曲面半精加工	B6	0.3	−0.1			
	精加工	B6	0.2	−0.2			
04	侧壁清根	D6R0.5	0.15	−0.18			
05	曲面清根	F2R1	0.1	−0.18			
06	开粗	D12R0.8	0.5	0.1			
07	底面精加工	F10		0			
08	曲面半精加工	B6	0.3	−0.1			
	精加工	B6	0.2	−0.2			
09	侧壁清根	D6R0.5	0.15	−0.18			
10	曲面清根	F2R1	0.1	−0.18			
11	小平台加工	F6		0			
12	小孔加工	F2		0			

项 目 练 习

完成图 10-73 所示电极数控程序的创建。

电极模型源文件见配套资源包（下载地址：www.abook.cn）。

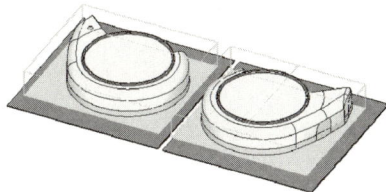

图 10-73　电极模型

参 考 文 献

韩思明，2013．CimatronE 10.0 三维设计与数控编程基本功特训[M]．北京：电子工业出版社．

胡志林，2018．Cimatron 13 三轴数控加工实用教程[M]．北京：机械工业出版社．

寇文化，2014．工厂数控编程技术实例特训：CimatronE 10[M]．北京：清华大学出版社．

孟爱英，2015．Cimatron 产品设计与加工基础[M]．北京：电子工业出版社．

王卫兵，2014．CimatronE 10 中文版三维造型与数控编程入门教程[M]．北京：清华大学出版社．